Simmersbach-Schneider

Grundlagen der Koks-Chemie

Oskar Simmersbach

Grundlagen der Koks-Chemie

Dritte, völlig neubearbeitete Auflage

von

Dr. phil. G. Schneider
techn. Chemiker, Dortmund

Mit 74 Textabbildungen

Springer-Verlag Berlin Heidelberg GmbH
1930

ISBN 978-3-662-23618-5 ISBN 978-3-662-25697-8 (eBook)
DOI 10.1007/978-3-662-25697-8

Alle Rechte, insbesondere das der Übersetzung
in fremde Sprachen, vorbehalten.
Copyright 1930 by Springer-Verlag Berlin Heidelberg
Ursprünglich erschienen bei Julius Springer in Berlin 1930
Softcover reprint of the hardcover 3rd edition 1930

Vorwort.

Seit Erscheinen der, vollständig vergriffenen, zweiten Auflage dieses Werkes ist ein halbes Menschenalter verflossen.

Der Schöpfer dieser „Grundlagen der Kokschemie" Professor Oskar Simmersbach weilt nicht mehr unter den Lebenden; schon am 14. Dezember 1918 verschied er an einer Krankheit, die er sich in Belgien zuzog, wo er als Berater der Reichs- und Heeresverwaltung wirkte. Aus dem Nachruf, den ihm der Verein Deutscher Eisenhüttenleute in „Stahl und Eisen" 1919 S. 139 widmete, seien hier einige Marksteine aus seinem Leben aufgestellt. Oskar Simmersbach wurde am 1. Juni 1872 zu Bad Rothenfelde Krs. Iburg als Sohn von Franz Simmersbach, dem nachmaligen Direktor des Kohlensyndikates, geboren. Nach Ablegung der Reifeprüfung am Gymnasium zu Bochum widmete O. Simmersbach zunächst ein halbes Jahr praktischer Tätigkeit; im Herbst 1891 bezog er die Technische Hochschule in Aachen und später die Bergakademie in Berlin, wo er Eisenhüttenkunde studierte. Nach Abschluß seiner fachwissenschaftlichen Ausbildung studierte er noch ein Semester in Leipzig Wirtschaftswissenschaften und trat alsdann seine erste Stellung in der Praxis an der Mathildenhütte in Harzburg an. Bald darauf wurde er Hochöfner an der Donnersmarckhütte in Oberschlesien. Noch nicht 27 Jahre alt, wurde O. Simmersbach Direktor am Hochofenwerk von Fitzner & Gamper in Kramatorskaja in Südrußland und ging ebenfalls als Direktor von hier zu den Pastuchowschen Hüttenwerken in Sulin. Durch Unruhen wurde er gezwungen nach Deutschland zurückzukehren, wo ihm im Jahre 1906 die Gründung und Leitung der Gesellschaft für Erbauung von Hüttenwerksanlagen in Düsseldorf übertragen wurde. Im Dezember 1908 erhielt O. Simmersbach einen Ruf als Professor an die Technische Hochschule in Aachen und im Juli 1909 erfolgte seine Ernennung zum planmäßigen Professor für Eisenhüttenkunde und konstruktive Hüttenkunde an der Technischen Hochschule in Breslau.

Die mit guter Rednergabe verbundene schriftstellerische Befähigung machten O. Simmersbach zum Hochschullehrer besonders geeignet. Seine wissenschaftlichen Arbeiten erstreckten sich auf das gesamte Gebiet des Eisenhüttenwesens, von dem er besonders den Hochofen- und Kokereibetrieb bevorzugte. Sehr zahlreich sind seine Aufsätze in den verschiedenen Fachzeitschriften, besonders in „Stahl und Eisen", wo mehr als 20 Jahrgänge von seiner schriftstellerischen Fruchtbarkeit zeugen.

Von der ersten Auflage der „Grundlagen der Kokschemie", die bereits im Jahre 1895 erschien, und eine große Lücke im Fachschrifttum ausfüllte, erschienen bereits 1898 Übersetzungen in französischer und englischer Sprache, was eine Folge der außerordentlichen Beachtung war, die das Buch bei den Fachleuten fand. Dieser hohen Wertschätzung begegnete auch die zweite Auflage, welche sich diese bis in die Gegenwart zu bewahren wußte, denn auch die Autoren der neuesten Fachwerke können der Zitierung des „Simmersbach" nicht entraten, so daß die Arbeitsergebnisse von Oskar Simmersbach auf dem Gebiete der Kokschemie als klassisch bezeichnet werden dürfen

Unter diesen Umständen wird man es wohl verstehen, daß als die Verlagsbuchhandlung Julius Springer durch Vermittlung von Herrn Professor Dr. Wilhelm Gluud, der durch anderweitige Pflichten an der Umarbeitung der „Grundlagen der Kokschemie" selbst verhindert war, an mich wegen der Bearbeitung der vorliegenden dritten Auflage herantrat, ich mir wohl bewußt war, daß diese Neuauflage den Charakter als „Simmersbach" beibehalten würde. Tatsächlich haben die Erkenntnisse auf dem Gebiet der eigentlichen Chemie des Kokses mit Oskar Simmersbach einen gewissen Abschluß gefunden, soweit es sich nämlich um Vollkoks, also um Hochofen-Gießerei- und in zweiter Linie um Gaskoks [handelt, während die Chemie des Halbkokses, die in den „Gesammelten Abhandlungen" von F. Fischer und seinen Mitarbeitern, sowie in der Sonderliteratur wie z. B. in „die Tieftemperaturverkokung der Steinkohle" von W. Gluud ihren Niederschlag gefunden hat, in diesem Buch vernachlässigt werden durfte. Wenn sich also das Bild über die eigentlichen chemischen Eigenschaften und Untersuchungsmethoden des Kokses in den letzten 15 Jahren nicht sehr geändert hat, so ist dagegen auf dem Gebiet der pyrochemischen und physikalischen Durchforschung des Kokses viel Arbeit geleistet worden, die bei der Neubearbeitung dieses Buches berücksichtigt wurde. Vornehmlich durch die Arbeiten von F. Fischer und seinen Mitarbeitern haben auch unsere Anschauungen über die Entstehung der Kohlen erhebliche Wandlungen erfahren, die im Inhalt dieses Buches zum Ausdruck gekommen sind. Weniges aus der zweiten Auflage ist ganz fortgefallen, wie z. B. die geschichtliche Entwicklung der „Kokschemie", die sich im Inhalt des Buches, wenn auch nicht genau chronologisch geordnet, sowieso wiederspiegelt, ferner das, was als endgültig überholt angesehen werden kann, manches ist gekürzt worden, wenn seine Bedeutung in der Gegenwart nicht mehr dem damaligen Ausmaß entspricht, vieles ist ergänzt worden, um dem heutigen Stand der Forschung gerecht zu werden und einiges ist neu aufgenommen worden, wie z. B. statistische Angaben und ein Abschnitt über den Hochofenprozeß.

Mit der Bitte, mich auf Irrtümer oder Mängel in der Neuauflage aufmerksam zu machen, übergebe ich das Buch der Öffentlichkeit, indem ich zugleich hoffe, daß Oskar Simmersbachs Werk sich auch dieses Mal bewährt.

Allen denjenigen, welchen ich meinen Dank für ihre Unterstützung bei der Fertigstellung dieses Buches nicht persönlich abstatten konnte, sei hiermit verbindlichst gedankt, besonderer Dank gebührt der Verlagsbuchhandlung Julius Springer für die würdige Ausstattung dieser Auflage.

Dortmund-Eving, im Dezember 1929.

Gustav Schneider.

HANS JÜRGEN SIEBEL
HAYDNSTR. 9
4708 KAMEN-METHLER
TEL. 02307 - 32 201

Inhaltsverzeichnis.

I. Allgemeiner Teil.

II. Der Koks und seine Eigenschaften.

III. Die Untersuchung des Kokses.

I. Allgemeiner Teil.

1. Vorgänge bei der Entstehung der Kohlen und Zusammensetzung derselben.

Die allgemeine Kenntnis von der organischen Natur der Kohlen ist noch nicht alt. Wenn es auch schon frühzeitig Verfechter dieser Ansicht gab, so bemühten sich doch noch vor etwa 100 Jahren ernste Forscher darum, den anorganischen Ursprung der Kohlen nachzuweisen[1]. Heute ist es bekannt, daß auch die Bezeichnung „Steinkohlen" kein Hinweis auf die mineralische Herkunft ist, sondern daß sie lediglich die relative Härte dieser Kohlensorte gegenüber anderen Kohlen charakterisieren soll.

Die Kohlen sind also organischen Ursprunges. Sie verdanken ihre Entstehung im wesentlichen der Zersetzung von Pflanzen. Die Umwandlung der Pflanzen in Kohlen, der „Inkohlungsprozeß", gebraucht sehr lange Zeiträume; die damit verbundenen chemischen Vorgänge sind auch bei den Kohlen noch nicht zum Abschluß gelangt, wie die Fortdauernde Entstehung von H_2O, CO_2 und CH_4 in den Kohlenlagern beweist.

Bekanntlich nehmen die lebenden Pflanzen, die in der Luft enthaltene Kohlensäure auf und spalten dieselbe in Kohlenstoff und Sauerstoff mit Hilfe des Sonnenlichtes und des Blattgrüns oder Chlorophylls; der Kohlenstoff dient zum Aufbau der Pflanze, während der in Freiheit gesetzte Sauerstoff von der Pflanze ausgeatmet wird. Dieser Vorgang stellt also gewissermaßen eine Umkehrung des tierischen Atmungsprozesses dar, bei welchem Sauerstoff eingeatmet und Kohlensäure abgegeben wird. Neben dem Kohlenstoff enthalten die Pflanzen in größerer Menge noch Wasserstoff und Sauerstoff, die sie vorwiegend als Wasser aus dem Boden aufnehmen sowie Stickstoff, der entweder stickstoffhaltigen Nährmitteln aus dem Boden oder aber durch Bodenbakterien direkt aus der Luft als elementarer Stickstoff entnommen wird.

Neben diesen vier Grundstoffen, die in den Pflanzen komplizierte Verbindungen bilden, spielen andere Aufbaustoffe wie Schwefel, Kieselsäure, Magnesia, Kali usw. in der Pflanzensubstanz eine nur unterge-

[1] Vgl. hierzu Potonié: Die Entstehung der Steinkohle und der Kaustobiolithe überhaupt. 6. Aufl. S. 5. Berlin 1920.

ordnete Rolle, wenn sie auch zum Gedeihen der Pflanze, wie z. B. das Kali, von erheblicher Wichtigkeit sein mögen. Kohlenstoff, Wasserstoff, Sauerstoff und Stickstoff bilden auch die Hauptbestandteile der Kohlen, während die anderen in den Pflanzen vorhanden gewesenen Stoffe nur als meist unerwünschte Begleitkörper in der Kohle vorhanden sind und zum größten Teil in der Kohlenasche wiedergefunden werden.

Man nimmt heute allgemein an, daß die Kohlenlager sich an Ort und Stelle, wo sie sich noch befinden, gebildet haben, und zwar vornehmlich aus Schachtelhalm-, Farn-, Bärlapp- und anderen Gewächsen. Zum Verständnis der Kohlenbildung aus Anhäufungen von Pflanzenresten zieht P. Kukuk[1] den Vertorfungsprozeß heran. Auf unbewegten Wasserflächen bildet sich mit der Zeit eine pflanzliche Haut, die zu Boden sinkt und mit abgestorbenen und anderen Kleinlebewesen des Wassers auf dem Grunde den Faulschlamm (Sapropel) bildet. Andere Wasserpflanzen dringen gleichzeitig wasserwärts vor, und vertorfen nach dem Absterben unter Wasser, bis schließlich ein mit Humustorf angefülltes Flach- oder Niederungsmoor entsteht. An einem solchen Moor gedeihen in der Folge häufig verschiedene Baumarten, so daß schließlich ein Waldmoor entsteht. Durch Senkung des Untergrundes können die Waldbäume mit in den Vertorfungsprozeß einbezogen werden, es können auch wieder Faulschlammschichten entstehen, so daß mit der Zeit ein Moorprofil, das aus vielen Lagen oder Schichten besteht, sich bilden kann, aus dem dann in langen Zeiträumen, unter Mitwirkung geologischer Kräfte, ein Kohlenlager entsteht. Mikroskopische und chemische Untersuchungen haben tatsächlich ergeben, daß die Glanzkohlen aus Resten von Landpflanzen, und daß die Mattkohlen hauptsächlich aus Kleinlebewesen des Wassers gebildet wurden[2].

An der Einleitung des Vertorfungsprozesses ist nach der Meinung vieler Forscher die Tätigkeit von Bakterien in mehr oder minder hervorragendem Maße beteiligt. Zwar mißt F. Bergius[3] den biologischen Vorgängen keinen wesentlichen Anteil an der Kohlebildung bei, jedoch ist die Zahl derer, die gegenteiliger Meinung sind, größer. Hutchinson und Clayton[4], ebenso E.W. Schmidt[5] führen die Einleitung der Vertorfung, die mit dem Gärungsvorgang zu vergleichen ist, im Wesentlichen auf die Tätigkeit einer Bakterie, nämlich der Spirochäta cytophaga, zurück. Auch O. Stutzer[6] hält die Bakterientätigkeit für den Vertorfungsvorgang für sehr wichtig, besonders im Hinblick auf die Zer-

---

[1] Vgl. Kukuk, P.: Unsere Kohlen, S. 10ff. 2. Aufl. Leipzig und Berlin: B. G. Teubner 1920.

[2] Vgl. hierzu z. B. Winter, H.: Mikrogefüge und Kolloidnatur der Kohle usw. Glückauf 1914, S. 445.

[3] Naturwiss. 1928, S. 1. [4] J. Soc. Chem. Ind. 1919, S. 381A.

[5] Zbl. Bakter. 1920, S. 281. [6] Glückauf 1920, S. 685.

setzung der Cellulose im Boden. E. Mc. Kenzie Taylor[1] hat gelegentlich von Bodenforschungen im Nildelta für einen besonderen Fall nachgewiesen, daß bei der Fusainbildung aus Torf keine physikalisch chemischen Kräfte beteiligt waren, sondern daß diese Umwandlung lediglich auf bakterielle Tätigkeit zurückzuführen ist. F. Fischer und H. Schrader[2] kommen zu dem Untersuchungsergebnis, daß bei der Vertorfung die Cellulose der Pflanzenreste, zum Teil durch bakterielle Einflüsse, unter Bildung von H_2O und CO_2 verbraucht wird. Neuerdings berichtet R. Lieske[3], daß es gelungen ist, nicht nur in Braunkohlenflözen, sondern auch in Steinkohlenlagern, in Tiefen bis zu 750 m, einwandfrei lebende Bakterien nachzuweisen, so daß man wohl annehmen muß, daß sich die Tätigkeit der Bakterien nicht nur auf die Vertorfung beschränkt, sondern daß sie auch am Inkohlungsprozeß Anteil hat.

Schon bei der Vertorfung von Pflanzenresten findet eine Anreicherung von Kohlenstoff statt, die mit zunehmendem Alter des Torflagers bzw. des nach und nach daraus hervorgehenden Kohlenlagers immer stärker hervortritt. Jedoch unterscheidet sich dieser Inkohlung genannte Vorgang wesentlich von der Verkohlung pflanzlicher Teile, wie er z. B. beim Meiler-Prozeß stattfindet. Während nämlich bei letzterem die Pflanzen- bzw. Holzsubstanz in Kohlenstoff übergeht, wobei die anderen Bestandteile, abgesehen von der Asche, abdestillieren, findet bei der Inkohlung die Umwandlung der Pflanzensubstanz unter Luftabschluß statt, so daß schließlich nicht etwa Kohlenstoff übrig bleibt, sondern Kohle, nämlich ein fossiler Brennstoff, der aus komplizierten, organischen kolhenstoffreichen Verbindungen besteht.

Über die Ursachen und Umbildungsvorgänge, welche vom Torf zur Kohle führen, sind schon viele Theorien aufgestellt worden. So bestehen nach Dowling[4] zwei Möglichkeiten, um vom Torf zur Kohle zu gelangen, nämlich entweder hohe Temperatur bei niedrigem Druck, wobei 30—40 Teile CO_2, 20—30 Teile CH_4 und ein Teil NH_3 verflüchtigen, oder aber hoher Druck, bei welchem ein Teil CO_2 und 7—9 Teile Wasserdampf frei werden sollen. Bei der natürlichen Kohlenentstehung liegen die Verhältnisse wahrscheinlich in der Mitte zwischen beiden Möglichkeiten. Dowling stellt sich die Bildung von Braunkohle und von Steinkohle grundsätzlich verschieden vor. Beim Vertorfen der Pflanzenmasse trat unter Einwirkung von Mikroorganismen eine Vermehrung des Wasser-

---

[1] Nature 1927, S. 448; Fuel 1928, S. 127; vgl. auch Börnstein, E.: Br. Chem. 1927, S. 174; ferner Fuchs, W.: Br. Chem. 1928, S. 153.

[2] Ges. Abhandlungen zur Kenntnis der Kohle, Bd 5, 6 u. 7; s. auch Br. Chem. 1921, S. 37ff.

[3] Z. angew. Chem. 1928, S. 624.

[4] The Mining World 1909, S. 507; vgl. dazu „Kokschemie 1914, S. 12.

stoffs und eine Verminderung des Kohlendioxyds ein. Diese Umsetzung habe aber nur zu Torf oder zu Braunkohle geführt. Die Bildung der Steinkohle setzt die Entfernung von H_2O und CO_2 unter starkem Druck, bei ziemlich niedriger Temperatur voraus. Die durch starken Druck erzeugte Kohle soll eine größere Neigung zeigen unbeständig zu sein, flüchtige Bestandteile zu verlieren und Koks zu bilden als die bei geringerem Druck, aber höherer Temperatur und dabei mit einem viel größeren Verlust an Kohlenstoff gebildete. Was die Anthrazite anbelangt, so rührt nach Dowling ihr Verlust an flüchtigen Bestandteilen von Verwerfungen und starkem Gebirgsdruck her.

Andere Fachleute halten die Ursachen der Umwandlung von Pflanzen in Torf und Braunkohle für weniger mächtig als die, welche zur Bildung von Steinkohle und Anthrazit führten, wenngleich sie vielleicht von derselben Art waren, so daß Torf und Steinkohle sich während derselben geologischen Periode bilden konnten. Torf und Braunkohle enthalten Humussäure, während Steinkohle im allgemeinen frei von Humussäure ist. Nach O. Simmersbach[1] müßte man dann zwei Phasen in der Bildung der Steinkohle unterscheiden, nämlich:

1. Chemische Reaktionen, welche die Pflanzen in Steinkohle oder Anthrazit überführen und die mehr oder minder auf zugleich tierische Ablagerung[2], Mikroorganismen und bakteriologische Massenwirkung hinweisen.

2. Ursachen, welche die Entstehung der physikalischen Eigenschaften zur Folge haben und die mit der Kompression und der graduellen Austrocknung in einem durchlässigen Mittel in Beziehung stehen.

Eine andere Hypothese besteht in der Annahme, daß die Vegetabilien durch Bitumen, das aus den Tiefen der Erde herrührte, verdrängt wurden, und daß das ganze nach mehreren Umwandlungen zur Bildung der Steinkohle geführt hätte[3].

E. Donath[4] und andere Forscher glauben, daß die Steinkohle einen erweichten Zustand durchgemacht haben muß, eine Art Druckdestillation, verursacht durch Gebirgsdruck, Verschiebungsreibungen und andere Ursachen; sie berufen sich dabei darauf, daß der Glanz der Steinkohle nur flüssig gewesenen Substanzen nach ihrem Erstarren zukommt. Auch A. Pictet und L. Ramseyer[5] sind der Meinung, daß die Stein-

[1] Kokschemie 1914, S. 12.

[2] Vgl. Simmersbach, F.: Über die Bildung der Steinkohle. Berg- u. Hüttenm. Rdsch. 1910, S. 11.

[3] Frémy: Encyclopédie chimique, T. LXXII, p. 144; Mené: Moniteur scientifique, T. IX, p. 516, 564 (1867); Renault: Bull. Soc. Industrie minérale 1899 und 1900.

[4] Petzold, A.: Beitrag zur Kenntnis der Steinkohlenbildung. Leipzig 1882, und Donath: Z. angew. Chem. Bd 19, S. 664.

[5] Ber. dtsch. chem. Ges. 1911, S. 2486.

kohle zu einem wesentlichen Teil durch Polymerisation ehemals flüssiger Substanzen entstanden sei.

Zur Klärung der Frage nach der Bildung der Steinkohle hat Boudouard[1] eingehende Versuche über die Umwandlung des Holzes, des Torfes und der Braunkohle unter dem Einfluß der Luft, der Feuchtigkeit, der Wärme und des Druckes angestellt, also der Hauptfaktoren, die bei der Umwandlung der Vegetabilien in natürliche Brennstoffe einwirkten. Seine Schlußfolgerungen aus diesen Untersuchungen gehen dahin, daß Luft von 110° keinen merklichen Einfluß auf Sägemehl und Torf in bezug auf den Gehalt an Kohlenstoff und flüchtigen Bestandteilen ausübt, sondern daß lediglich die Menge der Humussäure in merklicher Weise zunimmt. Bei derselben Behandlung von Braunkohle verringert sich deren Gehalt an Kohlenstoff, während derjenige an flüchtigen Bestandteilen größer wird und die Humussäure fast vollkommen verschwindet. Auch trockener Sauerstoff von 150—170° beeinflußt Sägemehl und Torf nur in geringem Maße. Das Sägemehl verändert kaum sein Aussehen, man erhält eine gelblichbraune Humussäure, ähnlich der anfangs aus dem Sägemehl gewonnenen; beim Torf stellt sich die Menge der Humussäure doppelt so groß. Die Braunkohle erleidet eine ähnliche Veränderung, wie die durch warme Luft hervorgerufene, aber die Humussäure erscheint wieder in größeren Mengen. Feuchter Sauerstoff bräunt dagegen bei 150—170° Sägemehl in starkem Maße; die Menge der flüchtigen Bestandteile nimmt um mehr als 10% ab, die des Kohlenstoffs in gleichem Verhältnis zu. Der erhaltene Koks sieht zusammengebackt, glänzend und ziemlich fest aus. Die aus dem so behandelten Sägemehl erhaltene Humussäure hat schwarze Farbe und fällt in großen Mengen an. Beim Torf tritt nur eine geringe Zunahme an flüchtigen Bestandteilen ein. Bei der Braunkohle nimmt der Kohlenstoff ab und die flüchtigen Bestandteile neigen zur Zunahme. Die Humussäure zeigt sich in allen drei Fällen in beträchtlichen Mengen.

Durch Erhitzung in geschlossenen Röhren oder durch gleichzeitige Einwirkung von Wärme und Druck auf die Zersetzungsprodukte der erhitzten Materialien entstehen Produkte, die reicher an festem Kohlenstoff und ärmer an flüchtigen Bestandteilen sind; die Humussäure ist dann fast vollkommen verschwunden.

Nach Boudouard hat die Humussäure des Torfes weniger Kohlenstoff als die aus Steinkohle, Braunkohle, Sägemehl und Humuserde der Gärtnerei gebildete. Durch Einwirkung von Wärme, Sauerstoff und Feuchtigkeit auf Torf erhält man bei gewöhnlichem Druck eine Humussäure mit 20% mehr Kohlenstoff, dagegen bei erhöhtem Druck eine Humussäure, deren Zusammensetzung derjenigen gewisser Steinkohlen

[1] Rev. Métallurgie; vgl. Kokschemie 1914, S. 13.

gleicht. Von Wichtigkeit ist noch das Fehlen von Humussäure in Steinkohlen mit geringem Gehalte an flüchtigen Bestandteilen und in Anthrazit. Die Humussäure erscheint demnach als Zwischenglied bei der Bildung der Kohle durch eine Reihe sich folgender Kondensationen, deren Endresultat die steigende Zunahme des Kohlenstoffs auf Kosten des Wasserstoffs und Sauerstoffs und das Verschwinden des sauren Charakters ist.

Boudouard schließt aus seinen Beobachtungen auf einen Gärungsprozeß[1] bei der Bildung der Kohlen, der auf Mikroorganismen zurückzuführen ist und durch Wärme, Sauerstoff und Wasserstoff begünstigt wird. Unter dem Einfluß dieses Prozesses, so meint Boudouard, ist jede pflanzliche Organisation der ursprünglichen Ausgangsmaterialien der Steinkohle zerstört und Bildung und Zunahme von Humussäuren mit immer steigendem Kohlenstoffgehalte herbeigeführt worden, die sich schließlich durch den Einfluß der Wärme und des Druckes in Steinkohle und Anthrazit umgewandelt haben. Die Braunkohlen wären demnach eine mineralische Abart der Steinkohlen, die auf andere Weise gebildet worden ist, wie denn auch Braunkohlen und Steinkohlen verschiedenen geologischen Perioden angehören.

Der Ansicht, daß Braunkohle und Steinkohle einen grundsätzlich verschiedenen Werdegang gemacht haben, war als erster E. Donath[2]; derselbe vertritt folgenden Standpunkt:

1. Braunkohle und Steinkohle sind durchaus, zumindest in der überwiegenden Anzahl ihrer Typen, vollständig voneinander verschieden.

2. Braunkohle kann entweder durch eine längere Dauer des Verkohlungsprozesses, noch durch Kontaktmetamorphose in Steinkohle übergehen.

3. Die chemische Zusammensetzung des Materials, aus dem die Braunkohle entstand, war eine wesentlich andere als desjenigen, dem die Steinkohle entstammt.

4. Das pflanzliche Urmaterial der Braunkohle war durchaus ligninhaltig, während sich mit großer Wahrscheinlichkeit sagen läßt, daß das Urmaterial der Steinkohle der Hauptsache nach ligninfrei war, mit Einschlüssen ligninhaltiger, also Holzpflanzen, dagegen stets gewisse relativ größere Mengen von Proteinstoffen, wahrscheinlich tierischen Ursprungs enthielt[3].

---

[1] Vgl. auch Lemiére, M. (C. r. de la Soc. de l'ind. min., Juni 1900, S. 89), der die alkoholische Gärung der Steinkohlengärung gegenüberstellt und auf die Ähnlichkeit zwischen den beiden Bildungsprozessen hinweist.

[2] Vgl. Kokschemie 1914, S. 15 u. 19, sowie Donath, E.: Unterscheidung, Einteilung und Charakteristik der Mineralkohlen. Halle 1924.

[3] Eine gewisse Analogie der Fomationsbildung aus tierischen Resten liefert geologisch der deutsche Muschelkalk, der, arm an Pflanzenresten, sich durch Zusammenhäufung tierischer Organismen auszeichnet. (Vgl. Simmersbach, F.: Über die Bildung der Steinkohle. Berg- u. Hüttenm. Rdsch. 1910, Nr 2.)

5. Bei der Bildung der Steinkohle hat in den meisten Fällen aus verschiedenen, noch nicht näher festgestellten Ursachen eine mehr oder minder weitgehende Erwärmung und Druckdestillation mitgewirkt, von deren Produkten ein großer Teil sich in polymerisiertem und kondensiertem oder anders chemisch umgeformtem Zustande in der Steinkohle neben den anderen Kohlungsprodukten findet.

Nach Burgeß und Wheeler[1] besteht die Steinkohle aus zwei Hauptsubstanzen, nämlich aus einer von der Cellulose herrührenden Substanz, welche bei der Entgasung vorwiegend Methan liefert, und aus einer aus Harz- oder Gummiarten entstandenen Substanz, welche die Cellulose verkittet hat und bei der Entgasung zunächst einen höheren Kohlenwasserstoff gibt, der sich dann bei 700—800° zersetzt. Diese Ansicht fand eine Stütze durch Unteruschungen von Erdmann und Schaefer[2], welche bei trockener Destillation der Cellulose in der Hauptsache nur Kohlenoxyd, Methan und Wasserstoff, aber nur Spuren schwerer Kohlenwasserstoffe fanden.

Im Gegensatz zu den geschilderten Ansichten neigt man heute der Meinung zu, daß die verschiedenen Kohlenarten dem gleichen Ausgangsmaterial entstammen, und daß ihre Verschiedenheit im wesentlichen von der Zeit abhängig ist, seit welcher die Umwandlung dieser Ursubstanz eingesetzt hat. So behauptet H. Potonié[3], daß Braunkohle, Steinkohle und Anthrazit nur Stadien eines Prozesses an einem Urmaterial sind, das im Prinzip gleich zusammengesetzt ist, und daß die Steinkohle ihre besondere physikalische Eigentümlichkeit durch das hohe Alter gewonnen habe, d. h., daß aus Torf Braunkohle, aus dieser Steinkohle und aus letzterer Anthrazit im Verlauf der Zeiten und bei der weiteren Umbildung des Gesteins werde.

Als Beweis für die Richtigkeit seiner Anschauung führt Potonié die Versuche von A. Petzoldt an, die darauf hinausliefen, aus Holz durch künstliche Hitzewirkung Steinkohlen herzustellen. Petzoldt erhielt durch Erhitzen von Holz bei Rotglut in starkwandigen, gußeisernen Büchsen, die luftdicht verschließbar waren, eine schwarze, glänzende, sehr vollkommen geschmolzene Masse vom spezifischen Gewicht 1,18[4], die nur den halben Raum des ursprünglichen Holzes einnahm und keinerlei organische Struktur mehr aufwies und sich bei der trockenen Destillation wie Steinkohle verhielt. H. Potonié schildert die für seine Ansicht sprechenden Beobachtungen von A. Petzoldt, die dieser an Tannenholzpfählen machte, welche mit Dampframmen in den Boden getrieben werden sollten. Diese Pfähle trafen beim Einrammen auf Felsen, stauchten

[1] J. of Gasl. 1911. p. 25.
[2] Strache: Gasbeleuchtung und Gasindustrie 1913, S. 305.
[3] Potonié: Entstehung der Steinkohle 1920, 6. Aufl., S. 96ff.
[4] Das spezifische Gewicht natürlicher Steinkohle beträgt 1,25—1,50.

sich an ihrem unteren Ende, und in den gestauchten Teilen fand sich ein Teil Kohle und zwischen dieser und dem chemisch unverändert gebliebenen Holz der Reihe nach von innen nach außen geschwärztes, stark gebräuntes, schwach gebräuntes und endlich nur gelblich gefärbtes Holz. Es hatte also eine Inkohlung stattgefunden; der innerste Kern der inkohlten Partie erwies sich mineralogisch und chemisch als Anthrazit, der von Braunkohle umgeben war.

H. Potonié[1] faßt seine überzeugenden Beweisführungen hinsichtlich der Entstehung der Kohlen in die Schlüsse zusammen:

1. daß die Steinkohle vor ihrer Entstehung weich war wie der reife Torf, was auf den Vertorfungsprozeß schließen läßt,

2. daß Braunkohle, Steinkohle und Anthrazit nur Stadien eines Prozesses in einem Urmaterial sind, das im Prinzip gleichartig zusammengesetzt ist.

3. daß daher das Maß für die stärkere oder zeitlich längere Wirkung sich in der Tat durch die vorn angegebene Reihe in dem Sinne wiedergeben läßt, daß der folgende Kaustobiolith stets für stärkere Einwirkung von Bedingungen oder längere Dauer des fortschreitenden Prozesses spricht als es bei der vorausgehenden Gesteinsart der Fall war.

Die Ansicht von E. Donath und O. Simmersbach[2], daß Braunkohlen und Steinkohlen etwas chemisch ganz Verschiedenes seien, und daß diese Kohlenarten aus verschiedenen Ausgangsmaterialien und unter grundsätzlich verschiedenen Bedingungen entstanden seien, kann auch nach den neuesten Forschungsergebnissen nicht mehr geteilt werden. So sprach z. B. Donath noch die Meinung aus[3], „daß die Steinkohle allem Anscheine nach aus ligninfreiem oder zum mindesten aus sehr ligninarmem Material entstanden sei"; schon H. Potonié trat dieser Auffassung entgegen, und die Forschungen von F. Fischer und H. Schrader[4], auf die noch näher eingegangen wird, geben ihm durchaus Recht.

Der fortschreitende Inkohlungsprozeß, der nach P. Kukuk[5] zur Abspaltung von je einem Molekül CO_2, H_2O und CH_4 zwei Atome Kohlenstoff erfordert, ist aus der von P. Kukuk gegebenen Analysenzusammenstellung deutlich zu erkennen.

Es sind in Gewichtsprozenten enthalten:

in	C	H	O+N	in	O	H	O+N
Holz	50	6	44	Steinkohle . .	75—99	5	20—5
Torf	60	5	35	Anthrazit . . .	95	3	2
Braunkohle . .	65	5	30	Graphit	100	0	0

[1] Die Entstehung der Steinkohle 1920, S. 100. [2] Kokschemie 1914, S. 21ff.
[3] Vgl. hierzu Potonié, H.: Die Entstehung der Steinkohle 1920, S. 101.
[4] Vgl. z. B. Ges. Abhandl. zur Kenntnis der Kohle, Bd. 4, 5, 6 u. 7; Br. Chem. 1921, S. 37 usw.
[5] Unsere Kohlen 1920, S. 16.

P. Kukuk formuliert H. Potoniés Erkenntnis in dem Satz: „Die Art einer Kohle ist eine Funktion ihres Alters."

Welche ungeheuren Energiemengen notwendig waren, um die Flora zu erzeugen, die uns als Fossil in unseren Kohlenlagern wieder vor Augen tritt, kann man aus den Überlegungen von Le Chatelier[1] ersehen; dieser hat berechnet, daß durch Sonnenstrahlung pro Quadratmeter und Jahr 2100000 WE auf die Erde gelangen, und daß die Kohlenstoffmenge, welche im Jahr von 1 qm mit Pflanzen bedeckter Erdoberfläche aufgenommen wird, sich auf 100 g stellt. Der Kohlenstoff tritt in statu nascendi in chemische Verbindungen ein und bildet schließlich die Cellulose, Lignin und andere komplizierte Verbindungen.

Zur Bildung von z. B. 1 kg Cellulose mußte die Sonne 5200 WE liefern. Die Entstehung der Cellulose aus Kohlensäure und Wasser läßt sich durch folgende Formel ausdrücken:

$$6\,CO_2 + 5\,H_2O = C_6H_{10}O_5 + 6\,O_2\,.$$

Bei der Verbrennung der Cellulose werden diese Stoffe wieder zurückgebildet:

$$C_6H_{10}O_5 + 6\,O_2 = 6\,CO_2 + 5\,H_2O.$$

Bei der Erforschung der Kohleentstehung hat es nicht an Versuchen gefehlt, die Natur nachzuahmen; die Versuche zur Herstellung künstlicher Kohle gehen bis in die Mitte des vorigen Jahrhunderts zurück[2]. Von besonderem Interesse sind die in neuerer Zeit von F. Bergius[3] ausgeführten Arbeiten zur Herstellung künstlicher Kohle. Um zu hohe Temperaturen zu vermeiden, wodurch die gebildete Kohle weiter zersetzt würde, bediente er sich eines Autoklaven, in welchem er in Gegenwart von viel Wasser Torf oder Cellulose auf nur etwa 300° erhitzte. Infolge seiner großen Wärmeleitfähigkeit und Wärmekapazität verhinderte das Wasser eine Überhitzung des Versuchsmaterials, so daß keine Destillation oder Verkokung eintreten konnte. Bergius erhielt bei diesem Versuch eine pulvrige, schwarze Kohle, die analytisch ungefähr den natürlichen Fettkohlen entsprach, und deren Wasserstoffgehalt bis unter 4,5% herabging. Durch Anwendung sehr hoher Drucke und Erhitzung auf 340° wurde diese pulvrige feine Kohlenmasse in harte Stücke mit teils ebenen, teils muscheligen, glänzenden Bruchflächen übergeführt, die natürlichen Schmiedekohlen glichen.

So erhielt Bergius aus einer künstlich aus Torf hergestellten Kohle mit

84,00% C,
4,62% H,
11,36% O + N

[1] Vom Kohlenstoff S. 80; vgl. Kokschemie 1914, S. 11.

[2] Vgl. Boudouard: Rev. Métallurgie 1911, Nr 1.

[3] Die Anwendung hoher Drucke bei chemischen Vorgängen und eine Nachbildung des Entstehungsprozesses der Steinkohle. Halle/S.; W. Knapp 1913.

unter Druck 32 Stunden im elektrischen Ofen auf 340° erhitzt, eine Kohle mit

86,80% C,
4,06% H,
9,14% O + N.

Der von Bergius an anderen Versuchen gerügte etwas zu niedrige Wasserstoffgehalt im Vergleich zu dem der natürlichen Kohle trat allerdings auch hier noch ein Erscheinung, doch ist die Differenz im Wasserstoffgehalt zwischen der von Bergius erhaltenen künstlichen Kohle und natürlicher Fettkohle nur gering. Nach Le Chatelier[1] stellt sich der Wasserstoffgehalt der Kohlen nämlich wie folgt:

	% H	% C	% O + N
Lignit	5,5	70—75	15—25
Magerkohle mit langer Flamme (Kesselkohle)	5,5	80—84	12—10
Fettkohle mit langer Flamme (Gaskohle)	5	84—88	9—10
Fettkohle mit kurzer Flamme (Kokskohle)	5 —4,5	86—90	7—5,5
Magerkohle mit kurzer Flamme (Hausbrandk.)	4,5—3,5	90—93	5,5—4,5
Anthrazit	2	95	3

Interessant ist bei den Inkohlungsversuchen von Bergius, daß zwar der Kohlenstoffgehalt der gewonnenen Produkte mit der Versuchsdauer zunahm — aber selbst bei vielfach vermehrter Dauer nur bis zu einer Höhe von etwa 84% — darüber hinaus hatte die Versuchsdauer keinen Einfluß mehr, vielmehr mußte dann zur Verwendung von hohem Druck bei gleichzeitiger Erhitzung gegriffen werden, um den C-Gehalt zu erhöhen.

Nach anderen Versuchen desselben Forschers[2] trat bei solch künstlicher „Fettkohle", wenn sie einer Pressung von etwa 5000 Atm. bei über 200° C ausgesetzt wurde, eine neue Zerfallsreaktion ein, bei der unter Methanentwicklung „Magerkohle" mit etwa 90% C entstand.

Demgemäß führt Bergius die Kohlenbildung ähnlich wie Dowling auf folgende zwei Reaktionen zurück:

1. die freiwillig verlaufende, in ihrer Vollständigkeit von der Reaktionszeit abhängende Zerfallsreaktion der Cellulose und
2. die erzwungene, nur unter sehr hoher Pressung auftretende Umsetzungsreaktion der Fettkohle in Anthrazit unter Methanentwicklung.

Bergius[3] nimmt an, daß die Kohle im wesentlichen aus Cellulose entsteht. Nach seiner Meinung geht der Inkohlungsprozeß schon bei niedriger Temperatur, allerdings sehr langsam, vonstatten. Wie bereits erwähnt, mißt Bergius biologischen Vorgängen keinen wesentlichen Anteil an der Kohlebildung bei und weist vor allem den physiko-chemischen Prozessen dabei die erste Rolle an.

---

[1] Vom Kohlenstoff S. 72. [2] Chem. Ztg 1913, S. 1236.
[3] Naturwiss. 1928, S. 1.

Während man sich also schon längere Zeit darüber ziemlich einig ist, daß die verschiedenen Kohlenarten im wesentlichen aus denselben Substanzen, nämlich abgestorbenen Pflanzen, entstanden sind, ist erst in den letzten Jahren eine Wandlung in der Anschauung eingetreten, welcher besondere Teil des pflanzlichen Organismus hauptsächlich zum Entstehen der Kohlensubstanz beigetragen hat.

Bekanntlich sind die wichtigsten festen Bestandteile der Pflanzen Cellulose- und Ligninarten. Während man der Cellulose die Formel $(C_6H_{10}O_5)_x$ zuschreibt, sind für das Lignin sehr viel kompliziertere Formeln[1] aufgestellt worden. Nach P. Klason[2] überwiegt in den Pflanzen die Cellulose vor dem Lignin. Im Holz sind etwa 40—60% Cellulose und etwa 30% Lignin enthalten. Die Cellulose kann gewonnen werden, indem man Baumwolle, Hollundermark oder Holz (besonders solches von Nadelhölzern) unter Druck mit Calciumbisulfitlösung behandelt oder durch Behandlung von Stroh durch Erwärmen mit Natronlauge. Das Lignin erhält man dagegen durch Behandeln des Holzes mit konzentrierter Salzsäure als hellbraunes Pulver, dessen Geruch an denjenigen von Vanillin erinnert; mit Phloroglucin und Salzsäure liefert es rote Farbstoffe.

Das Lignin enthält mehr Kohlenstoff als die Cellulose[3]. Nach P. Klason[4] ist das Lignin kein einheitlicher Körper, sondern es besteht aus zwei Stoffen, deren einem die Formel $C_{40}H_{40}O_{11}$ und deren anderem die Formel $C_{54}H_{48}O_{18}$ zukommt, so daß ihm also die Bruttoformel $C_{94}H_{88}O_{29}$ beizumessen ist.

Bis in die neueste Zeit glaubte man, daß Huminsäuren, Torf und Kohlen ausschließlich oder doch im wesentlichsten aus Cellulose entstanden seien. Wheeler und Jones[5] nehmen in der Steinkohle den Furankern an und sind überzeugt, daß die Kohlen aus Cellulose entstanden sind, obwohl sie bei der trockenen Destillation des Rückstandes aus der Pyridinextraktion Kresole und Xylenole erhielten. Ebenso hält Chardet[6] die Cellulose für das Ausgangsmaterial der Steinkohlen und J. Marcusson[7], welcher derselben Ansicht ist, meint, daß die Cellulosesubstanzen verharzte Furanabkömmlinge seien. Von Forschern unserer Zeit, die Cellulose für die hauptsächlichste Muttersubstanz der Huminsäuren und damit auch der Kohlen halten, sei noch Klever[8] erwähnt.

---

[1] Vgl. z. B. Willstätter: Z. angew. Chem. 1919, S. 330.
[2] Teknisk Tidskrift, Stockholm, März 1893, S. 69, Extra Hälfte.
[3] Vgl. Hägglund, E.: C. 1919, III, S. 186.
[4] Svensk Pappers Tidning 1916, Nr 17, C. 1920, III, S. 97.
[5] J. chem. Soc. 1916, S. 707.
[6] Revue générale de chimie pure et appliquée 1914, S. 214; vgl. hierzu auch Fischer, F., u. H. Schrader: Br. Chem. 1921, S. 37ff.
[7] Z. angew. Chem. 1918, S. 237; Chem. Ztg 1918, S. 437; vgl. ferner Z. angew. Chem. 1926, S. 898, u. 1927, S. 48.
[8] Br. Chem. 1921, S. 213 u. 298.

Im Gegensatz hierzu hat P. Ehrenberg[1] schon verhältnismäßig frühzeitig darauf hingewiesen, daß auch Ligninstoffe als Muttersubstanz für die Humussubstanzen in Frage kommen.

Nach F. Fischer und H. Schrader[2] ist Lignin im wesentlichen die Muttersubstanz der Kohle, und Cellulose spielt bei der Kohlebildung keinesfalls die ausschlaggebende Rolle. Ihre Überlegungen, die das Arbeitsprogramm zu ihren Untersuchungen bildeten, fassen diese Forscher wie folgt zusammen:

1. Zellulose und Lignin haben eine grundsätzlich verschiedene Konstitution; dem Lignin kommt aromatische Struktur zu. Es enthält den Benzolring mit Acetyl- und Methoxylgrüppen[3].

2. Bei der Vertorfung der Pflanzenreste wird zunächst die Cellulose unter Mitwirkung der Bakterien verändert und verbraucht, unter Bildung von Wasser und Kohlensäure.

3. Demnach muß das Lignin mit wachsendem Alter des Torfes relativ zunehmen; dies muß kenntlich sein durch die Zunahme des Methoxylgehaltes und durch Abnahme der in hochkonzentrierter Salzsäure löslichen Bestandteile, d. h. der Cellulose und ihrer Veränderungsprodukte. Gleiches muß bei vermoderndem Holz festzustellen sein.

4. Da in Braunkohle nur wenig, in Steinkohle aber gar kein Methoxyl nachzuweisen ist, so muß später (eventuell schon beim Torf) sich eine Abnahme des Methoxylgehaltes zeigen, indem vielleicht durch Verseifung die Methoxylgruppen in Hydroxylgruppen übergehen. Aus dem neutralen Lignin entsteht jedenfalls unter Verseifung der Acetylgruppe ein phenolartiger, alkalilöslicher Körper, die Huminsäure[4].

5. Aus der Huminsäure entsteht unter Vergrößerung des Moleküls, vielleicht unter Wasseraustritt, die alkaliunlösliche Humussubstanz, das sogenannte Humin.

6. Aus Humin entsteht durch weitere Abspaltung von Wasser und Kohlensäure und wohl auch von Methan, d. h. durch den Inkohlungsvorgang, bei gewöhnlicher Temperatur die Braunkohle und die Steinkohle; immer aber bleibt durch die ganze Reihe die Benzolstruktur des Lignins erhalten, selbst noch in der Steinkohle.

Nach den gleichen Autoren geht die Inkohlung grundsätzlich folgendermaßen vor sich: „Von den Pflanzenstoffen, Cellulose, Lignin, Wachs und Harz verschwindet, hauptsächlich durch bakterielle Tätigkeit, mit der Zeit die Cellulose. Die Bildung der Kohle erfolgt im wesentlichen

---

[1] Chem. Ztg 1910, S. 1157.

[2] Vgl. Ges. Abhandl. zur Kenntnis der Kohle, Bd 4, 5, 6 u. 7; ferner Br. Chem. 1921, S. 37ff., 1922, S. 65; Fischer, F.: Br. Chem. 1921, S. 216; Fischer, F., u. H. Tropsch: B. 56 S. 2418. 1923.

[3] Vgl. hierzu Klason, P.: B. 53, S. 1869. 1920.

[4] Vgl. hierzu Berl u. Schmidt: Ann. Bd 461, S. 192 u. 216. 1928. Die Inkohlung der Cellulose führt über Glucose.

durch die Umwandlung des Lignins in Huminstoffe, ferner aus den durch das Verschwinden der Cellulose prozentual angereicherten Beimengungen von Wachsen und Harzen."

Die trockene Destillation der Kohle stellt sich in rohen Zügen in folgender Weise dar:

„Bei der trockenen Destillation der Kohle, bei niedriger Temperatur entsteht der sogenannte Urteer, dessen Kohlenwasserstoffe im wesentlichen durch die thermische Zersetzung der Wachse und Harze, dessen Phenole durch die Zersetzung des Humusanteils, dem noch die aromatische Struktur des Lignins innewohnt, entstanden sind. Bei der trockenen Destillation der Kohle, bei hoher Temperatur, fallen die Kohlenwasserstoffe, die aus den Wachsen und Harzen entstanden sind, einer weiteren Veränderung anheim; die aliphatischen gehen in gasförmige Kohlenwasserstoffe über, die hydroaromatischen werden nur zum Teil dehydriert, zum Teil scheinbar auch in gasförmige Kohlenwasserstoffe verwandelt. Die Phenole des Urteers bleiben zum geringen Teil als solche erhalten, zum weitaus größten Teil aber werden sie zu hitzebeständigen Kohlenwasserstoffen wie Benzol reduziert, zum Teil auch zum Aufbau von Naphthalin, Anthracen und dergleichen verwandt."

Eine Stütze für die Fischer-Schradersche Kohlenbildungshypothese bilden die von Sven Odén und S. Lindberg[1] gemachten Torfanalysen; es wurde dabei gefunden, daß mit zunehmendem Alter des Torfes der Huminsäuregehalt zunimmt unter gleichzeitiger Abnahme des Ligningehaltes. Auch H. Strache[2] hat beobachtet, daß bei der Vermoderung unter gänzlichem Abschluß der Luft das Lignin in Huminsäuren übergeht[3].

Die meisten Forscher, die sich mit der Bildung der Kohle befassen, stehen heute auf dem Standpunkt, daß nicht nur Cellulose oder Lignin, sondern daß alle Pflanzenbestandteile zur Kohlenbildung beigetragen haben. So vertraten sowohl Jonas[4] als auch Keppeler den Standpunkt, daß sowohl Lignin als auch Cellulose am Aufbau der Kohle beteiligt sind. Derselben Meinung sind auch E. Donath und A. Lißner[5], welche neben dem Lignin auch der Cellulose und den Eiweißstoffen die Fähigkeit einräumen unter der Mitwirkung von Bakterien Humussubstanzen zu bilden; andererseits gibt E. Donath[6] die Teilnahme von ligninhaltigen Materialien an der Kohlenbildung ausdrücklich zu. H. Weyland[7] kommt durch seine Untersuchungen zu dem Ergebnis, daß die im Lignin-

---

[1] Br. Chem. 1926, S. 165. [2] Br. Chem. 1927, S. 21.

[3] Vgl. hierzu auch Fuchs, W.: Neuere Theorien der Kohlenentstehung. Br. Chem. 1927, S. 187; 1928, S. 153.

[4] Br. Chem. 1921, S. 214 u. 215 [5] Br. Chem. 1922, S. 231.

[6] Br. Chem. 1924, S. 136.

[7] Die chemischen Vorgänge bei der Entstehung der Kohlen. Naturwiss. 1927, S. 327.

molekül enthaltenen Benzolringe auch durch Polymerisation von Furanen entstanden sein können. Auch er gibt der Meinung Ausdruck, daß nicht allein das Lignin, sondern auch die Cellulose und die anderen in den Pflanzen enthaltenen Stoffe an der Bildung der Kohle in gleicher Weise beteiligt gewesen sind. Nach W. Schrauth[1] sind Kohle und Lignin als Abkömmlinge kondensierter Cyclohexanone aufzufassen.

Den Stand unserer Erkenntnis über die Natur und die Bildung der Kohlen kann man in dem Satz zusammenfassen:

Die verschiedenen Kohlenarten sind Fossilien, die sich in langen Zeiträumen, bei verhältnismäßig niedrigen Temperaturen im wesentlichen aus dem gleichen Urmaterial, unter Beteiligung aller Bestandteile desselben, und zwar aus Pflanzen gebildet haben.

Mit den chemischen Unterscheidungsmerkmalen der verschiedenen Kohlensorten hat sich E. Donath[2] eingehend befaßt, dessen Forschungsergebnisse hier kurz wiedergegeben seien. Werden Braunkohlen, ganz gleich welchen geologischen Alters, mit konzentrierter Kali- oder Natronlauge erwärmt, so erhält man eine mehr oder minder braun gefärbte Lösung, aus welcher durch Säuren dunkelbraun gefärbte, stickstoffhaltige Humusstoffe ausgefällt werden. Steinkohlen in gleicher Weise behandelt ergeben dagegen eine nur schwach gelblich gefärbte Lösung.

Als bestes Unterscheidungsmerkmal dient aber das Verhalten gegen verdünnte Salpetersäurelösung (1 : 10). Während diese auf alle Braunkohlen mehr oder weniger heftig einwirkt, und zwar unter reichlicher Gasentwickelung schon bei einer Wasserbadtemperatur von etwa 70° an, und während bei weiterem Erhitzen vorwiegend sauerstoffhaltige Derivate der aromatischen Reihe entweichen und die Flüssigkeit eine starke Rotfärbung zeigt, zeigt Steinkohle bei der Wasserbadtemperatur überhaupt keine Einwirkung durch verdünnte Salpetersäure, und selbst bei stärkerem Erhitzen lassen sich die charakteristischen Reaktionsprodukte der Braunkohle nicht nachweisen.

Donath und Bräunlich[3] haben das Verhalten der beiden Kohlen und anderer Brennstoffe auch bei tiefer eingreifenden Reaktionen, welche einen weitgehenden Abbau der Kohlensubstanz zu bewirken vermögen, untersucht, nämlich beim Schmelzen mit Alkalien, beim Schmelzen mit Alkalien unter Zusatz von Eisenoxyd als Oxydationsmittel und bei Einwirkung eines Gemisches von konzentrierter Salpetersäure und Schwefelsäure. Auch ergaben sich hier unterscheidende Merk-

---

[1] Z. angew. Chem. 1923, S. 149.

[2] Vgl. Kokschemie 1914, S. 15; ferner Donath, E.: Unterscheidung, Einteilung und Charakteristik der Mineralkohlen. Halle 1924.

[3] Donath, E., u. F. Bräunlich: Zur Kenntnis der Kohlen und Verkohlungsrückstände. Chem. Ztg 1912, Nr 41, S. 373.

male, die einen weiteren Schritt zur Beurteilung der verschiedenen Kohlenarten auf chemischem Wege darstellen und eine Unterscheidung von Stein- und Braunkohle sowie von Holzkohle und Koks gestatten. In der Ätznatronschmelze geben Braunkohlen und Holzkohlen satte, tief gelbbraun gefärbte Lösungen von humusähnlichen Substanzen, die beim Ansäuern der Lösung in reichlichen Mengen abgeschieden werden; dagegen liefern Steinkohle, Koks und durch anhaltendes Glühen vollkommen entgaste Kohlen farblose oder nur schwach gelblich gefärbte Lösungen. In der Ätzkalischmelze ist der Aufschluß noch gründlicher, die Lösungen von Braunkohlen und Holzkohlen sind noch stärker gefärbt; Steinkohlen geben weingelb bis schwarzbraun gefärbte Lösungen, die beim Ansäuern keine oder nur geringe Mengen von Humussäuren ausfallen lassen; Koks, Grafit, Azetylenruß liefern völlig wasserhelle Lösungen.

Die näheren Einzelheiten der Untersuchungen von Donath und Bräunlich sind in der nachstehenden Tabelle auf S. 16 u. 17 wiedergegeben.

Mit der Unterscheidung von Braunkohle und Steinkohle hat sich auch W. Fuchs[1] eingehend beschäftigt; seine Untersuchungen fußen auf der Erkenntnis, daß die Braunkohlen sich an dem Pflanzenmaterial, aus dem sie entstanden sind, insbesondere von deren Ligninanteil, noch nicht so weitgehend entfernt haben, wie die Steinkohlen, d. h. also, daß sie ein jüngeres Stadium des Inkohlungsvorganges darstellen. Die chemische Aufgabe der Untersuchung wird von W. Fuchs so gefaßt, daß eine Braunkohle vorliegen muß, wenn die Kohlensubstanz vorwiegend aus Huminsäuren besteht, und daß es sich um eine Steinkohle handelt, falls keine oder nur wenig Huminsäuren nachgewiesen werden können, weil letztere im Stadium der Steinkohle bereits in Humine übergegangen sind. Da die Huminsäuren in den Braunkohlen teils als freie Säure, teils als Salze in Form von Humaten vorhanden sind[2], so kann man durch Bestimmung von freier Säure und von Humatgehalt die verschiedenen Braunkohlen noch näher charakterisieren. Zu diesem Zweck behandelt W. Fuchs die zu untersuchende Braunkohle zunächst mit einer Lösung von Calciumacetat, wobei sich nach seiner Annahme folgende zwei Vorgänge abspielen.

$$2\,\text{Hum H} + (CH_3 \cdot COO)_2\,Ca = (\text{Hum})_2\,Ca + 2\,CH_3COOH. \qquad (1)$$

$$2\,\text{Hum Na} + (CH_3 \cdot COO)_2\,Ca = (\text{Hum})_2\,Ca + 2\,CH_3COONa. \qquad (2)$$

Durch Bestimmung der nach Gleichung 1 entstandenen freien Essigsäure kann die freie Huminsäure ermittelt werden und durch Bestimmung der Abnahme des Kalkgehaltes im Filtrate der behandelten Kohlen-

[1] Br. Chem. 1927, S. 337.
[2] Fischer, F., u. W. Fuchs: Br. Chem. 1927, S. 291.

Beurteilung der Brennstoffe auf chemischem Wege (nach E. Donath und F. Bräunlich).

Kohlenart	Einwirkung von gleichen Volumteilen konz. HNO_3 und H_2SO_4			Ätzalkalischmelze		Ätznatronschmelze	
	Die feingepulverte Kohle wird in die abgekühlte Mischung gleicher Raumteile HNO_3 und H_2SO_4 eingetragen. Bei heftiger Einwirkung — starker Selbsterwärmung — wird gekühlt, bei geringer auf 35° C erwärmt. Dauer der Einwirkung etwa 10 Minuten. Der durch Eingießen in kaltes Wasser erhaltene, gewaschene und getrocknete Rückstand			10 g gepulv. Kohle, 50 g Wasser, 50 g KOH bis zur vollständigen Verdampfung des Wassers gekocht, hierauf unter ständigem Rühren weiter erhitzt durch etwa 5 Min. bei 200—250° C. (Prim. Schmelze) ⋙	➤ Prim. Schmelze im Trockenschrank durch 3 Std. auf 200—210° C erhitzt	10 g gepulv. Kohle, 50 g Wasser, 50 g NaOH bis zur vollständigen Verdampfung des Wassers gekocht, hierauf unter ständigem Rühren weiter erhitzt durch etwa 5 Min. bei 200—250° C. (Prim. Schmelze) ⋙	➤ Prim. Schmelze im Trockenschrank durch 3 Std. auf 200—210° C erhitzt
	Reaktionsverlauf	löst sich in		Schmelze in heißem Wasser gelöst, vom Rückstand abfiltriert, auf 600 ccm aufgefüllt. Die erhaltene Lösung ist		Schmelze in heißem Wasser gelöst, vom Rückstand abfiltriert, auf 600 ccm aufgefüllt. Die erhaltene Lösung ist	
		Aceton	wäßrigem KOH				
1. Anthrazit	geringe Einwirkung. Schwache Selbsterwärmung. Auf 35° C erwärmt, einige Zeit sich selbst überlassen	wenig, mit schwarzbrauner Farbe. Abdampfrückstand in KOH nur zum Teil löslich.	wenig, mit schwarzbrauner Farbe. Lösung durch Säuren vollkommen gefällt unter Abscheidung von Humussubstanz	farblos. Mit Säuren keine Fällung v. Humussubstanz	dünn, weingelb. Mit Säuren nur Spuren von Humussubstanz	farblos	farblos
2. Rossitzer Steinkohle	starke Erwärmung unter Entwicklung nitroser Gase. Kühlung	wenig, mit tiefdunkel schwarzbrauner Farbe. Abdampfrückstand in KOH nur z. T. löslich	wenig, mit tiefschwarzbrauner Farbe. Lösg durch Säuren vollkommen gefällt unter Abscheidung von Humussubstanz	dunkelgrün (von Sulfiden?). Wird beim Aufkochen hellgelb, b. Abkühlen wieder dunkelgrün. Beim Ansäuern farblos unter Entwicklung v. H_2S, ohne Abscheidung von Humussubstanz	farblos	farblos	farblos
3. Ostrauer Steinkohle	Selbsterwärmung bis etwa 30° C	wenig, mit schwarzbrauner Farbe. Abdampfrückstand in KOH nicht vollkommen löslich	wenig, mit schwarzbrauner Farbe. Lösung durch Säuren vollständig gefällt	farblos	dünn, schwarzbraun. Mit Säuren geringe Abscheidung von Humussubstanz	farblos	hellweingelb, nahezu farblos. Mit Säuren keine Fällung v. Humussubstanz

4. Brucher Braunkohle	starke Erwärmung unter Entwicklung nitroser Gase. Kühlung	reichlich, mit satter, tief gelbbrauner Farbe. Abdampfrückstand in KOH leicht und vollkommen löslich	nahezu vollkommen mit intensiv gelbbrauner Farbe. Lösung durch Säuren vollkommen gefällt unter reichlicher Abscheidung v. Humussubstanz	intensiv gelbbraun, mit Säuren vollkommen gefällt, reichliche Abscheidung von Humussubstanz	Schmelze in Wasser nahezu vollkommen löslich mit intens. gelbbrauner Farbe. Lösung durch Säuren fast vollständig gefällt	intens. gelbbraun, wie bei Kalischmelze	tief dunkelgelbbraun wie bei Kalischmelze
5. Durch einen Phonolithdurchbruch metamorphosierte Braunkohle (sog. Braunkohlenanthrazit)			verhält sich vollkommen wie Braunkohle				
6. Eine als „Steinkohle“ bezeichnete, jedoch als Braunkohle charakterisierte Kreidekohle			verhält sich vollkommen wie Braunkohle				
7. Steinkohlenkoks	kaum merkl. Einwirkung. Auf 35° C erwärmt	nicht	nicht	farblos	farblos	farblos	farblos
8. Graphit, Acetylenruß	ohne Einwirkung. Auf 35° C erwärmt	nicht	nicht	farblos	farblos	farblos	farblos
9. Braunkohlenkoks (Kaumazit)	schwache Einwirkg. Auf 35° C erwärmt	nicht	wenig, mit gelbbrauner Farbe. Mit Säuren geringe Fällung von Humussubstanz	farblos	dünn, gelblich rotbraun. Durch Säuren nur z. T. gefällt unter Abscheidung von Humussubstanz	farblos	schwach gelblich — angesäuert erst nach einiger Zeit geringe Abscheidung von Humussubstanz
10. Kreidekohlenkoks aus obig. Kreidekohle (6)			verhält sich vollkommen wie Braunkohlenkoks				
11. Holzkohle (Meilerkohle)	mäßige Einwirkung. Auf 35° C erwärmt	wenig, mit dunkelbraunschwarzer Farbe	reichlich, mit tiefdunkelschwarzbrauner Farbe. Mit Säuren vollständige Fällung	tief schwarzbraun	satt, dunkelschwarzbraun mit grünl. Fluorescenz. Mit Säuren reichliche Fällung von Humussubstanz	schwarzbraun, dünner und weniger intensiv als bei der Kalischmelze. Keine Fluorescenz	
12. Holzkohle, im Platintiegel vollkommen entgast	schwache Einwirkg. Auf 35° C erwärmt	nicht	wenig, mit dunkelschwarzbrauner Farbe. Mit Säuren Fällung v. Humussubstanz	farblos	dünne, dunkelschwarzbraune Lösung m. grünl. Fluorescenz. Mit Säurenfällung v. Humussubstanz	farblos	dünne, gelblichbraune Lösung; angesäuert, nach einiger Zeit Abscheidung von Humussubstanz

probe ist die Bestimmung der nicht an Kalk gebundenen, jedoch als anderes Salz vorhandenen Huminsäure möglich. Zur Bestimmung des in der Kohle enthaltenen Kalkhumates wird ein anderer Teil der zu untersuchenden Kohlenprobe mit einer Lösung von Natriumacetat geschüttelt, wobei sich folgende Vorgänge abspielen:

$$\text{Hum H} + CH_3COONa = \text{Hum Na} + CH_3COOH. \quad (3)$$

$$(\text{Hum})_2Ca + 2\,CH_3COONa = 2\,\text{Hum}\cdot Na + (CH_3COO)_2Ca. \quad (4)$$

In dem Filtrat der Ausschüttelung wird der Kalkgehalt bestimmt und hieraus die Menge des in der Kohle enthaltenen Kalkhumates errechnet.

Da Rohbraunkohlen in der Trockensubstanz mindestens 60% freie und gebundene Huminsäuren enthält, während in Steinkohlen davon höchstens 5% vorhanden sind, so lassen sich durch die skizzierte Untersuchungsmethode leicht Braunkohlen und Steinkohlen unterscheiden.

Die von W. Fuchs erhaltenen und auf Trockensubstanz umgerechneten Resultate sind in folgender Tabelle wiedergegeben, wobei besonders die Werte für Gesamthuminsäure maßgebend sind.

	Freie Huminsäure	Huminsäure als Nichtkalksalz	Huminsäure als Kalksalz	Gesamthuminsäure
Kasseler Braunkohle	12,6	29,4	24,5	66,5
Rheinische Braunkohle	21,2	36,2	9,7	67,1
Rosenthalkohle	34,8	29,5	8,6	72,9
Mitteldeutsche Braunkohle	7,1	50,3	12,3	69,7
Ruhrsteinkohle	0,2	2,4	0,0	2,6
Arsa-Kohle	1,3	5,7	2,3	9,3
Oberbayrische Pechkohle	0,4	0,5	Spur	1,0
Oberschlesische Steinkohle	1,5	1,1	Spur	2,6

Ein weiteres, chemisches Charakteristikum zur Unterscheidung von Braunkohlen und Steinkohlen kann nach W. Fuchs[1] durch die Bestimmung der Hydroxylzahl der betreffenden Kohlensorte erhalten werden. Während nämlich jüngere Kohlen noch einen verhältnismäßig stark sauren Charakter haben, verschwindet dieser mit zunehmendem Alter mehr und mehr und ist bei Steinkohlen schließlich nur noch sehr gering. W. Fuchs bestimmte den Hydroxylgehalt der Kohlen durch Behandeln derselben mit einer bekannten Menge Natronlauge, und zwar sowohl in wäßriger wie auch noch besser in alkalischer Lösung; in folgender Zusammenstellung sind die auf diese Weise gefundenen Resultate enthalten.

[1] Br. Chemie 1928, S. 198.

	Einwage	Verbrauchte ccm n/10 Lauge	Hydroxylzahl	Hydroxylzahl bei Titration in wäßriger Lösung
	bei Titration in alkohol. Lösung			
Kasseler Braunkohle	1,9846	39,32	65,9	47,6
Rheinische Braunkohle	2,0032	43,34	71,9	75,1
Rosenthalkohle	1,1970	46,88	85,8	68,8
Mitteldeutsche Braunkohle	1,3236	26,94	58,7	53,4
Ruhrsteinkohle	1,0151	0,77	1,3	2,2
Arsatkohle	0,9997	12,02	20,7	4,0
Oberbayrische Pechkohle	1,1012	14,65	25,2	18,7
Oberschlesische Steinkohle	1,0558	11,30	19,2	2,7

Da die Kohlen sich aus den Pflanzenstoffen gebildet haben, so enthalten sie auch noch die Grundbestandteile, aus welchen sich die Pflanzen der Kohlenflora aufbauten. Im folgenden soll nun eine kurze Übersicht über die Zusammensetzung der Kohlen gegeben werden, unter besonderer Berücksichtigung der Steinkohlen und insbesondere der Fettkohlen als dem wesentlichen Ausgangsmaterial für die Koksherstellung.

Die durchschnittlichen Grenzwerte der Zusammensetzung der Inkohlungsprodukte geben Strache und Lant[1] wie folgt an:

	Holz	Torf	Braunkohle	Steinkohle	Anthrazit
H_2O grubenfeucht	20—30	75—91	30—60	2—20	0—3
H_2O lufttrocken	10—20	20—25	15—20	1—6	0—2
Anorganische Substanz	0,28—0,57	1—10	5—20	3—12	1—5
Cellulose	33—70	0—15	—	—	—
Pentosane u. Zuckerstoffe	14—29	5—10	—	—	—
Lignin	23—53	6—40	2—27	—	—
Wachse und Harze	0,2—21	1,5—13	3—25	0,1—6,6	—
Huminsäuren	—	40—60	1,8—98	—	—
Humine	—	0—10	2—70	2—3	—
Restkohle	—	—	0—43	86—97	98—99
S-haltige Stoffe (auf S gerechnet)	Spuren	0,1—0,2	0,07—10	0,04—6	0,2—1
N-haltige Stoffe (auf N gerechnet) bezogen auf Reinkohle	0,04—0,10	0,7—3,4	0,4—2,5	0,6—2,8	0,2—1,5

Über die prozentuale Zusammensetzung der verschiedenen Inkohlungsprodukte hinsichtlich ihrer hauptsächlichsten Grundstoffe, nämlich Kohlenstoff, Wasserstoff, Sauerstoff und Stickstoff, auf aschefreie Trockensubstanz bezogen, gibt folgende Tabelle[2] Aufschluß:

[1] Kohlenchemie, Leipzig 1924, S. 266.

[2] Vgl. Hinrichsen u. Taczak: Die Chemie der Kohle, Leipzig, S. 81. 1916.

	C	H	O	N
Holzfaser	50	6	43	1
Torf	59	6	33	2
Braunkohle	69	5,5	25	0,8
Steinkohle	82	5	13	0,8
Anthrazit	95	2,5	2,5	Spur

Die folgenden Auszüge stammen aus Analysen deutscher Steinkohlen verschiedener Vorkommen her, die von der Fachschule für Bodenkultur in Wien ausgeführt und von F. Schwackhöfer[1] veröffentlicht wurden.

Bezeichnung	Zusammensetzung und Verbrennungswärme, bezogen auf aschen- und wasserfreie Substanz					
	Kohlenstoff %	Wasserstoff %	Sauerstoff %	Stickstoff %	Schwefel %	Verbrennungswärme WE
Rhein.-westf. Kohlensyndikat, Essen.						
Ruhrfettkohle	89,42	4,27	2,84	2,07	1,40	8768
Ruhrgasflammkohle	89,80	4,25	3,11	1,98	0,86	8645
Ruhr-Magerkohle	89,24	4,99	2,93	1,88	0,96	8888
Ruhr-Anthrazit	91,33	3,75	2,16	1,75	1,01	8779
Schles. Bergw.- u. Hütten-A.-G., Beuthen.						
Vereinigte Karsten-Centrum-Grube Vullers-Schacht Gasflammkohle	81,25	5,01	11,30	1,39	1,05	8150
A. Borsig, Borsigwerk.						
Ludwigsglück-Grube Conrad-Schacht Heinitz-Flöz Steinkohle	82,69	4,91	9,66	1,65	1,09	8226
Ludwigsglück-Grube Förderkohle	82,81	5,25	10,74	1,20	—	—
Hedwigs-Wunsch-Grube Albert-Schacht Heinitz-Flöz Gaskohle	82,78	4,95	9,84	1,52	0,91	8197
Biskupitz Hedwigs-Wunsch-Grube Stückkohle	82,77	5,23	10,64	1,36	—	—
Bergw.-Ges. Georg v. Giesches Erben, Beuthen.						
Heinitz-Grube	80,45	5,13	12,37	1,55	0,50	8064
Oberschlesische Staatsgruben, Hindenburg.						
Königin Luise-Grube Pochhammer Flöz, Ostfeld Gaskohle	82,73	5,22	9,68	1,66	0,71	8407
Königin-Luise-Grube Schuckmann-Flöz, Ostfeld Flammkohle	83,56	4,74	8,95	1,56	1,19	8411

[1] Die Kohlen. Wien: Gerold & Co. 1928.

Bezeichnung	Zusammensetzung und Verbrennungswärme, bezogen auf aschen- und wasserfreie Substanz					
	Kohlenstoff %	Wasserstoff %	Sauerstoff %	Stickstoff %	Schwefel %	Verbrennungswärme WE
Niederschlesisches Steinkohlen-Syndikat, Waldenburg.						
Waldenburger Gruben Gewaschene Nußkohle	84,01	5,41	8,01	1,58	0,99	8457
Waldenburger Gruben Gewaschene Erbskohle	84,41	4,93	7,56	1,79	1,31	8467
Waldenburger Gruben Gewasch. Staubkohle	86,39	5,04	5,86	1,44	1,27	8641
Sächs. Steinkohlen-Syndikat, Zwickau.						
Revier: Zwickau Gasflammkohle: Förderkohle (ungewasch. aus den Förderwagen am Schacht entnommene Kohlenprobe)	81,79	5,96	9,92	1,64	0,69	8481
Französische Grubenverwaltung des Saargebietes, Saarbrücken.						
Mines de Frankenholz Charbon flambant Sarrois	82,87	5,28	9,49	1,35	1,01	8327
Mines de Frankenholz Charbon à gaz Sarrois	84,29	5,34	8,28	1,37	0,72	8313
Mines de Frankenholz Charbon à coke Sarrois	84,59	5,28	8,26	1,58	0,29	8330

Wie ersichtlich, schwankt der Kohlenstoffgehalt der wasser- und aschefreien Substanz dieser Kohlen zwischen 80—90%, der Gehalt an Wasserstoff zwischen 4—5%, der Stickstoffgehalt zwischen 1—2% und der Schwefelgehalt zwischen 0,5—1,5%. Der Sauerstoffgehalt der verschiedenen deutschen Kohlen ist größeren Schwankungen unterworfen, während die rheinisch-westfälischen Kohlen nur 2—3% enthalten, weisen die schlesischen Kohlen einen Gehalt an Sauerstoff von 9—11% auf. Die Unterschiede in den Verbrennungswärmen sind relativ gering und weichen um weniger als 10% voneinander ab, sie bewegen sich nämlich zwischen rund 8100—8900 WE.

Umstehende Tabelle rührt von H. Winter[1] her und gibt die Zusammensetzung von westfälischen Kokskohlen wieder sowie die Zusammensetzung der reinen Kohlesubstanz dieser Kohlen und ihre Ausbeute an Koks und flüchtigen Bestandteilen.

Die reine Kohlensubstanz dieser Kokskohlen enthält demnach durchschnittlich 88—90% Kohlenstoff, 5% Wasserstoff und etwa 6% Sauerstoff plus Stickstoff; der Gehalt an flüchtigen Bestandteilen schwankt zwischen 18 und 30% und dementsprechend bewegt sich die Ausbeute zwischen 82 und 70%.

[1] Die festen Brennstoffe 1922, S. 8.

	I. Zusammensetzung der Kohle					II. Zusammensetzung der reinen Kohlensubstanz			III. Die reine Kohle gibt	
	C	H	O+N	Asche inkl. P + S	Wasser	C	H	O+N	Koks	Gas
Schlägel und Eisen . . .	78,9	4,7	6,4	8,7	1,3	87,7	5,2	7,1	70,8	29,2
Hibernia Flöz 13	84,4	4,9	6,8	3,3	0,6	87,8	5,1	7,1	70,8	29,2
Shamrock III/IV Fl. 10 .	81,8	5,1	6,9	5,1	1,1	87,3	5,4	7,3	71,1	28,9
Dahlbusch	81,7	4,8	7,4	5,0	1,1	87,0	5,1	7,9	71,2	28,8
Victoria Mathias, Fl. Anna	85,9	5,1	7,1	1,2	0,7	87,6	5,2	7,2	72,2	27,8
Victoria Mathias, Fl. Hugo	82,4	4,8	6,1	5,8	0,9	88,3	5,2	6,5	73,5	26,5
Amalie	86,3	4,9	4,0	4,3	0,5	90,6	5,1	4,2	74,3	25,7
Eschweiler Bergw.-Verein .	85,8	4,8	5,7	3,0	0,7	89,1	5,0	5,9	75,1	24,9
Minister Stein Fl. 11 Unterbank	81,3	5,0	6,4	6,4	0,9	87,7	5,4	6,9	76,4	23,6
Carolus Magnus	84,4	5,1	4,8	4,7	1,0	89,5	5,4	5,0	77,0	23,0
Altendorf	78,6	4,5	6,0	9,6	1,3	88,2	5,1	6,7	77,4	22,6
Westend	82,2	4,6	5,3	7,0	0,9	89,2	5,0	5,7	75,5	22,5
Präsident	85,0	4,6	5,8	3,9	0,7	89,1	4,8	6,1	78,0	22,0
Graf Beust, Herrenbank .	84,2	4,8	6,6	2,7	1,7	88,1	5,0	6,9	78,2	21,8
Fröhliche Morgensonne . .	85,5	4,5	4,4	4,7	0,9	90,6	4,7	4,7	79,6	20,4
Ibbenbühren, Fl. Glücksburg	86,1	4,4	4,5	3,9	1,1	90,6	4,6	4,8	80,2	19,8
Königsborn	75,9	3,6	2,2	17,5	0,8	92,9	4,4	2,7	81,8	18,2

Über weitere Einzelheiten bezüglich der Zusammensetzung der Kokskohlen sowie ihrer Asche wird noch im Zusammenhang mit der chemischen Zusammensetzung des Kokses eingegangen werden.

2. Blähen, Sintern und Backen der Steinkohlen.

Wenn eine Kohle beim Verkoken einen schaumigen, leicht zerdrück- und zerreibbaren Koks bildet, der unverhältnismäßig stark aufgetrieben ist, so nennt man diese Erscheinung Blähen der Steinkohle. Unter Sintern oder Fritten der Kohle versteht man das beim Verkokungsversuch eintretende, leichte Aneinanderkleben der einzelnen aus der Feinkohle entstehenden Teile, bei welchem dieselben miteinander keine organische Einheit bilden, sondern nur lose miteinander verbunden sind, so daß die ursprünglichen Stücke meistens noch erkennbar sind und sich durch leichten Druck voneinander trennen lassen. Das Backen der Kohle ist dagegen die Eigenschaft derselben beim Erhitzen auf geeignete Temperatur einen zusammengebackenen Koks von mehr oder minder großer Festigkeit zu ergeben; diese Eigenschaft zeigt vor allen andern die Fettkohle mit kurzer Flamme, sie wird daher auch kurz mit Back- oder Kokskohle bezeichnet.

Die Backfähigkeit der Steinkohlen ist bei den verschiedenen Kohlenvorkommen verschieden hoch. Man teilt die Steinkohlen auf Grundlage der Schmelzbarkeit und unter gleichzeitiger Berücksichtigung der Koksausbeute sowie der Flammbarkeit wie folgt ein[1]:

Kohlentype	Elementare Zusammensetzung % C	% H	% O+N	$\frac{O+N}{H}$	Koksausbeute	Koksaussehen	spez. Gewicht	Verdampfungsvermögen pro kg reiner Kohle bei 112° C und Wasser von 0°
Trockene Steinkohle mit langer Flamme (Flammkohle)	75 bis 80	5,5 bis 4,5	19,5 bis 15,0	4—3	55 bis 60	pulverförmig od. höchstens gesintert	1,25	6,7—7,5 kg
Fette Steinkohle mit langer Flamme (Gaskohle)	80 bis 85	5,8 bis 5,0	14,2 bis 10,0	3—2	60 bis 68	geschmolzen, aber stark zerklüftet	1,28 bis 1,3	7,6—8,3 „
Eigentliche fette Kohlen (Schmiedekohlen)	84 bis 89	5,0 bis 5,5	11,0 bis 5,5	2—1	68 bis 74	geschmolzen, bis mittelmäßig fest	1,3	8,4—9,2 „
Fette Steinkohle mit kurzer Flamme (Kokskohle)	88 bis 91	5,5 bis 4,5	6,5 bis 5,5	1	74 bis 82	geschmolzen, fest, wenig zerklüftet	1,3 bis 1,35	9,2—10,0 „
Magere oder anthrazitische Steinkohle	91 bis 93	4,5 bis 4,0	5,5 bis 3,0	1	82 bis 90	gesintert oder pulverförmig	1,35 bis 1,4	9,0—9,5 „

Die Form der Verkokungsrückstände der westfälischen Kohlen veranschaulicht Muck[2] durch untenstehende Abbildung, bei der die ausgezogenen Konturen die Tiegelkokse der Normalprobe (starke Erhitzung) und die punktierten Konturen die der Blähprobe (schwache Erhitzung) darstellen, und zwar in halber natürlicher Größe, bezogen auf 1 g fein gepulverte Kohle. Die mit punktierten Linien verbundenen Zahlen entsprechen den ungefähren Koksausbeuten.

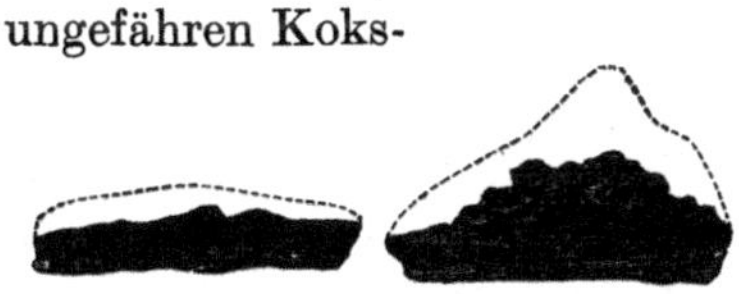

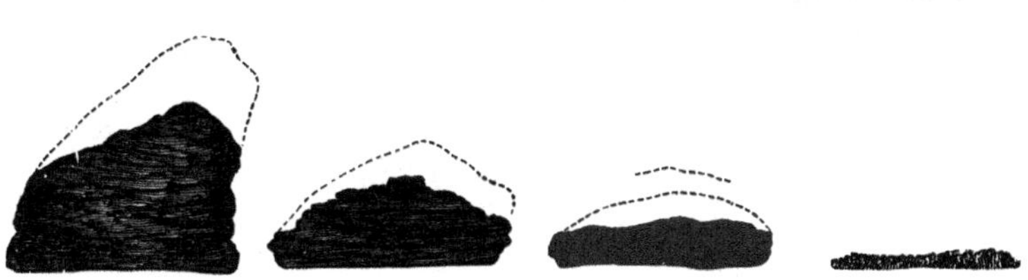

Abb. 1. Verkokungsrückstände westfälischer Kohlen.

Hiernach teilt Muck die westfälischen Kohlen folgendermaßen ein:

---

[1] Kokschemie, 2. Aufl., S. 53. [2] Muck: Steinkohlenchemie, S. 26.

Kohlenart:	Koksaussehen:
I. Sandkohle	pulverig, wie das angewandte Kohlenpulver aussehend.
II. Gesinterte Sandkohle . . .	etwas gesintert, d. h. zum Teil noch pulvrig.
III. Sinterkohle	gesintert, aber nicht aufgebläht, einem nicht aufgegangenen Kuchen gleichend.
IV. Backende Sinterkohle . . .	gesintert und etwas aufgebläht, einem wohlgeratenen Brotlaib gleichend.
V. Backkohle	vollkommen geschmolzen und stark aufgebläht, einer Kartoffel ähnlich gestaltet.

Nach dem Gehalt an vergasbaren Bestandteilen, zugleich dem geologischen Alter entsprechend, kann man die Kohlen bekanntlich wie folgt einteilen:

5,0—10,0%	flüchtige Bestandteile	magere anthrazitische Kohle (geologisch die älteste).
10,0—15,5%	flüchtige Bestandteile	gasarme (alte) Sinterkohle.
15,5—33,3%	„ „	„ „ Backkohle.
33,3—40,0%	„ „	gasreiche (junge) Backkohle.
40,0—44,4%	„ „	„ „ Sinterkohle.
44,4—50,0%	„ „	„ „ Sandkohle (geologisch die jüngste).

Es findet also einerseits von der geologisch jüngsten Kohlen her, sowie andererseits von der geologisch ältesten eine ansteigende Zunahme der Backfähigkeit statt, die bei den mittleren Kohlen ihren Höhepunkt erreicht; jedoch ist hierbei auch die verschiedenartige Bedeckung der Flöze praktisch von bedeutendem Einfluß. Bei wachsender Mächtigkeit des Deckgebirges eignen sich nämlich manchmal geologisch ältere Kohlen besser zur Verkokung, bei Verminderung der Mächtigkeit des Deckgebirges dagegen manchmal geologisch jüngere Kohlen. So ist z. B. die Umwandlung der Kohle von Osten nach Westen in Westfalen — nämlich der Sandkohle der Bochumer und Wittener Mulde zur Sinterkohle und dieser zur Backkohle — auf die verschiedenartige Bedeckung der Flöze zurückzuführen, d. h. auf die Mächtigkeit der überlagernden Gebirgsschichten. Auch nach Potonié[1] zeigt Ruhrkohle bei Sätteln in der Sattellinie vielfach geringeren Gasgehalt als die Kohle desselben Lagers in anderen Partien. Ferner findet sich in Obernkirchen ein sehr gleichmäßig liegendes Kohlenlager, das dort, wo Schieferton das Deckgebirge bildet, gasreiche und verkokungsfähige Kohle aufweist, während dort, wo Sandstein überlagert, die Kohle gasarm und nicht verkokbar ist. Im Aachener Revier läßt sich die Steinkohle in der stark bedeckten Partie gut verkoken, die in den höher liegenden Partien dagegen zeigt Magerkohlencharakter; allerdings sind nach Gruner[2] auch vielfach die oberen hängenden Flöze reicher an flüchtigen Bestandteilen, d. h. ärmer an Koksausbeute als die unteren, liegenden.

[1] Potonié: Entstehung der Steinkohle. 6. Aufl. S. 105. Berlin 1920.
[2] Gruner: Annales des Mines 1873, Bd 4, S. 169.

Über den Wechsel in der Backfähigkeit der Kohlen im oberschlesischen Becken äußert sich Gaebler[1]. Nach ihm haben langjährige Beobachtungen ergeben, daß in Oberschlesien der Gasgehalt der Steinkohlenflöze weder zum Deckgebirge des Carbons, noch überhaupt zum Carbon in Beziehung steht, da sonst nicht gasreiche mit gasarmen Flözen wechseln können; vielmehr muß schon der Werdeprozeß entschieden haben, ob und wo ein Flöz gasreich sein würde. Da die Carbonflora sehr einförmig war und ferner das eine Sigillarienflöz Backkohle, das andere darüber oder darunter liegende Sigillarienflöz aber Magerkohle führt, so kann der Gasgehalt der Kohlen unmöglich von den Pflanzen abhängen, aus welchen sie entstanden sind. Es müssen also für die Backfähigkeit eines Flözes andere Einflüsse im Verlauf seines Werdens bestimmend gewesen sein, z. B. der Zeitraum, währenddessen die verkohlenden Pflanzenmassen der atmosphärischen Luft ausgesetzt waren und der nicht gebundene Wasserstoff entweichen und durch Sauerstoff und Stickstoff ersetzt werden konnte. Da z. B. die Ostrauer und die Sattelflözschichten sich unter Einströmungen hauptsächlich aus Westen aufgebaut haben, muß jede ihrer Kohlenbänke zuerst im Westen von Schlamm und Geröll bedeckt worden und längst dem Einfluß der atmosphärischen Luft entzogen gewesen sein, als sie im Osten noch vollständig bloßlagen und das Entweichen des nicht gebundenen Wasserstoffs gestatteten. So ist es zu erklären, daß die Gas- und Backkohlenflöze der Ostrauer und Sattelflözschichten hauptsächlich im Westen und Südwesten des Beckens auftreten, und daß manches ausgezeichnet backende Flöz derselben, in östlicher Richtung immer magerer werdend, in Sinter- und schließlich in Sandkohle übergeht. Während also die Flöze des unteren produktiven Steinkohlengebirges und der Sattelflözschichtung nach Westen hin an Backfähigkeit zunehmen, dürfte dies bei den Flözen des oberen produktiven Steinkohlengebirges, das sich vorzugsweise unter Einschwemmungen aus Süden abgelagert hat, in südlicher Richtung der Fall sein. Es ist anzunehmen, daß diese Teile des Beckens dereinst den Bedarf Oberschlesiens an Backkohlen decken werden.

Ein Bild von der Verkokungsfähigkeit der Saarkohle gibt die auf S. 26 oben folgende Übersicht[2].

Es handelt sich hierbei um Durchschnittswerte, die auf Reinkohle bezogen sind. A. Schondorff[3] teilt die Saarkohlen auf Grund der Aufblähung in fünf Gattungen, und zwar nach dem Aussehen der freien Oberfläche des im Platintiegel hergestellten Kokskuchens:

1. Sandkohle: Rau, überall oder doch bis nahe zum Rande locker.

---

[1] Oberschlesisches Steinkohlenbecken, S. 31; vgl. Kokschemie, 2. Aufl., S. 56.
[2] Okorn, F.: Berg- u. Hüttenm. Jahrbuch, S. 51. Leoben 1907.
[3] Koksausbeute und Backfähigkeit der Saarkohlen. Preuß. Z. Bd 23, S. 135.

	Hygroskopisches Wasser in %	Aschengehalt der lufttrockenen Kohle in %	C Rohkohle %	C Reinkohle %	H Rohkohle %	H Reinkohle %	Koksausbeute aus aschen- u. wasserfreier Reinkohle %	Verbrennungswärme in Cal.
1. Magerkohlen	5,72	9,80	65,76	77,81	4,27	5,06	59,76—64,66	7561—7824
2. Obere Flammkohlen	4,83	6,65	70,24	79,32	4,55	5,13	51,81—68,93	7309—8261
3. Untere Flammkohlen	3,57	5,17	74,09	81,16	4,91	5,37	56,38—63,95	7595—8265
4. Fettkohlen	2,06	5,04	78,75	84,74	4,99	5,36	59,46—71,22	8053—8786

2. Gesinterte Sandkohle: Feinsandig, fest gesintert, nur in der Mitte locker.

3. Sinterkohle: Schwarz, überall fest gesintert.

4. Backende Sinterkohle: Grau und fest, knospenartig aufbrechend.

5. Backkohle: Glatt, metallglänzend und fest.

Diese Kohleneinteilung nimmt keine Rücksicht auf die Koksausbeute, so daß z. B. die Klasse 1 sowohl Anthrazit mit 90% Koksausbringen (und 2—3% O), als auch schottische Splintkohle mit 55% Koksausbringen (und etwa 15% O) umfaßt.

Über die makroskopischen Gemengteile von verschiedenen Saarkokskohlen hat H. Hoffmann[1] eingehende Untersuchungen angestellt, auf welche hingewiesen sei; die wichtigsten Ergebnisse dieser Untersuchungen sind zusammengefaßt die folgenden:

	% Asche	% flüss. Bestandteile	Spez. Gew. 15° C	Koksvolumen cm^3
Fusit[2]	1,0—8,0	9,0—18,0	1,416—1,665	0,60— 0,70
Vitrit	0,4—2,2	27,2—36,3	1,271—1,394	3,20—17,30
Clarit	0,7—11,0	32,4—46,6	1,233—1,369	2,00— 5,30
Durit	0,3—45,0	29,0—62,0	1,210—1,689	0,59— 2,90

In diesem Zusammenhang seien ähnliche Versuche erwähnt, die W. Rittmeister mit Ruhrkohlen angestellt hat[3].

Die Untersuchungsergebnisse einer Kokskohle von der Zeche Neumühl, Flöz Mathias, sind in folgender Tabelle zusammengestellt:

	Vitrit	Durit	Fusit	Durchschnittsprobe
Tiegelverkokung.				
Koks . . . . %	73,2	77,7	85,5	77,6
Flüchtige Bestandteile . . . . . %	26,1	21,8	14,1	21,7
Hygr. Wasser . . . . %	0,7	0,5	0,4	0,7
Asche . . . . %	0,8	1,3	10,8	11,3
Reinkohle . . . . %	98,5	98,2	88,8	88,0

[1] Glückauf 1928, S. 1237 u. 1273.

[2] Zu den Bezeichnungen vgl. Potonié, R.: Glückauf 1926, S. 1560.

[3] Eigenschaften und Gefügebestandteile der Ruhrkohlen. Glückauf 1928, S. 589 u. 624.

	Vitrit	Durit	Fusit	Durchschnittsprobe
Destillation nach Bauer.				
Koks . . . . %	78,90	81,34	84,94	80,26
Gas (0°, 760 mm, trocken, ohne CO_2, H_2S, C_6H_6, Luft) . . . . . m^3/t	301	279	186	264
Ammoniak . . . . %	0,43	0,38	0,12	0,35
Flüchtiges Ammoniak als Sulfat . %	1,60	1,42	0,14	1,24
Gebundenes Ammoniak als Sulfat %	0,06	0,05	0,31	0,11
Gesamtammoniak als Sulfat . . %	1,66	1,47	0,45	1,25
Teer . . . . %	2,61	1,86	0,44	2,33
Gaswasser . . . . %	5,07	4,54	4,31	5,07
Kohlensäure . . . . %	1,05	0,79	2,93	1,20
Schwefelwasserstoff . . . . . . %	0,11	0,11	0,07	0,21
Rohbenzol . . . . %	0,96	0,87	0,29	0,77
Gas (Unterschied) . . . . . . %	10,87	10,19	6,90	9,81
Zusammensetzung des Destillationsgases (ohne CO_2, H_2S, C_6H_6, Luft).				
H . . . . %	63,8	61,3	64,2	63,6
CH_4 . . . . %	28,2	29,2	20,8	27,8
CO . . . . %	4,4	4,6	12,9	5,0
CnH_2n . . . . %	2,5	2,9	0,8	2,6
N . . . . %	1,1	2,0	1,3	1,0
Oberer Heizwert des Gases (0°, 760 mm) . . . . k/cal	5140	5225	4455	5129
Unterer Heizwert des Gases (0°, 760 mm) . . . . k/cal	4537	4619	3934	4529
Heizwertzahl (obere)	1547	1457	829	1354
Auf Reinkohle umgerechnet.				
Gasmenge . . . . m^3/t	306	284	209	300
Ammoniak . . . . %	0,44	0,39	0,14	0,40
Teer . . . . %	2,65	1,89	0,50	2,61
Benzol . . . . %	0,97	0,89	0,33	0,88
Heizwertzahl	1570	1484	934	1538

Hinsichtlich der Verkokbarkeit der Gefügebestandteile von bituminösen Streifenkohlen des Ruhrbezirks stellt R. Kattwinkel[1] fest, daß die Glanzkohlenstreifen Vitrit und Clarit sich dadurch unterscheiden, daß Vitrit eine viel größere Bakfähigkeit besitzt als Clarit, während Durit und Fusit keine Backfähigkeit besitzen.

Die sächsischen Steinkohlenvorkommen zeigen durchweg Kohlen, welche nach ihrer Zusammensetzung den Gasflammkohlen des Ruhrgebiets nahestehen. F. Foerster und R. Hühnerbein haben interessante Beiträge zur Kenntnis der sächsischen Steinkohlen geliefert[2], auf welche hiermit aufmerksam gemacht sei.

Die Fähigkeit des Backens einer Kohle ist ein Problem, das trotz vieler Mühen, die auf seine Lösung verwendet wurden, immer noch auf seine endgültige Lösung wartet. Nach der Ansicht vieler Forscher auf dem Gebiet der Kohlenchemie hängt diese Fähigkeit von dem Grad

[1] Glückauf 1928, S. 64 u. 79. [2] Br. Chemie 1921, S. 33 u. 65; 1923, S. 369.

der Schmelzbarkeit einer Kohle ab, d. h. der Eigenschaft beim Erhitzen zu erweichen und teigartig zu werden. Diese Eigenschaft läßt sich vom schwächsten Erweichen bis zum vollständigen Schmelzen mit und ohne Volumenvergrößerung beobachten, und zwar in der Weise, daß die Steinkohle nicht partiell, sondern als Ganzes schmilzt, so wie Zucker und andere Kohlenhydrate, und wie dieser beim starken Erhitzen eine tiefgreifende Zersetzung erleidet unter Bildung sich verflüchtigender Dämpfe und brennbarer Gase, sowie unter Hinterlassung eines kohlenstoffreichen, geschmolzenen Rückstandes. Man spricht also von einer blähenden Kohle, wenn dieselbe beim Verkoken einen lockeren, schaumigen, stark aufgetriebenen Koks ergibt. Mit der Schmelzbarkeit wird also die Aufblähung der Steinkohle in Beziehung gebracht, indem der Aufblähungsgrad von der größeren oder geringeren Schmelzbarkeit, d. h. der größeren oder geringeren Dünnflüssigkeit der schmelzenden Kohle und dem früher oder später stattfindenden Erstarren derselben abhängt. Kohlen, welche schwer schmelzen, befinden sich nach dieser Ansicht in einem zähflüssigeren Zustande als leicht schmelzbare Kohlen, und die sich entwickelnden Gase treiben die erweichte Substanz auf, wobei die Wandungen der so entstehenden Hohlräume, zumal die Masse leichter und früher erstarrt, zäh und fest genug werden, um nicht wieder zusammenzusinken, im Gegensatz zu leicht schmelzbaren Kohlen, deren flüchtige Bestandteile beim Erhitzen leicht entweichen, so daß die dünnflüssige Masse nur eine geringe oder gar keine Aufblähung erfährt. Diese Aufblähung der Steinkohle vergleicht Jüptner[1] treffend mit der Gärung, welche die Hefe im Teig verursacht. Ein zu dünner Teig geht nämlich nicht auf, weil die gebildeten Gasblasen bald platzen und den Teig wieder zusammensinken lassen. Weniger dünner und daher zäherer Teig bietet den Gasblasen mehr Widerstand, es entstehen Höhlungen, aus welchen das Gas entweder nicht entweichen kann, oder deren zähere Wandungen bei endlichem Platzen nicht wieder zusammensinken. So ist es auch bei manchen Kohlen, die bei verschiedenen Temperaturen die gleiche oder auch eine sehr verschiedene Aufblähung erfahren können. Was den Einfluß der Temperatur auf die Aufblähung anbetrifft, so ist im allgemeinen die Aufblähung um so stärker, je niedrigere Erhitzung stattfindet, und umgekehrt.

Im Gegensatz hierzu steht die Ansicht von Wedding[2], welcher einwendet, daß von einer Schmelzbarkeit der Kohle überhaupt nicht die Rede sein könne. Kohlenwasserstoffe seien allerdings zum Teil schmelzbare Stoffe, aber in der hohen Temperatur der Verkokungsöfen könne auch bei diesen nur von einem vorübergehenden flüssigen Aggregat-

[1] Die Heizstoffe 1890.
[2] Wedding: Grundriß der Eisenhüttenkunde. 4. Aufl., S. 56.

zustande die Rede sein. Vielmehr sei der Vorgang des Backens so zu erklären, daß die Kohlenwasserstoffe bei höherer Temperatur Kohlenstoff ausscheiden ($C_2H_4 = C + CH_4$), welcher sich in äußerst feinen Teilen, Haarröhrchen bildend, absetzt; diese Capillaren verzweigen sich dann derart miteinander, daß einzelne getrennte Stücke zusammenwachsen und ein mehr oder minder geflossenes Aussehen, infolge der feinen Verteilung jenes abgesetzten Kohlenstoffes, erhalten[1]. Während die Backkohle diese Eigenschaft im höchsten Grade zeigt, vereinigen sich bei der Sinterkohle nur die nahegelegenen Teile eines und desselben Stückes, und bei der gasreichen Sandkohle wie beim gasarmen Anthrazit gelingt selbst dies nicht mehr, sondern die Kohlen zerspringen und geben Kokspulver. Daß man in den scheinbar geflossenen, aber im wesentlichen aus feinem Kohlenstoff bestehenden Kokshaaren oft Wasserstoff und Sauerstoff nachweisen könne, liege in der praktischen Unvollkommenheit der Zersetzung begründet.

O. Rau[2] schließt sich dieser Ansicht Weddings im allgemeinen an und faßt den Vorgang des Backens wie folgt auf:

Das Backen erfolgt durch Zersetzung von Teerbestandteilen innerhalb der Kohlenmasse unter Abscheidung von Kohlenstoff oder hochkohlenstoffhaltigen, schwer schmelzbaren Verbindungen. Diese Abscheidungen lagern sich zwischen die Kohleteilchen (Verkokungsnaht Hilgenstocks) und bewirken die Verkittung, das Backen. Beim weiteren Erhitzen werden dann diese Abscheidungen ebenso wie die übrige Kohlensubstanz weiter entgast, wobei die Verbindung nicht aufgehoben, sondern noch mehr gefestigt wird (garer und ungarer Koks). Deshalb backen alte Kohlen, mit über 90% Koksausbeute, überhaupt nicht, weil sie derartige Teerbestandteile nicht genügend enthalten. Ebenso backt keine Kohle bei genügend langsamer Erhitzung, weil die entstehenden zersetzbaren Teerbestandteile dann Zeit haben, unzersetzt zu entweichen; wird dagegen das Intervall 200—500° genügend schnell durchlaufen, so werden die entstehenden Teerbestandteile noch innerhalb der Kohlenmasse von ihrer Zersetzungstemperatur ereilt, und es tritt Backen der Kohle ein. Daß junge Steinkohlen, Flamm- und Gaskohlen von 50 bis 70% Koksausbeute weniger backen als Fettkohle von 70—85%, trotzdem sie mehr Teer geben, hat zwei Ursachen. Einmal geben sie mehr Gas und schon bei niedrigerer Temperatur ab als Fettkohle; ihre Entgasung verläuft in der Backperiode viel stürmischer, und dadurch wird der Koks schaumiger und weniger fest. Zweitens enthalten diese Kohlen viel mehr Sauerstoff, auch im Teer; der Sauerstoffgehalt des Teers sinkt nach Börnstein[3] von 21% bei Holz, auf 7% bei Flammkohle von 63 % Koksausbeute, auf 4—5 % bei Gaskohle von 68—70%

[1] Stahl und Eisen 1910, S. 1240. [2] Stahl und Eisen 1910, S. 1240.
[3] G. u. W. F. 1906, S. 627, 648, 667.

und auf 2—3% bei Fettkohle von 77—83% Koksausbeute. Je höher aber der Sauerstoffgehalt des Teeres ist, um so weniger kohlenstoffreiche Abscheidungen wird er geben; deshalb backen auch oxydierte Kohlen nicht. Nach dieser Auffassung müssen alte Kohlen mit hoher Koksausbeute in heißgehenden schmalen Öfen schnell erhitzt werden, um genügende Backung zu erzielen, dagegen müssen gasreiche Kohlen in breiten Öfen langsam erhitzt werden, um die Gasentwicklung zu verzögern.

Von den Einwendungen gegen die Schmelzbarkeitstheorie erscheint der Hinweis auf die Nichtschmelzbarkeit des Kohlenstoffs unbegründet, indem die Auffassung, daß die Steinkohle als ein Gemenge von reinem Kohlenstoff mit nicht näher bekannten organischen Verbindungen anzusehen sei, längst als ein Irrtum erkannt ist. Wäre freier Kohlenstoff in der Steinkohle vorhanden, so müßte z. B. bei Behandlung der Steinkohle mit Salpetersäure der als solcher schwer angreifbare Kohlenstoff zurückbleiben, was bekanntlich nicht zutrifft; der Rückstand ist zwar kohlenstoffreich, enthält aber auch Wasserstoff und bildet nach Guignet[1] ein Gemenge von nitrierten Produkten mit humusartigen Substanzen. Die Vertreter und Anhänger der Schmelzbarkeitstheorie halten daher auch die Annahme von der Existenz freien Kohlenstoffs in der Steinkohle für nicht angängig und mit der modernen Chemie unvereinbar, betrachten statt dessen die Steinkohle als ein Gemenge fester, aber kompliziert zusammengesetzter Verbindungen, die in der Hauptsache aus Kohlenstoff, Wasserstoff und Sauerstoff bestehen. Übrigens ist es wahrscheinlich, daß der Kohlenstoff nicht unschmelzbar ist, doch sind die Ansichten der verschiedenen Forscher über diesen Punkt noch nicht einheitlich; vielleicht liegt der Schmelzpunkt bei etwa 3500°, also der höchsten Temperatur der Kohlenelektroden im elektrischen Flammbogen.

O. Rau[2] erkennt ebenfalls eine Zersetzung der Kohle unter Bildung flüssiger Bestandteile an, sagt aber, wenn manche gasreichen und bituminösen Kohlen, fein gepulvert im Platintiegel erhitzt, sich beweglich und ausgießbar wie eine Flüssigkeit zeigten, so rühre dies daher, daß sich

[1] Vgl. hierzu La Rosa, M.: Ann. Physik 1911, S. 95, C. 1911, Bd 2, S. 1202; Ann. Physik 1912, S. 783, C. 1912, Bd 1, S. 550; ferner Lummer, O.: Verflüssigung der Kohle und Herstellung der Sonnentemperatur, Braunschweig 1914, sowie dazu La Rosa, M.: C. 1918, Bd 2, S. 9. Weiter Borchers, W.: Stahl und Eisen 1895, S. 404, C. 1895, Bd 1, S. 1125; Z. Elektrochem. Bd 2, S. 163, Bd 3, S. 215, C. 1897, Bd 1, S. 850; ferner Gmachl-Pammer, J.: Mh. Chem. Bd 41, S. 467 (1920), C. 1921, Bd 3, S. 207; Ryschkewitsch, E.: Z. Elektrochem. Bd 27, S. 57 u. 445; dazu Munch, S.: Z. Elektrochem. Bd 27, S. 367; ferner Thiel, A., u. F. Ritter: Z. anorg. u. allg. Chem. 1923, S. 153; sowie die DRP. Nr 342020, Kl. 12i von O. Lummer, betreffend Verflüssigung von Kohlenstoff im elektrischen Flammbogen, und DRP. Nr 430671, Kl. 12i der I. G. Farbenindustrie AG betreffend Schmelzen von Kohlenstoff im elektrischen Strom von hoher Stromstärke.

[2] l. c.

um jedes Kohleteilchen eine Gashülle bilde, welche die Reibung herabsetze[1].

O. Simmersbach[2] tritt der Auffassung von Rau entgegen. Er führt folgendes an: Davon, daß die Kohle beim Verkoken in einen teigigen bis flüssigen Zustand übertritt, kann sich jeder überzeugen, der Kokskohle auf dem Schmiedefeuer brennt, wo diese Erscheinung zu dem sogenannten Kleben und Fädenziehen der Kohle führt.

Auch das starke Blähen mancher Kohlen bis auf ein Mehrfaches ihres Volumens kann durch die Bildung einer plastischen, zähflüssigen Schmelze zu erklären sein. Ferner sieht er einen Beweis für die Richtigkeit der Schmelzbarkeitstheorie in Abb. 2[3], die rechts eine nierenförmige Masse zeigt, die bei einem Verkokungsversuche von Parr in einer Hülse durch Andrücken eines Kolbens durch Löcher der Hülse herausgequetscht wurde[4].

Abb. 2 Nierenförmiger Kohlenschmelzfluß.

O. Simmersbach erhebt noch eine Reihe von weiteren Einwänden gegen die Kohlenstoff-Ausscheidungstheorie von Wedding und meint, daß auch der Verlauf des Verkokungsprozesses zu ihr in direktem Gegensatz stehe, indem die zur Abscheidung des Kohlenstoffes aus den schweren Kohlenwasserstoffen erforderliche Temperatur weit höher als 600° liegt, wo schon die Umbildung der Kohlenmasse in die feste Kokssubstanz stattgefunden hat, während die Entgasung noch nicht beendet ist. Das unterschiedliche Verhalten der verschiedenen Kohlenarten bei der Verkokung glaubt O. Simmersbach durch die verschiedene Größe des Moleküls der Kohlensubstanz erklären zu können, dasselbe sei z. B. bei der Steinkohle anders beschaffen als bei der Braunkohle, und seine Besonderheit äußere sich in der Schmelzbarkeit und in der Beschaffenheit des Koksrückstandes[5]. Demgemäß seien auch die aus Steinkohlenkoks, Braunkohlengrude, Holzkohle und Ruß durch chemische Behandlung rein darstellbaren Kohlenstoffarten untereinander

[1] Vgl. auch Nordensköld: Oefv. af kgl. Vetenskaps, Akad. Förnhandl. 1901, S. 509.
[2] Kokschemie, 2. Aufl., S. 30. [3] Vgl. Kokschemie, 2. Aufl., S. 31.
[4] Vgl. Simmersbach, O.: Die Verkokung der Steinkohle bei niederer Temperatur. Berg- u. Hüttenm. Rdsch., Oktober 1913.
[5] Vgl. Donath., E.: Z. d. Oberschl. Berg- u. Hüttenvereins, Oktober 1894.

in chemischer Beziehung verschieden. Für diese Auffassung sprächen die verschiedene Brennbarkeit der Brennstoffe, ihre verschiedene Widerstandsfähigkeit gegen heiße Gebläseluft und die verschiedene Angreifbarkeit durch Kohlendioxyd.

Schließlich stellte O. Simmersbach folgende Hypothese auf[1]:

1. In der Steinkohle gibt es mehrere Kohlenstoffspielarten, wahrscheinlich deren zwei, z. B. in der Backkohle ein anderes Molekül als in der nicht backenden Sandkohle; beide Kohlenstofformen können nebeneinander bestehen, und je nach dem Übergewicht des „Back"-Kohlenstoffmoleküls vor dem „Sand"-Kohlenstoffmolekül und vice versa haben wir zwischen der backenden Sinterkohle und der gesinterten Sandkohle zu unterscheiden.

2. Die Kohlenstoffmodifikationen können bei ein und derselben Kohlenart unter bestimmten Voraussetzungen ineinander übergehen; z. B. kann sich das „Sand"-Kohlenstoffmolekül bei entsprechend hoher Temperatur und geeignetem Druck mehr oder minder in das „Back"-Kohlenstoffmolekül umwandeln, während dieses durch Oxydation und bei niederer Temperatur seine Größe und Struktur verändert und die des „Sand"-Kohlenstoffmoleküls anzunehmen vermag, so daß dann eine backende Steinkohle durch Überhandnehmen des „Sand"-Kohlenstoffs die Eigenschaft zu backen verlieren kann.

Ein Vergleich zwischen den Theorien von Simmersbach und Wedding fällt nach der Ansicht des Verfassers doch wohl zugunsten derjenigen von Wedding aus, schon deshalb, weil ja bekanntlich in der Kohle überhaupt keine freien Kohlenstoffmoleküle vorhanden sind und sich vielmehr erst bei der Koksbildung Kohlenstoff bzw. Graphit ausscheidet.

Ähnlich wie Simmersbach sieht auch Le Chatelier[2] das Zusammenbacken der Kohle unter dem Einfluß der Wärme als die Folge einer Erweichung an, die bei einer Temperatur von 350—400° vor sich geht. Diese Temperatur sei für alle Steinkohlenarten die gleiche, und nur der Grad der Erweichung schwankt von einer zur anderen. Wahrscheinlich seien alle Steinkohlensorten Gemenge derselben chemischen Verbindungen in verschiedenen Mengenverhältnissen, und eine dieser Verbindungen scheine ein ziemlich hoch schmelzender Körper zu sein. Diese Auffassung von Le Chatelier deckt sich mit der von Muck aufgestellten Theorie, wonach ebenfalls die Fähigkeit des Backens einer Kohle von ihrer Schmelzbarkeit abhängt. Die Schmelzbarkeit werde aber durch eine verschiedene Anordnung der Kohlenstoffmoleküle im Kohlenstoffgerüst der Kohle bedingt[3]. Die Strukturformel einer

[1] Stahl und Eisen 1904, S. 446; vgl. auch Stahl und Eisen 1914, S. 108.
[2] Vom Kohlenstoff, S. 73. [3] Chemie der Steinkohle, 2. Aufl., S. 142 u. 150.

Kohle von der Zusammensetzung C = 90,05%, H = 4,22%, O = 5,73% entsprechend der Formel $C_{21}H_{12}O$ könnte man sich wie folgt vorstellen:

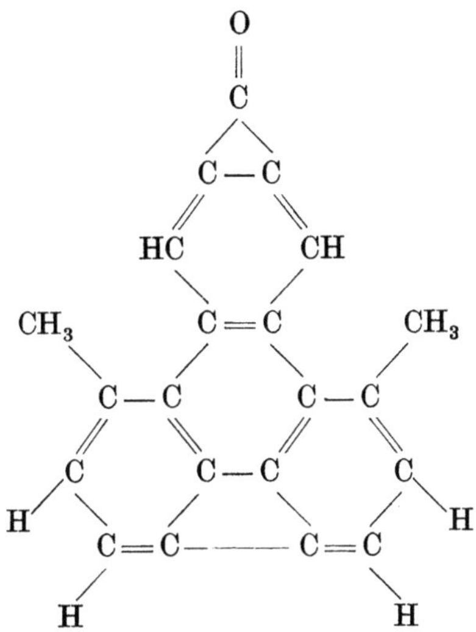

Es handelt sich also um ein Kohlenstoffgerüst, welches aus einem Kohlenstoff-„Kern" und angelagerten Kohlenwasserstoffgruppen besteht, dem ferner Wasserstoff- und Sauerstoffatome lose angeheftet sind. Nach Muck wird bei gelinder Erhitzung der Kohle der Kohlenstoff des „Kerns" nicht durch Oxydation angegriffen, sondern nur der Kohlenstoff, welcher in Form von Kohlenwasserstoffgruppen dem Kern beigefügt ist; es beteiligen sich also danach bei gelinder Erhitzung nur die extraradikalen Atome oder Atomgruppen an der Zersetzung, beim Verkokungsprozeß aber das Radikal, der „Kern" ebenfalls.

F. Simmersbach[1] wies auf eine gewisse Analogie zwischen dem Prinzip der Krystallisation und demjenigen der Backfähigkeit der Kokskohle hin. Er bezog sich dabei auf Kossmann[2], worin es hinsichtlich der Ankettung und molekularen Angliederung der Kohlenstoffatome heißt, daß erstens in Verbindungen höherer Valenz mittels Erhöhung der Wärmetönung (Verbindungswärme) die Atome in engere Bindung derart versetzt werden, daß Atomgruppen von größerem Volumen und geringerer Valenz entstehen und daß zweitens die Überführung einer chemischen Substanz in eine Abänderung bei höherer Wärmetönung mit Umlagerung der Atome im Molekül verbunden sei und eine chemische Veränderung in dem Sinne stattfände, daß eine Verminderung der Valenz einträte und die chemische Affinität wachse, und drittens, daß

[1] Stahl und Eisen 1898, Nr 14.
[2] Gruppierung der Atome. Berg- u. Hüttenm. Ztg 1889, Nr 10.

mit zunehmender Wärmetönung eine polare Anordnung der Atome innerhalb des krystallisierenden Moleküls entstehe.

Ferner betont er hierbei die Ansicht A. Turners[1], daß auf der polaren Gestaltung der Moleküle, der Vermehrung ihrer Pole als stetigen Anlagerungspunkten das Prinzip der Krystallisation beruhe[2].

Die obenstehende Formel von Muck sowohl wie auch die Annahme von F. Simmersbach von einem Zusammenhang zwischen dem Krystallisationsprinzip und der Backfähigkeit können zur Erklärung des Verkokungsvorganges kaum ernstlich herangezogen werden.

In diesem Zusammenhang seien noch die Forschungen von Bone und Coward[3] erwähnt, welche feststellten, daß der bei dem Verkokungsprozeß aus dem Methan abgeschiedene Kohlenstoff sich wesentlich von dem aus Äthan, Äthylen und Acetylen unterscheide, indem er hart und glänzend aussehe gegen die matte und weiche Art, die aus den anderen drei Gasen in gleicher Weise erhalten wird.

O. Simmersbach[4] hat durch das Ergebnis seiner Untersuchungen diese Beobachtungen bestätigt gefunden, worauf später noch zurückgekommen wird.

Parr und Olin[5] äußern sich dahin, daß in der Kohle irgendwelche Körper enthalten sein müssen, durch welche die Backfähigkeit bedingt ist, und daß die Temperatur, bei welcher sich diese Körper zersetzen, oberhalb des Schmelzpunktes liegen müsse. Wenn diese Verbindungen ungesättigt sind, so sei es möglich, sie zu oxydieren und dadurch die Zersetzungstemperatur soweit zu erniedrigen, daß die Zersetzungstemperatur der Körper unterhalb des Schmelzpunktes falle und eine Verkokung dann nicht mehr eintrete.

Die genannten Autoren verweisen auf das Verhalten von Saccharose, welche einen ziemlich niedrigen Schmelzpunkt hat, der gerade unter der Zersetzungstemperatur liegt. Wenn dieser Punkt erreicht ist, werden Gas und Dämpfe entwickelt, bis schließlich eine Koksmasse zurückbleibt. Wenn andererseits Stärke in ähnlicher Weise erhitzt wird, tritt sofort Zersetzung ein, es bleibt aber nicht eine feste zusammenhängende Masse zurück, sondern nur leicht gefrittete Kohleteilchen; ebenso verhält es sich bei reiner Cellulose; Holz dagegen, das nicht zu fein zerkleinert ist, weist genügend harzige Bestandteile auf, um die Kohlenfäden, welche durch die Zersetzung entstehen, aneinander zu kitten; es beruhe dies auf der Tatsache, daß diese Harzarten einen Schmelzpunkt unterhalb ihres Zersetzungspunktes haben und so eine

[1] Das Problem der Krystallisation, Leipzig 1897.

[2] Es sei ferner auf die Arbeit von Lehmann, O.: Flüssige Krystalle, Moleküle und Lebewesen Prometheus Bd 25, H. 1, S. 2 (1913) hingewiesen.

[3] Inst. of Gas Eng. Vortrag 17. Juni 1908; vgl. C. 1908, Bd 2, S. 763.

[4] Kokschemie, 2. Aufl., S. 114.

[5] Bull. Univ. Illinois Nr 60; vgl. Stahl und Eisen 1913, S. 488.

bindende Kohlenschicht durch die ganze Masse hindurch bilden. Auf diese Weise entsteht eine Art Verkokung, welche als Endprodukt die Holzkohle liefert. Nach Ansicht von Parr und Olin stellt „Bitumen“ das Bindemittel bei der Verkokung dar. Unter „Bitumen“ sind dabei die harzigen Abbauprodukte der ursprünglichen vegetabilischen Substanz verstanden, welche durch geologische Einflüsse verändert und zersetzt wurden. Ihre Anwesenheit in der Kohle ist nach Parr begründet durch folgende Tatsachen:

1. Es sind in der Kohle oxydische Bestandteile vorhanden, welche durch gewisse Lösungsmittel extrahiert werden können.

2. Diese extrahierbaren Bestandteile sind ungesättigt und verbinden sich leicht mit Sauerstoff.

3. Sie sind abdestillierbar bei niedriger Temperatur, und die entstehenden Destillate sind durch dieselbe Affinität zu Sauerstoff gekennzeichnet.

4. Werden sie extrahiert, so zeigen sie einen ziemlich genau definierbaren Schmelzpunkt (Erweichungspunkt), welcher unter ihrer Zersetzungstemperatur liegt.

Zur weiteren Klarstellung der Wirksamkeit des Bitumens extrahierte Parr diese Kohle mit Phenol und zerlegte sie hierbei in zwei Hauptteile: In den Celluloserückstand und in die bituminösen Bestandteile.

Die Eigenschaft des Erweichens geht vollständig verloren, wenn die Kohle in feinverteilter Form der Luft ausgesetzt wird, oder in gröberer Form längere Zeit an der Luft liegt, so daß sie sich mit Sauerstoff sättigen kann. Bei der Braunkohle bringt nach Parr die Abwesenheit von Bitumen oder eine langausgedehnte Oxydation — wie sie stattgefunden haben mag — den Mangel der Verkokungsfähigkeit mit sich.

Die Ansichten von Parr und Olin über die Verkokungsfähigkeit der Kohle werden durch eine Abhandlung von Lewes[1] in gewisser Hinsicht gestützt. Lewes nimmt das Vorhandensein von vier Typen der Zersetzungsprodukte in der Kohle an, die alle von zwei Vegetationsformen herrühren:

1. aus Cellulose oder Holzsubstanz,

2. aus harzigen Pflanzenprodukten, wie z. B. den Sporen der Bärlappgewächse.

Die erste Vegetationsform, die Cellulose, hat die Kohlebestandteile vom Charakter der Humussäuren hervorgebracht, während die harzigen Bestandteile drei andere Typen ergaben:

1. Harzige Bestandteile mit nur geringen Veränderungen.

2. Isomere mit nur geringen Veränderungen der Zusammensetzung, und

---

[1] Progressive Age, S. 1030, 15. Dez. 1911.

3. Zersetzungsprodukte der harzigen Bestandteile, hervorgerufen durch die Einwirkung von Wärme und Druck. Sie bestehen aus einer langen Reihe von gesättigten, ungesättigten und aromatischen Kohlenwasserstoffen.

Diese Abbauprodukte des ursprünglichen Pflanzenwuchses befinden sich nach Lewes sämtlich in der Fettkohle.

Die Untersuchungen von O. Boudouard[1] erstreckten sich auf englische, französische und belgische Steinkohlen sowie auf Braunkohle und beschäftigen sich hauptsächlich mit dem Einfluß der Humussäure auf die Backfähigkeit, nämlich in dem Sinne, daß zwischen der Verkokungsfähigkeit der Brennstoffe und der Abwesenheit der Humussäure in ihnen eine gewisse Beziehung zu bestehen scheint.

Durch Behandlung der Kohlen mit einem energischen Oxydationsmittel, ferner durch Einwirkung alkalischer Laugen auf die oxydierten Kohlen wurde die Anwesenheit der Humussäure gesteigert, bis die Steinkohlen schließlich ihr Verkokungsvermögen verloren.

Ähnlich wirken auch Kalilauge und konzentrierte Schwefelsäure sowie das Schweitzersche Reagens[2].

Da die Humussäure in den verkokungsfähigen Kohlen ursprünglich nicht vorhanden war, da ferner ihre Gegenwart sich immer in diesen Kohlen nach der Oxydation und, nachdem sie ihr Verkokungsvermögen verloren hatten, feststellen ließ, suchte Boudouard den Ursprung dieser Säure in den Kohlehydraten, speziell in der Cellulose. Nach ihm scheinen besonders die Wirkungen des Schweitzerschen Reagens darauf hinzudeuten, daß das Backvermögen der Steinkohlen auf die Gegenwart von cellulosehaltigen Stoffen zurückzuführen ist. Ein Zusatz von Essigsäure zu solchen Kupferlösungen, die von der Behandlung der natürlichen Kokskohle mit dem Schweitzerschen Reagens herrühren, erzeugt einen geringen Niederschlag eines flockigen Stoffes von grauer Farbe, der der Einwirkung konzentrierter Säuren, Alkalien und organischer Lösungsmittel widersteht, also die Kennzeichen der Cellulose besitzt. Ferner läßt sich in den Oxydationsprodukten der Kohle mit Salpetersäure und in den Produkten der Behandlung mit wäßriger Kalilauge Oxalsäure feststellen. Salpetersäure oxydiert die Cellulose ohne Oxalsäurebildung; Kalilauge wandelt die Cellulose in Oxalsäure und Methylalkohol um. Die Kupferlösungen, die aus der Oxydation der Kohle herrühren, geben mit Essigsäure keinen Niederschlag, und die Aschen dieser Kohlen enthalten nach Behandlung mit dem Schweitzerschen Reagens stets in beträchtlicher Menge Kupfer in Form von humussaurem Kupfer.

Die Tatsache, daß Anthrazit sich nicht verkoken läßt, erklärt Boudouard dadurch, daß diese Kohle eine vorgeschrittene Phase der

[1] C. r. 1909, S. 284 u. 348. [2] Kupferoxydammoniak.

Umwandlung von Vegetabilien darstellt und keine Stoffe cellulosischen Ursprungs, die in Zersetzung begriffen sind, mehr enthält. Tatsächlich ist es unmöglich, die Gegenwart von Humussäure in den natürlichen oder oxydierten Anthraziten festzustellen, während andererseits eine geringe Menge Humussäure genügt, um einer Kohle die Verkokungsfähigkeit zu nehmen.

Nach Parr[1] deutet die Vermehrung der Humussäure durch die Oxydation darauf hin, daß der aufgenommene Sauerstoff die harzigen Substanzen angreift, und da Kohlendioxyd und Wasser die Hauptprodukte beim Beginn des Erhitzens von Kohlen sind, so scheint es ihm wahrscheinlich, daß das Resultat auf eine Umsetzung von Harzsubstanz in Humussäure hinauskommt, eine Meinung, der man keinesfalls zustimmen kann. Die Tatsache, daß eine Boghead-Kohle nicht verwittert, führt er teilweise auf ihr dichtes Gefüge zurück und darauf, daß ihre harzigen Bestandteile von anderer Beschaffenheit sind und durch den Luftsauerstoff nicht so leicht angegriffen werden.

In einem gewissen Gegensatz zu den Ausführungen Parrs stehen Untersuchungen[2] von P. Siepmann über die harzigen Bestandteile der Steinkohle.

Zur Untersuchung gelangte westfälische Steinkohle (Zeche Pluto), von folgender Zusammensetzung auf aschereine Kohle berechnet:

$$\begin{aligned} C &= 80{,}31\% \\ H &= \ \ 5{,}50\% \\ O + N &= 12{,}94\% \\ S &= \ \ 1{,}25\% \end{aligned}$$

Siepmann isolierte aus der Kohle durch Behandeln mit Äther, Alkohol und Chloroform drei in Eigenschaften und Zusammensetzung verschiedene Körper.

Mit Äther ließen sich aus der Kohle bei völliger Erschöpfung bis 0,3% eines Extraktes gewinnen, der nach dem Verdunsten des Lösungsmittels ein nicht ganz erhärtendes, gelbbraunes, angenehm aromatisch riechendes Harz darstellt; dasselbe löste sich nicht wieder vollständig in Äther auf. Der gereinigte Ätherauszug war bei gewöhnlicher Temperatur teigig, weich und schon bei 35° dünnflüssig. Zersetzung begann beim Erhitzen über 100°.

Nach Entfernung des Äthers aus der Kohle wurde mit Alkohol extrahiert, wobei die Extraktausbeute 0,25% betrug. Beim Abdestillieren des Lösungsmittels blieb ein dunkelbraunes Harz zurück, welches beim Zerreiben ein hellbraunes Pulver lieferte. Der angenehm aromatisch riechende Körper schmolz zwischen 48 und 50°. Zersetzung trat erst über 100° ein.

[1] Z. Berg-, Hütten- u. Salinenwes. 1891, daraus i. Chem. Ztg 1891, Rep., S. 86.
[2] Z. Berg-, Hütten- u. Salinenwes. 1891, S. 26.

Bei der Behandlung der Kohle mit Chloroform nach vorangegangener Extraktion mit Äther und Alkohol wurden bis zu 0,75% einer dunkelbraunen, pechglänzenden Masse von schwachem Geruche nach Steinkohlenteer erhalten. Bei 90° begann Zusammensinterung des braunen Pulvers, bei 85° vollständige Schmelzung. Zersetzung begann beim Erhitzen auf 145°.

Nach vollkommener Extraktion mit den genannten Lösungsmitteln führte die Analyse der Kohle zu nachstehenden Werten auf aschefreie Substanz berechnet:

$$C = 74{,}00\%$$
$$H = 7{,}47\%$$
$$O + N = 20{,}09\%$$
$$S = 1{,}14\%$$

Siepmanns Versuche über den Einfluß dieser löslichen harzartigen Bestandteile auf die Schmelzbarkeit der Kohle ergaben folgendes:

Die nicht extrahierte Kohle mit 80,31° C zeigte eine Tiegelkoksausbeute von 69,94%; der Koks war gut geschmolzen. Beim Vergleich dieser Probe mit der extrahierten Kohle sowohl, als auch mit solcher, welche während der ganzen Extraktionsdauer auf die Siedetemperatur des jeweilig benutzten Lösungsmittels erhitzt war, wies die von dem in Äther löslichen Bestandteil befreite Kohle dieselbe Ausbeute und Schmelzbarkeit auf. Der Koks der während 12 Stunden auf 33 und 50° erhitzten Kohle war ebenfalls von dem ersteren nicht zu unterscheiden. Das gleiche galt in bezug auf Schmelzbarkeit von der Kohle, die vollkommen auch von der im Alkohol ausziehbaren Masse getrennt war, und der während 28 Stunden auf 87,5° erhitzten Kohle. Das Aussehen der beiden letzten Kokse unterschied sich insofern von dem der anderen, als die ersteren silbergrauen Metallglanz zeigten, während die letzteren matt und schwarz waren. Die Koksausbeute der erhitzten Kohle war um einige Zehntel Prozent gestiegen.

Schließlich wurde die vollkommen mit Chloroform ausgezogene Kohle und solche, welche 44 Stunden auf 78,5° erhitzt war, der Verkokung unterworfen und die Rückstände verglichen. Die nicht extrahierte Kohle gab einen wohl geschmolzenen, aber fast schwarz aussehenden Koks von 0,75% höherer Ausbeute, während die mit Chloroform extrahierte Kohle nur Spuren von Sinterung zeigte und eine über 1% höhere Ausbeute lieferte.

Siepmann sieht hiernach einen Einfluß nur derjenigen harzigen Körper auf die Schmelzbarkeit der Kohlen und damit auf ihr Backvermögen, welche in Chloroform löslich sind.

Nach E. Donath[1] rührt das Backen der Steinkohle von pechartigen Produkten der Kohle, sowie andererseits von den Abbauprodukten der

[1] Österr. Z. 1907, S. 132.

Proteinstoffe des ursprünglichen Materials her, deren Mengen mit dem Stickstoffgehalt sowie mit dem Gehalt an organischem Schwefel zusammenhängen, so daß die Summe der beiden auch zum Teil mit der Backfähigkeit in direkter Beziehung steht.

E. Donath[1] stellt sich den Verkokungsvorgang folgendermaßen vor:

„Zunächst kommt bei verhältnismäßig niedriger Temperatur ein Gemisch von Körpern zum völligen Schmelzen, die aus den Abbaustoffen der harzigen und fetten Bestandteile des Urmaterials sowie aus gewissen, durch spätere Polymerisation pechartig gewordenen Produkten der Druckdestillation bestehen.

Diese bei Beginn der Erhitzung bald schmelzenden Körper zersetzen sich ohne Zurücklassen eines kohligen Rückstandes. Die Zersetzungsprodukte wirken auf die Abbaustoffe der Cellulose als Hauptbestandteile der Kohle sowie der der Proteinstoffe chemisch ein, sie gewissermaßen zu einer kohlenartigen Verbindung oder zu einem mehr homogenen Gemisch von Verbindungen verkittend. Bei höherer Temperatur kommen auch die Abbauprodukte der Proteinstoffe zum völligen Erweichen, wobei die Schmelzen abermals verkittend einwirken, und geben bei der späteren völligen Entgasung die feuerbeständigen schwefel- und stickstoffhaltigen Verbindungen, die in jedem Koks anzutreffen sind und deren nähere Zusammensetzung derzeit völlig unbekannt ist."

Die Anhänger der Kohlenstoffausscheidungstheorie einerseits und diejenigen der Schmelzbarkeitstheorie andererseits haben lang und erbittert gegeneinander gekämpft, ohne daß es entschieden wäre, wer den Sieg von beiden davongetragen hat. Es scheint vielmehr, daß dieser Kampf der beiden Theorien einem Sturm im Wasserglas vergleichbar ist, weil sich beide ganz gut vereinbaren lassen, indem nämlich beim Verkokungsvorgang die Kohlen zuerst erweichen, dann schmelzen und schließlich unter Zersetzung kohlenstoffreiche Stoffe ausscheiden, welche verkittend wirken und dem entstehenden Koks die Festigkeit geben.

Man hat früher vermutet, daß die Schmelzbarkeit bzw. die Backfähigkeit einer Kohle in einem bestimmten Zusammenhang stehe mit ihrer prozentischen Zusammensetzung, doch besteht zwischen beiden kein einfaches Verhältnis. Jedenfalls spielt der Wasserstoff- und Sauerstoffgehalt eine viel größere Rolle als der Gehalt an Kohlenstoff. Sehr wasserstoff- und sehr sauerstoffreiche Kohlen schmelzen gar nicht mehr, ebenso nicht sehr wasserstoff- und sauerstoffarme. So backen Anthrazit und diejenigen Kohlenarten, welche den Braunkohlen nahestehen, nicht zusammen, ersteren fehlt diese Eigenschaft wegen des geringen, letzteren wegen des zu hohen Gehaltes an Wasserstoff und Sauerstoff. Es sind

---

[1] Vgl. Stahl und Eisen Bd 1, H. 8, S. 61 (1914).

also den Bestandteilen der backenden Kohlen gewisse Grenzen nach oben und unten gesetzt. Untenstehende Tabelle, veranschaulicht durch die graphische Darstellung in Abb. 3, zeigt nach Brockmann die Reihenfolge der Brennstoffe bezüglich ihrer chemischen Zusammensetzung und Koksausbeute.

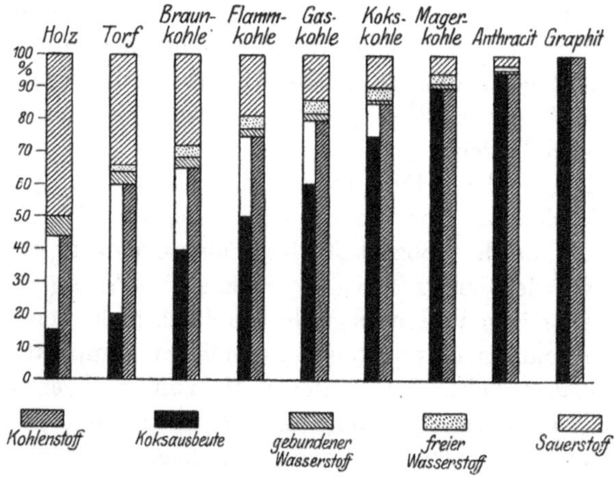

Abb. 3 Chemische Zusammensetzung und Koksausbeute.

Art	C	H	O	freier H	Koks-ausbeute	Spez. Gewicht	Zeit der Bildung
Holz	44	6	50	—	15	0,35	Gegenwart Tertiäer und Kreide
Torf	60	6	34	2	20	0,6	
Braunkohle	65	7	28	3	40	1,00	
Steinkohle:							
a) Flamm-	75	6	19	4	50	1,25	Steinkohlenformation
b) Gas-	80	6	14	4	60	1,30	
c) Koks	85	5	10	4	70—80	1,35	
d) Magerkohle	90	4	6	3	90	1,40	
e) Anthrazit (u. Koks)	95	2	3	$1^1/_2$	95	1,50 (1,90)	
Graphit	100	—	—	—	100	2,00	Silur

Nach dieser Reihenfolge stellt sich heraus, daß die Backfähigkeit gewissermaßen an folgende Grenzen gebunden ist: an 5—6 H, 10 O, 4 freien H und an das spez. Gewicht 1,35.

Als allgemein gültige Regel ist diese Angabe jedoch keineswegs anzusehen.

Man hat zwar versucht, die Backfähigkeit der Kohle und die Beschaffenheit des Kokses mit dem Gehalt an gebundenem H, d. h. mit dem Sauerstoff, in regelmäßige Beziehungen zu bringen, aber diesen Fällen steht eine große Anzahl solcher gegenüber, in welcher bei gleicher Elementarzusammensetzung der Kohlen nicht nur die Koksausbeute, sondern auch die Beschaffenheit des Kokses sich außerordentlich verschieden stellen.

Auch mit dem Gehalt an disponiblem Wasserstoff hängt entgegen der Annahme von Fleck[1] die Backfähigkeit der Steinkohle nicht zusammen, da von Kohlen mit gleichem Gehalt an disp. H tatsächlich eine backend und die andere nicht backend sein kann. E. L. Rhead[2] versuchte die Backfähigkeit der Steinkohle und die Koksbildung mit der Menge des Kohlenstoffs in den organischen Bestandteilen in Beziehung zu bringen, und zwar in der Weise, daß die Backfähigkeit der Kohle in die Erscheinung tritt, sobald der Kohlenstoff etwa 60% der organischen Bestandteile ausmacht, sodann mit der Zunahme dieses Prozentgehaltes wächst und bei ungefähr 70% ihre größte Kraft zeigt, um dann wieder zu fallen und bei etwa 85% ganz verloren zu gehen. Die Schmelzbarkeit der Steinkohle durch ihre chemische Zusammensetzung zu begründen, scheitert daran, daß zwei prozentual ganz gleich zusammengesetzte Kohlen ihrer Konstitution nach doch ganz verschieden sein und sich auch chemisch ganz verschieden verhalten können.

Solche Fälle von Isomerie bestätigen z. B. die folgenden Untersuchungen von Gruner[3].

	I Steinkohle von Denain (des französ. Nordbeckens) %	II Steinkohle aus dem Saarrevier (Duttweiler) %	III Steinkohle von Creuzot %	IV Steinkohle von Ronchamp %
C	83,94	83,82	88,48	88,32
H	4,43	4,60	4,41	4,78
O + N	11,63	11,58	7,11	6,89
	100,00	100,00	100,00	100,00
Koksausbeute	70,5	63,5	80,4	73,0

d. h. also, trotz der übereinstimmenden chemischen Zusammensetzung ergaben sich ganz verschiedene Koksausbeuten.

W. C. Anderson[4] fand folgenden Fall von Isomerie bei britischen Kohlen:

	I Gaskohle Hamilton District	II Upper Drumgray Kohle Airdrie District
C	83,92	83,69
H_2	6,11	6,16
O + Organ. S	8,29	8,36
N	1,68	1,79
	100,00	100,00

[1] Dingler: Polytechn. J. Bd 195, S. 132.
[2] The Iron and Coal Trades Rev, 3. April 1903.
[3] Gruner: Ann. Mines Bd 4, S. 169 (1873). [4] J. Chem. Ind. Bd 12, S. 30 (1899).

Der Analyse nach stimmen beide Kohlen praktisch überein, aber in jeder anderen Beziehung sind sie verschieden. Kohle I läßt sich nicht verkoken, hat muscheligen Bruch und gibt hohe Gasausbeute; Kohle II sieht hellglänzend aus und verkokt sehr gut; auch die Temperaturen, bei denen die Zersetzung beginnt, sowie Form und Zusammensetzung, in der die flüchtigen Bestandteile erscheinen, gehen bei sonst gleichen Versuchsbedingungen bei beiden Kohlen erheblich auseinander.

Schon Le Chatelier[1] hat angenommen, daß ein besonderer Bestandteil der Kohle ausschlaggebend für ihre Schmelzbarkeit und Backfähigkeit sei, und Siepmann[2] hatte mit seinen Extraktionsversuchen schon lange den Weg beschritten, den die moderne Forschung geht, um den oder die Körper, welche die Backfähigkeit der Kohle bedingen, zu isolieren. So hat auch F. Lierg[3] in der Absicht, aus nichtbackenden Steinkohlen durch Zusatz von Steinkohlenpech brauchbaren Koks herzustellen, Versuche unternommen, um denjenigen Bestandteil auszuscheiden, welcher der Träger der Backfähigkeit der Kohle ist. Zu diesem Zweck behandelte er Kokskohle mit Pyridin und untersuchte den erhaltenen Extrakt sowohl wie die extrahierte Kohle auf ihr Verhalten beim Erhitzen. Während die mit Pyridin behandelte Kohle keinerlei Backfähigkeit mehr besaß, zersetzte sich der Pyridinextrakt, ohne zu schmelzen, und ergab einen Koksrückstand von 40%. Lierg vermischte dann den Extrakt mit der extrahierten Kohle und konnte so das Backvermögen der letzteren wieder herstellen. Ferner stellte Lierg aus Steinkohlenpech durch Behandeln mit geeigneten Lösungsmitteln einen Körper dar, von dem ein Zusatz von 20—30% zu Braunkohle dieselbe befähigte, einen gut gebackenen Koks zu liefern. Die Wirkung eines Zusatzes von Pech zu nicht backenden Kohlen wurde noch erhöht, wenn das Pech in gelöster Form zugegeben wurde, wahrscheinlich deshalb, weil dann die Verteilung des Zusatzes eine vollkommenere war. Der sogenannte Pechkohlenstoff erwies sich bei näherer Untersuchung als ein Gemenge von hochmolecularen Kohlenwasserstoffen, das überhaupt keinen oder doch nur Spuren von freiem Kohlenstoff enthielt.

Strache und Lant[4] erwähnen, daß ein Verfahren, das auf ähnlicher Grundlage beruht wie die Versuche von Lierg, bereits in der Praxis ausgeübt wird; zur Verkokung gelangt ein Gemisch von Anthrazitgrus und Steinkohlenteerpech. Das Produkt heißt Anthrakohle. Nach diesen Autoren soll ein Verfahren von Baille-Barelle eine ähnliche Wirkung haben; nach demselben wird Saarkohle in der Weise verkokt, daß man sie zunächst langsam bis 230° erhitzt, worauf dann die Temperatur gleichmäßig auf 750° gesteigert und solange gehalten wird, bis der Koks gar ist; die Koksqualität und die Ausbeute an Nebenprodukten soll gut

[1] l. c. [2] l. c. [3] Z. angew. Chem. 1922, S. 264; Teer 1922, S. 86.
[4] Kohlenchemie, Leipzig 1924, S. 396.

sein. Strache und Lant halten es für möglich, daß sich beim langsamen Erhitzen das Bitumen verändert und jener schwer schmelzbare Körper gebildet wird, welcher von Lierg und anderen Forschern als Träger der Backfähigkeit angesehen wird.

Nach Strache und Lant bestehen Kokskohlen

1. aus nichtkokenden, aus Lignin über Huminsäuren und Humine entstandenen Humiten, evtl. aus Protohuminsäuren, die sich der Oxydation entzogen haben,

2. aus dem Liptobiolithbitumen, das aus Wachsen und Harzen entstanden ist; vielleicht auch

3. aus Sapropelbitumen des Faulschlammes (Zersetzungsprodukte des Eiweißes).

Einer der unter 2 und 3 genannten Körper besitzt einen zwischen 300 und 400° liegenden Schmelzpunkt und zersetzt sich bei schneller Erwärmung erst nach dem Schmelzen, bei langsamer Erwärmung hingegen schon vorher unter Abgabe von Urteer und unter Hinterlassung eines nicht schmelzbaren Körpers als Rückstand. Dieser für die Verkokbarkeit einer Kohle maßgebliche Körper ist zwischen den Kohleteilchen gleichmäßig verteilt, d. h. er befindet sich nicht wie beim Holz innerhalb eines porösen Gerüstes, sondern die kolloidalen Humitteilchen sind in der Bitumenmasse gleichmäßig verteilt. Beim raschen Erhitzen erweicht zunächst diese Masse, was beim Holz bekanntlich nicht der Fall ist, und zersetzt sich schließlich, indem sie unter Hinterlassung eines festen Rückstandes die Koksteilchen aus den Humiten miteinander verbindet.

Beim langsamen Erhitzen (Urdestillation) zersetzt sich der betreffende Bitumenkörper bereits vor dem Schmelzen, so daß die Humitteilchen nicht aneinander gekittet werden.

Von den zahlreichen Forschern, welche sich mit der Extraktion der Kohle beschäftigten, um Aufschluß über die Ursache von Schmelzbarkeit, Backfähigkeit usw. zu erhalten, benutzten Dennstedt, Haßler und Bunz[1] Pyridin als Lösungsmittel und erhielten bis zu 18% an löslichen Bestandteilen, während Bedson[2] mit dem gleichen Lösungsmittel 24—35% Extraktionsstoff erhielt. Rau[3] hat mit verschiedenen anderen Lösungsmitteln Steinkohle behandelt, gelangte aber zu einer Maximalausbeute an Löslichem von nur 4%, während Wornast[4] die Ausbeuten Bedsons, welche dieser mit Pyridin erhielt, bestätigte. Ausgedehnte Versuche mit Pyridin als Lösungsmittel machte auch F. Hofmann an verschiedenen Kohlensorten, auf welche hingewiesen sei[5].

---

[1] Z. angew. Chem. 1908, S. 1825. [2] G. u. W. F. 1908, S. 627.
[3] Stahl und Eisen 1910, S. 1236. [4] Vgl. hierzu die vorige Fußnote.
[5] Mitt. aus dem schles. Kohlenforschungsinst. Bd 1, S. 114—170 (1922) und Bd 2, S. 1—25 (1925).

F. Fischer und W. Gluud[1] unterwarfen die Kohlen der Extraktion bei erhöhter Temperatur und gesteigertem Druck, wobei die Menge der in Lösung gehenden Bestandteile größer wurde. So gelang es ihnen z. B. bei einer westfälischen Steinkohle, welche unter normalen Bedingungen mit Benzol nur 0,1—0,15 lösliche Anteile lieferte, durch Temperatur- und Drucksteigerung 6,5% in Lösung zu bringen; den erhaltenen Extrakt zerlegten sie in einen für Petroläther unlöslichen, festen und einen löslichen, flüssigen, ölartigen Bestandteil. Fischer und Gluud wählten das Extraktionsmittel Benzol, trotzdem die Menge des so zu erzielenden Extraktes geringer ist als bei Verwendung von Pyridin, weil Benzol bei erhöhter Temperatur sehr beständig ist, ferner wegen seines neutralen Charakters usw. Die Benzollösung zeigte nach dem Behandeln der Kohle grüne Fluorescenz, sie war in der Durchsicht portweinfarben und roch nur nach Benzol; beim Eindampfen blieb ein dünnflüssiger Extrakt zurück von petroleumartigem Geruch, der beim Behandeln mit Petroläther viel feste Substanz in Form eines schwarzen, staubfreien Pulvers ergab.

Fischer, Broche und Strauch[2] bestätigten die Untersuchungen von Fischer und Gluud hinsichtlich der Charakterisierung des Ölbitumens als Träger der Backfähigkeit. Zu weiteren Untersuchungen derselben Forscher[3] wurden Kohlen von verschiedenem Alter und verschiedenem Herkommen benutzt und deren Zersetzungstemperatur beobachtet. Die Kohlen wurden bei 55 Atmosphären und 285° solange im Schüttelautoklaven mit Benzol behandelt, bis praktisch nichts mehr in Lösung ging. Festigkeit und Zusammenhang der Kohlen waren verlorengegangen, ihr Glanz war einer mattbraunen Farbe gewichen. Während Backkohlen ihr Backvermögen verloren, büßten treibende Kohlen das Vermögen, zu treiben, ein, und blähende Kohlen gingen in Backkohlen und schließlich in Sinterkohlen über. Je älter die behandelten Kohlen waren, desto geringer war die Ausbeute und desto beweglicher und desto dünner war der Extrakt; Anthrazit zeigte das Maximum dieser Eigenschaften. Wenn man den extrahierten Kohlen die gesamten Extraktstoffe wieder zufügte, so erhielten sie ihre früheren Eigenschaften wieder; Bitumen, das aus backenden Kohlen herausgelöst war und welches Sinterkohlen zugefügt wurde, ermöglichte, aus diesen einen gut gebackenen Koks herzustellen.

Die Trennung des Extraktes in Öl- und Festbitumen geschah in der Weise, daß der Ätherauszug in Petroläther gegossen und das abgeschiedene Festbitumen auf ein Filter gebracht und der Petroläther vom Ölbitumen abdestilliert wurde. Je nachdem man zu einer beliebigen Kohle mehr oder weniger Ölbitumen zusetzte, konnte dieselbe mehr oder

[1] Ges. Abhandl. zur Kenntnis der Kohle, Bd 1, S. 54 u. 64, Bd 3, S. 13.
[2] Brennstoffchemie 1924, S. 299. [3] Brennstoffchemie 1925, S. 33.

weniger stark backend gemacht werden; bei Zusatz von mehr oder weniger Festbitumen dagegen wurden die Kohlen stärker oder schwächer blähend. Die Zersetzungstemperaturen des Festbitumens waren um so höher, je älteren Kohlen dasselbe entstammte. Fischer und seine Mitarbeiter schlossen daraus, daß sich das Festbitumen mit der Zeit verändert, indem sich Ölbitumen und ein sich immer höher zersetzendes Festbitumen bildet. Das Festbitumen macht seinen treibenden Einfluß geltend, sobald sein Zersetzungspunkt mit dem plastischen Zustand der Kohlen zusammenfällt. Die Bedeutung der aus ihren Versuchen geschöpften Erkenntnisse fassen Fischer und seine Mitarbeiter wie folgt zusammen[1]:

„Wir sehen den Wert vorliegender Arbeit viel weniger darin, daß sie erneut eine genetische Reihe von der Braunkohle bis zum Anthrazit erkennen läßt, als auf praktischem Gebiete. Wenn man die absolute Menge des Gesamtbitumens, ferner den relativen Gehalt desselben an Öl- und Festbitumen ermittelt, sowie den Zersetzungspunkt des Festbitumens bestimmt, so hat man beispielsweise für die Zwecke der Verkokung eine ungleich bessere Charakteristik der betreffenden Kohlen gewonnen, als man bisher zu besitzen gewohnt war. Wenn erst, wie schon angedeutet, ermittelt worden ist, welche Mindestmenge an Ölbitumen für den Verkokungsprozeß nötig und welche Maximalmenge an Festbitumen zulässig ist (sie wird vielleicht vom Zersetzungspunkt abhängen), dann wird man wahrscheinlich die besten Mischungsverhältnisse zwischen verschiedenen Kohlenarten rechnerisch ermitteln können, vorausgesetzt, daß man die Kohle zum Verkoken in genügend geringer Korngröße und wirklich homogener Mischung verwendet."

Broche und Bahr[2] erhärten die Ergebnisse der Untersuchungen von Fischer, Broche und Strauch durch Druckextraktionen an Thyssenkohle; auch hierbei wurde das Ölbitumen als wesentlich für das Backen und das Festbitumen als Ursache des Treibens der Kohlen erkannt. Ebenso bestätigt M. Dolch[3] an Kohlen des Ostrauer Bezirks diese Beobachtungen; während K. Patteisky[4] meint, daß das Backvermögen lediglich eine Funktion der Druckwirkungen und der chemischen Beschaffenheit der Kohlen sei. Wenn vereinzelt andere Forscher, wie z. B. J. D. Davis und D. A. Reynolds[5] bei Castlegate- und Pittsburghkohlen zu gegenteiligen Ergebnissen kamen, so liegt das vermutlich an einer mißverständlichen Versuchsanordnung oder -auswertung.

Auch nach der Ansicht von Korten[6] ist das Bitumen derjenige Kohlenbestandteil, welcher durch die Einwirkung der Zeit am meisten

[1] Brennstoffchemie 1925, S. 42. [2] Brennstoffchemie 1925, S. 349.
[3] Brennstoffchemie 1926, S. 199. [4] Brennstoffchemie 1926, S. 315.
[5] Vgl. Ref. in Brennstoffchemie 1926, S. 141. [6] Stahl u. Eisen 1920, S. 1105.

der Veränderung unterworfen ist. Nach seiner Auffassung besteht die Kohle aus drei Hauptteilen, und zwar aus den Veränderungsstoffen der Cellulose und des Lignins, aus dem Bitumen und aus den mineralischen Teilen. Die Backfähigkeit der Kohle beruht nach Korten auf dem Bitumen, beginnend mit der geringen Backfähigkeit der gasreichsten Kohle, aus welcher das Bitumen zum größten Teil abdestilliert, und endigend mit der ebenfalls schlecht backenden Magerkohle, bei welcher das Bitumen sich schon vor dem Erweichen der Kohle zersetzt, während die backenden Kohlen dazwischen liegen. Diese Auffassung schlägt eine Brücke zwischen den Anhängern der Kohlenausscheidungs- und der Schmelzbarkeitstheorie.

Interessant ist das Verhalten der Kohle gegen flüssige schweflige Säure, wie es von Fischer und Gluud[1] beobachtet wurde. Läßt man nämlich schweflige Säure auf Steinkohle einwirken, so quillt dieselbe zunächst stark auf, verliert alsdann den Zusammenhalt und zerfällt schließlich; hieraus kann geschlossen werden, daß durch schweflige Säure Substanzen aufgelöst werden, die für die Verkittung der Kohlesubstanz besonders wichtig sind. Wenn die schweflige Säure erhebliche Mengen Kohlensubstanz gelöst enthielt, so hatte sie eine bordeauxrote Farbe, zeigte aber im Gegensatz zur Benzollösung keine Fluorescenz; nach dem Verdunsten der schwefligen Säure blieb ein dunkelrotes, schweres Öl zurück, das gegenüber dem Benzolextrakt nur wenig feste Substanz enthielt.

Bei der Extraktion einer Kohle mit 28% flüchtigen Bestandteilen, wobei als Lösungsmittel Cyclohexanol bei 360°, unter Zusatz eines Katalysators aus reduziertem Eisen und Zinn angewandt wurde, erhielt A. Gillet[2] 44% lösliche Stoffe, bei Anwendung eines Gemisches von Cyclohexanol mit Phenol stieg der Anteil an löslicher Substanz sogar auf 54%.

Die Extraktionswirkung von Tetralin auf Steinkohle, unter Druck, haben E. Berl und H. Schildwächter[3] geprüft und gefunden, daß dieselbe bedeutend ist; so ergab Gasflammkohle eine Ausbeute von 20% und Fettkohle von 17% Extrakt. Der Extrakt entstammte im wesentlichen den gleichen Kohlenbestandteilen wie der Teer, der bei der Schwelung der betreffenden Kohlen erhalten wurde; die extrahierte Kohle lieferte nämlich beim nachfolgenden Schwelen nur noch geringe Teermengen.

Nach P. Damm[4] sind für die Verkokung von besonderer Bedeutung die Backfähigkeit und das Backvermögen. Unter letzterem Begriff

---

[1] Ges. Abhandl. zur Kenntnis der Kohlen, Bd 1, S. 65.
[2] Chim. et Ind. Bd 19, Sondernummer 163—165 (1928).
[3] Brennstoffchemie 1928, S. 105.
[4] Glückauf 1928, S. 1073 u. 1105.

versteht er die Pressung, welche die Kohlen im Erweichungszustand durch die entweichenden Zersetzungsgase erfahren.

Faßt man den heutigen Stand unserer Erkenntnis über die Ursachen des Blähens und Backens der Steinkohlen zusammen, so kommt man zu dem Ergebnis, daß diese Erscheinungen an das Vorhandensein bestimmter Substanzen geknüpft sind, die sich durch Extraktion zusammen aus der Kohle abscheiden und dann isolieren lassen.

Die Untersuchungsmethoden, welche es ermöglichen, den Grad des Blähens oder Treibens und der Backfähigkeit zu bestimmen, werden später beschrieben.

3. Verkokungsfähigkeit und Koksausbeute. Verwitterung und Selbstentzündlichkeit. Auswahl der Kokskohle.

Obwohl die Backfähigkeit im engsten Zusammenhang mit der Verkokungsfähigkeit einer Kohle steht, so ist es doch ohne Frage, daß noch andere Faktoren auf das Resultat bei der Verkokung einer Kohle einwirken. Es war naheliegend, daß man auf die Vermutung kam, die chemische Zusammensetzung einer Kohle, d. h. ihr Prozentgehalt an den verschiedenen Grundstoffen ließe bestimmte Schlüsse auf ihre Verkokbarkeit zu.

Zwar hat schon W. Stein[1] bezweifelt, daß Verkokungsfähigkeit und prozentuale Zusammensetzung einer Kohle in einem direkten Verhältnis ständen, dagegen hat H. Fleck[2] behauptet, die Ursache des Sinterns und Backens einer Kohle und damit ihre Verkokbarkeit hänge von ihrem Gehalt an Wasserstoff, namentlich an freiem oder disponiblem Wasserstoff ab, d. h. solchem Wasserstoff, der nach vollkommener Absättigung des vorhandenen Sauerstoffs zu Wasser noch verfügbar bleibt. Nach Fleck sind Backkohlen solche, die auf 1000 Teile Kohlenstoff mehr als 40 Teile disponiblen und weniger als 20 Teile gebundenen Wasserstoff enthalten. Diese Charakterisierung der Backkohle hat sich aber nicht als allgemein gültig erwiesen, so hat E. Richters[3] durch seine Untersuchungen an niederschlesischen Kohlen die Unhaltbarkeit der Fleckschen Theorie bewiesen und auch die von F. Muck erwähnten Fälle

[1] Chemische u. technische Untersuchungen der Steinkohle Sachsens 1857; vgl. Kokschemie, 2. Aufl., S. 1.

[2] Vgl. Kokschemie, 2. Aufl., S. 1, 2 u. 36, sowie Dingler: Polytechn. Journ Bd 195, S. 132.

[3] Z. Berg-, Hütten- u. Salinenwes. 1871, S. 87, und Dingler: Polytechn. J. Bd 119, 193 u. 195.

von isomeren Kohlen (s. vorigen Abschnitt) widersprechen der Behauptung Flecks. Nach F. Muck[1] können zwei Kohlen mit annähernd gleichem Gehalt an disponiblem Wasserstoff auch einen sehr verschiedenen Aufblähungsgrad beim Erhitzen zeigen, wie nachstehende Zahlen beweisen.

	Ia	Ib	IIa	IIb
% C	85,304	92,115	87,303	82,833
% H	4,863	4,377	5,572	5,819
% O + H	9,833	3,508	7,125	11,348
	100,00	100,00	100,00	100,00
Auf 1000 C kommen disponible H	42,60	42,75	53,62	53,13
Aufblähung des Koks	sehr stark	sehr schwach	sehr stark	sehr schwach

Bei Ruhrkohlen, die in bezug auf Gehalt an freiem Wasserstoff nur wenig untereinander verschieden waren, fand Muck[2], daß der Aufblähungsgrad entsprach

1. geringerem Gesamtwasserstoff,
2. geringerem Gehalt an gebundenem Wasserstoff (bzw. Sauerstoff) und
3. größerer Koksausbeute.

Beziehungen zu dem Aufblähungsgrad und der prozentischen Zusammensetzung der Kohlen sind bisher durchgreifend nicht festgesetzt worden. Aller Wahrscheinlichkeit nach läuft aber bei Backkohlen überall die größere Koksausbeute mit der stärkeren Aufblähung parallel, wie denn auch die Verkokbarkeit überhaupt immer in direktem Verhältnis zur Koksausbeute steht. Sie ist bei Kohlen von 70—80% Koksausbeute am größten. Kohlen von sehr hohem oder von sehr niedrigem Koksausbringen sind nicht mehr backend. Die Koksausbeute der Kohlen nimmt in Westfalen in der Regel von den liegenden nach den hangenden Flözen ab.

Die auf S. 49 oben folgende von O. Simmersbach[3] herrührende Tabelle gibt die Verkokungsfähigkeit und Koksausbeute von drei verschiedenen Ruhrkohlenarten wieder.

Für Saarkohlen fand A. Schondorff[4] folgende Minimal- und Maximalwerte:

	Koksausbeute
Backkohle	60,93—71,80
Backende Sinterkohlen	60,35—70,66
Sinterkohlen	56,44—74,76
Gesinterte Sandkohlen	59,89—71,02
Sandkohlen	59,34—81,95

[1] Chemische Aphorismen über Steinkohle 1873.
[2] Siehe Steinkohlenchemie S. 34.
[3] Stahl und Eisen 1904, Nr 20. [4] l. c.

Kohlenart	C bei 90° getrocknete aschenfreie Kohle %	Disp. H bei 90° getrocknete aschenfreie Kohle %	Asche %	Gasausbring. aus 100 kg lufttrockener roher Kohle bei 10° C und Normaldruck cbm	Koksausbring. aus der aschefrei. Kohle %	Beschaffenheit des Kokses
1. Backende Gaskohl. (hangende Flözpartie)	79,22 bis 85,80	4,14 bis 6,56	5,35	27,8 bis 28,3	50,38 bis 70,00	gesintert gut gebacken
2. Fett-od. Backkohlen (mittlere Flözpartie)	79,88 bis 88,80	4,29 bis 5,16	2,57 bis 5,03	geringer als bei 1.	71,74 bis 82,66	sämtlich gut geschmolzen
3. Magere bis anthrazitische Kohlen, Ess- u. Sandkohl. (lieg. Flözpartie)	89,51 bis 94,54	3,05 bis 4,90	2,42 bis 3,31	geringer als bei 1.	83,35 bis 91,00	nicht gut geschmolzen, gesintert bis pulverförmig

Die kohlenstoffreicheren und gasärmeren Kohlen (kurzflammige Backkohlen) haben eine größere Koksausbeute als die besser backenden, aber gasreicheren gewöhnlichen langflammigen Backkohlen. Denn der Verkokungsprozeß stellt sich bezüglich des Ausbringens um so lohnender, je näher die backenden Kohlen in ihren Eigenschaften den athrazitischen stehen.

Wenn auch die Backfähigkeit der Steinkohle im allgemeinen parallel mit der Koksausbeute geht, so gibt es doch auch Kohlen von gleichem Koksausbringen, aber verschiedener Backfähigkeit. Z. B. können Cannel- und Bogheadkohlen bei 58—43% Koksausbeute einen gutgebackenen Koks abgeben, während Braunkohlen bei derselben Koksausbeute sich nicht verkoken lassen. Nach A. Bauer[1] ergaben Bogheadkohlen sogar mit 38 und 18% Koksausbringen noch gebackenen Koks. Andererseits erhielt A. Bauer aus tertiärer Braunkohle mit 59,5% Koksausbeute schön gebackenen grauen Koks und ferner aus japanischen Kreidekohlen mit 37—50% Koksausbeute teils mäßig gebackenen, teils fast etwa so gut gebackenen Koks wie aus bester Fettkohle.

Eine enge Beziehung besteht zwischen Koksausbeute und dem Gehalt an Wasserstoff und Sauerstoff, dem Gehalt an hygroskopischem Wasser, sowie dem Aschengehalt der Kohle.

Namentlich hängt das Ausbringen an Koks von der Menge des freien Wasserstoffs in der Kohle ab und von den durch denselben beim Verkokungsprozeß entstehenden Kohlenstoffverbindungen.

Der Gehalt an Wasserstoff und Sauerstoff regelt das Mengenverhältnis der festen und gasförmigen Produkte der Entgasung insofern, als beim Verkoken Sauerstoff und Wasserstoff bis auf einen kleinen, im Koks verbleibenden Rest vollständig entweichen, und zwar der Sauerstoff mit dem entsprechenden Teil Wasserstoff als Wasser oder mit

[1] Dissertation Rostock 1907.

Kohlenstoff als Kohlendioxyd (bzw. Kohlenoxyd), während der übrig bleibende freie Wasserstoff überwiegend in Form verdichtbarer oder nichtverdichtbarer Kohlenwasserstoffe entweicht und nur zum kleineren Teil auch in den sauerstoffhaltigen Säuren und Basen des Teers enthalten ist. Um aber ein Atom (= 12 Gewichtsteile) C in CO_2 zu verwandeln, braucht man zwei Atome (= 32 Gewichtsteile) Sauerstoff, dagegen braucht man nur vier Atome (= 4 Gewichtsteile) Wasserstoff, um ein Atom in CH_4 zu verwandeln. Es vermag also der freie Wasserstoff eine achtmal größere Menge Kohlenstoff zu verflüchtigen als Sauerstoff. Da schon in Methan oder Grubengas CH_4, dem kohlenstoffärmsten Kohlenwasserstoff, der Kohlenstoffgehalt 75% beträgt, so wirkt der freie Wasserstoff überaus ungünstig auf die Koksausbeute, dagegen günstig auf die Gasausbeute.

Es kann aber auch der Fall eintreten, daß eine Kohle mit größerem Kohlenstoffgehalt und kleinerem Gesamtgehalte an Wasserstoff und Sauerstoff weniger Koks erbringt als eine Kohle, welche weniger Kohlenstoff, aber mehr Sauerstoff enthält.

Bedingend für die Höhe der Koksausbeute ist bald der freie bald der gebundene Wasserstoff (bzw. Sauerstoff). Nach Muck[1] nimmt bei nahezu gleichem Gesamtwasserstoff die Koksausbeute ab mit zunehmendem gebundenen Wasserstoff (bzw. Sauerstoff) und mit abnehmendem freien Wasserstoff.

Bei nahezu gleichem freien Wasserstoff nimmt sie nahezu proportional ab mit dem zunehmenden Gesamtwasserstoff, und bei nahezu gleichem gebundenen Wasserstoff nimmt sie mit zunehmendem freien Wasserstoff ab.

In wie ungleichem Maße ferner fast gleiche Mengen von disponiblem Wasserstoff bei fast gleichem Sauerstoffgehalt die Koksausbeute beeinflussen, d. h. Kohlenstoff verflüchtigen können, zeigen die, ebenfalls nach Muck, auf S. 51 oben folgenden Kohlen.

Ähnlich wie der Wasserstoff wirkt auch der Sauerstoff auf die Höhe der Koksausbeute ein. Je mehr Sauerstoff in der Kohle vorhanden ist, desto größer ist der Feuchtigkeitsgehalt der Kohle, desto größer ist die Ausbeute an flüchtigen Bestandteilen und desto kleiner ist die Koksausbeute, wie die auf S. 51 unten folgende Zusammenstellung nach Kolbe[2] ergibt.

Da die neueren Erkenntnisse auf dem Gebiet der Kohlenforschung den Schwerpunkt der Verkokungsfähigkeit (s. vorigen Abschnitt) und damit auch der Koksausbeute in anderer Richtung suchen, hat man sich in neuerer Zeit etwas von dem Interesse an dem Einfluß, den Wasser-

---

[1] Steinkohlenchemie S. 21.
[2] Diss. Zürich 1908, S. 28; vgl. Kokschemie, 2. Aufl., S. 65.

	I	II
Zusammensetzung der aschehaltigen Kohle.		
% C	83,691	82,648
% H	5,127	5,131
% O + N	9,203	9,752
% Asche	1,978	2,469
Zusammensetzung der aschefreien Kohle.		
% C	85,379	84,740
% dispon. H	**4,057**	**4,011**
% gebund. H	**1,173**	**1,250**
% ges. H	5,230	5,261
% O + N	**9,390**	**9,999**
Auf 1000 C kommen:		
dispon. H	46,88	47,33
gebund. H	13,78	14,75
Sa. H	60,63	62,08
% Koks aus der aschenhaltigen Kohle	66,99	64,05
% Koks aus der aschenfreien Kohle	**66,32**	**62,08**
% hygroskopisches Wasser bei 15° C	3,646	4,797
Aussehen des Kokses	mäßig gebläht	sehr glatt
Herkunft der Kohle . . . Zeche	Hannibal	Hannibal

stoff- und Sauerstoffgehalt der Kohle auf das Backvermögen ausüben, abgewandt.

Der Gehalt an hygroskopischem Wasser vermindert naturgemäß die prozentuale Koksausbeute; jedoch ermöglicht andererseits ein gewisser Wassergehalt ein dichteres Zusammensetzen der Kohle im Koksofen und vermittelt dadurch eine gleichmäßige Schmelzung der dichter nebeneinander gelagerten Kohlenteilchen. So empfiehlt z. B. Herwegen[1] den

Herkunft der Kohle	C	H	O	N	S	Asche	Feuchtigkeit	Flüchtige Bestandteile	Koksausbeute	Koksaussehen
Gardane	57,67	3,99	10,99	1,29	4,72	10,79	10,55	49,4	50,6	matt, gefrittet
Chapelle sous Dun	59,85	4,06	8,72	1,16	1,39	14,39	10,43	43,4	56,6	hell, gesintert
Bruay	78,07	4,99	8,22	1,55	0,85	3,96	2,36	37,9	62,1	glänzend, geflossen
Blanzy	68,66	4,57	8,55	0,89	0,70	13,70	2,93	34,6	65,4	do.
St. Etienne	81,74	4,85	4,69	1,44	0,80	5,50	0,94	29,6	70,4	hell, gefl. gebläht
Lens	82,83	4,77	4,62	1,25	0,89	4,66	0,98	28,0	72,0	do.
Ronchamp	75,49	4,23	3,45	1,15	0,76	14,05	0,87	22,1	77,9	hell, gefloss., schw. gebläht
Grand Combe	77,47	4,16	3,16	1,65	2,29	10,53	0,74	20,2	79,8	hell, geflossen, gebläht
Meurchin	87,31	4,00	2,46	1,25	0,87	2,93	1,08	12,8	87,2	matt, gefrittet
Epinac	79,19	3,46	3,07	1,01	1,25	11,05	0,97	11,1	88,9	unverändert pulverig
Ostricourt	86,22	3,62	2,48	1,07	0,80	4,71	1,10	10,3	89,7	do.
La Mure	88,81	1,47	1,17	0,42	1,14	3,41	3,48	7,4	92,6	do.

[1] Kokereitechnik, Gelsenkirchen 1911.

Wassergehalt dann absichtlich zu erhöhen, wenn eine besonders gasreiche Kohle verkokt werden soll; der höhere Wassergehalt soll hierbei die zu lebhafte Gasentwicklung verlangsamen und die Kohleteilchen länger zusammenhalten, so daß sie Zeit haben, um genügend fest zu verbacken. Die Backfähigkeit wird also durch einen gewissen Wassergehalt der Kohle erhöht, weil die nasse Kohle dichter liegt als die trockene. Je geringer das spezifische Gewicht der Kohle, desto mehr tritt dieser günstige Einfluß des Nässegehaltes auf die Backfähigkeit der Kohle zutage. Da die amerikanische Kohle im allgemeinen schwerer ist als die deutsche, so ergeben dort trockene Kohlen einen eben so guten Koks wie bei uns solche mit 10—12% Wasser. Im Ruhrbezirk wird im besonderen bei zu niedrigem Wassergehalt der leicht- und schwerschmelzbaren Kokskohlen ein schlechterer Koks und eine geringere Ausbeute an Nebenprodukten erzielt.

Von noch ungünstigerem Einfluß als die hygroskopische Feuchtigkeit auf die Koksausbeute ist die grobe Feuchtigkeit, die Nässe der Kohlen, die hauptsächlich aus der nassen Aufbereitung herrührt, aber auch durch die Atmosphärilien in lagernde Kohle gelangt sein kann; denn abgesehen davon, daß der gesamte Verkokungsvorgang nachteilig von einem zu hohen Wassergehalt der Kokskohlen beeinflußt wird, worauf später noch zurückzukommen ist, wirkt die Nässe der Kohle selbstverständlich lediglich als Ballast, der das Koksausbringen verringert.

Einen noch nachteiligeren Einfluß auf den Koks übt, wie noch näher gezeigt werden wird, ein zu hoher Aschegehalt der Kohle aus. Zwar wird durch den Aschegehalt die Koksausbeute gesteigert, weil beim Verkokungsprozeß die Aschebestandteile beim Erhitzen keine oder fast keine Substanz abgeben und darüber hinaus unter Umständen sogar, z. B. durch Sauerstoffaufnahme, das Gewicht des ausgebrachten Kokses erhöhen. Der Wärmeinhalt eines solchen Kokses ist aber erheblich geringer, weil er ja kohlenstoffärmer ist und weniger eigentliche Kokssubstanz enthält. Weil die Asche als inerte Substanz zur Wärmeentwicklung nichts beiträgt, sondern sich auf Kosten der glühenden Kohlensubstanz erwärmt, so wirkt sie auf eine Erniedrigung der Verkokungstemperatur hin und bedingt allerdings auch dadurch eine Erhöhung der Koksausbeute. Mit wachsendem Aschengehalt der Kohle nimmt aber nicht nur die Koksausbeute zu, d. h. es entweichen nicht nur weniger Destillationsprodukte, sondern diese sind auch kohlenstoffärmer als beim Verkoken derselben, aber aschenärmeren Kohle.

Die Aschenbestandteile selbst wirken in der Weise auf die Backfähigkeit der Steinkohle ein, daß ein hoher Gehalt an Kieselsäure, Tonerde und Eisen wegen ihres hohen Schmelzpunktes die Backfähigkeit mindert; enthält die Asche dagegen mehr Kalk, so ist der Schmelzpunkt derselben ein niedriger, ein Umstand, der die Backfähigkeit erhöht, in dem an und für sich schlecht backende Kohleteilchen durch das Flußmittel der Asche zu einem dichten, gut aussehenden Koks zusammengebacken werden können.

Ausführliche Angaben über die Bestimmung von Wasser- und Aschegehalt der Kohle finden sich im analytischen Teil dieses Buches.

Wenn die Steinkohlen an der Luft liegen, so erleiden sie eine Veränderung durch Aufnahme von Sauerstoff, indem sie allmählich zerfallen; diesen Vorgang bezeichnet man mit Verwitterung der Steinkohlen. Hierbei wird die Heizkraft der betreffenden Kohlen verringert und obwohl manchmal die Koksausbeute etwas größer wird, so büßt die Kohle doch jedesmal an Backvermögen ein und der aus ihr hergestellte Koks ist von geringerer Güte, sofern nicht das Backvermögen vollständig verlorengegangen ist. Wenn der von der verwitternden Kohle aufgenommene Sauerstoff an die Kohlensubstanz in Form einer festen Verbindung gebunden wird, so tritt eine Gewichtszunahme der Kohle ein, bei der Bildung von Kohlensäure und Wasser bewirkt dagegen der aufgenommene Luftsauerstoff eine Verringerung des Kohlegewichtes; die Oxydationswirkung ist also bei den einzelnen Kohlensorten verschieden. Die Aufnahme von Sauerstoff geschieht bei manchen Kohlen so stürmisch, daß Erwärmung und sogar Selbstentzündung eintritt.

Je nachdem die Steinkohlen also ungesättigte Verbindungen enthalten, welche den Sauerstoff an sich binden und Gewichtszunahme der Kohle verursachen, oder aber Verbindungen, die unter dem Einfluß des Sauerstoffs Kohlensäure und Wasser abspalten, muß man bei der Verwitterung der Kohle zwischen einer Absorption von Sauerstoff und einer Oxydation durch Sauerstoff unterscheiden; erstere erfolgt bei niederer Temperatur und letztere bei höherer. Die Absorption stellt zunächst einen mechanischen Vorgang dar, indem eine Verdichtung des Sauerstoffs in der Kohle durch Oberflächenwirkung vor sich geht, der dann eine chemische Verbindung des Sauerstoffs mit der Kohlensubstanz nachfolgt, sobald eine Sättigung mit Sauerstoff eingetreten ist; neuer Sauerstoff wird dann aufgenommen je nach dem Fortschreiten der chemischen Vereinigung. Wird aber die mit Sauerstoff gesättigte Kohle erwärmt, so wird ein Teil des chemisch gebundenen Sauerstoffs wieder frei, und die Oxydation schreitet dann wieder nach Maßgabe der Temperaturerhöhung weiter.

Bei Erwärmung der Kohle unter 100° nimmt der Sauerstoffgehalt zu, der Kohlenstoff- und Wasserstoffgehalt nehmen ab.

Beim Erhitzen der Steinkohle auf 180—200° erfolgt eine Gewichtszunahme, die nach bestimmter Zeit ihren Höhpunkt erreicht und bei weiterem Erhitzen erfolgt anfänglich eine Gewichtsabnahme, sodann aber bleiben Gewicht und Zusammensetzung der Kohle konstant. Durch das Erhitzen ändert sich die chemische Zusammensetzung, die Backfähigkeit der Kohle geht verloren, ohne daß aber das äußere Aussehen eine Änderung erfährt, das spezifische Gewicht der Kohle nimmt erheblich zu, ebenso wie die Hygroskopizität der Kohlen.

Bei Erreichung des Maximums der Sauerstoffaufnahme bei Erhitzung auf etwa 200° enthält die Kohle keinen disponiblen Wasserstoff mehr, und es findet dann auch keine Oxydation des Kohlenstoffs mehr statt. Dies gilt jedoch nicht immer für sauerstoffarme Kohle — so nahm nach Richters[1] eine Kohle mit nur 4,81% O nach 72stündigem Erhitzen fortwährend bis 8,45% O zu.

Nimmt der Wasserstoff nicht gleichzeitig entsprechend der Sauerstoffzunahme ab, was namentlich bei wenig über 100° zu geschehen pflegt, so tritt eine Verringerung der Koksausbeute durch die Verwitterung ein; überwiegt dagegen die Wasserstoffabnahme die Sauerstoffzunahme verhältnismäßig, so ergibt sich eine Vermehrung der Koksausbeute, besonders wenn die Oxydation weit über 100° stattfindet. In der Regel nimmt jedoch das Koksausbringen durch Verwitterung ab.

Die Verwitterung der Kohlen wächst im allgemeinen mit wachsender Hygroskopizität der Kohlen, wenn auch nicht genau proportional derselben; sie ändert im Anfang bei geringer O-Aufnahme die Backfähigkeit der Kohle nur wenig, je nach eintretender Erwärmung nimmt sie dann einen raschen oder weniger raschen Verlauf. Begünstigt wird die Verwitterung durch Anwesenheit von Schwefelkies in doppeltem Maße, weil dessen Oxydation nicht nur unter Volumenvergrößerung erfolgt, sondern auch mit einer Wärmeentwicklung, d. h. Temperaturerhöhung.

Je feinkörniger die Kohlen, desto mehr nimmt die Oberfläche im Verhältnis zum Volumen zu und desto stärker sind die Wertverluste beim Lagern der Kohle im Freien, weil die Oberfläche sich nur im quadratischen, das Volumen aber im kubischen Verhältnis vermindert.

Nach C. W. Meyer[2] soll der im Wasser in Form von Ozon gelöst enthaltene Sauerstoff beschleunigend auf die Verwitterung der Kohlen einwirken. Der Ozongehalt kann dem Volumen nach im Wasser 36mal bis 54mal so groß sein wie in der Luft, in der sich höchstens ein Tausendstel befindet — was daherrührt, daß das in Frage kommende Wasser der Kohlen fast ausschließlich aus atmosphärischen Niederschlägen stammt, die aus hohen, ozonreichen Luftschichten niederfallen, zumal auch die größte Regenergiebigkeit im allgemeinen mit Gewittern und daher zeitlich und ursächlich mit der stärksten Ozonbildung zusammenfällt; nicht minder kann sich auch bei Gewittern Wasserstoffsuperoxyd bilden

---

[1] Richters: Beiträge zur Kenntnis des Verhaltens der Kohle zum Sauerstoff. Dinglers polyt. J. Bd 193, S. 51. Vgl. auch Hindrichs Verh. geolog. Reichsanst., Märzheft 1869.

[2] J. Gasbel. 1906, 19. Mai.

und vom Regen gelöst werden, das dann in gleichem Sinne wie Ozon wirken würde.

A. Fürth[1] gibt eine Zusammenstellung der während der Kriegszeit 1914—1918 gemachten zahlreichen Untersuchungen, die sich mit der Oxydierbarkeit und Entzündlichkeit der Kohlen beschäftigen. Diese Arbeit sei erwähnt als Literaturverzeichnis für Quellenstudien. Lange Zeit war man der Meinung, daß der in den Steinkohlen enthaltene Pyrit die Ursache für die Selbstentzündlichkeit der Kohle sei, z. B. R. Nübling und R. Wanner[2] vertraten diese Ansicht, jedoch oxydiert Pyrit sich langsamer als Kohle, so daß diese Annahme wenig wahrscheinlich ist und man nicht fehl geht, wenn man die Selbstentzündlichkeit auf exotherme Vorgänge bei der Sauerstoffaufnahme der Kohlen zurückführt, wie das auch fast allgemein geschieht.

Die Einzelvorgänge, welche bei der Verwitterung der Kohlen eine Rolle spielen, werden von Hinrichsen und Taczak[3] in folgenden Sätzen zusammengefaßt:

„1. Die Verwitterung ist die Folge einer Aufnahme von Sauerstoff, welcher einen Teil des Kohlenstoffes und Wasserstoffes der Kohlen zu Kohlensäure und Wasser oxydiert, andernteils direkt in die Zusammensetzung der Kohle eintritt.

2. Der Verwitterungsprozeß beginnt mit einer Absorption von Sauerstoff. Erwärmen sich infolge dieses oder eines anderen Vorganges die Kohlen während der Lagerung, so tritt nach Maßgabe der Temperaturerhöhungen eine mehr oder weniger energische chemische Reaktion des Sauerstoffes auf die verbrennliche Substanz der Kohlen ein, andernfalls verläuft der Oxydations- (Verwitterungs-) Prozeß so langsam, daß sich in der Mehrzahl der Fälle die innerhalb Jahresfrist eintretenden Veränderungen technisch wie analytisch kaum mit Sicherheit feststellen lassen.

3. Die Feuchtigkeit als solche hat direkt keinen begünstigenden Einfluß auf die Verwitterung. Gegenteilige Beobachtungen werden sich immer auf den Umstand zurückführen lassen, daß manche, besonders an leicht zersetzbarem Schwefelkies reiche oder in Berührung mit Wasser bald zerfallende Kohlen sich unter gleichen Verhältnissen im feuchten Zustande ausnahmsweise rascher erhitzen als im trockenen.

4. Solange die Temperaturerhöhung gewisse Grenzen (170—190°) nicht übersteigt, treten bei der Verwitterung bemerkenswerte Gewichtsverluste nicht ein; das Verhalten der Kohle zum Sauerstoffe läßt vielmehr geringe Gewichtszunahmen (wie sie von Reder mit Sicherheit konstatiert worden sind) annehmbar erscheinen.

5. Für die Erklärung der Abnahme des Brennwertes, des Verkokungs-

[1] Z. angew. Chem. 1919, Aufsatzteil S. 202.

[2] G.- u. W.-Fach 1915, S. 515. [3] Die Chemie der Kohle 1916, S. 262.

wertes (bezüglich der Quantität), der Backfähigkeit und des Vergasungswertes, welche die Kohlen durch die Verwitterung erleiden, bedarf es nicht der von mehreren Seiten unterstellten Annahme einer neuen Gruppierung der Atome. Vielmehr erklären sich die angedeuteten Verschlechterungen hinreichend aus der absoluten und relativen Abnahme des Kohlenstoffes und Wasserstoffes und der absoluten Zunahme des Sauerstoffes, die infolge der Verwitterung eintritt."

Als Ursachen für die Sauerstoffaufnahme und Selbsterhitzung nennen Strache und Lant[1] die Bakterien, welche bei der Zersetzung von Torf und Holz eine große Rolle spielen, für die Temperatur der Steinkohle aber nur von untergeordneter Bedeutung sind. Auch dem Einfluß des Pyrits wurde früher zu viel Bedeutung beigelegt; er kann höchstens den Beginn der Temperaturerhöhung hervorrufen. Eine Hauptursache für die Sauerstoffaufnahme und Erwärmung der Kohlen bilden, nach diesen Forschern, dagegen die Huminsäuren, welche gierig Sauerstoff aufnehmen und dabei beträchtliche Wärmemengen entwickeln. Besonders lebhaft wird die Sauerstoffaufnahme sein, wenn durch die Verdunstung von Wasser Ozon gebildet wird, es bilden sich alsdann Peroxyde, die sich später umlagern und zersetzen[2].

Nach E. Erdmann[3] kann die Sauerstoffaufnahme durch lagernde Kohlen in ihrem ersten Stadium als ein rein physikalischer Vorgang angesehen werden; dieser zunächst mechanische Vorgang ist aber die erste Quelle für die Wärmeentwicklung, da eine mit Wärmeentwicklung verbundene Verdichtung des Sauerstoffes stattfindet. Nach einiger Zeit wird aber auch der Sauerstoff chemisch an die Kohle gebunden, wobei zunächst Zwischenprodukte entstehen, die bei weiterer Temperaturerhöhung leicht in Kohlensäure und Wasser zerfallen. Bei weiter steigender Temperatur werden die Reaktionen zwischen dem Sauerstoff und der Kohlensubstanz so beschleunigt, daß die Wärmeentwicklung sich schließlich bis zur Entzündung der Kohle steigert. Erdmann stellte fest, daß z. B. 10 g erdige Braunkohle in 6 Tagen 4 ccm Sauerstoff, 20 g frischgeförderte schlesische Steinkohle in 21 Tagen 50 ccm, und zwar am ersten Tage 9 ccm, am 12 Tage nur noch 2 ccm Sauerstoff aufnahmen. Als Bedingung, von denen die Selbstentzündlichkeit der Kohlen abhängt, nennt Erdmann:

1. Konzentration des oxydierenden Gases,
2. Oberfläche
3. Wassergehalt
4. Verwitterung
5. Substanz

(2.–5.) der Kohle

[1] Kohlenchemie, Leipzig 1924, S. 320.
[2] Vgl. Baudenbacher: Braunkohle 1921, S. 469.
[3] Br. Chemie 1922, S. 257, 278 u. 293.

Hierzu kommen noch Druck und Reibung, spezifische Wärme und verschiedenes Wärmeleitungsvermögen der Kohlen, Vermischung mit anderen Substanzen usw. Der Einfluß des Schwefelkieses für die Entzündbarkeit der Kohlen hält Erdmann für nicht ausschlaggebend. F. Fischer und W. Gluud[1] erhitzten Tabletten, aus Kohle und Ätznatron bestehend, auf 450—550° im geschlossenen Rohr und machten die Beobachtung, daß der Rückstand ins Glühen gerät und rauchlos abbrennt.

Auch F. Fischer[2] stellt fest, daß der Schwefelkiesgehalt für die Selbstentzündung der Kohle nur eine bescheidene Rolle spielt; vielmehr ist dafür ein Gehalt der Kohlen an gewissen ungesättigten, organischen Verbindungen verantwortlich, welche scheinbar unter Anlagerung von molecularem Sauerstoff in Peroxyde übergehen, welche dann weitere Oxydationsvorgänge hervorrufen. Je feiner verteilt die Kohle, also je größer ihre Oberfläche ist, je rascher die Luft, deren Sauerstoff verbraucht ist, ersetzt wird, je höher die Außentemperatur oder die Temperatur im Kohlenlager ist, je größer die Luftfeuchtigkeit ist, desto größer ist die Gefahr der Selbstentzündung. Da bei den verschiedenen Kohlensorten die Menge der ungesättigten Bestandteile, welche die innere Ursache der Oxydation überhaupt sind, verschieden groß ist, so neigen also auch die verschiedenen Kohlen mehr oder weniger zur Selbstentzündung. Die Einwirkung von Alkali auf Lignin, natürliche Humusstoffe und Kohlen hat H. Schrader[3] untersucht und festgestellt, daß durch die Gegenwart des Alkali die Sauerstoffaufnahme sehr beschleunigt wird. Für die Selbstentzündlichkeit der Kohlen macht er die Huminsäuren verantwortlich.

Während man früher annahm, daß die durch Pyridin aus der Kohle herauslösbaren Stoffe am leichtesten oxydierbar seien, haben Graham und Hill[4] festgestellt, daß dies nicht der Fall ist.

Stopes und Wheeler[5] haben Durain, Clarain, Fusain und Vitrain auf ihr Absorptionsvermögen für Sauerstoff geprüft und gefunden, daß Fusain bei niedrigen Temperaturen rasch Sauerstoff unter Erwärmung aufnimmt, während die Entzündung der Kohlen durch Vitrain ausgelöst wird.

Nach D. J. W. Kreulen[6] kann der Gehalt der Kohle an Pyrit, FeS_2, von Einfluß auf die Selbstentzündlichkeit sein, indem derselbe durch Selbstoxydation eine auflockernde Wirkung auf die Kohle ausüben kann und vielleicht auch einige Calorien zur Temperaturerhöhung beiträgt. Auch der Feuchtigkeitsgehalt der Kohlen kann insofern eine erhebliche

[1] Ges. Abhandl. zur Kenntnis der Kohle Bd 1, S. 172—175.
[2] Ges. Abhandl. zur Kenntnis der Kohle Bd 4, S. 454.
[3] Br. Chem. 1922, S. 161 u. 181.
[4] Trans. Inst. Min. Eng. 1922, 3. Teil, S. 197.
[5] Fuel 1923, S. 29, 83 u. 122.
[6] Br. Chem. 1927, S. 149, 241, 340.

Rolle spielen, als durch denselben die Kohle zwar an einzelnen Stellen von der Luft abgeschlossen werden kann, an anderen aber durch das Hervorrufen einer erhöhten Luftzirkulation die Selbstoxydation begünstigt wird. Bei Kohlen, die öfter umgeladen werden, ist auch die Härte derselben von gewissem Einfluß auf die schwerere oder leichtere Oxydierbarkeit. Die Oxydationsfähigkeit und Selbstentzündlichkeit einer Kohlensorte ist nach Kreulen durch die Menge der in bestimmter Zeit, bei bestimmter Temperatur und bei gewissen Normalbedingungen gebildeten Huminsäuren beeinflußt. Um festzustellen wie weit die Bildung der Huminsäuren bei der Oxydation der Kohlen an der Luft getrieben werden kann, wurden 5 g Gasflammkohle bei 175° 56 Stunden lang erhitzt und die entstandene Huminsäure von Zeit zu Zeit entfernt; zum Schluß waren nur 5% der angewandten Substanz nicht in Huminsäure übergegangen. Auch Kreulen hat einwandfrei festgestellt, daß die backenden Eigenschaften der Kohlen lediglich durch die Einwirkung des Sauerstoffs zerstört werden.

Durch vergleichende Untersuchungen mit frischen Kokskohlen hat R. Kattwinkel[1] oxydierte Kokskohlen auf ihren Wert als Rohstoff für die Kokereiindustrie geprüft. Untersucht wurden drei westfälische Kokskohlen mit einem unterschiedlichen Gehalt an flüchtigen Stoffen von 5—6%, nämlich zwei Fettkohlen (Nr. I und II) und eine Gaskohle (Nr. III), von folgender Zusammensetzung:

	I	II	III
Gehalt an flüchtigen Bestandteilen . . . . . %	20,34	26,33	31,25
Koksausbeute . . . . %	79,66	73,67	68,75
Aschengehalt . . . . %	6,52	5,60	6,80
Koksaussehen	gut geschmolzen, fest, silbergrau	gut geschmolzen, fest, silbergrau	gut geschmolzen, fest, silbergrau

Je 10 kg dieser Kohlen wurden in 80 mm hoher Schicht im Dampftrockenschrank 90 Tage lang auf 80° C erwärmt. Die Abnahme der Verkokungskraft wurde nach dem Verfahren von Meurice, auf das noch eingegangen wird, mit der Druckvorrichtung von Kattwinkel bestimmt. Nach dem Verkoken bei 1050—1100° ergaben die oxydierten Kohlen im Vergleich zu den nicht oxydierten folgende Ergebnisse:

	Frische Kohle			Oxydierte Kohle		
	I	II	III	I	II	III
Gehalt an flüchtigen Bestandteilen . . . %	23,38	27,60	32,46	26,49	32,00	38,80
Koksaubeute . . . %	76,62	72,40	67,54	73,51	68,00	61,20
Koksaussehen	gut geflossen, silbergrau			schwarzes Pulver		

[1] Glückauf 1927, S. 160.

Der Einfluß der Oxydation auf die Elementarzusammensetzung dieser Kokskohlen läßt sich aus folgender Zusammenstellung ersehen:

Gehalt an	Frische Kokskohle			Oxydierte Kokskohle		
	I	II	III	I	II	III
Kohlenstoff . . . . %	83,990	84,660	79,300	80,910	79,410	73,570
Wasserstoff . . . . %	4,850	5,490	5,240	4,780	5,040	4,850
Stickstoff . . . . %	1,440	1,620	1,560	1,440	1,460	1,370
Sauerstoff . . . . %	2,253	1,666	6,160	5,123	7,908	12,183
Schwefel . . . . %	0,947	0,984	0,940	0,927	0,982	0,947
Asche . . . . %	6,520	5,600	6,800	6,820	5,200	7,080
gebundenem Schwefel . . . . . %	0,750	0,710	0,660	0,618	0,632	0,618
flüchtigem Schwefel . . . . . . %	0,197	0,274	0,280	0,309	0,350	0,329

Die Kornzusammensetzung der Kokskohlen wurde durch die Oxydation kaum verändert, was Kattwinkel darauf zurückführt, daß während der Oxydation die Feuchtigkeit vollständig ferngehalten wurde.

Auch das Ausbringen an Nebenprodukten hat Kattwinkel untersucht, und zwar hat er das Destillationsverfahren von Bauer[1] angewendet. Durch die vollständige Oxydation der Kohlen hatten dieselben einen Gasverlust von 6,64%, 10,71% und 28,72% erlitten. Das Ammoniakausbringen war durch den Einfluß der Oxydation erheblich gestiegen, und zwar um 6,68%, 10,68% und 18,10% auf Ammoniaksulfat bezogen; der Gewinn an Ammoniakstickstoff rührt aus Stickstoffmengen her, die bei frischen Kohlen bei der Verkokung als Teerbasen, wie z. B. Pyridine, abgespalten werden.

Dieser an und für sich erfreulichen Zunahme an Ammoniak steht aber eine beträchtliche Verminderung der Ausbeute an Benzolkohlenwasserstoffen gegenüber; die Verminderung an ausgebrachtem Rohbenzol beträgt 27,75%, 27,58% und 49,29 (!)%. Wenn man berücksichtigt, daß das Bitumen durch Kohlenstoff-Sauerstoff-Komplexbildung völlig zerstört ist, so muß man die trotzdem erhaltenen Benzolmengen als hoch bezeichnen, da sie noch 72,25%, 72,42% und 50,71% des aus den frischen Kokskohlen erhaltenen Gesamtbenzols ausmachen. Das aus den oxydierten Kokskohlen gewonnene Benzol rührt nach Kattwinkel aus den Phenolen der Restkohlen her, gemäß der Anschauung von Fischer und Schrader[2], daß die Benzolkohlenwasserstoffe durch Reduktion der Phenole entstehen.

Da durch die Oxydation der Versuchskohlen das Bitumen vernichtet wurde, so ist die Abnahme des Teeres um etwa 71% leicht erklärlich; die Bildung geringer Mengen eines dünnflüssigen Teeres wird von Kattwinkel darauf zurückgeführt, daß sich durch die Oxydation der Kohlen kleine Mengen von Protohuminsäuren gebildet haben, die nach Fischer und Schrader als Teerbildner anzusprechen sind.

[1] Siehe analytischen Teil dieses Buches. [2] Br. Chem. 1920, S. 4 u. 22.

Die folgende Zusammenstellung gibt eine Übersicht über den Einfluß der Oxydation auf Kokskohle, der von Kattwinkel im Hinblick auf das Ausbringen an Nebenprodukten beobachtet wurde.

Gehalt an	Frische Kokskohle			Oxydierte Kokskohle			Zunahme (+) oder Abnahme (—) % frischer Kohle = 100		
	I	II	III	I	II	III	I	II	III
Koks. . . . . %	81,860	77,630	74,170	81,620	77,250	72,770	— 0,29	— 0,49	— 1,92
Teer . . . . . %	2,100	2,778	3,552	0,605	0,825	0,931	— 71,20	— 70,30	— 73,81
Gaswasser . . %	4,779	5,814	7,759	6,457	7,676	10,258	+ 35,12	+ 32,04	+ 32,21
Ammoniak . . %	0,330	0,356	0,348	0,352	0,394	0,411	+ 6,68	+ 10,68	+ 18,10
Sulfat . . . . %	1,280	1,381	1,350	1,366	1,529	1,595	+ 6,72	+ 10,72	+ 18,15
Rohbenzol . . %	0,685	0,928	1,201	0,536	0,672	0,609	— 21,75	— 27,58	— 49,29
Ger. Gas je t Kohle (0°, 760 mm) m³	250,8	259,6	275,3	243,9	257,2	228,3	— 2,75	— 0,92	— 17,07
Oberer Heizw. d. Gases je m³ (0°, 760 mm). . k/cal	4743	4890	5197	4558	4410	4467	— 3,90	— 9,81	— 14,05
Obere Gaswertzahl je kg Kohle k/cal	1190	1270	1431	1111	1134	1020	— 6,64	— 10,71	— 28,72

Den Chemismus des Oxydationsvorganges an bituminösen Kohlen faßt R. Kattwinkel in folgendes Schema:

Bituminöse Kohlen
- Humusbestandteile
  - .. Protohuminsäuren — Teer
  - .. Huminsäuren — $CO_2 + H_2O$
  - .. Phenole .. C_6H_6 + Homologe
- Bitumenbestandteile .. Kohlenstoff—Sauerstoffkomplexe .. $CO + CO_2 + H_2O$

Weiter hat R. Kattwinkel die drei Kohlenproben auch auf den durch die Oxydation verursachten Heizwertverlust geprüft und dabei folgende Ergebnisse gefunden:

Im Kalorimeter bestimmt	Frische Kohle			Oxydierte Kohle			Heizwertabnahme in % frische Kokskohle = 100		
	I	II	III	I	II	III	I	II	III
Oberer Heizwert . . . k/cal	8085	8041	7827	7660	7584	7050	5,25	5,68	9,93
Unterer Heizwert	7819	7738	7542	7399	7304	6785	5,37	5,61	10,03

Die verschiedenen Untersuchungsmethoden zur Ermittlung des Grades der Neigung einer Kohle zur Selbstentzündlichkeit können hier nur kurz gestreift werden. So wird z. B. die sogenannte Maumenésche Zahl[1] als Maß für die Selbstentzündlichkeit benützt. Zur Ermittlung dieser Zahl werden je 3 g der ursprünglichen, lufttrockenen und der im Wasserstoffstrom getrockneten Kohle mit 10 ccm konzentrierter Schwefelsäure behandelt und die Temperaturerhöhung genau gemessen; je

[1] Vgl. Hinrichsen und Taczak: Die Chemie der Kohle 1916, S. 275.

größer die Temperaturerhöhung, desto größer auch die Neigung zur Selbstoxydation bzw. zur Selbstentzündlichkeit. Übrigens hat D. J. W. Kreulen[1] beobachtet, daß die Einwirkung der konzentrierte Schwefelsäure auf Steinkohlen im wesentlichen eine Oxydationsreaktion ist.

F. Hart[2] sowie M. Dennstedt und R. Bünz[3] benutzten zur Prüfung der Kohlen auf Oxydationsfähigkeit die Hüblsche Jodzahl, indem sie 1 g pulverisierte Kohle mit 25—50 ccm einer alkoholischen Jod- und Quecksilberchlorürlösung übergossen und nach 24stündigem Stehen und Auffüllen mit 10%iger Jodkaliumlösung auf 100 ccm das Jod zurücktitrierten.

M. Dennstedt und R. Bünz ließen auch reinen Sauerstoff bei 135° und 150° auf die gepulverte, trockene Kohle einwirken, um den Grad der Autooxydation derselben zu bestimmen; auf diesem Prinzip beruhen die meisten in Deutschland üblichen Bestimmungsmethoden. Aus den Versuchen von Dennstedt und Bünz ging hervor, daß im allgemeinen die leicht selbstentzündlichen Kohlensorten nierdrige Gehalte an Wasserstoff und hohe Gehalte an Sauerstoff aufwiesen, und daß der Wassergehalt der Kohlen in lufttrockenem Zustand um so höher war, je leichter sie sich entzündeten.

O. Burian[4] beschreibt den für die Bestimmung der Selbstentzündlichkeit von Dennstedt und Bünz gebrauchten Ofen; er besteht im wesentlichen aus einem Paraffinbad, durch das ein Einsatzrohr gezogen wird, welches in eine Vorwärmekammer und eine zur Aufnahme der Kohlen dienende Patrone abgeteilt ist. Die Kohlenprobe wird zunächst durch einen Kohlensäurestrom unter Erhöhen der Temperatur um 15° C getrocknet, worauf man wieder auf die Anfangstemperatur abkühlen läßt. Als Initialtemperatur, die von einem in die Kohlenprobe gestecktes Thermometer abgelesen wird, gilt diejenige, bei welcher sich die feingepulverte und getrocknete Kohle im Sauerstoffstrome nach Ablauf von 60 Minuten von selbst entzündet. Man nimmt gewöhnlich drei Gefahrenklassen an, für welche beim 60 Minuten-Versuch die Initialtemperaturen wie folgt liegen:

Gefährliche Kohle	bei 100—109° C
Kohle mittlerer Gefährlichkeit . . .	„ 130—138° C
Gefahrlose Kohle	„ 150° C.

Wenn man die Initialzündung richtig gewählt hat, tritt Selbstentzündung nach 60 Minuten ein; wenn die Entzündung früher eintritt, so muß man mit der Initialtemperatur heruntergehen, tritt sie später ein, so muß man die Initialtemperatur erhöhen.

---

[1] Br. Chem. 1927, S. 149. [2] Chem. Ztg 1906, S. 1204.

[3] Z. angew. Chem. 1908, S. 1825ff.

[4] Donath, E.: Untersuchung, Einteilung und Charakteristik der Mineralkohlen, S. 45. Halle/S. 1924.

Um der Selbstentzündung der Kohlen vorzubeugen, ist es vor allem wichtig, den Luftsauerstoff so gut als möglich fernzuhalten. Das sicherste Mittel, um dies zu erreichen, ist die Lagerung der Kohlen unter Wasser; dieses Verfahren ist vereinzelt in Amerika zur Anwendung gelangt, in Europa dagegen hat man es, wohl wegen der hohen Kosten, die damit verbunden sind, nicht angewendet, obwohl so gelagerte Kohlen keinerlei Verluste erleiden und die Gefahr der Selbstentzündung gänzlich ausgeschaltet ist; allerdings ist zur Verdampfung des durch solche Lagerung bedingten höheren Wassergehaltes eine gewisse Wärmemenge nötig, die für andere Zwecke verloren geht. Strache und Lant[1] erwähnen, daß die Lagerung der Kohlen unter Wasser sich beim Panamakanal gut bewährt habe, und daß andererseits auch die Lagerung von Kohlen unter dem Boden mit Erfolg versucht worden sei; allerdings erscheint auch diese Art der Lagerung als recht kostspielig. Nach Lührs[2] hat sich die Lagerung der Kohlen in Silos bestens bewährt, besonders dann, wenn die Luft durch inerte Gase, wie Kohlensäure oder Rauchgase verdrängt wurde. Auf jeden Fall dürfen Kohlen, die zur Selbstentzündung neigen, nicht höher als 3 m geschüttet werden; der Einbau von Lutten, welche den ganzen Kohlenhaufen durchziehen, um etwa entstehende Wärme abzuführen, was durch selbst aufziehende Fernthermometer kontrolliert werden kann, leistet oft gute Dienste. Wenn ein Kohlenhaufen in Brand geraten ist, so darf nicht versucht werden denselben durch Wasser zu löschen, weil dabei Wassergas gebildet werden kann, wodurch der Brand natürlich nur verschlimmert wird. Bekanntlich ist es nicht möglich, brennende Bergehalden mit Wasser zu löschen. Aus dem Gesagten geht hervor, die Lagerung der Kohlen nach Möglichkeit zu vermeiden und dieselben durch Überführen in Koks in lagerfähige Form zu bringen, wenn sich eine Stapelung als notwendig erweist.

Von größter Wichtigkeit für die Erzeugung von Koks ist die Auswahl geeigneter Kohlen für den Verkokungsvorgang. Da weitaus die größte Menge des erzeugten Kokses zur Herstellung von Eisen im Hochofenbetrieb dient, so kommen für die Kokserzeugung nur solche Kohlen in Frage, die einen einwandfreien Hochofenkoks liefern können. Der Hochofenbetrieb, auf den im Abschnitt 6 dieses Kapitels noch eingegangen wird, verlangt vom Koks vor allen Dingen große Festigkeit, und zwar Sturz-, Druck- und Abreibfestigkeit, in zweiter Linie Unschmelzbarkeit, genügend Porosität und Leichtentzündlichkeit sowie geringen Aschen- und Wassergehalt. In erster Linie wird man also für die Verkokung Kohlen wählen, welche einen gut geschmolzenen, festen Koks ergeben. Einen ziemlich sicheren Anhalt, wie sich die Kohle bei der Verkokung verhalten wird, gibt die Tiegelprobe (vgl. analytischen Teil dieses Buches);

[1] Kohlenchemie 1924, S. 107. [2] G.- u. W.-Fach 1921, S. 509.

eine Kohle, die nämlich hierbei einen guten Koks ergibt, wird in der Regel auch im Koksofen nicht enttäuschen; umgekehrt wird eine Kohle, welche die Tiegelprobe nicht besteht, nur ausnahmsweise einen brauchbaren Koks im Koksofen ergeben. Letzten Endes entscheidet freilich nur der Großversuch, da es Ausnahmen von der Regel auch hier gibt.

Die Brauchbarkeit der verschiedenen Kohlensorten für die Erzeugung von Hüttenkoks geht aus nachstehender Tabelle von Gruner[1] hervor.

Kohlentype	Elementare Zusammensetzung C %	H %	O+N %	$\frac{O+N}{H}$	Koksausbeute	Koksaussehen	Spez. Gewicht	Verdampfungsvermögen p. kg reiner Kohle bei 112° C und Wasser von 0°
Trock. Steink. mit langer Flamme (Flammkohle)	75—80	5,5—4,5	19,5—15,0	4—3	55—60	pulverförmig od. höchstens zusammengefrittet	1,25	6,7— 7,5
Fette Steink. mit langer Flamme (Gaskohle)	80—85	5,8—5,0	14,2—10,0	3—2	60—68	geschmolzen aber stark zerklüftet	1,28—1,3	7,6— 8,3
Eigentliche fette Kohlen (Schmiedek.)	84—89	5,0—5,5	11,0— 5,5	2—1	68—74	geschmolzen bis mittelmäßig kompakt	1,3	8,4— 9,2
Fette Steink. m. kurz. Flamme (Kokskohle)	88—91	5,5—4,5	6,5— 5,5	1	74—82	geschmolzen, sehr kompakt wenig zerkl.	1,3—1,35	9,2—10,0
Magere oder anthrazitische Steinkohle	90—93	4,5—4,0	5,5— 3,0	1	82—90	gefrittet oder pulverförmig	1,35—1,4	9,0— 9,5

Die für die Verkokung geeignetste Kohle ist die mit Nr. 4 bezeichnete Fett- oder Kokskohle; unter gewissen Umständen kommt auch noch Nr. 3 in Frage, während Nr. 2 für sich verkokt nur einen Koks von geringerer Güte ergeben kann. Nr. 1 und 5 kommen für die Verkokung zunächst überhaupt nicht in Frage.

Der Aschengehalt einer Kokskohle soll nach Herwegen[2] 6% nicht übersteigen. Infolge der ihnen zukommenden backenden Eigentümlichkeit kann man aber selbst aus aschenreichen Kokskohlen einen verhältnismäßig aschenarmen Koks darstellen, indem man sie zerkleinert und vor ihrer Verwendung zum Koksbrennen einer Aufbereitung unterzieht. Die Aufbereitung kann eine trockene oder nasse sein und bezweckt, die Ausscheidung von Kohlenschiefer, Schwefelkies usw., wobei sich entsprechend dem spezifischen Gewicht zuerst Schwefelkies (5,1), dann

[1] Dinglers polyt. Journal Bd 213, S. 244; vgl. Strache-Lant: Kohlenchemie 1924, S. 60.

[2] Kokereitechnik, S. 3, Gelsenkirchen 1911.

Schiefer (2,4) und zuletzt die Steinkohle (1,35) in scharf gesonderten Schichten ablagern.

Die Aufbereitung der Steinkohle ist notwendig, weil mit zunehmendem Aschengehalt die Backfähigkeit der Kohle abnimmt, indem dann die Aschenteilchen sich zwischen die Kohlenmoleküle schieben und das Zusammenbacken und Anhaften der bei der Verkokung zurückbleibenden Koksmoleküle verhindern. Über die Zusammensetzung der Kohlenasche und ihren Einfluß auf den Verkokungsvorgang hat K. Baum[1] eine ausführliche Arbeit geliefert, auf die an dieser Stelle nur hingewiesen sei.

Der Aschengehalt der Steinkohle stammt teils aus der organischen Substanz, aus welcher die Kohle gebildet ist, teils besteht er aus Brandschiefer und sonstigen organischen Teilen, welche bei der Bildung der Kohle eingelagert sind, teils setzt er sich aus der Menge Berge und Steine zusammen, welche der Steinkohle bei der Gewinnung je nach der dabei angewandten Vorsicht und nach der Art des Gesteins zufällt. Letzterer Teil der Asche wird durch die Aufbereitung leicht und vollständig abgeschieden, ersterer läßt sich jedoch nicht entfernen. Was den Schiefer anbelangt, so mengt derselbe sich häufig so innig mit der Substanz der Kohle, daß er sich ebenfalls der Abscheidung durch ihre Aufbereitung entzieht.

Da aber weitaus mehr schlecht backende Kohlen als gute Kokskohlen gefördert werden, und weil die Menge der gewonnenen eigentlichen Kokskohlen nicht ausreicht um den Bedarf zu decken, so ist man genötigt, andere Kohlensorten für die Verkokung mit heranzuziehen.

Infolgedessen mischt man schlecht backende, aber kohlenstoffreiche Kohlen mit gut backenden, aber gasreichen, um hierdurch ein geeigneteres Material für die Verkokung zu gewinnen. Diese Vermischung verschiedener Steinkohlensorten wird durch den feinstückigen Zustand, in welchem die aufbereiteten Kohlen zur Verkokung gelangen, erleichtert.

Gasreiche, leicht backende Steinkohlen geben infolge ihres starken Aufblähens porösen spezifisch leichten Koks mit weichen Porenwänden, welcher sich leicht zerreiben läßt, gasärmere Backkohlen erbringen dichten, spezifisch schwereren Koks.

Auch aus diesem Grunde ist eine Mischung der Kohlen je nach den Umständen sehr zweckdienlich. Will man von gasreichen, leicht backenden Steinkohlen einen verhältnismäßig dichten Koks erhalten, so darf die Zersetzung nicht allzu beschleunigt verlaufen, und während derselben müssen die Kohlen einem starken Druck ausgesetzt werden, unter welchem der räumliche Inhalt der entweichenden Gase entsprechend vermindert wird.

---

[1] Glückauf 1928, S. 1733; vgl. auch Bericht der „Gasfellowship“ Fuel Bd **6**, S. 449. (1927,)

Manche Fettkohlen blähen ferner derart auf, daß der Kokskuchen sich nicht oder nur schwer aus dem Ofen drücken läßt und so mindestens ein großer Ofenverschleiß entsteht; diesem starken Treiben im Koksofen schafft man ebenfalls zweckmäßig durch Mischung mit gasreichen Fettkohlen Abhilfe. Auch Magerkohlen von sonst brauchbarer Backfähigkeit können die Eigenschaft des starken Blähens zeigen; in diesem Falle hilft ein Zusatz von gasreicher Kohle.

In Gegenden, wo hauptsächlich nur Flammkohlen und Gaskohlen vorkommen, wie z. B. in Oberschlesien und im Saarrevier, hilft man sich dadurch, daß man die Kohlen vor dem Einsetzen in den Koksofen stark zusammenpreßt, eine Maßnahme, die allgemein als Stampfen der Kohle bezeichnet wird. Beim Einsetzen gestampfter Kokskohle gelangt nicht soviel Sauerstoff mit in den Koksofen, als wenn die Kohle locker eingefüllt wird; es verkleinert sich das scheinbare Volumen der Kohle und gleichzeitig vergrößert sich die Berührungsfläche der einzelnen Kohleteilchen — dies dürfte sonder Zweifel mit von Einfluß auf die Erhöhung des Verkokungsvermögens gestampfter Kohle sein. Außerdem wird durch den geringeren O-Gehalt der Verlust an C geringer, d. h. die Koksausbeute höher[1]. Je sorgfältiger ferner die Kohlenmasse im Ofen eingeebnet wird, je weniger Erhöhungen also im Koksofen zurückbleiben, desto günstiger für die Koksausbeute.

Von großer Bedeutung für den Verkokungsvorgang ist die Wahl der richtigen Korngröße für die Kokskohle, da nur ein gleichmäßiges Korn einen gleichmäßig beschaffenen Koks ergeben kann. Das Korn der Kokskohle soll in der Regel nicht größer als 4 mm sein. Ist das Korn größer als 4 mm und ungleichmäßig, so zieht es ohne Zweifel stärkeren Abbrand an Kohlenstoff im Ofen nach sich. Je feiner das Kohlenkorn ist, desto dichter wird der Koks, und desto geringere Brennstoffverluste erzielt man durch Abbrand. Feingemahlene Kohle und sogar Kohlenschlamm, auch selbst aschereicher, der natürlich für metallurgische Zwecke entsprechend aufbereitet werden muß, geben einen sehr dichten Koks. Je näher die Stücke liegen, je kleiner und je mehr sie gepreßt sind, desto leichter backen sie zusammen. Je gröber das Kohlenkorn, desto geringer die Kohlenoberfläche und desto geringer die Berührungsfläche.

Es ist indes keineswegs notwendig, die Kohle bis auf Pulverform zu bringen, um einen guten, metallurgischen Koks zu erhalten; vielmehr hängt es von der Beschaffenheit der Kohle ab, ob man gröberes oder feineres Korn zu wählen hat. Vor allem aber müssen gröbere und feinere Kohlenteilchen dicht zusammenliegen, daß alle Hohlräume ausgefüllt werden. Je größer und je dichter die Kohlencharge im Koksofen, desto

[1] Simmersbach, F.: Die Bedingungen des Koksbrennens. Gelsenkirchen (Bertenburg) 1889.

besser, weil dann die Wirkung der Verkokungsnaht stärker in die Erscheinung treten kann.

Der Hitzegrad und die Schnelligkeit, mit der die Maximaltemperatur der äußeren schon gebildeten Kokskruste und der Verkokungsnaht erreicht wird, kann die Backfähigkeit wesentlich beeinflussen. So geben Kohlen mit geringer Backfähigkeit bei allmählicher Erhitzung eine leicht zerbröckelnde Koksmasse; bei rascher Erhitzung können sie dagegen einen harten Koks geben, weil die Kohlenwasserstoffe im ersteren Falle als Gase und Dämpfe entweichen, während sie zum großen Teil zu Pech zerlegt werden, wenn man sie durch die äußere Koksschicht von hoher Temperatur passieren läßt. Bei Fettkohlen hingegen erhält man durch zu rasches Erhitzen infolge des großen Volumens der freiwerdenden Gase eine schaumige, aufgeschwellte Masse. Die große Schnelligkeit der Gasentwicklung während der ersten Verkokungsperiode zieht sowieso ein Aufblähen der geschmolzenen bzw. teigig gewordenen Kohlenmasse besonders an der Oberfläche der Kohlencharge nach sich.

Leichtschmelzbare Kohlen (gute Fettkohlen mit einem Tiegelausbringen von etwa 70—80% in der Reinkohle) liefern schon bei verhältnismäßig niedriger Verkokungstemperatur einen großstückigen, guten Hochofenkoks (und zwar wird der Koks hierbei großstückiger, wie bei sehr heißem Ofengang).

Schwerschmelzbare Kohlen (sowohl gasarme mit einem Tiegelausbringen über 80%, als auch gasreiche mit einem Tiegelausbringen unter etwa 63% in der Reinkohle) liefern in der Regel nur bei ziemlich heißem Ofengang einen brauchbaren harten Hochofenkoks.

Nach F. Muck[1] haben Kohlen, die bei schwächerem Erhitzen im Tiegel entweder mangelhaft geflossenen Kokskuchen liefern oder Neigung zu stärkerem Aufblähen zeigen, einen heißen Ofengang nötig, widrigenfalls erhält man schaumigen, bröckeligen Koks von mehr rußschwarzem als metallischglänzendem Aussehen. Andererseits ist heißer Ofengang für solche Kohlen, die sowohl bei stärkerem Erhitzen sich nur wenig aufblähen, nicht unbedingt notwendig, wenn er auch stets günstig einwirkt.

Je schwieriger aber die Steinkohle backt, um so höher muß die Temperatur sein, und desto schneller muß der Verkokungsprozeß verlaufen, um brauchbaren Koks zu erzielen. Es wird also der Verlauf des Verkokungsprozesses stets durch die Zusammensetzung der Kokskohle bedingt.

Auch ein zu hoher oder starken Schwankungen unterworfener Wassergehalt der Kokskohlen hat eine Reihe von nachteiligen Folgen für die Kokserzeugung. Zunächst leidet unter einem zu hohen Wassergehalt der Koksofen selbst sehr stark, da durch die mit dem Einbringen von

[1] l. c.

Wasser verbundene starke Abkühlung des Boden- und Wandmauerwerks dieses frühzeitig schadhaft und undicht wird. Außerdem ist die gleichmäßige Beheizung des Ofens durch einen zu hohen Wassergehalt der Kohlen in Frage gestellt, wodurch dann zwangsläufig ein gleichmäßiges Abgaren des Kokses erschwert wird. Aber auch die Wirtschaftlichkeit des Ofenbetriebes selbst leidet außerordentlich durch zuviel eingebrachtes Wasser. So gebraucht jedes Gramm Wasser zu seiner Verdampfung rund eine Calorie und die Leistung der Anlage wird dadurch, daß die Garungszeit durch die stärkere Abkühlung der Öfen verlängert wird, herabgesetzt. Weiterhin muß die verdampfte Wassermenge kondensiert werden, wodurch eine Mehrbelastung der Kühlanlage eintritt, hierzu kommt noch der Mehrverbrauch an Dampf beim Abtreiben des Ammoniaks. Aus diesen Gründen sollte der Wassergehalt der Kokskohle 10—12% nicht übersteigen.

Die Nachteile, die ein zu hoher Aschegehalt der Kokskohle für den Koksofenbetrieb sowohl als für den Hochofenbetrieb mit sich bringt, sind noch größer. Zunächst wirkt die Asche im Hochofen als Wärmeverbraucher, weil sie mit erhitzt werden muß. Der nachteilige Einfluß, den die Asche auf das Backvermögen der Kohle ausübt, wurde bereits erwähnt; es sei hierzu nur noch bemerkt, daß ein hoher Kieselsäuregehalt der Asche oder ein hoher Gehalt derselben an Tonerde und Eisen die Backfähigkeit vermindert, weil durch deren hohen Schmelzpunkt kein Fließen der Asche stattfindet, wodurch der Zusammenhalt des erzeugten Kokses leidet; umgekehrt kann ein hoher Kalkgehalt der Asche den Backprozeß günstig beeinflussen, indem die leicht fließende Asche das Zusammenbacken der Kohleteilchen fördert.

Ein besonders gefährlicher Feind des Koksofens ist der Alkaligehalt der Kohlen, welcher bei der Verkokung Anfressungen der tongebundenen Ofensteine hervorruft; es muß deshalb bei der Kohlenwäsche darauf geachtet werden, daß der Salzgehalt der gewaschenen Kohle 0,1% nicht übersteigt.

Als fernerer Nachteil eines zu hohen Aschegehaltes der Kokskohlen ist schließlich auch die Tatsache anzuführen, daß die Asche Raum für sich beansprucht, der im Koksofen vorteilhaft mit Kohlensubstanz und im Hochofen mit Kokssubstanz erfüllt wäre, auch in dieser Hinsicht vermindert also der Ascheballast die Leistungsfähigkeit beider.

Zusammenfassend sei gesagt, daß die beste Kokskohle eine Fettkohle mit kurzer Flamme ist, die etwa 18—26% flüchtige Bestandteile und ungefähr 80—90% Kohlenstoff enthält. Der Wassergehalt der Kokskohlen soll möglichst 10% nicht übersteigen, und der Aschegehalt soll unter 7% sein, während der Heizwert einer guten Kokskohle rund 8000 WE betragen muß, bei einem spez. Gewicht von ungefähr 1,30—1,35.

Die nachstehenden Tabellen bringen eine Übersicht über die typische Zusammensetzung und Koksausbeute von Kokskohlen aus dem In- und Auslande:

Kokskohlen Oberschlesiens[1].

Bestandteile	I	II	III	IV	V	VIa Rohkohle	VIb gewaschen	VIIa Rohkohle	VIIb gewaschen
	%	%	%	%	%	%	%	%	%
Asche (trockene Substanz)	6,30	6,02	6,20	5,72	7,41	7,37	4,84	5,69	4,71
Kohlenstoff	77,35	77,43	77,24	77,37	73,32	75,50	77,66	75,62	78,74
Wasserstoff	5,15	4,90	4,92	4,99	4,79	4,63	4,84	4,51	4,77
Stickstoff	1,57	1,52	1,66	1,89	1,50	1,51	1,59	1,50	1,51
Sauerstoff	9,63	10,13	9,98	10,03	12,98	10,99	11,07	12,68	10,27
Gesamt-Wasserst. } auf 1000 Kohlenstoff	66,58	63,28	63,70	64,50	65,33	61,32	62,32	59,64	61,58
Gebundener „ } auf 1000 Kohlenstoff	15,56	16,32	16,19	16,29	22,10	18,20	17,82	20,96	16,31
Disponibler „ } auf 1000 Kohlenstoff	51,02	46,96	47,51	48,21	43,23	43,12	44,50	38,68	44,27
Schwefel, gesamt	0,95	0,94	1,27	0,87	0,96	1,36	0,96	1,35	1,07
„ flüchtig	0,25	0,32	0,56	0,18	0,33	0,49	0,38	0,55	0,39
„ fix	0,70	0,62	0,71	0,69	0,63	0,87	0,58	0,80	0,68
Tiegel-Koksausbeute	69,00	69,35	67,45	68,00	68,70	69,44	66,15	66,40	69,10
Schwefel im Koks	1,02	0,90	1,05	1,02	0,91	1,26	0,88	1,21	0,99
Asche im Koks	9,13	8,68	9,19	8,41	10,78	10,61	7,32	8,58	6,82

Herkunft der Kohle	Zusammensetzung der aschefreien Kohle			Auf 1000 C sind enthalten H			Koks aus der aschefreien Kohle
	C	H	O+F	freier	gebunden	Sa.	
Deutschland[2]. Westfalen:							
1. Mittel aus 6 Flözen der Zeche Carolus Magnus	82,319	5,284	12,397	44,15	18,81	62,96	73,88
2. Kohle mit höchster Koksausbeute, ebendaher	84,003	4,984	11,013	42,96	16,41	59,37	76,12
3. Kohle mit niedrigster Koksausbeute, ebendaher	79,887	5,404	14,708	44,61	23,01	67,62	71,74
4. Mittel aus 11 Flözen der Zeche Präsident	88,124	5,264	6,612	50,36	9,37	59,73	77,70
5. Kohle mit höchster Koksausbeute, ebendaher	88,807	5,185	6,008	49,93	8,45	58,38	79,80
6. Kohle mit niedrigster Koksausbeute, ebendaher	88,308	5,353	6,339	51,65	8,86	60,61	76,09
7. Mittel aus 16 Flözen der Zeche Courl	86,201	5,145	8,654	47,07	12,55	59,62	78,24

[1] Simmersbach, O.: Kokschemie, 2. Aufl., S. 74.
[2] Muck: l. c.; vgl. Kokschemie, 2. Aufl., S. 75.

Herkunft der Kohle	Zusammensetzung der aschefreien Kohle			Auf 1000 C sind enthalten H			Koks aus der aschefreien Kohle
	C	H	O+N	freier	gebunden	Sa.	
8. Kohle mit höchster Koksausbeute, ebendaher	87,752	4,903	7,345	45,41	10,46	65,87	82,66
9. Kohle mit niedrigster Koksausbeute, ebendaher	84,484	5,538	9,981	50,74	14,77	65,51	72,18
10. Kohle von H. Beckstatt der Zeche Roland	88,128	5,241	6,631	50,05	9,41	59,46	81,63
11. Kohle von Flöz Sonnenschein der Zeche Maßen	87,097	3,941	8,962	32,38	12,84	45,22	83,65
Niederschlesien:							
12. Mittel aus 9 Flözen der Carl-Georg-Viktor-Grube	88,550	4,580	6,870	42,01	9,71	51,72	78,55
13. Kohle mit höchster Koksausbeute, ebendaher	89,930	4,340	5,730	40,34	7,98	48,32	83,00
14. Kohle mit niedrigster Koksausbeute, ebendaher	86,950	4,880	8,170	44,40	11,73	56,13	73,90
Belgien[1]:							
15. Mittel aus 6 Flözen von Mons	88,660	4,880	6,460	46,00	9,12	55,12	77,80
16. Mittel aus 7 Flözen von Centre	89,090	4,790	6,120	45,12	8,20	53,62	80,25
17. Mittel aus 9 Flözen von Charleroy	88,290	4,800	5,910	45,16	8,28	53,74	81,69
Frankreich[1]:							
18. Mittel aus 5 Flözen von Denain v. Valenciennes	86,790	5,540	7,670	51,72	11,06	62,78	67,2—65
19. Mittel aus 9 Flözen des Beckens v. Valenciennes	87,750	5,190	7,060	49,19	11,05	59,14	73,1—67,7
20. Mittel aus 3 Flözen: Lens, Hersin u. Bity-Montigny	87,590	5,430	6,980	52,03	9,95	61,98	76—67
21. Kohle von Rive de Gier, Henryschacht, Bastardflöz	90,530	5,050	4,420	49,68	6,09	55,77	76,30
22. Kohle von Rochebelle bei Alais	90,550	4,920	4,530	48,08	6,25	54,33	77,70
23. Kohle von Chaptalsch (Creuzot)	88,480	4,410	7,110	39,77	10,06	49,83	80,40

Herkunft der Kohle	C	H	O	N	S	Asche	H_2O	Koks-ausbeute
Österreich[1]:								
1. Ostrauer Bezirk . .	80,54	5,09	7,66	1,43	—	5,27	—	75,0
2. „ „ . .	83,35	4,66	5,06	1,52	—	5,37	—	81,4
Ungarn[2]:								
3. —	86,93	4,35	6,47		0,86	0,89	—	78,85
4. —	86,95	4,13	6,76		0,99	2,85	—	83,14
5. —	80,67	4,38	6,30		2,83	5,82	—	82,82
6. —	69,59	4,12	9,35		5,53	11,41	—	77,81
7. —	79,63	4,46	4,68		0,90	10,33	—	81,55
Rußland[3]:								
8. —	78,41	3,48	12,61		1,22	4,28	—	81,86
9. —	76,57	3,40	8,56		2,54	8,93	—	82,67
10. —	83,01	3,70	11,27		0,62	2,02	—	87,13
11. —	83,65	4,41	9,44		Spuren	2,50	—	83,33
England[4]:								
12. Durham	83,47	6,68	8,17	1,42	0,60	0,20	—	62,70
13. Süd-Wales	83,78	4,79	4,15	0,98	1,43	4,41	—	72,60
14. Derbyshire	79,69	4,94	10,28	1,41	1,01	2,65	—	59,32
15. Lancashire	77,90	5,32	9,43	1,30	1,44	4,88	—	60,22
16. Northumberland .	78,65	4,65	13,66		—	2,49	—	—
17. „ .	82,42	4,82	11,11		—	0,79	—	—
18. „ .	81,41	5,83	7,90	2,05	—	2,07	—	66,70
19. „ .	78,69	6,00	10,07	2,37	—	1,36	—	—
20. Blaina, South-Wal.	77,42	5,36	8,22	1,65	—	1,46	—	—
21. „ „	—	5,71	5,93	1,66	—	2,45	—	—
22. „ „	—	6,18	4,58	1,49	—	4,00	—	—
Natal[5]:								
23. Hett Dundee	72,99	5,25	11,69	0,80	4,02	7,32	1,95	77,54
24. Smith Dundee II	75,32	4,73	7,25	1,01	2,28	10,03	1,66	78,52
25. „ „ I	76,65	4,68	7,62	1,78	2,80	7,35	1,92	74,66
26. Meran Comp. VIII	75,37	4,43	5,90	0,94	1,29	11,22	1,64	84,30
27. „ „ VI	75,07	4,29	6,08	0,53	1,71	12,42	1,88	82,19
28. Ramsey	74,18	3,94	4,95	1,58	0,42	14,18	1,17	84,03
29. Elands-Laagte	79,30	4,58	6,93	1,03	3,39	6,98	1,18	79,62
Nordamerika[6]:		Flüchtige Bestandteile						
30. Connelsville	59,616	30,107			0,784	8,233	1,260	63,633
31. Allegheny River .	55,545	35,520			0,835	6,630	1,700	63,010
32. „ „ .	88,360	1,106			1,076	9,228	0,230	67,000
33. Warrior Field . . .	71,640	28,240			0,640	2,030	0,120	73,670
34. „ „ . . .	63,120	31,250			0,890	5,630	—	68,750
35. Cahaba Field	59,590	34,370			0,660	6,050	—	65,630
36. „ „	60,530	34,60			0,680	4,870	—	65,400

[1] Jicinsky, W.: Österr. Z. Berg- u. Hüttenw. Nr 40, S. 528.
[2] Weeks: Manufacture fo coke.
[3] Hagemans, P.: Stahl und Eisen 1887, S. 261, und Jahresbericht über die Leistungen der chemischen Technik 1887.
[4] Dürre: Neuere Koksöfen, Nr. 12—15, S. 24; Weeks, l. c. Nr. 16—22.
[5] Hefelmann, R., u. A. Jähn: Chem. Ztg 1889, S. 1190, und Jahresbericht über die Leistungen der chemischen Technik 1889.
[6] Weeks: l. c.

4. Die Verkokung. Verwendung des Kokses. Statistik.

Beim Erhitzen von festen organischen Substanzen unter Luftabschluß, ein Vorgang den man mit trockener Destillation bezeichnet, werden Gase und Dämpfe entwickelt, aus denen sich durch Abkühlen Flüssigkeiten abscheiden lassen, während eine kohlenstoffreiche Substanz zurückbleibt. Beim Erhitzen von Steinkohle unter Luftabschluß entsteht so das Steinkohlengas, aus dem Wasser und Teer kondensiert werden können, während als Rückstand der Koks verbleibt. Der Koks, auf den sich hier das Interesse konzentriert, entsteht also durch trockene Destillation der Steinkohle.

Die Bedingungen für die Erzeugung von Koks, die im Koksofen künstlich geschaffen werden, sind vereinzelt auch in der Natur gegeben; so berichtet O. Simmersbach[1] über Fälle, wo durch Gebirgsdruck bzw. durch die Erdwärme natürlicher Koks gebildet wurde. So ist z. B. in Niederschlesien bei Altwasser, wo ein Kohlenflöz teilweise von einer Quarz-Porphyr-Masse überlagert ist, der bedeckte Teil in Anthrazit übergeführt, während der von der ursprünglich warmen Masse unbedeckte Teil des Flözes seinen bituminösen Charakter bewahrt hat. Es werden aber auch Steinkohlenlager im Kontakt mit Eruptivgesteinen bei hinreichender Bedeckung völlig verkokt; z. B. findet sich nach Potonié im Saarbrücker Revier Steinkohle durch einen Erguß vulkanischen Gesteins (Porphyr) kontakt-metamorph in Koks umgewandelt.

Im Richmond-Revier in Virginia hat ein Erguß von Diabas auf das Hangende ein Steinkohlenlager verkokt und einen porösen Koks geschaffen.

Nach Fulton[2] hat natürlicher Koks von Lykens Valley folgende Analyse:

Feuchtigkeit	2,270
Flüchtige Bestandteile	8,830
Kohlenstoff	78,831
Asche	9,393
Schwefel	0,676
Spez. Gewicht	1,75
Härte	2,8

Im Santa-Clara-Kohlengebiet in Mexiko hat man ebenfalls natürlichen Koks gefunden, und zwar Vorkommen von 3 und 10 Fuß Mächtigkeit. Zunächst läßt sich dort eine nahe Beziehung zwischen dem Koks und dem Eruptivgestein erkennen. Die Kohlenlager sind wahrscheinlich durch vulkanische Eruptionen gerissen und die glühende Lava gelangte durch die Erdrisse an die Kohlen. Bei den beiden Hauptvorkommen

[1] Kokschemie, 2. Aufl., S. 24.
[2] Coke, S. 350; vgl. Kokschemie, 2. Aufl., S. 25.

bildet das Eruptivgestein entweder die Decke oder es ist durch einen sehr dünnen Strich Letten von dem Koks getrennt; an beiden Stellen enthält der Koks auch Blöcke von diesem Gestein. An der Oberfläche zeigt sich als einziges Anzeichen von Kohle ein grauer Ton, welcher Asche von verbrannter Kohle enthält. Unter dieser Asche liegt dann der natürliche Koks, der ebenfalls sehr aschenreich ist, vermutlich weil die Verkokung unter starkem Luftzug erfolgte. Da, wo viel Sauerstoff zugegen war, verbrannte die Kohle zu Asche, und da, wo wenig Sauerstoff zur Verfügung stand, wurde die Kohle verkokt.

An einer anderen Stelle bildet die Lava das Liegende und ist gelegentlich mit dem Koks vermengt; teilweise war die Lava so dünnflüssig, daß sie sogar kleine Risse im Koks an den Berührungsflächen ausgefüllt hat.

Ob jedoch der dortige Koks ausschließlich dem Eruptivgestein sein Entstehen verdankt, ist ungewiß, da auch kleine Kokstaschen in einem Anthrazitflöz von 4 Fuß Mächtigkeit gefunden wurden, ohne daß Lava in der Nähe war. Der Koks sieht dunkelgrau aus, ist sehr dicht und sehr fest; er spaltet sich säulenartig wie Bienenkorbofenkoks. Seine Entzündlichkeit gleicht der des Anthrazits; die Koksasche hat weiße Farbe.

In dem natürlichen Koksflöz im Santa-Clara-Kohlenfeld findet sich ferner Graphit, desgleichen in den dabei liegenden Anthrazitflözen; ein Beweis, daß die natürliche Umwandlung in Graphit über Anthrazit oder über Koks geht.

Die künstliche Umwandlung von Kohle in Graphit gelang zuerst Q. Maiorana[1], der einen aus zwei Stücken bestehenden Retortenkohlenzylinder von 25 mm Durchmesser, dessen Aschengehalt 1,5% nicht überstieg, in einem geeignet konstruierten Stahlapparat einem Druck von 2000 Atm. unterwarf und mittels eines elektrischen Stromes von 255 Amp. bis auf 2000° C erwärmte. Nach zehntägiger Versuchsdauer, wobei der Strom täglich 3—4 Stunden angelassen war, fand Maiorana, daß das spez. Gewicht der früheren Retortenkohle von 1,77 auf 2,395 gestiegen war und daß die zwei Stücke aneinander klebten, d. h. die Masse also teigig geworden war und daß sie das Aussehen und die Eigenschaften des Graphits angenommen hatte.

Da mit der zunehmenden Verwendung von Holzkohlen zu metallurgischen Zwecken der Nachwuchs von Holz nicht gleichen Schritt zu halten vermochte, so mußte Ersatz für die Holzkohle geschaffen werden, eine Notwendigkeit, welche zuerst in dem holzarmen England dahin führte, die Steinkohle zu verkoken.

Wie man Holzkohle aus Holz erzeugte, um ein kohlenstoffreiches Brennmaterial zu erhalten, so gewann man Koks aus Steinkohle anfangs

[1] Vgl. Simmersbach, O.: Stahl und Eisen 1904, Nr 8.

in der nämlichen Absicht. Man wollte in ihm ein Brennmaterial erzielen, das

1. einen hohen pyrometrischen Wärmeeffekt liefert,
2. rauchfrei und
3. nicht schmelzbar ist.

Der erste Vorteil wird teils durch Konzentration des Kohlenstoffs, teils durch Entfernung der flüchtigen, wenn auch zum Teil verbrennlichen Bestandteile erzielt. Hierbei entstehen allerdings nicht unbedeutende Verluste an Brennstoff, da die Verflüchtigung viel Wärme in Anspruch nimmt. Was den zweiten Punkt anbetrifft, so haben rohe Steinkohlen mehr oder weniger die Eigenschaft, widrig riechende Gase und Rauch zu entwickeln, was bei Schmelzprozessen störend einwirkt. Koks dagegen brennt rauchlos und rußt nicht, weil die flüchtigen Bestandteile, welche bei der Kohle jene Eigenschaften bewirken, durch die Verkokung entfernt sind. Daher ist Koks von vornherein für metallurgische und alle Heizprozesse geeigneter, als die zu seiner Herstellung benutzte Kokskohle. Die Rohkohle wird drittens in der Hitze weich und bläht sich auf; infolgedessen wird ihre Verwendung im rohen Zustande im Hochofen erschwert, indem durch diese backende Eigenschaft der gleichmäßige Niedergang der Materialien gestört wird. Dagegen ist Koks nicht schmelzbar und erhöht andererseits infolge seiner Porösität die Durchlässigkeit der Beschickung in hohem Grade. Auch absorbieren rohe Steinkohlen, besonders sauerstoffreiche, bei ihrer Verkohlung im Hochofen Wärme, die bei vorhergehender Verkokung dem Hochofen erspart bleibt.

Ein weiterer Zweck der Verkokung besteht in der teilweisen Entfernung des Schwefels der Kohlen. Die Entschwefelung beruht auf der Eigenschaft des in der Steinkohle enthaltnen Schwefelkieses schon bei einfacher Erhitzung sich zu zersetzen, wobei ein Teil des Schwefels entweicht. Desgleichen wird beim Löschen des frisch gezogenen Kokskuchens noch etwas Schwefel infolge des Zusammentreffens des Wassers mit glühenden Sulfiden entfernt.

Für manche metallurgische Prozesse kann Feinkohle nicht verwandt werden. Im Koksofen wird aber dieses Kohlenklein aus einem vorher lockeren, kleinstückigen Zustand in eine feste großstückige Masse übergeführt, was einen großen Vorteil für den Bergbau bedeutet.

Die Herstellung des Kokses findet heute fast allgemein in luftdicht geschlossenen Öfen statt, welche von außen durch Verbrennung der bei der Verkokung selbst entwickelten brennbaren Gase erhitzt werden.

Der chemische Verlauf des Verkokens gleicht dem Verkohlungsprozeß und unterscheidet sich von demselben im wesentlichen nur durch den höheren Temperaturgrad.

Der Betrieb des Koksofens zerfällt in folgende Arbeitsabschnitte:

1. Einfüllen der Kohle,
2. Anwärmen der Kohle,
3. Verkokung und
4. Ausstoßen des Kokskuchens.

Gleich nach dem Einfüllen der Beschickung in den Koksofen tritt eine Gasentwicklung der an den heißen Ofenwänden lagernden Kohlenteile, besonders des Kohlenstaubes ein, was aus dem Rauch, der bei Öffnung der Füllöcher herausströmt, deutlich hervorgeht. Nach Verdampfung der Feuchtigkeit in der Berührungsschicht an den glühenden Wänden beginnt die Gasentwicklung bei etwa 100° und wächst mit steigender Temperatur, bis der Zersetzungspunkt der Kokskohle erreicht ist. Die bei 100° C entweichenden Gase sind zum größten Teil, wenn nicht sogar gänzlich, in der Kohle okkludiert gewesen; sie bestehen in der Hauptsache aus Kohlendioxyd, Methan, Sauerstoff und Stickstoff, wie nachstehende Tabelle zeigt.

Okkludiertes Gas in der Kohle[1].

	ccm Gas pro 100 kg Kohle	CO_2	O	CH_4	N
1. Westf. Kokskohle[2] .	50,6	4,87	2,66	16,65	75,82
2. „ .	43,3	2,18	2,12	25,19	70,51
3. „ .	59,2	4,82	1,99	31,57	60,62
4. „ .	54,5	2,02	0,90	10,65	86,43
5. „ .	42,0	3,72	0,39	5,70	90,19
6. „ .	54,4	1,30	1,60	30,25	66,85
7. Engl. Kokskohle[3] .	55,9	36,42	0,80	—	62,78
8. „ .	61,2	16,77	2,72	0,40	80,11
9. „ .	55,1	5,44	1,05	63,76	29,75
10. „ .	73,6	12,34	0,64	72,51	14,51
11. Engl. Steamcoal . .	194,8	5,04	0,33	87,30	7,33
12. „ . .	250,1	13,21	0,49	81,64	4,66
13. „ . .	375,4	9,25	0,34	86,92	3,49
14. „ . .	555,5	2,62	—	93,13	4,25
15. „ . .	600,6	14,72	—	84,18	4,10

Die kleinen Gasmengen, welche außer den okkludierten unterhalb dieser Temperatur abgegeben wurden, rühren von leicht zersetzlichen oder leicht flüchtigen Bestandteilen in der Kohle her.

In den ersten Stunden des Betriebes entwickelt sich das Gas in sehr stürmischer Weise, später geht die Entwicklung ruhiger vor sich.

Die sich in der Berührungsschicht der Kohle an den Wänden bildenden Kohlenwasserstoffe, namentlich Teerbildner, werden durch die noch kühle Nachbarschicht der dahinterliegenden kalten Kohlen in Masse zu Teer verdichtet, und es entsteht eine deutlich erkennbare

[1] Über okkludiertes Gas in amerikanischer Kohle sei verwiesen auf Parr und Barker, University of Illinois, Bull. 32, 1909.
[2] Meyer: J. prakt. Chem. 1872, Vol. 5, S. 144.
[3] Thomas: J. chem. Soc. 1875, Vol. 13, S. 793.

Scheidewand aus Dickteer zwischen der rohen, fast unversehrten Kohle und dem festen, aber noch nicht entgasten Koks.

Diese geschmolzene, dichte, teerige Schicht, „Verkokungsnaht“ genannt, welche eine Stärke von 30—40 mm aufweist, wird auf der Wandseite aus von einer Wärmequelle mit einer Höchsttemperatur bis zu 1300° C beheizt, auf der Innenseite aber vermöge der Wärmeabsorption der Dämpfe kühl, d. h. nicht über 100° gehalten. Die destillierende Schicht rückt immer weiter bis zur Ofenmitte vor, so daß auch hier die anfänglich unverändert bleibende Kohle verkokt wird. Wie der Teer geht auch der Wasserdampf immer weiter nach innen, kondensiert sich dort und hält die Kohlen in der Mitte des Ofens kalt, so daß diese wieder die Teerdämpfe kondensieren können. Teilt man die Verkokungsnaht in eine Innenschicht (Kohlenseite), Mittelschicht und Außenschicht (Koksseite) und unterwirft man diese Schichten für sich der Destillationsuntersuchung, so nimmt der Koksrückstand nach der Innenseite ab, und die Teerentwicklung ist auf der Koksseite fast auf ein Drittel zurückgegangen, die Leichtöle auf die Hälfte. Durch die Bildung dieser Verkokungsnaht wird verhindert, daß die Temperatur allmählich, gleichmäßig abnehmend in das Innere der Füllung eindringt, ein Vorgang, der, wie die Entgasung der Kohle durch Erhitzung auf 300 bis 500° C beweist, eine Koksbildung verhindern würde. Die Schaulinien der Abb. 4 von Dr. Otto & Co. G. m. b. H.[1] führen die jeweiligen Temperaturverhältnisse der verschiedenen Punkte im Kokskuchen (bei nasser Kohle und 30stündiger Garungszeit) vor Augen; gleichzeitig seien in Abb. 5[2] und 6[3] zwei weitere Temperaturdiagramme bei trockener Kohle und 35 bzw. 17stündiger Garungszeit angeschlossen, welche die Untersuchungen Hilgenstocks bestätigen und vervollständigen.

Aus den angegebenen Temperaturdiagrammen ist ersichtlich, daß das kritische Intervall für die Teerbildner 250—500° in folgenden Zeitabschnitten durchlaufen wird:

1. Bei Hilgenstocks Untersuchungen

Wandschicht	in 0,8 Std.
5. Schicht	„ 2,7 „
4. „	„ 3,4 „
3. „	„ 3,0 „
2. „	„ 4,5 „
Mitte des Kokskuchens	„ 3,4 „

2. Bei Schniewinds Untersuchungen

unterer Teil des Kokskuchens		mittlerer Teil des Kokskuchens	
1. Wandschicht	in 5,8 Std.	3. Wandschicht	in 6,0 Std.
2. Mitte	„ 2,3 „	4. Mitte	„ 5,2 „

[1] Hilgenstock, G.: G.- u. W.-Fach 1902, S. 617.
[2] Schniewind: Trans. of amer. Inst. Min. Eng. Bd 33, S. 776.
[3] Simmersbach, O.: Berg- u. Hüttenm. Rdsch. 1913.

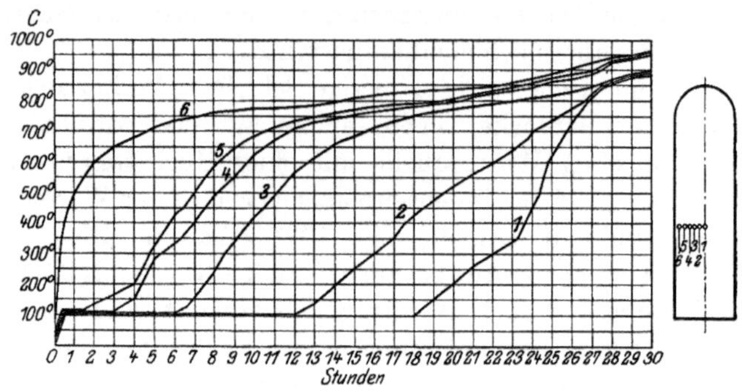

Abb. 4. Die Temperaturverhältnisse im Kokskuchen bei nasser Kohle.

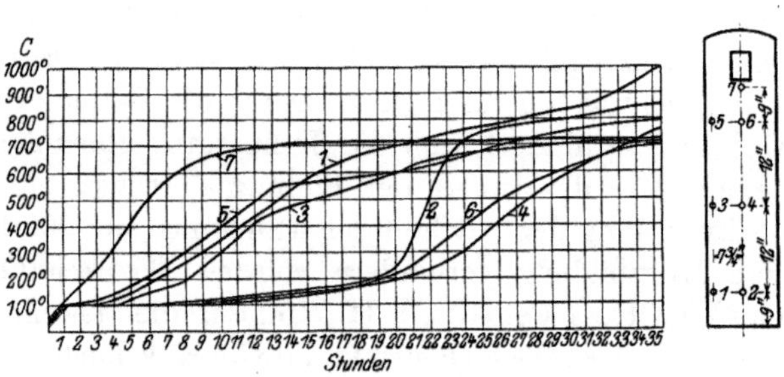

Abb. 5. Die Temperaturverhältnisse im Koksofen bei trockener Kohle.

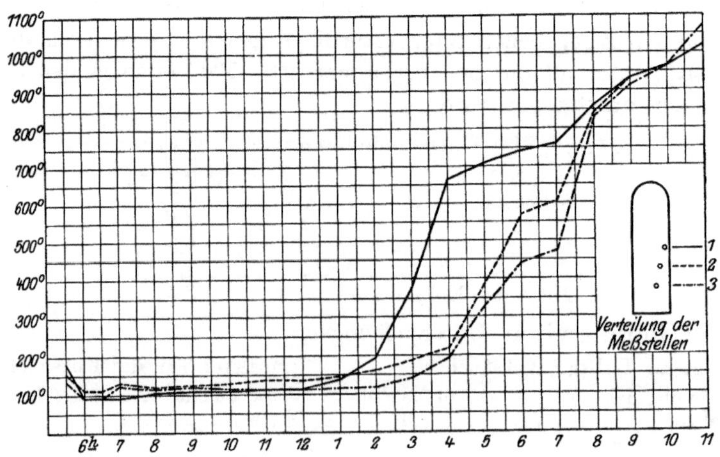

Abb. 6. Die Temperaturverhältnisse im Koksofen bei trockener Kohle.

oberer Teil des Kokskuchens

5. Wandschicht	in 5,4 Std.
6. Mitte	„ 5,0 „
7. oberste Schicht	„ 2,8 „

3. Die Untersuchungen von O. Simmersbach ergeben ähnlich verschiedene Geschwindigkeiten für Ofenmitte und Wandschicht des Kokskuchens. (Vergl. Abb. 6)

Untersuchung	I	II	III
1. Schicht	in 1,1 Std.	in 5,8 Std.	in 3,5 Std.
2. „	„ 1,5 „	„ 3,6 „	„ 3,2 „
3. „	„ 2,7 „	„ 3,6 „	„ 3,3 „

Die Geschwindigkeit stellt sich also sehr verschieden, z. B. bei den Hilgenstockschen Untersuchungen, in der Wandschicht auf nur 0,8 Stunden und in der zweiten Schicht auf 4,5 Stunden und bei den Schniewindschen bei dem unteren Teil des Kokskuchens in der Wandschicht 1 auf 5,8 Stunden gegen 2,3 Stunden daselbst in der Mitte 2 des Kokskuchens, also gerade das umgekehrte Verhältnis.

Die Einwirkung des während des Verkokungsprozesses abgeschiedenen Kohlenstoffs charakterisiert Hilgenstock dahin, daß die vom Gas durchstrichenen glühenden Koksschichten, wie der Augenschein lehrt, von einer Schicht reinen abgeschiedenen Kohlenstoffs überzogen werden, was dadurch nachgewiesen werden kann, daß man den Aschengehalt an der Oberfläche solcher Koksstücke mit dem Innern vergleicht. Im oberen Teil des Kokskuchens, welchen sämtliche Gase durchstreichen müssen, ist diese Kohlenstoffablagerung am stärksten, stärker als im unteren Teile, ein Umstand, der die Qualität des Kokses beeinflussen kann, insofern der abgeschiedene feine Kohlenstoff ausgleichend auf die weniger dicht gelagerte obere Ofenfüllung wirkt, die geeignet ist, weniger dichten Koks zu liefern.

Verfährt man mit der Kokspartie einer nicht völlig garen Ofenfüllung in der Weise, daß man sie von der Scheidewand aus in Schichten teilt und Proben dieser Schichten der Destillation unterzieht, so ergibt sich ein Vorschreiten der Entgasung von den Kammerwänden nach innen zu. Bei einem Vergleich des in den Diagrammen vorgeführten Vorschreitens der Temperatur nach der Mitte der Ofenfüllung zu mit dem Vorschreiten der Entgasung ergibt sich eine ziemlich breite Zone zwischen Anfang und Ende der Entgasung. In dieser Zone können die entwickelten Gase ungefährdet aufsteigen, die Gase aus der Scheidewand oder deren Nähe sind am reichsten an schweren Kohlenwasserstoffen, während die übrigen, je mehr sie dem Ende der Entgasung entstammen, ärmer an diesen Kohlenwasserstoffen sind und fast nur aus Wasserstoff bestehen.

Über den Weg, den die entbundenen Gase im Koksofen nehmen, ist man noch recht geteilter Meinung. Die eine Ansicht geht dahin, daß die Destillationsgase die Verkokungsnaht zum größten Teil nach den

Heizwänden zu verlassen, während die andere Anschauung dahin geht, daß das meiste Gas nach innen durch die noch unverkokte Kohle nach oben entweicht.

Zu den Verfechtern der ersten Ansicht gehört O. Simmersbach[1], welcher ausspricht, daß die entwickelten Gase nicht durch die kühle Kohlenschicht in der Ofenmitte entweichen, sondern daß sie ihren Weg durch den schon gebildeten Koks hindurch seitlich nach den Ofenwänden hin nehmen und dann zwischen diesen und dem Kokskuchen nach oben ziehen. Auch Lewes[2] vertritt diese Ansicht und behauptet, daß die Gase beim Passieren des heißen Teiles der Beschickung eine Zersetzung ihrer primären Kohlenwasserstoffe erleiden. G. E. Foxwell[3] ist auf Grund von Laboratoriumsversuchen und von mathematisch-physikalischen Überlegungen ebenfalls zu der Anschauung gekommen, daß die Hauptmenge des bei der Verkokung entwickelten Gases seinen Weg durch den bereits fertig gebildeten Koks nimmt. Er bestimmte den Druck in Millimeter-Wassersäule, der nötig war, um in der Minute 1 ccm Gas durch eine mit dem Verkokungsmaterial gefüllte Röhre zu pressen. Dabei wurde beobachtet, daß mit steigender Temperatur auch der Druck schnell ansteigt, daß er dann für jede Kohlensorte ein gewisses Maximum erreicht, und daß er dann wieder allmählich absinkt. Diese Beobachtung hängt eng mit den Temperaturgrenzen zusammen, in welchen sich die betreffende Kohle im plastischen Zustande befindet. Foxwell erklärt den wachsenden Widerstand während der Verkokung damit, daß beim Erhitzen der Kokskohle ein Teil ihrer Bestandteile zwischen die einzelnen Kohleteilchen fließt und damit eine zähflüssige Masse bildet.

Foxwell hat dann den gefundenen Widerstand mit der Temperatur zu einer Kurve verbunden, die von ihm plastische Kurve benannt wird und die von einer Reihe von Faktoren abhängig ist; z. B. von der Schnelligkeit der Erhitzung, der Korngröße der Kohle usw. Da für jede Kohlensorte sowohl der Maximalwiderstand als auch der Gesamtwiderstand, den sie beim Verkoken den entwickelten Gasen entgegensetzt, verschieden ist, so können diese Kennzeichen zu ihrer Charakteristik dienen. Den Verkokungsvorgang selbst stellt sich Foxwell etwa folgendermaßen vor: Die den Heizwänden zunächst liegenden Kohlen werden nach dem Einfüllen in den Koksofen rasch erhitzt, so daß alsbald der plastische Zustand eintritt. Das zuerst entwickelte Gas muß also vollständig in das Innere des Ofens ziehen. Nach einiger Zeit befindet sich auf jeder Wandseite eine noch verhältnismäßig dünne Koksschicht und in einiger Entfernung davon wandert je eine plastische Schicht nach der

---

[1] Vgl. Kokschemie, 2. Aufl., S. 83.

[2] The carbonisation of coal, 2. Aufl., 1918, S. 211.

[3] J. Soc. chem. Ind., Bd 40, S. 193 (1921); Fuel 1924, S. 122; vgl. Winter, H.: Glückauf 1925, S. 400 u. 431.

Ofenmitte zu, bis diese Schichten schließlich zusammentreffen und die Verkokungsnaht bilden. Durch die plastischen Schichten können die, gebildeten Gase zwar aus dem höheren Druckbereich in den Bereich des niederen Druckes übertreten, ein Diffundieren von Gas aus beiden Zonen ist aber nicht möglich. Es wird also am Anfang des Verkokungsprozesses alles Gas nach innen ziehen, mit vorrückender Verkokung wandert aber ein immer größerer Teil desselben durch den Koks und an den Kammerwänden in die Höhe, was besonders im oberen Teil der Beschickung frühzeitig der Fall ist. Bei gestampfter oder besonders feinkörniger Kohle tritt mehr Gas durch den Koks als bei gröberem Kokskorn. Nach der Ansicht von Foxwell nehmen von der Gesamtmenge der Destillationsgase ungefähr 95% ihren Weg durch den Koks nach den Wandseiten der Öfen und nur etwa 5% durch die noch unverkokte Kohle.

Neuerdings hat auch J. Schmidt[1] sich mit der Frage nach dem Wege der Gase in der Verkokungskammer beschäftigt und ist dabei zu ähnlichen Ergebnissen wie Foxwell gekommen.

J. Schmidt benützte für seine Versuche Ruhrkokskohlen mit rund 20% flüchtigen Bestandteilen und stellte fest, daß von den wertvollen Destillationsanteilen im ganzen 62,1—73% den Weg durch den Koks nehmen, und daß nur 13,9—19,4 Volumprozente des Gesamtgases durch die unverkokte Kohle aufsteigen. Nach Schmidt steigt das Gas aus den nach dem Einfüllen der Kohle sich alsbald bildenden Teernähten restlos durch die Kohle in die Höhe, weil der Widerstand der plastischen Masse selbst, durch ihre Zähigkeit, zu groß ist, als daß das Gas durch die Teernaht in die Höhe wandern könnte. Auf ihrer Wanderung nach der Ofenmitte zu nehmen die Teernähte an Breite zu und die schwerer siedenden, zäheren Bestandteile sammeln sich an, wodurch der Widerstand, den sie dem Gas entgegensetzen, immer größer wird. Im Gegensatz zu Foxwell vertritt Schmidt die Auffassung, daß sich die Risse im Koks von Anfang der Verkokung an bilden, und daß sie sich mit fortschreitender Verkokung lediglich verbreitern; auch seine Annahme einer offenporigen Koksstruktur spricht für seine Beobachtung, daß bald nach Bildung der ersten Kokszonen der größte Teil des Gases durch den Koks wandert. Nach seinen Messungen ist der Druck in den Teernähten selbst weitaus am höchsten; in der noch unverkokten Kohle sind die Drücke mittelhoch, dagegen fallen dieselben im gebildeten Koks rasch ab. Ferner stellte Schmidt fest, daß die Teernähte auch für die Temperaturen eine Grenze bilden, außerhalb derselben steigen dieselben nämlich von 550° bis zur Wandtemperatur an, wogegen zwischen denselben 100° C im allgemeinen nur wenig überschritten werden.

[1] Glückauf 1927, S. 365.

Die zweite Meinung, daß nämlich der größte Teil der Destillationsgase nach der Mitte der Beschickung, also durch die Kohlen und dann nach oben strömt, wurde zuerst von Hilgenstock[1] vertreten.

Biddulph-Smith[2] leitete zur Feststellung des Gasweges schweflige Säure in die Verkokungskammer ein, indem er diese durch Rohre schickte, den gegenüber in gewissen Abständen andere Rohre zur Entnahme der Gasproben angeordnet waren. Das Ergebnis dieser Versuche war, daß der Hauptgasstrom im Koksofen nach der Mitte zu und dann nach oben wanderte. Da sich mit der Zeit am fertigen Koks Risse bildeten, so konnte schließlich nebenher auch eine entgegengesetzte Gasstromrichtung, nämlich nach den Heizwänden zu, festgestellt werden. Die Rißbildung im Koks trat in erheblichem Maße erst nach dem Zusammentreffen der Teernähte durch Schrumpfen des Kokses ein. Biddulph-Smith behauptet auch im Gegensatz zu der Anschauung von J. Schmidt, daß die plastischen Verkokungsnähte dem Gas keinen bedeutenden Widerstand entgegenzusetzen scheinen. Auch W. Kubach[3] erscheint es ausgeschlossen, daß ein erheblicher Teil der Destillationsgase im Koksofen an den Heizwänden hochsteigt. Ebenso ergeben Beobachtungen von A. Thau[4] an einer teilweise verkokten Koksofenbeschickung Anhaltspunkte, welche die Auffassung von Biddulph-Smith zu bestätigen scheinen.

Für seine Beweisführung führte Thau einen Schnitt durch die Beschickung eines Koksofens, und zwar nach 7stündiger Garungsdauer, während zur Abgarung des Ofeninhaltes in Wirklichkeit 28 Stunden notwendig waren. Die Teernähte waren unkenntlich geworden; wahrscheinlich weil der Teer nachträglich noch herausdestilliert war, an die Stelle derselben war eine dünne Schicht von teilweise entgaster Kohle getreten. Das Gefüge des Kokses war ein ausgesprochenes Zellengefüge und kein Kapillargefüge, wie es z. B. J. Schmidt gefunden hat, so daß also die Gase durch die plastischen Teernähte einen viel geringeren Widerstand vorfinden als wenn sie durch den Koks dringen wollten.

Nach demselben Autor wird das Koksgefüge bereits weitgehend festgelegt, ehe die Kohle vollständig entgast ist; die fast vollständige Entgasung findet erst bei weiterer Temperaturerhöhung in den Zonen statt, welche hinter den Teernähten zurückbleiben und in welchen infolge von Schrumpfung Risse entstehen, die aber keinesfalls bis zu den Teernähten heranreichen. Weil bei dem von Thau benutzten Schnitt die Gase durch eine 50 mm dicke Koksschicht dringen müßten, um bis zu den Schwindungsrissen zu kommen, so schließt er daraus, daß auch aus

---

[1] Glückauf 1903, S. 22.

[2] Gas World, Coking Section 1922, S. 48; ferner Thau, A.: Glückauf 1925, S. 494.

[3] Glückauf 1925, S. 275. [4] Glückauf 1925, S. 484 ff.

diesem Grund die Gase und Dämpfe im wesentlichen nach innen und dann nach oben ziehen.

Da kein Grund vorliegt an den Versuchsergebnissen ernster Forscher zu zweifeln, so lassen sich die so stark voneinander abweichenden Beobachtungen von Foxwell, Schmidt und anderen einerseits, sowie von Biddulph-Smith, Thau usw. andererseits nur dadurch erklären, daß verschiedene Kohlen in ihrem Verhalten während der Verkokung sehr verschieden sind. Zwar ist man sich darüber einig, daß gewisse Gasmengen durch den Koks und andere durch die Kohle gehen, jedoch sind die Größenangaben so unterschiedlich, daß sich vorläufig noch kein allgemein gültiger Satz darüber aufstellen läßt.

Das verschiedene Verhalten verschiedener Kohlen bei der trockenen Destillation ist an und für sich nicht überraschend, weil bei dieser im Gegensatz zur gewöhnlichen Destillation, bei welcher die Destillate bereits in der zu destillierenden Substanz vorhanden sind, die erzeugten Körper erst durch Umlagerung und Zerfall der vorhandenen organischen Substanz gebildet werden. So fand Spilker[1] bei der Verkokung zweier Ruhrkohlen unter gleichen Bedingungen folgende Werte:

	Zeche Mathias Stinnes	Zeche Deutschland
Koks	75,43%	85,38%
Flüchtige Bestandteile	24,57%	14,62%
	100,00%	100,00%
Die flüchtigen Bestandteile sind:		
Ammoniak (NH_3)	0,386%	0,341%
Teer	2,49 %	1,12 %
Wasser	6,21 %	2,57 %
Kohlensäure (CO_2)	1,46 %	0,67 %
Schwefelwasserstoff (H_2S)	0,31 %	0,20 %
Rohbenzol	1,27 %	0,54 %
Koksofengas	12,444%	9,179%
	24,570%	14,620%
Die Gasmenge betrug bei 760 mm Druck pro Tonne Kohle:		
und 0° trocken	277,9 cbm	276,5 cbm
und 15° feucht	298,2 „	296,7 „
Die Zusammensetzung der Gase war:		
schwere Kohlenwasserstoffe	4,6%	1,7%
Kohlenoxyd	7,1%	3,9%
Wasserstoff	51,4%	65,3%
Methan	34,7%	26,8%
Stickstoff	2,2%	2,3%
	100,00%	100,00%

[1] Kokerei und Teerprodukte der Steinkohle, S. 24, Halle 1908, vgl. Winter, H., in Gluud, W.: Handbuch der Kokerei, Bd 1, S. 61, Halle 1927.

Von ausschlaggebendem Einfluß auf die bei der Verkokung erhaltenen Produkte ist die Temperatur, bei welcher dieselbe stattfindet. Die eigentliche Zersetzungsdestillation der Steinkohle beginnt erst zwischen 400 und 500°; bei der Entgasung der Kohle unterhalb dieser Temperatur entstehen daher Produkte, welche sich wesentlich von denen unterscheiden, die bei höherer Temperatur entstanden sind. Am wenigsten werden die in den Kohlen enthaltenen Substanzen verändert, wenn die Destillation unter Vakuum vorgenommen wird. Eingehende Untersuchungen haben auf diesem Gebiet Wheeler[1] sowie Pictet[2] und deren Mitarbeiter angestellt. Während Wheeler die Probekohlen ganz langsam entgaste und der Temperatur entsprechend ganz langsam steigerte, arbeitete Pictet, indem er die Temperatur verhältnismäßig rasch auf 450° ansteigen ließ; beide erhielten einen Teer, der vom gewöhnlichen Steinkohlenteer erheblich abwich und ein Übergangserzeugnis darstellte, aus dem durch höheres Erhitzen der normale Teer erzeugt werden kann. Die im Vakuum entstandenen Teere bestanden im wesentlichen aus Olefinen und Naphthenen sowie aus flüssigen Paraffinen; Benzol, Naphthalin und Anthracen waren nicht darin enthalten; die verschiedene Arbeitsweise der genannten Forscher äußerte sich jedoch darin, daß Wheeler nur Spuren von basischen Bestandteilen erhielt, während Pictet beträchtliche Mengen von Pyridinbasen isolieren konnte.

Unter der Bezeichnung Tieftemperaturverkokung ist ein Destillationsverfahren bekannt geworden, bei dem ähnliche Produkte wie beim Destillieren der Kohle unter Vakuum erhalten werden; die trockene Destillation der Kohlen findet in diesem Falle bei gewöhnlichem Druck und bei verhältnismäßig niedriger Temperatur, nämlich nicht über 450°, statt. Diese Art der Kohlendestillation hat wohl als einer der ersten E. Börnstein[3] näher erforscht. Er erhielt klare, dickflüssige Öle, die leichter als die bis dahin bekannten Steinkohlenteere waren und niedriger siedeten.

F. Fischer und W. Gluud[4] unterwarfen Kohlenproben von 10 bis 25 kg der Tieftemperaturverkokung in einem Drehrohrofen. Als besonders geeignet für die Tieftemperaturverkokung erwiesen sich die Kohlen des Saargebiets, da diese eine besonders hohe Ausbeute an Urteer lieferten. Der Urteer soll folgende Kennzeichen haben[5]:

---

[1] J. chem. Soc. 1910, S. 1917; 1911, S. 649; 1913, S. 1704 u. 1915; 1914, S. 131 u. 2562.

[2] Ber. 1911, S. 286; 1913, S. 3342; Glückauf 1914, S. 147; 1915, S. 927; Chem. Ztg 1916, S. 211.

[3] G.- u. W.-Fach 1906, S. 648 u. 667.

[4] Ges. Abhandl. zur Kenntnis der Kohle Bd 1, S. 122 (1915/16); Bd 3, S. 7 u. 252 (1918); Brennstoffchemie 1920, S. 35; 1921, S. 233.

[5] Ges. Abhandl. zur Kenntnis der Kohle, Bd 2, S. 215 (1917).

1. Bei Zimmertemperatur muß er flüssig sein und darf nur wenig Paraffin ausscheiden,

2. das spez. Gewicht bei 25° muß 0,95—1,06 betragen,

3. in dünner Schicht ist er goldrot bis portweinfarben,

4. er riecht fast stets nach Schwefelwasserstoff oder Schwefelammonium; auf keinen Fall darf er nach Naphthalin riechen.

Fischer und Gluud zerlegten den Urteer in seine hauptsächlichsten Bestandteile und fanden etwa 50% Phenole, nur geringe Mengen Pyridin, im übrigen Kohlenwasserstoffe wie Paraffine, Olefine, solche der hydroaromatischen Reihe und substituierte Abkömmlinge der aromatischen Reihe.

Wegen der aliphatischen Kohlenwasserstoffe, die der Urteer enthält, ist die Tieftemperaturverkokung für die deutsche Wirtschaft von gewisser Bedeutung, indem sie geeignet ist, uns bis zu einem gewissen Grade von den ausländischen Petroleumsprodukten unabhängig zu machen. Tatsächlich sind auch in der Kriegs- und Nachkriegszeit verschiedene Anlagen entstanden, die in Drehtrommeln oder aber in Generatoren mit besonderen Schweleinsätzen Urteer erzeugen. F. Müller[1] gibt einen Überblick über die wirtschaftliche Bedeutung der Steinkohlenschwelerei im Rahmen der Bestrebungen im Ruhrbergbau, auf den hiermit verwiesen sei.

Einer allgemeinen Verbreitung der Tieftemperaturverkokung steht die Tatsache hindernd im Wege, daß der dabei zurückbleibende Koks, der sogenannte Halbkoks[2], welcher etwa 65—85% der eingesetzten Kohle beträgt, eine leicht entzündliche und leicht brennbare Substanz darstellt, die aber wenig fest und sehr zerreiblich ist und daher für den Hochofenbetrieb als unbrauchbar bezeichnet werden muß. Auf eine zusammenfassende Darstellung der Bestrebungen und Ergebnisse auf dem Gebiet der Tieftemperaturverkokung von W. Gluud[3] sei in diesem Zusammenhang hingewiesen.

Während also Urteer (und auch Vakuumteer) primäre Erzeugnisse der Kohlendestillation sind, ist der gewöhnliche oder Hochtemperaturteer ein Überhitzungsprodukt und kann durch pyrogene Zersetzung des Urteers erhalten werden. Morgan und Soule[4] haben die Vorgänge beim Verkoken der Kohle studiert und folgende Feststellungen gemacht:

1. Die Zersetzung der Kohlensubstanz zu gewöhnlichem Hochtemperaturteer ist in bezug auf die Hitze ein Vorgang fortschreitenden, stufenweisen Abbaus, bei dem pyrogenetische Synthesen nur eine zweite Rolle spielen.

---

[1] Br. Chemie 1927, S. 181.

[2] Ges. Abhandl. zur Kenntnis der Kohle, Bd 3, S. 102 (1918); Brennstoffchemie 1921, S. 225.

[3] Die Tieftemperaturverkokung der Steinkohle. 2. Auflage, Halle 1921.

[4] Chem. Met. Eng. 1922, S. 1025; Stahl und Eisen 1923, S. 277.

2. Sechsringe und Vereinigungen derselben kennzeichnen daher die vollständigen Reihen der Abbaustoffe zwischen Kohle und Hochtemperaturteer. Die Zersetzungen während der Verkokung sind im wesentlichen Umsetzungen, welche die Abtrennung von Seitenketten bewirken.

3. Das mittlere Moleculargewicht der flüssigen Zwischenerzeugnisse nimmt ständig mit der wachsenden Verkokungstemperatur ab. Diese Abnahme ist durch die Abspaltung von Wasserstoff, Methan und Äthan ausgezeichnet.

4. Der einleitende Abbaustoff des zuerst gebildeten Urteers vollzieht sich durch Verlust von

a) Wasserstoff bei einem Teile der Naphthene mit einer Zunahme von ungesättigten Kohlenwasserstoffen als Ergebnis,

b) Seitenketten bei den Phenolen durch Wasserstoffeintritt mit nachfolgender Bildung von niedrig siedenden Phenolen,

c) Wasserstoff bei den Stickstoffbasen unter Bildung einer großen Menge von tertiären Gemischen. (Dieser Zustand wird durch den Carbokohlenteer dargestellt.)

5. Endgültige Zersetzungen verlaufen im Höchstfall zwischen 700 und 800° und sind gekennzeichnet durch:

a) Wasserstoffabspaltung und Entalkylierung der hydroaromatischen ungesättigten Kohlenwasserstoffe und Stickstoffbasen unter Bildung von aromatischen Stoffen mit der Eliminierung von Wasserstoff, Methan und anderen einfachen Gasen,

b) Wasserstoffaufnahme seitens der Phenole unter Bildung aromatischer Kohlenwasserstoffe, die weiter in niedriger siedende aromatische Stoffe übergehen, während gleichzeitig Methan, Äthan und Wasser entstehen,

c) sekundäre pyrogenetische Synthesen von höheren aromatischen Stoffen aus einfachen Verbindungen.

6. Die Phenole des Urteers sind die Hauptquelle für die Bildung der einkernigen aromatischen Kohlenwasserstoffe. Die ungesättigten Naphthene des Urteers stellen die Hauptquelle für die mehrkernigen aromatischen Kohlenwasserstoffe dar.

Nach den bisherigen Untersuchungen bilden sich bei der Steinkohlendestillation wahrscheinlich folgende Verbindungen:

I. Koks. II. Leuchtgas[1].

1. Leuchtende Bestandteile als Lichtgeber:

a) Gase:

Acetylen C_2H_2	Allylen C_3H_4
Äthylen C_2H_4	Krotonylen C_4H_6
Propylen C_3H_6	Teren C_5H_8
Butylen C_4H_8	

[1] C. r. Bd 156, S. 144, 325, 557, 797, 1987; Bd 157, S. 204; G.- u. W.-Fach 1913, S. 1034.

b) Dämpfe:

Benzol C_6H_6
Toluol C_7H_9
o-m-p-Xylol C_8H_{10}
Äthylbenzol C_8H_{10}
Propylbenzol C_9H_{12}
Äthyltoluole C_9H_{14}
Pseudokumol C_9H_{12}
Mesitylen C_9H_{12}
Hemellithol C_9H_{12}
Durol $C_{10}H_{14}$
Cyclopentadiën C_5H_6
Thiophen C_4H_4S

Styrolen C_8H_8
Naphthalin $C_{10}H_8$
Methylnaphthalin $C_{11}H_{10}$
Fluoren $C_{13}H_{10}$
Fluoranthen $C_{15}H_{10}$
Butan C_4H_{10}
Pentan C_5H_{12}
Hexan C_6H_{14}
Heptan C_7H_{16}
Octan C_8H_{18}
Nonan C_9H_{20}
Dekan $C_{10}H_{22}$

2. verdünnende Bestandteile oder Lichtträger:

Wasserstoff H_2
Methan CH_4
Äthan C_2H_6

Propan C_3H_8
Kohlenoxyd CO

3. Verunreinigende Bestandteile:

Kohlensäure CO_2
Ammoniak NH_3
Cyanwasserstoff HCN
Cyanmethyl C_2H_3N
Schwefelwasserstoff SH_2
Methylmerkaptan $CH_3 \cdot SH$

Schwefelmethyl $(CH_3)_2S$
Äthylmerkaptan $C_2H_5 \cdot SH$
Schwefeläthyl $(C_2H_5)_2S$
Schwefelkohlenstoff CS_2
Kohlenoxydsulfid COS
Stickstoff N_2

III. Teer[1].

	Formel	Schmelzpunkt	Siedepunkt
A. Kohlenwasserstoffe.			
1. Methanreihe, C_nH_{2n-2}			
Methan	CH_4	—	—
Äthan	C_2H_6	—	—
Propan	C_3H_8	—	—20°
Butan, normales	C_4H_{10}	—	—1°
Pentan, normales	C_5H_{12}	flüssig	37—39°
Isopentan	C_5H_{12}	„	30°
Hexan, normales	C_6H_{14}	„	69—71°
Heptan, normales	C_7H_{16}	„	98°
Äthylisoamyl	C_7H_{16}	„	90,3°
Octan I	C_8H_{18}	„	119—120°
„ II	C_8H_{18}	„	124°
Nonan I	C_9H_{20}	„	130°
„ II	C_9H_{20}	„	150,8°
Decan I	$C_{10}H_{22}$	„	158—161°
„ II	$C_{10}H_{22}$	„	170—171°
Undecan	$C_{11}H_{24}$	„	180—182°
Duodecan	$C_{12}H_{26}$	„	200—202°
Tredecan	$C_{13}H_{28}$	„	218—220°
Quatuordecan	$C_{14}H_{30}$	„	236—240°
Quindecan	$C_{15}H_{32}$	„	258—262°
Sedecan	$C_{16}H_{34}$	„	280°
Feste Paraffine	$C_{17}H_{36}$	40—60°	—
bis	$C_{27}H_{56}$	—	—

[1] Lunge-Köhler: Die Industrie des Steinkohlenteers und des Ammoniaks, Bd 1, S. 221ff. (1912).

	Formel	Schmelzpunkt	Siedepunkt
2. Äthylenreihe, C_nH_{2n}			
Äthylen	C_2H_4	—	—110°
Propylen	C_3H_6	—	—
Butylen, normales	C_4H_8	—	—5°
Pseudobutylen	C_4H_8	—	—1°
Isobutylen	C_4H_8	—	—8°
Amylen, normales	C_5H_{10}	flüssig	—39—40°
„	C_5H_{10}	„	—35—36°
Hexylen	C_6H_{12}	„	68—70°
„	C_6H_{12}	„	72—74°
Heptylen	C_7H_{14}	„	96—99°
3. Hexahydroadditionsprodukte der Benzolreihe C_nH_{2n} (Naphthene)			
Hexahydrobenzol	C_6H_{12}	flüssig	69°
Hexahydrotoluol	C_7H_{14}	„	97°
Hexahydroisoxylol	C_8H_{16}	„	118°
4. Acetylenreihe, C_nH_{2n-2}			
Acetylen	C_2H_2	—	—
Allylen	C_3H_4	—	—
Krotonylen	C_4H_6	flüssig	18°
Valylen (Piperylen)	C_5H_8	„	41—42°
Hexoylen	C_6H_{10}	„	80°
Höhere Glieder	$C_{12}H_{20}$	„	201°
„ „	$C_{14}H_{24}$	„	240°
„ „	$C_{16}H_{28}$	„	280°
5. Tetrahydroadditionsprodukte der Benzolreihe, C_nH_{2n-2} (Naphthylene)			
Tetrahydrobenzol	C_6H_{10}	flüssig	82°
Tetrahydrotoluolol	C_7H_{12}	„	103—105°
Tetrahydroxylol	C_8H_{14}	„	129—132°
6. Reihe, C_nH_{2n-4}			
Cyclopentadiën	C_5H_6	„	42,5°
Nonon	C_9H_{14}	„	174°
7. Dihydroadditionsprodukte der aromatischen Reihe, C_nH_{2n-4} (Terpene)			
Dihydrobenzol	C_6H_8	flüssig	81,5°
Dihydrotoluol	C_7H_{10}	„	105—108°
Dihydroxylol	C_8H_{12}	„	132—134°
Dihydrocymol	$C_{10}H_{16}$	„	174°
8. Benzolreihe, C_nH_{2n-6}			
Benzol	C_6H_6	4,5—7°	81,1°
Toluol	C_7H_8	flüssig	111°
Xylole	C_8H_{10}	„	—
Orthoxylol	—	flüssig	143°
Metaxylol	—	„	139°
Paraxylol	—	15°	137,5—138°
Äthylbenzol	C_8H_{10}	flüssig	138°
Propylbenzol	C_9H_{12}	„	—
Äthyltoluole	C_9H_{12}	„	—
Pseudocumol	C_9H_{12}	„	168°
Mesitylen	C_9H_{12}	„	164°
Hemellithol	C_9H_{12}	„	175°
Durol	$C_{10}H_{14}$	80—81°	196°
Andere Tetramethylbenzole	—	—	—

	Formel	Schmelzpunkt	Siedepunkt
9. Styrol, C_nH_{2n-8}	C_8H_8	flüssig	145°
Styrolenhydrür (?)	C_8H_{10}	„	—
10. Inden, C_nH_{2n-10}	C_9H_8	„	178°
Hydrinden	C_9H_{10}	„	174°
Methylinden	$C_{10}H_{10}$	„	195—120°
Dimethylinden	$C_{11}H_{12}$	„	—
11. Dicyclopentadiën	$C_{10}H_{12}$	40,5°	170°
12. Naphthalin, C_nH_{2n-2n}	$C_{10}H_8$	80°	218°
Naphthalinhydrür	$C_{10}H_{10}$	flüssig	200—210°
Naphthalintetrahydrür	$C_{10}H_{12}$	„	190°
α-Methylnaphthalin	$C_{11}H_{10}$	„	243°
β- „	$C_{11}H_{10}$	32,5°	242°
Dimethylnaphthalin	$C_{12}H_{12}$	flüssig	262—264°
13. Acenaphthen C_nH_{2n-14}	$C_{12}H_{10}$	95°	277,5°
Acenaphthenhydrür	$C_{12}H_{12}$	—	260°
Diphenyl	$C_{12}H_{10}$	70,5°	254°
14. Fluoren, C_nH_{2n-16}	$C_{13}H_{10}$	113°	295°
15. Anthracen, C_nH_{2n-18}	$C_{14}H_{10}$	213°	360°
Anthracendihydrür	$C_{14}H_{12}$	106°	305°
Anthracenhexahydrür	$C_{14}H_{16}$	63°	290°
Anthracenperhydrür	$C_{14}H_{24}$	88°	250°
Methylanthracen	$C_{15}H_{12}$	208—210°	über 360°
Isomethylanthracen	$C_{15}H_{12}$	202—204°	—
Dimethylanthracen (?)	$C_{16}H_{14}$	224—225°	—
Phenanthren	$C_{14}H_{10}$	99—100°	340°
Phenanthrentetrahydrür	$C_{14}H_{14}$	flüssig	300—304°
Phenanthrenoctohydrür	$C_{14}H_{18}$	flüssig	—
Phenanthrenperhydrür	$C_{14}H_{24}$	—3°	270—275°
Pseudophenanthren (?)	$C_{16}H_{12}$	115°	über 360°
Synanthren	$C_{15}H_{10}$	189—195°	—
Fluoranthren	$C_{15}H_{10}$	109°	über 360°
Pyren	$C_{16}H_{10}$	148°	über 360°
Chrysen	$C_{18}H_{12}$	250°	436°
Chrysenhydrür	$C_{18}H_{28}$	flüssig	360°
Chrysenperhydrür	$C_{18}H_{30}$	115°	353°
Chrysogen	—	280—290°	—
Reten	$C_{18}H_{18}$	98—99°	350°
Retendodekahydrür	$C_{18}H_{30}$	flüssig	336°
Succisteren (?)	—	160—162°	über 300°
Picen	$C_{22}H_{14}$	364°	518—520°
Picencikosihydrür	$C_{22}H_{34}$	flüssig	360°
Picenperhydrür	$C_{22}H_{36}$	175°	360°
Benzerythren	$C_{24}H_{18}$	307—308°	—
Cracken	$C_{34}H_{18}$	308°	über 500°
Bitumen	—	—	—
Truxen	$C_{27}H_{19}$	365°	—

B. Sauerstoffhaltige Körper.

Wasser	H_2O	0°	100°
Methylalkohol	CH_4O	flüssig	63°
Äthylalkohol	C_2H_6O	„	78,5°
Aceton	C_3H_6O	„	56°
Äthylmethylketon (?)	C_4H_3O	—	77,5—81°

	Formel	Schmelzpunkt	Siedepunkt
Säuren und Phenole:			
Essigsäure	$C_2H_4O_2$	16°	119°
Benzoesäure	$C_7H_6O_2$	121°	249°
Phenol (Carbolsäure)	C_6H_6O	42°	184°
Orthokresol	C_7H_8O	32°	187°
Parakresol	C_7H_8O	36°	201°
Metakresol	C_7H_8O	3—4°	202°
Xylenole: Orthoxenol 1, 2, 4	$C_8H_{10}O$	61°	225°
„ Metaxenol 1, 2, 3	$C_8H_{10}O$	73°	216°
„ „ 1, 3, 4	$C_8H_{10}O$	26°	211,5°
„ Paraxenol 1, 3, 4	$C_8H_{10}O$	74,5°	211—213°
α-Naphthol	$C_{10}H_8O$	94—96°	280°
β-Naphthol	$C_{10}H_8O$	122°	294°
Phenole der Anthracenreihe (?)	—	—	—
α-Pyrokresol	$C_{15}H_{14}O$	196°	350° (?)
β- „	$C_{15}H_{14}O$	124°	—
γ- „	$C_{15}H_{14}O$	105°	—
Kumaron	C_8H_6O	flüssig	169°
p-Methylkumaron	C_9H_8O	„	197—199°
m- „	C_9H_8O	„	195—196°
o- „	C_9H_8O	„	190—191°
o-p-Dimethylkumaron	$C_{10}H_{10}O$	„	221—222°
m-p- „	$C_{10}H_{10}O$	„	221°
o-m- „	$C_{10}H_{10}O$	„	216°
Diphenylenoxyd	$C_{12}H_8O$	81—85°	275,5°
C. Schwefelhaltige Körper.			
Schwefelwasserstoff	H_2S	—	—
Schwefelammonium	$(NH_4)_2S$	—	—
Schwefelcyanammonium	$(NH_4)NCS$	—	—
Schwefeldioxyd	SO_2	—	—
Schwefelkohlenstoff	CS_2	—	47°
Kohlenoxysulfid	COS	—	—
Methylmerkaptan	$CH_3 \cdot SH$	—	20°
Schwefelmethyl	$(CH_3)_2S$	—	41°
Äthylmerkaptan	$C_2H_5 \cdot SH$	—	36°
Schwefeläthyl	$(C_2H_5)_2S$	—	91°
Thiophen	C_4H_4S	flüssig	84°
α-Thiotolen	C_5H_6S	„	113°
β- „	C_5H_6S	„	113°
α-α-Thioxen	C_6H_8S	„	135—136°
α-β- „	C_6H_8S	„	136—137°
α-β′- „	C_6H_8S	„	137—138°
β-β- „	C_6H_8S	„	136—137°
α-β-β-Trimethyltiophen	$C_7H_{10}S$	„	163°
Tetramethyltiophen	$C_8H_{12}S$	„	182—184°
Biophen	$C_4H_4S_2$	„	165—170°
α′-α-Dithienyl	$C_8H_6S_2$	33°	—
β′-β- „	$C_8H_6S_2$	132,4°	—
Trithienyl	$C_{12}H_8S_3$	147°	357°
Thionaphthen	C_8H_5S	30—31°	220—221°
Thiophthen	$C_6H_4S_2$	flüssig	224—226°
Diphenylensulfid	$C_{12}H_8S$	—	—
D. Chlorhaltige Körper.			
Ammoniumchlorid	NH_4Cl	—	—

	Formel	Schmelzpunkt	Siedepunkt
E. Stickstoffhaltige Körper.			
I. Basische:			
Ammoniak	NH_3	—	—
(Schwefelammonium und Schwefelcyanammonium s. unten)			
Methyl- und Äthylamine usw.	—	—	—
Cespitin (?)	$C_5H_{13}N$	flüssig	95°
Anilin	C_6H_7N	— 8°	182°
Homologe desselben (?)	—	—	—
Pyridin	C_5H_5N	flüssig	117,6°
α-Picolin	C_6H_7N	„	135°
β- „	C_6H_7N	„	138°
γ- „	C_6H_7N	„	?
α-α-Lutidin	C_7H_9N	„	143°
α-β- „	C_7H_9N	„	162—163°
α-γ- „	C_7H_9N	„	157°
α-β'- „	C_7H_9N	„	?
β-γ- „	C_7H_9N	„	163,5—164,5°
β-β'- „	C_7H_9N	„	169—170°
γ-Äthylpyridin	C_7H_9N	„	164—166°
α-γ-α'-Collidin	$C_8H_{11}N$	„	171—172°
α'-β-γ- „	$C_8H_{11}N$	„	165—168°
Parvolin (?)	$C_9H_{13}N$	„	188°
α-β-γ-β'-Tetramethylpyridin	$C_9H_{13}N$	„	232—234°
Coridin (?)	$C_{10}H_{15}N$	„	211°
Rubidin (?)	$C_{11}H_{17}N$	„	230°
Viridin (?)	$C_{12}H_{19}N$	„	251°
Chinolin (Leukolin)	C_9H_7N	„	239°
Isochinolin (Leukolin)	—	28°	236°
Chinaldin (-Methylchinolin)	$C_{10}H_9N$	flüssig	243°
Iridolin (-Methyllepidin)	$C_{10}H_9N$	„	252—257°
Kriptidin (Dimethylchinolin)	$C_{11}H_{11}N$	flüssig	274°
Tetrakolin (?)	—	—	—
Oktakolin (?)	—	—	—
Acridin	$C_{13}H_9N$	107°	über 360°
2-Methylacridin	$C_{14}H_{11}N$	134°	—
4-Methylacridin	$C_{14}H_{11}N$	88°	—
2-4-Dimethylacridin	$C_{15}H_{13}N$	71°	—
Hydroacridin	$C_{13}H_{11}N$	107°	—
II. Nicht basische:			
Pyrrol	C_4H_5N	flüssig	133°
Cyanammonium	$CN \cdot NH_4$	—	—
Cyanmethyl (Acetonnitril)	$CH_3 \cdot CN$	flüssig	79°
Benzonitril	$C_6H_5 \cdot CN$	„	196°
Isocyanmethyl	C_2H_3N	—	59,6°
Carbazol	$C_{12}H_9N$	238°	355°
Phenyl-α-naphthylcarbazol	$C_{16}H_{11}N$	225°	über 440°
Phenyl-β-naphthylcarbazol	$C_{16}H_{11}N$	330°	—

F. Freier Kohlenstoff.

Formel: C_x

IV. Ammoniakwasser[1].

A. Flüchtige Ammoniakverbindungen.

Kohlensaures Ammoniak	$(NH_4)_2CO_2$
Halbsaures kohlensaures Ammoniak	$(NH_4)_4H_2(CO_3)_3$
Saures kohlensaures Ammoniak	$(NH_4)HCO_3$
Schwefelammonium	$(NH_4)_2S$
Saures Schwefelammonium	$(NH_4)HS$
Ammoniumpolysulfide	$(NH_4)_2S_x$
Cyanammonium	NH_4CN
Essigsaures Ammoniak	$CH_3 \cdot COO \cdot NH_4$
Freies Ammoniak	NH_3

B. Nichtflüchtige (fixe) Ammoniakverbindungen.

Ammoniumsulfat	$(NH_4)_2SO_4$
Chlorammonium	NH_4Cl
Ammoniumsulfit	$(NH_4)_2SO_3$
Ammoniumthiosulfat	$(NH_4)_2S_2O_3$
Ammoniumthiocarbonat	$(NH_4)_2CS_3$
Rhodanammonium	NH_4SCN
Ferrocyanammonium	$(NH_4)_4Fe(CN)_6$

C. Bestandteile organischer Natur.

Pyridinsalze z. B.	$C_6H_5N \cdot HCL$
Alkohole	C_2H_5OH, CH_3OH
Phenole	C_6H_5OH
Benzol und Homologe	C_nH_{2n-6}
Naphthalin	$C_{10}H_8$

Die Temperatur, bei welcher die Verkokung stattfindet, ist also von größter Wichtigkeit für die Eigenschaften und Mengen der aus der Kohle zu erzeugenden Produkte. Im allgemeinen kann man sagen, daß bei steigender Temperatur die Gasausbeute größer wird, während die Ausbeute an Koks und Teer fällt. Das Anwachsen der Gasmenge bei erhöhter Temperatur erklärt sich durch die vollständigere Zersetzung der Kohlensubstanz, sowie durch die stärkere Zersetzung, welche die Gase an den heißen Ofensteinen erleiden. Durch die starkere Zersetzung der schweren Kohlenwasserstoffe und des Methans wird auch das spezifische Gewicht niedriger und ebenso werden der Heizwert- und die Leuchtkraft des Gases geringer; hiermit hängt auch der Umstand zusammen, daß bei höherer Temperatur der Gehalt des Gases an Kohlenwasserstoffen abnimmt und der an Wasserstoff größer wird.

Die bei hoher Temperatur entstehenden Verbindungen werden kohlenstoffreicher, aber wasserstoff- und sauerstoffärmer als die bei niedriger Temperatur sich bildenden, d. h. die Bindung der Kohlenstoffatome darf bei hoher Temperatur nicht als einfache (abgesehen von den gesättigten Fettkörpern) und die Kette nicht als offen angenommen werden, sondern als eine geschlossene Kohlenstoffkette mit mehrfacher Bindung der Kohlenstoffatome. Bei niedriger Temperatur entstehen daher vor-

[1] Lunge-Köhler: Die Industrie des Steinkohlenteers und des Ammoniaks, Bd 2, S. 177 (1912).

wiegend Fettkörper, welche bei höherer Temperatur sich in aromatische Körper molecular verdichten werden, um dann wieder pyrogen zu zerfallen.

Die Theorien Berthelots[1] hinsichtlich der pyrogenen Zersetzung der Kohlenwasserstoffe und über die Spaltung von Methan, Äthan und Äthylen führen folgende Reaktionen vor Augen.

Methan . . . . a) $2CH_4 = C_2H_6 + H_2$
b) $2CH_4 = C_2H_2 + 3H_2$

Äthan . . . . a) $C_2H_6 = C_2H_4 + H_2$
b) $2C_2H_6 = C_2H_2 + 2CH_4 + H_2$

Äthylen . . . . a) $C_2H_4 = C_2H_2 + H_2$
b) $2C_2H_4 = C_2H_2 + C_2H_6$.

Das Acetylen stellt hiernach also das hauptsächlichste und erste Produkt der Spaltung von anderen Kohlenwasserstoffen dar und soll sich dann rasch zu Benzol polymerisieren und unter Vereinigung mit mehr Acetylen, Styrol, Naphthalin, Anthracen usw. gemäß nachstehenden Formeln bilden:

Benzol . . . . $3C_2H_2 = C_6H_6$

Styrol . . . . $C_6H_6 + C_2H_2 = C_8H_8$

Naphthalin . . . . $C_6H_6 + 2C_2H_2 = C_{10}H_8 + H_2$ oder
$C_8H_8 + C_2H_2 = C_{10}H_8 + H_2$

Anthracen . . . . $2C_6H_6 + C_2H_2 + C_{14}H_{10} + 2H_2$.

Lewes stellte fest, daß Acetylen je nach der Höhe der Temperatur sich entweder gemäß Berthelots Theorie zu aromatischen Kohlenwasserstoffen polymerisiert oder in seine Elemente spaltet.

Untersuchungen von Bone und Coward[2] haben indes ergeben, daß Acetylen nicht das primäre Spaltungsprodukt höherer Kohlenwasserstoffe ist und daß dies auch für die niederen Glieder dieser Reihe gilt.

Nach den Untersuchungen der beiden Forscher zersetzt sich Methan gemäß folgender Tabelle sofort in Kohlenstoff und Wasserstoff, ohne daß entsprechend den Theorien von Berthelot und Lewes primär Acetylen und Wasserstoff entsteht nach der Formel: $CH_4 = C + 2\,H_2$. Maßgebend für den Zerfall ist weniger die Höhe der Temperatur, als die Berührung mit der heißen Oberfläche.

Zersetzung von Methan in Porzellanröhren.
Zusammensetzung des Gases nach 1 Stunde.

Temperatur	800°	1015°	1115°
Methan	91,6	48,2	9,15
Wasserstoff	8,4	51,8	90,85
Acetylen.	—	—	—
% ursprüngliches Gas zersetzt . . .	4,4	35,0	83,3

[1] Vgl. Kokschemie, 2. Aufl., S. 99.

[2] Vortrag in der Versammlung der Institution of Gas. Eng. Juni 1908, ausführlich wiedergegeben in The Gas World und auszugsweise im J. Gasbel. 1908, S. 803ff.

Äthan spaltet sich zunächst in Äthylen und Wasserstoff und Äthylen, dann bei weiterer Erhitzung in Kohlenstoff und Methan.

$$C_2H_6 = C_2H_4 + H_2 = C + CH_4 + H_2.$$

Bei 675° fand eine Abscheidung von etwa 45% des ursprünglichen C-Gehaltes des Gases statt und ferner von etwa 4% des Gewichtes des ursprünglichen Gases an Naphthalin; Acetylen bildete sich nur wenig, Benzol gar nicht. Bei 800° ergab sich folgendes Bild:

Zersetzung von Äthan bei 800°.

	Zeit in Minuten				
	1	5	15	30	60
Acetylen	1,90	1,20	0,50	Spur	—
Äthylen	11,20	4,40	0,75	—	—
Äthan	17,90	2,40	—	—	—
Methan	31,30	54,55	64,55	66,0	63,75
Wasserstoff	37,70	37,45	34,10	34,0	36,25
Verhältnis $\frac{CH_4}{H_2}$	0,83	1,46	1,90	1,94	1,75
Verdichtbare Produkte		kleine Mengen		praktisch nichts	

Nach dieser Tabelle ist etwas mehr Methan entstanden, als der obigen Formel entspricht, es muß sich also wohl gleichzeitig Methan aus Kohlenstoff und Wasserstoff synthetisch bilden.

Äthylen scheidet bei 575° keinen Kohlenstoff ab, bildet aber als erstes Zerfallprodukt Acetylen, das sich polymerisiert; durch Anlagerung von Wasserstoff an einen Teil des Äthylens entsteht auch etwas Äthan, vor allem aber Methan. Bei höherer Temperatur bilden sich viel weniger aromatische Kohlenwasserstoffe, statt dessen aber zeigt sich neben Teerdämpfen weit mehr abgeschiedener Kohlenstoff, indem das primär entstandene Acetylen in hohem Maße zerlegt wird: $C_2H_4 = CH_4 + C$.

Zersetzung von Äthylen bei 800°.

	Zeit in Minuten			
	1	5	15	30
Acetylen	3,0	3,90	3,85	—
Äthylen	57,25	21,40	9,65	0,9
Äthan	3,25	5,00	1,30	—
Methan	29,40	53,40	64,45	67,7
Wasserstoff	7,10	17,00	20,75	21,4
Verhältnis $\frac{CH_4}{H_2}$	4,14	3,1	3,1	2,1

Acetylen polymerisiert sich bei Temperaturen bis 700° größtenteils (60%) zu schwerer flüchtigen Produkten von höherem Moleculargewicht, etwa 35% zersetzten sich und ein kleiner Teil bildet durch direkte Wasserstoffanlagerung Äthylen bzw. Äthan. Etwa 20% des Gewichts des Gases scheidet sich als C ab. Bei über 700° hört die Polymerisationsfähigkeit auf, und das Gas beginnt zu zerfallen.

Zersetzung von Acetylen bei 800°.

	Zeit in Minuten			
	1	5	15	60
Acetylen	25,9	7,3	1,35	—
Äthylen	4,2	2,7	—	—
Äthan	2,65	0,7	—	—
Methan	15,00	35,3	37,65	43,0
Wasserstoff	52,25	54,0	61,00	57,0
Verhältnis $\frac{CH_4}{H_2}$	0,3	0,65	0,6	0,75

Bei über 800° verläuft die Zersetzung von Äthan, Äthylen und Acetylen im Gegensatz zu der des Methans so rasch, daß der Einfluß höherer Temperaturen hinsichtlich der primären Vorgänge nicht festgestellt werden kann, jedoch ist bei 1000—1200° keiner der drei Kohlenwasserstoffe beständig.

Auf Grund ihrer Untersuchungen schließen Bone und Coward, besonders mit Rücksicht auf das Auftreten der großen Mengen Methan, daß das Methan nicht als unmittelbares Zerfallsprodukt gelten kann, sondern durch Wasserstoffangliederung an einen der anfänglichen Körper gebildet wird. Dieses Ergebnis wurde durch praktische Versuche bestätigt.

Den Verlauf der Kohlenwasserstoffzerlegung bei hohen Temperaturen hat man sich also wie folgt vorzustellen:

Bei Äthan und Äthylen tritt zunächst eine Wasserstoffabstpaltung ein unter gleichzeitiger Lockerung beider Kohlenstoffatome.

Je nach der Temperatur und Menge des anwesenden Wasserstoffs liegt alsdann die eine oder andere der drei Möglichkeiten vor.

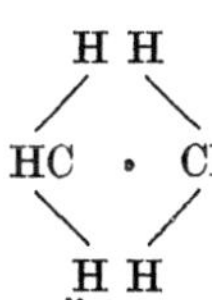
Äthan

$= [2\,(:CH_2) + H_2] =$
a) $C_2H_4 + H_2$
b) $2C + 2H_2 + H_2$
c) plus $H_2 = 2CH_4$

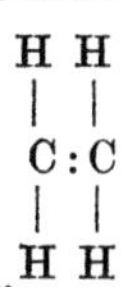
Äthylen

$= [2\,(\vdots\,CH) + H_2] =$
a) $C_2H_2 + H_2$
b) $2C + H_2 + H_2$
c) plus $2H_2 = 2CH_4$

Aus Acetylen entstehen bei über 700° $\vdots$CH-Reste, welche entweder

a) in C und H zerfallen oder

b) unter Wasserstoffanlagerung Methan bilden.

$$HC \vdots CH = [2(\vdots CH)] = \begin{cases} a)\ 2C + H_2 \\ b)\ \text{plus}\ 3H_2 = 2CH_4 \end{cases}$$

Einen weiteren Einblick in die Zersetzungsverhältnisse der Kohlenwasserstoffe gewähren die nachstehenden Versuche von O. Simmersbach[1], veranschaulicht durch Abb. 7 und 8, beim Überleiten von Methan und Äthylen über Schamotte, die mit Dissoziations-Kohlenstoff bedeckt ist, die also etwa den Verhältnissen in älteren Koksöfen entsprechen.

Zersetzung von Äthylen beim Leiten über Schamotte, die mit Dissoziationskohlenstoff bedeckt ist.

Nach Erhitzung auf °C	Äthylen Vol. %	Dauer der Einwirkung Sek.
500	90,4	45
600	88,9	38
650	71,5	38
700	61,1	36
750	34,3	45
800	16,8	38
850	8,9	36
900	1,1	43
1000	0,3	40

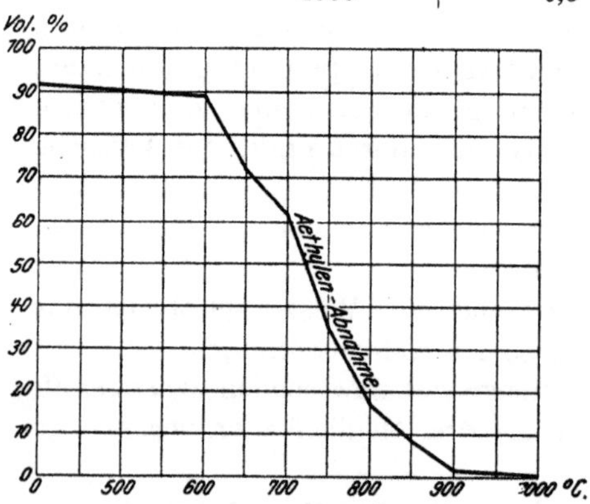

Abb. 7. Zersetzung von Äthylen.

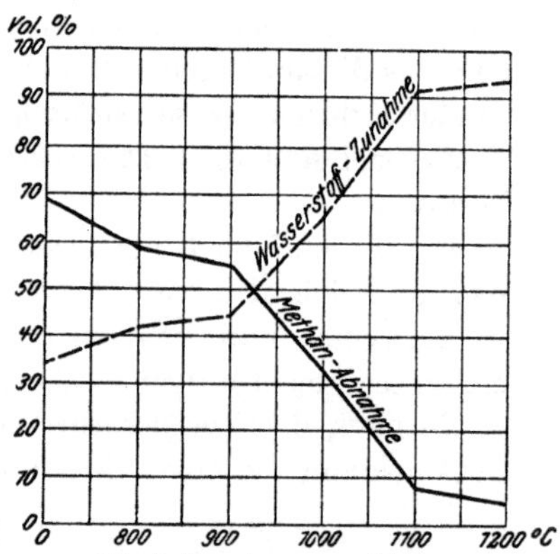

Abb. 8. Zersetzung von Methan.

Zersetzung von Methan beim Leiten über erhitzte Schamotte, die mit Dissoziationskohlenstoff bedeckt ist.

Bestandteil	Ursprüngliche Zusammensetzung	Nach Erhitzen auf				
		800°C	900°C	1000°C	1100°C	1200°C
	Vol. %	Vol. %	Vol. %	Vol. %	Vol. %	Vol. %
O_2	0,3	0,2	0,1	0,0	0,0	0,0
CO	0,3	0,7	0,8	0,8	0,5	0,5
C_nH_m	0,7	0,4	0,3	0,1	0,0	0,0
CH_4	68,3	58,5	54,3	32,6	7,7	5,8
H_2	30,4	40,2	44,3	65,4	94,6	93,5
Dauer der Einwirkung Sek.		79	84	79	90	71

[1] Über die Zersetzungstemperatur von Koksofengas. Stahl u. Eisen 1913, S. 239.

Mit der Untersuchung des Methangleichgewichtes befaßten sich auch M. Mayer und V. Altmayer[1], die als Katalysatoren Nickel und Kobalt verwendeten. Während noch bei 250° fast ausschließlich Methan vorhanden war, stellten sich die Gleichgewichte bei höheren Temperaturen wie folgt:

bei 400° :	14 % H_2,	86 % CH_4
„ 500° :	38 % H_2,	62 % CH_4
„ 800° :	96 % H_2,	4 % CH_4
„ 850° :	98,5% H_2,	1,5% CH_4
„ 1000° :	99,5% H_2,	0,5% CH_4.

Diese Werte haben indessen hier nur theoretisches Interesse[2], da im Koksofen die genannten Katalysatoren kaum vorhanden sind und daher die Angaben von O. Simmersbach den wirklichen Verhältnissen in der Praxis näherkommen.

Über die pyrogene Zersetzung der Kohlenwasserstoffe hat W. Gluud[3] eine aufschlußreiche Arbeit geliefert; die auf S. 96—98 folgende Zusammenstellung über das Verhalten von aromatischen und hydroaromatischen Kohlenwasserstoffen bei erhöhter Temperatur ist dieser Arbeit entnommen.

Die Entgasung des Kokses im Koksofen ist niemals vollkommen, da die Temperaturen dazu nicht hoch genug sind und der gare Koks enthält demnach stets noch größere oder kleinere Mengen von Gas gebunden, welches erst bei der größeren Hitze, wie z. B. vor den Formen des Hochofens, vollständig entbunden wird. Beim Verkoken bleiben stets Wasserstoff und Sauerstoff, sowie Stickstoff und organischer Schwefel im Koks zurück, hauptsächlich in Form sehr feuerbeständiger Kohlenwasserstoffverbindungen.

Das Entweichen der Gase der Steinkohle während des Verkokungsprozesses verursacht, abgesehen von der anfänglichen Aufblähung, deren Höhepunkt bei etwa 600° C liegt, eine stetig zunehmende Volumenverminderung des aus der Kohle entstehenden Kokskuchens, so daß diese erst mit der üblichen Garungszeit ein Ende nimmt. Die Form der Poren, welche bis dahin noch in ihrer Bildung durch die eingeschlossenen Gase beeinflußt war, wird gegen Ende des Prozesses eine endgültige, an der auch das nachherige Löschen nichts mehr zu ändern vermag.

Über den Einfluß des Stampfens der Kokskohle auf den Verkokungsvorgang war bereits die Rede gewesen. Die Feinkohle verliert dadurch bis zu 25% an Volumen; die Kohle wird also durch das Stampfen auf drei Viertel ihres Volumens in lose geschüttetem Zustande zusammen-

[1] G.- u. W.-Fach 1909, S. 240 u. 326; Ber. Bd 40, S. 2134.
[2] Vgl. hierzu Ber. Bd 48, S. 2781, Katalysator Aluminium; ferner Gmelin Kraut, Bd 2, 2. Teil, S. 195; Katalysator Calcium, Z. phys. Chem. Bd 73, S. 513; Katalysator-Magnesium und Ber. Bd 45, S. 2614, Katalysator-Platin.
[3] Ges. Abhandl. zur Kenntnis der Kohle, Bd 2, S. 261ff. (1917).

Pyrogene Zersetzung der Kohlenwasserstoffe.

Untersuchte Substanz	Zersetzungsart und -temperatur	Entstandene Produkte	Beobachter	Zitat
		Aromatische Kohlenwasserstoffe		
Benzol	Beginn der Zersetzung bei 500°	Diphenyl (kein Naphthalin) und Wasserstoff. Maximalausbeute an Diphenyl bei 750°, darüber Zerfall unter Kohleabscheidung	Zanetti und Egloff	J. Ind. Eng. Chem. Bd 9, S. 350 (1917)
	Beginn der Zersetzung über 600°	Diphenyl und Wasserstoff. Maximalausbeute (70%) bei 720°	Smith und Lewcock	Soc. Bd 101, S. 1453 (1912)
	Beginn der Zersetzung über 900°!	—	Haber und Oechelhäuser	J. Gasbel. 1896, S. 799, 813, 830
	Bei verschiedenem Druck in Methanatmosphäre	Naphthalin und Anthracen	Rittmann, Byron und Egloff	J. Ind. Eng. Chem. Bd 7, S. 1019 (1915)
	In glühendem Eisenrohr in einer Äthylenatmosphäre!	20% Diphenyl, 5% unverändertes Benzol, 1% Styrol, 1% Anthracen, 0,6% Phenanthren: kein Naphthalin!	Ferko	Ber. Bd 20, S. 660 (1887)
	Überhitzung durch glühende Pt-Drahtspirale. Zersetzungsbeginn bei 650°	Diphenyl und Wasserstoff	Hans Meyer und Alice Hofmann	M. Bd 37, S. 681 (1916)
Toluol	Glühende Röhre	Benzol, Naphthalin, Anthracen, Chrysen, Benzerthren usw.	Berthelot	Bl. Bd 7, S. 218 (1867). Ann. chim. phys. Bd 4, S. 12, 130 (1870)
		Diphenyl, Phenanthren, Ditolyle: kein Naphthalin!	Graebe	Ber. Bd 7, S. 48 (1874)
	Im glühenden Eisenrohr	10% Benzol, 12% unver. Toluol, 0,5% Styrol, 3% Naphthalin! 2% Diphenyl, 1% Anthracen, 0,1% Phenanthren	Ferko	Ber. Bd 20, S. 660 (1887)
	4—8 Stunden bei dunkler Rotglut (etwa 700°)	Dibenzyl (kein Benzol)	Hans Meyer und Alice Hofmann	M. Bd 37, S. 681 (1916)
	bei heller Rotglut (etwa 800°)	Dibenzyl, Stilben (wenig Anthracen) wahrscheinlich: p-Ditolyl und p-Methylphenylmethan CH_3 ⬡ CH_2 ⬡		desgl.

Pyrogene Zersetzung der Kohlenwasserstoffe (Fortsetzung).

Untersuchte Substanz	Zersetzungsart und -temperatur	Entstandene Produkte	Beobachter	Zitat
p-Xylol	Bei heller Rotglut (etwa 800°)	p-Dixylyl: CH_3 ⬡ CH_2. CH_2 ⬡ CH_3 und p-Dimethylstilben: CH_3 ⬡ CH: CH ⬡ CH_3; bei längerer Einwirkung 2,6, Dimethylanthracen	desgl.	desgl.
Mesitylen	Glühende Pt-Drahtspirale	Gibt in glatter Reaktion: Dimesityl	desgl.	desgl.
Äthylbenzol	In glühendem Eisenrohr	Benzol, Toluol, (wenig) Xylol, Styrol,	Berthelot	Bl.Bd10,S.344(1868)
		15% Benzol, 2% Styrol, 1% Toluol, 2,2% Naphthalin, 2,6% Phenanthren, weniger Anthracen und Biphenyl!	Ferko	Ber. Bd 20, S. 660 (1887)
	glühende Pt-Drahtspirale	Gibt in glatter Reaktion: Stilben ⬡ CH:CH ⬡	Hans Meyer und Alice Hofmann	M. Bd 37, S. 681 (1916)
Dybenzyl	Glühende Röhren	Toluol, Stilben	Dreher und Otto	A. Bd 154, S. 176 (1870)
	desgl.	Toluol, Phenanthren	Graebe	Ber. Bd 7, S. 48 (1874)
	Glühende Pt-Drahtspirale	In glatter Reaktion, Anthracen! Stilben, wenig Toluol, kein Phenanthren	Hans Meyer und Alice Hofmann	M. Bd 37, S. 681 (1916)
Stilben	desgl.	Kein Anthracen, kein Phenanthren, nur Öle	desgl.	desgl.
Diphenyl	Bei Rotglut (Pt-Drahtspirale)	4,4'-Diphenyl-biphenyl ⬡-⬡⬡-⬡	desgl.	desgl.
Diphenylmethan	Glühende Pt-Drahtspirale (7 Stunden)	Fluoren, daneben Benzol und Anthracen	desgl.	desgl.
o-Ditolyl	Glühende Pt-Drahtspirale	Gibt in glatter Reaktion: Phenanthren	desgl.	desgl.
Naphthalin	—	850 g Naphthalin geben 470 g unverändertes Naphthalin, 130 g β-β-Dinaphthyl und Kohle	Ferko	Ber. Bd 20, S. 660 (1887)
	Glühende Röhre	β-β'-Dinaphthyl	Smith	Soc. Bd 32, S. 551 (1877)

Pyrogene Zersetzung der Kohlenwasserstoffe (Fortsetzung).

Untersuchte Substanz	Zersetzungsart und -temperatur	Entstandene Produkte	Beobachter	Zitat
Naphthalin	Bei dunkler Rotglut	β-β'-Dinaphthyl als Hauptprodukt	H. Meyer und Alice Hofmann	M. Bd 37, S. 681 (1916)
	Bei hellerer Rotglut	β-β'-Dinaphthyl als Hauptprodukt, daneben α-β-Dinaphthyl?		
Anthracen	Glühende Pt-Drahtspirale	Dianthryl	desgl.	desgl.
Phenanthren	desgl.	Diphenanthryl?	desgl.	desgl.
		Hydroaromatische Kohlenwasserstoffe		
Cyclopentadiën	Schwach glühende Rohre	Benzol, Naphthalin und Anthracen	Weger	Z. angew. Chem. Bd 22, S. 344 (1909)
	Glühende Pt-Spirale	Keine aromatischen Substanzen, spez. kein Naphthalin	Hans Meyer und Alice Hofmann	M. Bd 37, S. 681 (1916)
Dihydro-anthracen	Kurze Zeit bei rotglühender Pt-Drahtspirale	Gibt in glatter Reaktion: Anthracen	desgl.	desgl.
Cyclohexan	Zersetzung bei 500°	Benzol Olefine; das Gas enthält 40% H	Jones	Chem. Soc. Bd 107, S. 1582 (1915)
	Zersetzung von 170 bis 300° bei Gegenwart von Pd.	In glatter Reaktion: Benzol u. H	Zelinsky	Ber. Bd 44, S. 3121 (1911)
Dihydro-naphthalin	Zersetzung bei 390°	Naphthalin, im Gas 80% H	Jones	Chem. Soc. Bd 107, S. 1582 (1915)
Methyl-cyclohexan	Zersetzung bei 500°	Das Gas enthält 42% H	desgl.	desgl.
Tetrahydro-naphthalin	Zersetzung bei 500°	Naphthalin, im Gas 85% H	desgl.	desgl.

gedrängt, und der Koks wird entsprechend dichter. Durch das Stampfen legen sich die Kohleteilchen dicht und glatt aneinander und backen infolgedessen im Koksofen viel leichter, als wenn sie nur lose eingeschüttet sind.

Die Garungszeit kann bei gleicher Einsatzmenge je nach der Beschaffenheit der Kokskohle und der Ofenbreite verschieden sein; gewöhnlich bewegt sie sich zwischen 16 und 24 Stunden.

Je breiter der Ofen, desto mächtiger die Verkokungsnaht, d. h. die Isolierschicht zwischen der Wärmequelle und der unverkokten Kohle, und desto langsamer geht unter sonst gleichen Verhältnissen die Garung vor sich. Während früher die lichte Weite der Öfen sich etwa zwischen 0,4—0,7 m bewegte, sind diese Grenzen heute enger gezogen und betragen etwa 0,35—0,5 m; am häufigsten werden Koksöfen, wie das allerdings auch schon früher der Fall war, mit 0,44 m mittlerer Ofenbreite angetroffen. Ein Regenerativ-Koksofen nach dem System Otto[1] von 3,5 mm Höhe, 12,18 cm Länge und 0,44 m mittlerer Breite gebrauchte z. B. zum Garen einer Kohlenfüllung mit 13% Feuchtigkeit 20 Stunden, während ein Regenerativ-Koksofen nach dem System Still[2] von 3,95 m Höhe, 12,60 m Länge und 0,38 m mittlerer Breite zum Garen einer Kohlenfüllung mit 10% Feuchtigkeit $14^1/_2$ Stunden benötigte. Die Garungszeit steht also in direktem Verhältnis zur Ofenbreite. Da man nun bestrebt ist, den Ofendurchsatz, also die Ofenleistung nach Möglichkeit zu erhöhen, hat man die Öfen schmäler gebaut und dadurch tatsächlich eine wesentlich kürzere Garungszeit und damit eine stark gesteigerte Ofenleistung erzielt. Nach O. Peischer[3] soll die Garungszeit bei einer Ofenbreite von 0,35 m nur 57% gegenüber einer solchen von 0,45 m betragen. Hiernach würden also Koksöfen mit schmalen Kammern solchen mit breiteren Kammern stark überlegen sein, jedoch eignet sich nicht jede Kohle zum Verkoken in solchen Schmalkammeröfen und man muß das Verhalten jeder Kohlensorte bei der Verkokung zunächst genau untersuchen, ehe man sich zur Wahl einer bestimmten Ofenbreite entschließt. Selbstverständlich kann die Ofenleistung auch durch Verlängern und Erhöhen der Ofenkammern gesteigert werden, da die Abmessungen der Heizwände aber nach diesen beiden Dimensionen im gleichen Verhältnis steigen, so übt eine solche Inhaltsvergrößerung der Ofenkammern auf den eigentlichen Verkokungsprozeß keine besonderen Wirkungen aus. Die größten Ofenlängen betragen etwa 13,5 m und die größten Ofenhöhen bis jetzt 6 m; diesen Abmessungen sind gewisse Grenzen gesetzt, z. B. durch die Mechanik des Koksausdrückens, durch Zersetzungen der Nebenprodukte usw., so daß

---

[1] Vgl. Gluud: Handbuch der Kokerei, S. 214. Halle/S. 1927.
[2] Ebenda S. 218. [3] Stahl und Eisen 1925, S. 225.

man in den seltensten Fällen über eine Länge von 12—13 m und eine Höhe von 4—5 m hinausgehen wird.

Was den Wärmeverbrauch für die Verkokung von 1 kg nasser Kohle anbelangt, so stellt sich dieser nach älteren Untersuchungen von C. Otto[1]

1. in Abhitzeöfen bei einer Endtemperatur von 950° C auf 710 WE
2. „ Regenerativöfen „ „ „ „ 910° C „ 683 WE
3. „ „ „ „ „ „ 846° C „ 656 WE

Diese Verkokungswärme setzt sich wie folgt zusammen:

	Versuch I 950° C	Versuch II 910° C	Versuch III 846° C
a) im Koks	300 WE	260 WE	236 WE
b) im Wasserdampf	96 „	96 „	96 „
c) in Teerdämpfen und Gas	50 „	50 „	50 „
d) für die trockene Destillation	264 „	277 „	274 „
	710 WE	683 WE	656 WE

Mit steigender Temperatur wächst also der Wärmeverbrauch für 1 kg Kohle, und zwar hauptsächlich durch Erhöhung der spezifischen Wärme des Kokses und seiner Erhitzung. Nasse Kohle verbraucht für den Verkokungsvorgang nach Otto weniger Wärme als trockene Kohle infolge der schützenden Einwirkung, die der Wasserdampf bei niederen Temperaturen auf einen Teil der Destillationsprodukte gegen die Einwirkung der Wärme auszuüben scheint. So stellt C. Otto bei der Verkokung im elektrischen Ofen folgenden Wärmeverbrauch fest.

Temperatur	I Trockene Kohle WE	II nasse Kohle (12% Wasser) WE
730°	600	570
840°	652	640

Je nach dem Koksausbringen wechselt der Wärmeverbrauch für die Verkokung, wie die nachstehenden Untersuchungen desselben Verfassers bei 840° C zeigen:

	Koksausbeute (nach Muck)	WE-Verbrauch pro kg trockene Kohle
Kohle 1	89,50%	600
„ 2	79,50 %	632
„ 3	75,80%	650
„ 4	70,53%	625
„ 5	66,00%	615

[1] Dissert. Techn. Hochschule, Breslau 1913; Stahl und Eisen 1915, S. 477.

H. Strache[1] bezeichnet ebenso wie Otto mit der Verkokungswärme diejenige Wärmemenge, welche vorhanden ist, um 1 kg Kohle in Koks, Gas, Wasser- und Teerdämpfe zu zerlegen; unter oberer Entgasungswärme ist nach H. Strache jene Wärmemenge zu verstehen, welche auf flüssiges Wasser und flüssigen Teer bezogen bei der Entgasung entweder erzeugt oder gebunden wird, wobei noch jener Wärmeaufwand hinzuzurechnen ist, der notwendig ist, um die bei der Gasentwicklung notwendige Arbeit zu leisten.

Strache und Grau haben die obere Entgasungswärme sowohl für Steinkohle als auch für Braunkohle, Lignit, Holz und Cellulose bestimmt; die Verkokung der von ihnen untersuchten Steinkohlen verlief endotherm, also unter Wärmebindung, während die trockene Destillation der jüngeren Brennstoffe exotherm, also unter Freiwerden von Wärme vor sich ging. Die Feststellung von Strache und seinen Mitarbeitern, daß die von ihnen verkokten Kohlen Wärme verbrauchten, darf indessen nicht verallgemeinert werden, da es auch Steinkohlen gibt, die beim Verkoken Wärme entwickeln. So hat schon O. Simmersbach[2] neben Kohlen, deren Verkokung endotherm verlief, auch solche untersucht, bei denen unter sonst gleichen Verhältnissen Wärme frei wurde.

Allerdings stellte auch Sieben[3] fest, daß mit zunehmendem Alter der Wärmeverbrauch der Kohlen bei der Verkokung zunimmt; er schließt aber aus dem Umstand, daß die Betriebsverluste sich auf 630 kcal belaufen und die in der Praxis festgestellten Wärmeverbrauchszahlen den gleichen Wert ergeben, daß also die Betriebsverluste ausgeglichen werden, auf eine exothermen Verlauf des Entgasungsvorganges.

Nach Untersuchungen der Engländer Hollings und Cobb[4] beginnt die trockene Destillation der Steinkohle bei 250°. Der Verkokungsvorgang verläuft nach ihren Versuchsergebnissen teils endotherm, teils exotherm, während nämlich bis 410° endotherme Reaktionen vorherrschen, werden diese von 410°—470° durch exotherme Reaktionen abgelöst. Von 470—610° treten dann wieder endotherme Vorgänge in den Vordergrund und von 610° bis etwa 800° spielen dann wieder exotherme Reaktionen die Hauptrolle. Über 800° verläuft alsdann die Verkokung thermisch neutral oder nur ganz schwach endotherm.

E. Terres und H. Wolter[5] verstehen unter oberer Verkokungswärme diejenige Wärmemenge in Kilogrammcalorien, die aufgewandt werden muß, um 1 kg lufttrockene Kohle von 20° in Koks bei irgendeiner bestimmten Temperatur zu verwandeln, bezogen auf Koks, flüssiges Wasser und flüssigen Teer von 20°, einschließlich der Energie in Kilogrammcalorien, die der äußeren Arbeitsleistung der gasförmigen

[1] Br. Chem. 1921, S. 97.
[2] Stahl und Eisen 1914, S. 1554.
[3] Br. Chem. 1922, S. 209.
[4] J. Chem. Soc. Bd 107 S. 1106 (1915).
[5] G.- u. W.-Fach 1927, S. 1, 30, 55 u. 81.

Entgasungsprodukte entspricht. Als normale Verkokungswärme ist diejenige, welche der Verkokung bei 1000° entspricht, anzusehen; diese ist für praktische Verhältnisse maßgebend. Zur Verkokung der Kohle bedienen sich die genannten Forscher einer besonders geeigneten Apparatur, von der ein Quarzgefäß der wesentliche Teil ist; dasselbe wird elektrisch beheizt, und ein Thermoelement, das in dasselbe eingebaut ist, zeigt die jeweilige Temperatur an. Von sechs untersuchten westfälischen Kohlen zeigten bei 1000° fünf nahezu denselben Wert für die Verkokungswärme, nämlich 400—420 kcal pro kg Trockenkohle; nur eine der untersuchten Kohlen ergab 340 kcal; bei fünf Kohlen verliefen die Zersetzungsreaktionen exotherm.

E. Terres und M. Meier[1] berichtigen den Begriff der Verkokungswärme dahin, daß die Verkokungswärmen diejenigen Wärmemengen darstellen, die aufgewandt werden müssen, um 1 kg lufttrockene Kohle von etwa 20° in Koks und gasförmige Produkte bei irgendeiner bestimmten Temperatur zu verwandeln, einschließlich der Energie in Kilogrammcalorien, die der äußeren Arbeitsleistung der gasförmigen Entgasungsprodukte entspricht. Die von ihnen untersuchten Kohlen verschiedener Herkunft zeigten unter sich erhebliche Abweichungen, und jede von ihnen zeigte eine spezifische Verkokungswärmekurve.

Durch die Verschiedenheit der Kokskohlen in bezug auf ihre Verkokungswärme erklären sich auch die verschiedenen Wärmeverbrauchszahlen an Koksöfen, ohne daß man nach konstruktiven oder betrieblichen Ursachen zu suchen braucht.

Rühl[2] erhärtet durch einige Beispiele die Erklärung von Terres und seinen Mitarbeitern, daß das Verhältnis der exothermischen Reaktionen zu den endothermischen für die Unterschiede im Wärmeverbrauch bei der Verkokung verantwortlich zu machen ist[3].

Über die Reihenfolge der bei der Verkokung der Steinkohlen in denselben sich abspielenden Reaktionen und ihre Tragweite fehlen noch gewisse Erfahrungssätze, und solange die Zusammensetzung der Steinkohle nicht bekannt ist, werden die eigentlichen inneren Vorgänge bei der Verkokung noch in Dunkel gehüllt bleiben.

Jedenfalls zersetzen sich die organischen Verbindungen, welche die Steinkohle bilden, bei der im Koksofen herrschenden Hitze, und die Spaltungsprodukte treten in andere Bindungen zueinander. Es bilden sich Verbindungen, welche bei der erhöhten Temperatur beständig sind; die Natur der so entstehenden flüchtigen Produkte hängt demnach wesentlich von letzterer ab. Je höhere Temperatur herrscht, und je länger die Erhitzung dauert, desto mehr wird von den anfangs in Dampf-

---

[1] G.- u. W.-Fach 1928, S. 457, 490 u. 519. [2] G.- u. W.-Fach 1927, S. 278.

[3] Vgl. hierzu auch noch E. Koch: Über thermische Reaktionen bei der Vergasung der Steinkohlen. G.- u. W.-Fach 1926, S. 971.

form entwickelten Produkten in Heizgase übergeführt, und desto wechselnder wird ihre Konstitution. Außer der Temperatur hat auch die Gestalt des Ofens, welcher den sich bildenden Gasen mehr oder weniger lange Zeit zur Berührung der heißen Ofenwände gestattet, und die gegenseitige Verwandtschaft der gebildeten Entgasungsprodukte Einfluß. Die größte Rolle spielt natürlich die Art der Kokskohle, je mehr Wasserstoff dieselbe enthält und je weniger Sauerstoff, desto überwiegender wird die Menge der Zersetzungsprodukte sein, welche ersterer mit dem Kohlenstoff bildet.

Was den Verbleib der einzelnen Bestandteile betrifft, so ergibt sich während des Verkokungsprozesses folgendes:

Das Feuchtigkeitswasser, das hauptsächlich aus der Kohlenwäsche stammt, verdampft zuerst, aber nicht das gesamte auf einmal, sondern zuerst nur das der äußeren Kohlenschicht; die übrige Feuchtigkeit bleibt zunächst in dem Kohlenkuchen und bewirkt die Kondensierung der primär sich bildenden Teermassen.

Beim sogenannten chemischen Wasser erfolgt ebenfalls eine Kondensierung der Wasserdämpfe, solange die Kohlen der Ofenmitte noch kühlend wirken und nicht zersetzt werden. Nimmt man daher aus der Mitte des Kohlenkuchens kurz nach dem Füllen des Ofens eine Probe, so kann man einen höheren Wassergehalt finden als bei der Kohle aus den Füllwagen, weil zu dem vorhandenen Feuchtigkeitsgehalt auch das kondensierte chemische Wasser hinzugetreten ist.

Über die Wasserentwicklung während der Dauer des Verkokungsprozesses geben die nachstehenden Wasserbestimmungen, verdeutlicht durch Abb. 9, im Rohgase bei normaler westfälischer Kohle Auskunft[1].

Wasserbestimmung im Rohgas während der Dauer einer Garungszeit.

Probenahme am Steigrohr Probe	In 1 cbm Gas von 0° und 760 mm B waren g	Probenahme am Steigrohr Probe	In 1 cbm Gas von 0° und 760 mm B waren g
1	2736,68	11	305,93
2	2189,66	12	264,68
3	1390,76	13	198,34
4	899,76	14	132,31
5	667,97	15	108,04
6	605,28	16	79,43
7	494,44	17	44,41
8	454,22	18	48,54
9	424,68	19	35,68
10	332,05	20 Ende der Garungszeit	17,45

[1] Vgl. Kokschemie, 2. Aufl., S. 86.

Beim Passieren der heißen Schichten zersetzt sich unter der Einwirkung des glühenden Kohlenstoffs dieses Wasser und unter Freiwerden von Wasserstoff bilden sich Kohlensäure und Kohlenoxyd nach den Gleichungen

$$H_2O + C = H_2 + CO \quad \text{und} \quad 2H_2O + C = 2H_2 + CO_2.$$

In ähnlicher Weise nimmt der gebildete Wasserstoff in statu nascendi Stickstoff aus dem Koks auf.

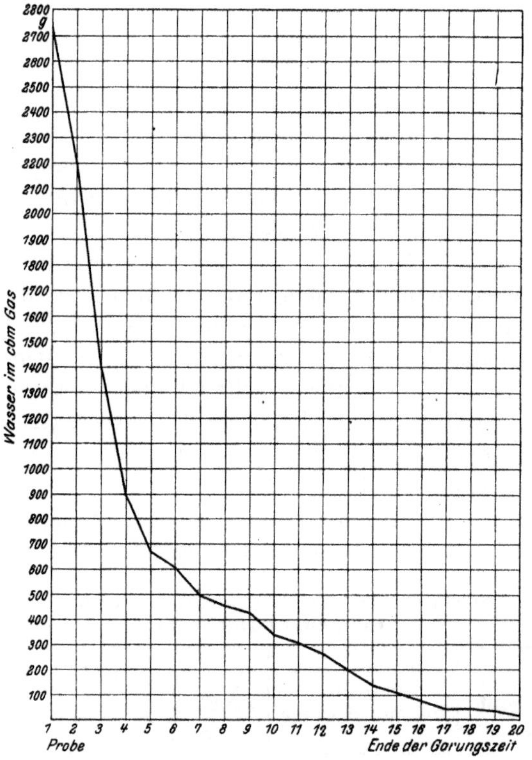

Abb. 9. Wasserentwicklung während der Verkokung.

Der Sauerstoffgehalt der Kokskohle erleidet verschiedene Veränderungen. Er tritt auf in Form von Kohlenoxyd und Kohlendioxyd im Gas, in Form von sauerstoffhaltigen Kohlenstoffverbindungen im Teer, sowie im Destillationswasser.

Wie aus den beiden Diagrammen in Abb. 10 (nasse Kohle) und 11 (trockene Kohle) hervorgeht, steigt die CO-Entwicklung gegen Ende der Verkokung, wohingegen die CO_2-Bildung nachläßt. Dies erklärt sich dadurch, daß sich das Kohlendioxyd beim Überstreichen über den fertig gebildeten Koks in C und CO zersetzt.

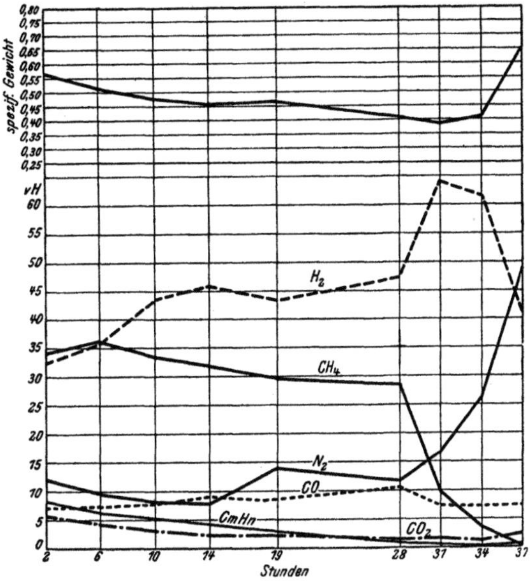

Abb. 10. Gasentwicklung bei der Verkokung (nasse Kohle).

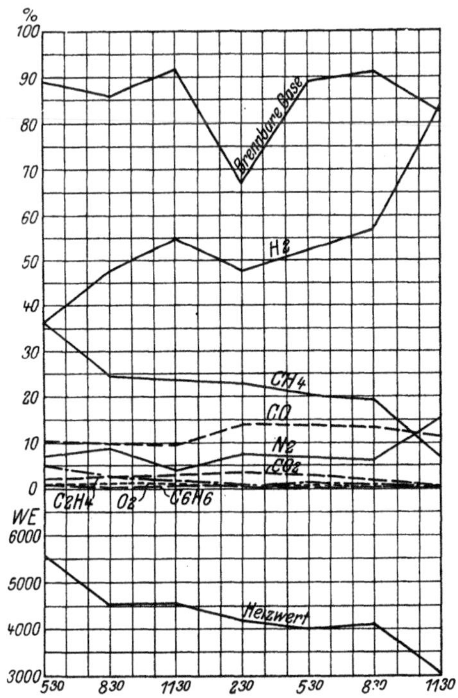

Abb. 11. Gasentwicklung bei der Verkokung (trockene Kohle).

Der Übergang des Sauerstoffs in die Teerbildner findet vorzugsweise in der ersten Hälfte des Verkokungsprozesses statt, wie die nachstehenden Untersuchungen (vgl. Abb. 12) bezüglich des Teergehaltes im Rohgase während der Dauer einer Garungszeit vor Augen führen.

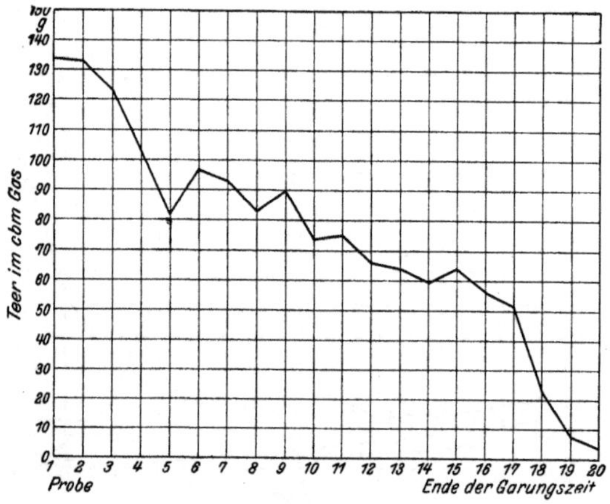

Abb. 12. Teergehalt im Rohgas.

Teerbestimmung im Rohgase während der Dauer einer Garungszeit.

Zeit	In 1 cbm Gas von 0° C und 760 mm B waren g	Zeit	In 1 cbm Gas von 0° C und 760 mm B waren g
1	133,52	11	74,77
2	132,60	12	65,68
3	123,05	13	63,54
4	101,45	14	59,77
5	81,93	15	63,80
6	96,24	16	55,62
7	92,91	17	51,22
8	82,74	18	22,78
9	89,26	19	7,40
10	73,70	20	3,77
		Ende der Garungszeit	

Der freie Wasserstoff der Kokskohle findet sich teils als freier Wasserstoff im Gas wieder, teils geht er Verbindungen mit Stickstoff zu NH_3 ein und teils vereinigt er sich mit einem Teil des Kohlenstoffs zu gasförmigen Verbindungen; es entwickeln sich besonders CH_4, C_2H_4, C_6H_6 und flüssige teerige Produkte, und zwar bei einer Temperatur von 500—600°. Gleichzeitig bilden sich Verbindungen, deren Siedepunkt weit unter ihrer Bildungstemperatur liegen und welche sich also sofort verflüchtigen.

Mit der Dauer der Garungszeit nimmt die Bildung der Kohlenwasserstoffe ab, während die Wasserstoffentwicklung anwächst, was auf eine Zersetzung der Kohlenwasserstoffe bei höherer Temperatur zurückzuführen ist. Der während des letzten Teils der Garungszeit sich entwickelnde Wasserstoff entstammt weniger der noch unvergasten Kohle, als vielmehr dem Koks, wenn auch natürlich die Gase von der Kohle sich an den glühenden Koksmassen und Wänden zersetzen.

Die Diagramme in Abb. 10 und 11 veranschaulichen diese Vorgänge, und zwar in Abb. 10 für naß eingesetzte niederschlesische Kohlen (nach Schreiber) und in Abb. 11 für trocken eingesetzte amerikanische Kohle[1].

Über die Verteilung des Wasserstoffs der Kohle durch die Verkokung gibt die folgende Tabelle eine Übersicht:

Verteilung des Wasserstoffs	% H_2	Gewicht pro 100 kg Kohle
1. Im Koks	10,8	0,500
2. „ Gas	67,8	3,169
3. „ H_2O	12,7	0,597
4. „ C_6H_6	1,7	0,080
5. „ H_2S	0,2	0,607
6. „ NH_3	1,1	0,651
7. „ Teer	5,7	0,267

Der Stickstoff der Kokskohle findet sich wieder in Form von Ammoniak und Cyanwasserstoff und als freier Stickstoff im Gas, sowie als Stickstoffverbindungen im Teer, während ein Teil als sogenannter Koksstickstoff im Koks zurückbleibt.

Die Ammoniakentwicklung geht ähnlich wie die Bildung der schweren Kohlenwasserstoffe gegen Ende der Garungszeit, zurück und zwar aus demselben Grunde, indem sich bei höherer Temperatur das Ammoniak zersetzt, so daß der Gehalt an Stickstoff (und Wasserstoff) dann steigt, wie die vorstehenden Diagramme erkennen lassen. Bei westfälischer Kokskohle ging die Ammoniakentwicklung während des Koksprozesses nach Untersuchungen von Dr. C. Otto & Co., wie Tabelle auf S. 108 oben zeigt, vor sich (vgl. Abb. 13).

Von dem in der Kohle enthaltenen Stickstoff wird knapp ein Fünftel in Form von Ammoniak gewonnen, während von den übrigen vier Fünfteln mehr als die Hälfte im Koks bleibt und der Rest hauptsächlich als elementarer Stickstoff ins Gas eintritt.

[1] Vgl. Simmersbach, O.: Die Verkokung der Kohle unter Kalksteinzusatz. Kattowitz 1913.

Ammoniakbestimmung im Rohgase während der Dauer einer Garungszeit.

Probenahme am Steigrohr Probe	In 1 cbm Gas von 0° und 760 mm B waren g	Probenahme am Steigrohr Probe	In 1 cbm Gas von 0° und 760 mm B waren g
1	9,79	11	12,19
2	11,73	12	11,46
3	13,04	13	11,41
4	12,21	14	11,02
5	12,05	15	10,67
6	13,19	16	9,75
7	12,48	17	8,33
8	12,82	18	6,92
9	13,53	19	5,91
10	11,94	20 Ende der Garungszeit	2,71

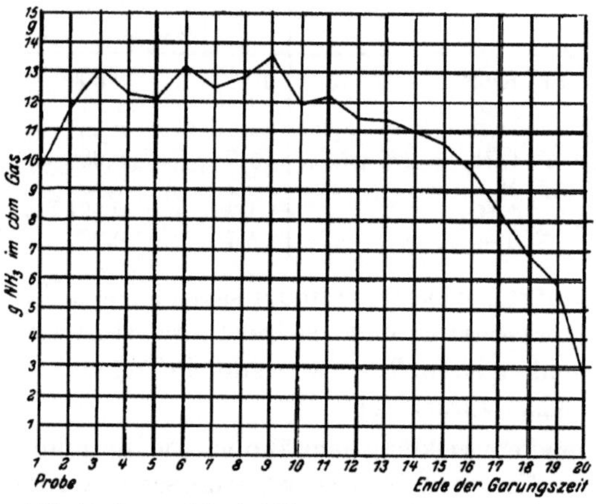

Abb. 13. Ammoniakentwicklung während der Verkokung.

Foster und Short[1] verkokten zwei Durham-Kokskohlen und gaben den Verbleib des Stickstoffs in Prozenten wie folgt an:

	Foster	Short
im Koks	48,68	43,31
im Ammoniak	14,50	15,16
im Cyan	1,56	1,43
im Teer	—	2,98
als freier Stickstoff bzw. Verlust	35,26	37,12

[1] J. Gaslight 1882, S. 1081; 1907, S. 97; vgl. Gluud: Handbuch der Kokerei, Bd 1, S. 81.

In ähnlicher Weise untersuchte Knublauch[1] deutsche Kohlen auf den Weg, welcher deren Stickstoff bei der Verkokung nahm, wobei er feststellte, daß die stickstoffreichste Kohle nicht auch die höchste Ammoniakausbeute geben muß.

N-Gehalt der Kohle (alles in Prozenten)	Westfälische Kohle I 1,55	Westfälische Kohle II 1,47	Saarkohle 1,18
im Koks	30,0	35,6	63,9
im Gas	55,0	47,1	16,1
im Ammoniak	11,9	14,1	15,9
im Cyan	1,8	1,8	4,1
im Teer	1,3	1,4	4,1

Über den Koksstickstoff wird noch im Abschnitt über die chemische Zusammensetzung des Kokses die Rede sein; es sei an dieser Stelle noch erwähnt, daß man im Kokereibetrieb mit einem Ammoniakausbringen von 0,30—0,40 kg auf je 100 kg Kohle rechnet, und daß 1 cbm Kokereigas nach der Teer- und Wasserabscheidung etwa 5—7 g Ammoniakgas enthält, während ungefähr die gleiche Menge ins Teerwasser übergegangen ist.

Was die Entstehungstemperatur des Ammoniaks betrifft, so hat O. Simmersbach[2] festgestellt, daß das Maximum des Ammoniakausbringens bei westfälischer und niederschlesischer Kohle bei etwa 850° stattfindet, bei oberschlesischer Kohle dagegen erst um etwa 900°; bis zu diesen Temperaturen hat die Korngröße der Kohlen keinen Einfluß auf das Ammoniakausbringen, bei höheren Temperaturen wird der Zerfall durch ein gröberes Korn aber beschleunigt. Das Maximum der Ammoniakentwicklung bei Saarkohle liegt nach Mayer und Altmayer[3] in der Nähe von 800°. Aus Untersuchungen von Foxwell[4] geht hervor, daß die Bildungstemperatur für Ammoniak bei verschiedenen Kohlen verschieden hoch ist und zwischen 500 und 800° liegt; bei höher liegender Bildungstemperatur zersetzt sich das Ammoniak und die Ausbeuten werden entsprechend geringer. Über die verschiedenen Wege, die vorgeschlagen wurden um zu einer höheren Ammoniakausbeute zu gelangen, wird im Abschnitt, der die chemische Kokszusammensetzung behandelt, zurückgekommen.

Der Schwefel der Kokskohle bleibt hauptsächlich im Koks zurück, und zwar als Sulfid, Sulfat und als organischer Schwefel: ein mehr oder weniger kleiner Teil geht in das Gas über und in den Teer. Im Gas tritt der Schwefel als Schwefelwasserstoff und als Schwefelkohlenstoff auf;

[1] G.- u. W.-F. 1883, S. 440; 1895, S. 753 u. 769.
[2] Vortrag Dez. 1913: Verein deutscher Eisenhüttenleute.
[3] G.- u. W.-Fach 1907, S. 25 u. 41.
[4] Fuel 1924, S. 122; Glückauf 1925, S. 400; Br. Chem. 1924, S. 195, 228, 271, 289, 342, 358 u. 389.

ersterer entsteht mehr in der ersten Zeit der Garung, letzterer dagegen mehr in der zweiten Hälfte, wie die nachstehenden Untersuchungen ergeben[1] (vgl. Abb. 14):

H_2S- und CS_2-Entwicklung während des Verkokungsprozesses.

Stunden nach der Füllung	g H_2S in 1 cbm korr. trocken	g CS_2 in 100 cbm korr. u. trocken	
1/2	8,13	6,1	
1 1/2	11,05	6,5	
3 1/2	13,06	8,5	in der 3.—4. Stunde wurde ein Nachbarofen gedrückt und gefüllt.
5 1/2	9,41	7,6	
7 1/2	10,07	10,2	
9 1/2	8,45	12,4	
11 1/2	8,33	13,0	
13 1/2	8,14	13,0	
15 1/2	8,12	13,2	
17 1/2	8,09	13,9	
19 1/2	7,98	13,5	
21 1/2	7,61	16,1	
23 1/2	7,48	16,8	
25 1/2	6,36	17,2	in der 25.—26. Stunde wurde der andere Nachbarofen gedrückt und gefüllt
27 1/2	6,47	15,5	
29 1/2	6,94	18,6	
31 1/2	6,48	17,2	
33 1/2	6,07	18,2	
35 1/2	5,20	17,1	
37 1/2	4,52	16,4	
39 1/2	4,20	15,1	

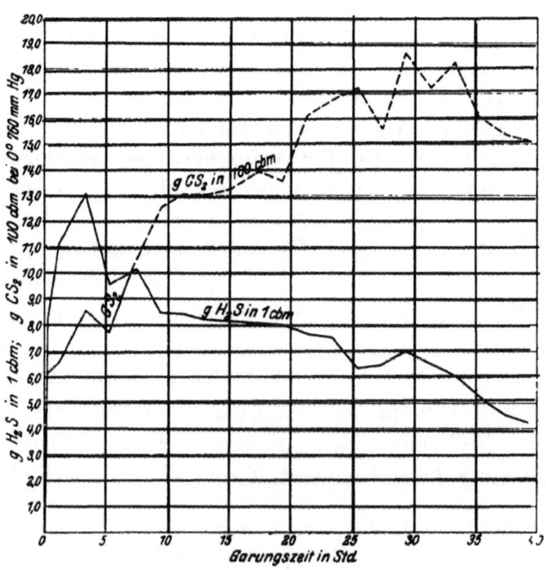

Abb. 14. Schwefelwasserstoff und Schwefelkohlenstoff im Koksofengas.

[1] Vgl. Simmersbach, O.: Stahl und Eisen 1913, S. 2120.

Nach Beobachtungen von Parr[1] wurde der organische Schwefel der Rohkohle, sowie die Hälfte des Pyritschwefels von 500° aufwärts verflüchtigt; über 700° wurde der Schwefel des Schwefeleisens vom Kohlenstoff aufgenommen, wobei metallisches Eisen zurückblieb. Gemeinschaftliche Untersuchungen von Powell und Parr[2] ergaben, daß der Pyritschwefel sich von 300—600°, hauptsächlich zwischen 400 und 500° zersetzt. Die Sulfate gehen bei 500° in Sulfide über; organisch gebundener Schwefel bildet bei 500° teilweise Schwefelwasserstoff. Ein Teil des Pyritschwefels geht Verbindungen mit der Kohlensubstanz ein. Die beiden Forscher stellten ferner fest, daß sich die Höhe des Schwefelgehaltes der Kokskohlen nur wenig vom Schwefelgehalt der dazu gehörenden Kokse unterschied.

Untersuchungen von Schumann[3] über den Verbleib des Schwefels, bei der Verkokung ergaben, daß 30—35% des Schwefels als Schwefelwasserstoff ins Gas gehen, dieses enthält 0,5—1 Volumprozent Schwefelwasserstoff oder pro cbm 8—14 g Schwefel. Die Hauptmenge des Schwefels (etwa 65%) verbleibt im Koks und ungefähr 3% finden sich im Teer. Vom Gasschwefel werden 20—60% in den Ammoniakwäschern ausgewaschen.

Auch Foerster und Geissler[4] haben sich mit der Frage nach dem Verbleib des Schwefels bei der trockenen Destillation der Kohle beschäftigt; sie fanden, daß zunächst der Pyritschwefel entweicht, und daß über 500° kein Schwefeleisen mehr vorhanden ist, während der organische Schwefel bis dahin kaum entweicht. Dem Anscheine nach wird der organische Schwefel nur durch Vermittlung des entstehenden Schwefelwasserstoffes frei. Weiterhin wurde festgestellt, daß mit zunehmendem geologischen Alter der Kohle der Gehalt an Pyritschwefel sinkt, und daß die Menge des organisch gebundenen Schwefels dagegen größer wird.

Über die Schwefelverbindungen der Steinkohlen, deren Verhalten bei der trockenen Destillation und über die Schwefelverbindungen des Kokses haben J. P. Wibaut und A. Stoffel[5] ausführliche Untersuchungen angestellt. Sie zerlegten die fein gepulverte, lufttrockene Kohlenprobe, welche durch ein Sieb mit 900 Maschen pro Quadratzentimeter ging, in zwei Teile dadurch, daß sie diese Kohle mit einer Mischung von Benzol und Tetrachlorkohlenstoff aufschlämmten, wodurch sie einen spezifisch leichteren Teil erhielten, der nur noch etwa 0,8% Asche enthielt und einen spezifisch schwereren Teil, der die Haupt-

[1] Bull. amer. Inst. Min. Eng. 1919, S. 1807.
[2] J. Ind. and Eng. Chem. Bd 12, S. 1069 (1920); C. Bd 2, S. 422 (1921).
[3] G.- u. W.-Fach 1919, S. 77; Chemikerztg 1920, Rep. S. 139.
[4] Z. angew. Chem. 1922, S. 193.
[5] Vgl. Br. Chem. 1922, S. 273.

menge der Asche einschloß; die Verteilung des Schwefels in Prozenten geht aus nachstehender Zusammenstellung hervor:

	Ursprüngl. Kohle	Aschenarme Teilprobe	Aschenreiche Teilprobe
Schwefelgehalt der South-Hetton-Kohle:			
Gesamtschwefel	1,72	1,18	1,94
Anorganischer Schwefel	0,89	0,20	0,90
Organischer Schwefel	0,83	0,98	1,04
Schwefelgehalt des Kokses:			
Gesamtschwefel	1,67	0,96	1,72
Anorganischer Schwefel	0,51	0,16	0,63
Organischer Schwefel	1,16	0,80	1,09

Interessant an diesen Zahlen ist, daß das Verhältnis des organischen Schwefels zum anorganischen Schwefel im Koks größer ist als in der aschenreichen Kohle; es wird dies darauf zurückgeführt, daß bei der Verkokung ein Teil des an Eisen gebundenen Schwefels an den Kohlenstoff gebunden wird.

Über Form und Menge des im Koks enthaltenen Schwefels wird später noch ausführlicher eingegangen werden.

Der Chlorgehalt des Gases nimmt mit zunehmender Garungszeit ab. Die Entwicklung bzw. der Übergang des Chlors in das Gas geht nach Untersuchungen von Dr. C. Otto & Co.[1] bei westfälischer Kohle wie folgt vor sich (vgl. Abb. 15):

Chlorbestimmung im Gas während der Dauer einer Garungszeit

	Zeit	In 1 cbm Gas bei 0° und 760 mm B waren
1.	Nach $1^1/_2$ Stunden	0,06688 g Cl
2.	3 „ später	0,06021 g Cl
3.	3 „ „	0,04345 g Cl
4.	3 „ „	0,03610 g Cl
5.	3 „ „	0,01950 g Cl
6.	3 „ „	0,01590 g Cl
7.	3 „ „	0,01202 g Cl
8.	3 „ „ Ende der Garung	0,00516 g Cl

Über den Verbleib der Kohlenasche bei der Verkokung sei hier nur erwähnt, daß dieselbe zum weitaus größten Teil fast unverändert aus der Kohle in den Koks übergeht; über die Zusammensetzung von Kohlen- und Koksaschen wird bei der Abhandlung der chemischen Zusammensetzung des Kokses gesprochen werden.

Während früher beim Verkoken die flüchtigen Bestandteile Teer, Ammoniak, Benzol usw. überhaupt nicht berücksichtigt wurden und

[1] Vgl. Kokschemie, 2. Aufl., S. 91.

verloren gingen, werden seit etwa 1880 diese Nebenprodukte in immer steigendem Maße nutzbar gemacht. Mit der Einführung des Siemenschen Regenerativsystems in den Koksofenbetrieb ist es außerdem gelungen, etwa 50—60% des aus der Kohle entwickelten Gases, das früher restlos zur Beheizung der Koksöfen diente, als Überschußgas für andere

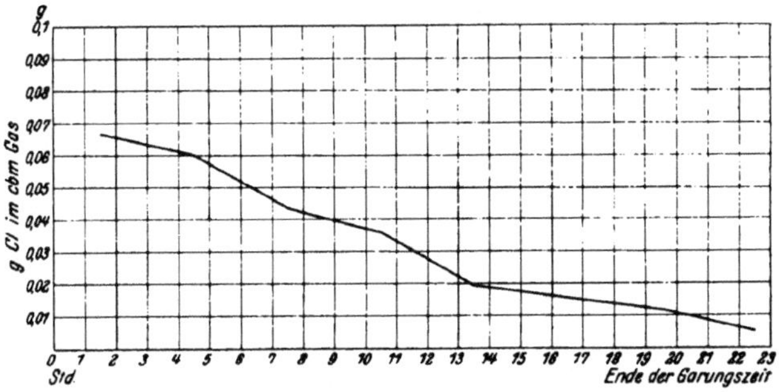

Abb. 15. Chlor im Koksofengas.

Zwecke freizumachen. Neuerdings hat man es durch Errichtung von Öfen für Schwachgasbeheizung in der Hand, das gesamte, vorher von den Nebenprodukten befreite Koksofengas besonderen Verwendungszwecken zuzuführen, wie z. B. der Versorgung der Städte mit Leucht-, Heiz- und Kraftgas, welcher bekanntlich auch die Gasfernversorgung von den Hauptsteinkohlengebieten aus dienen soll.

Von den anderen Nebenprodukten der Kokereien werden heute ganz allgemein Teer, Ammoniak und die Benzolkohlenwasserstoffe gewonnen, aber auch Blausäure, Schwefel und andere Stoffe, welche früher ausnahmslos mit dem Gas verbrannt wurden, werden jetzt schon vereinzelt aus dem Kokereigas entfernt, gesondert verbraucht und wirtschaftlich verwertet, so daß man für die nähere Zukunft das Entstehen einer ausgedehnteren chemischen Industrie im Anschluß an die Kokereibetriebe und der dort entfallenden Rohstoffe voraussagen kann.

Von dem Koks, welcher auf den Kokereien erzeugt wird, findet der weitaus größte Teil Verwendung für metallurgische Zwecke, vornehmlich zur Erzeugung von Eisen im Hochofen; für diesen Zweck wird ganz ausnahmslos Großkoks verwendet, d. h. Koks wie er direkt aus den Koksöfen gewonnen wird, ohne Zerkleinerung desselben. Die Abscheidung des Eisens aus den Erzen erfolgt durch Reduktion, d. h. durch Entfernung des Sauerstoffs durch den Koks. Bei reinen Schmelz- und Glühprozessen, z. B. im Kupolofen, soll Koks nur zur Erzeugung von Wärme dienen, wohingegen beim Hochofenbetrieb der Koks neben der Wärmeerzeugung auch der Bildung von Kohlenoxyd, d. h. für die Reduktion der Erze, dient. Hiernach unterscheidet man zwischen Gießereikoks und Hochofenkoks. Außerdem wird der Koksofenkoks zum Schmelzen von Roheisen und zur Erzeugung von Legierungen sowie in Glühöfen in größerer Menge gebraucht. Neben diesen Verwendungszwecken hat seine Verwendung zum Betrieb von Generatoren, für Heizungen, in Ziegeleien, in der Zement- und anderen chemischen Industrien, wie z. B. bei der Sodafabrikation zur Reduktion des Sulfats und zur Wärmeerzeugung oder zur Herstellung von Carbid, desgleichen bei der Zuckerfabrikation zur Gewinnung des Kalks und der Kohlensäure usw. nur untergeordnete Bedeutung hinsichtlich des Mengenverbrauchs.

Nach den Angaben des Bergbau-Vereins in Essen[1] belief sich die deutsche Erzeugung an Koksofenkoks im Jahre 1927 auf 32261000 Tonnen, die Ausfuhr betrug im gleichen Jahre 8794000 Tonnen, die wohl ausschließlich in der Metallurgie verbraucht wurden. Wenn man für die Erzeugungen von 1 Tonne Roheisen 0,9 Tonnen Koks zugrunde legt, so erfordert die Roheisenerzeugung in Deutschland im Jahre 1927 mit 13103000 Tonnen rund 11793000 Tonnen Koksofenkoks. Da die Differenz im Koksbestande zwischen Beginn und Ende des Jahres 1927 rund 470000 Tonnen betrug, so belief sich also der Gesamtkoksabsatz auf rund 32731000 Tonnen, wovon etwa 63% für metallurgische Zwecke verwendet wurden.

Hieraus ist ersichtlich, wie eng die Kokerei- und die Eisenindustrie miteinander verbunden und voneinander abhängig sind, und daß bei der Herstellung des Kokses den Wünschen des Hochöfners in weitestem Maße entgegen gekommen werden muß.

5. Anforderungen an Hochofen- und Gießereikoks.

Da der Koksofenkoks zum überwiegenden Teil zur Erzeugung von Eisen dient, so ist es natürlich, daß die Kokereibetriebe ihre Erzeugung ganz darauf einstellen einen im Hochofen möglichst gut brauchbaren Koks herzustellen. Die Haupteigenschaften, die ein guter Hochofenkoks haben muß, sind: große Festigkeit, Unschmelzbarkeit, Porosität und geringer Aschengehalt.

O. Simmersbach[2] faßt die normalen Anforderungen, welche der Hüttenmann an die Eigenschaften eines guten Hochofenkoks und Gießereikoks stellt, wie folgt zusammen:

Anforderungen an Hochofenkoks.

1. 9% Asche	als Maximum
2. 5% Wasser	
3. 1—1,25% Schwefel	
4. 6% Staub am Empfangsort	
5. 50% Porenraum	

6. 100 kg Druckfestigkeit je Quadratzentimeter als Minimum.

[1] Statistisches Heft, Juni 1928. [2] Kokschemie, 2. Aufl., S. 243.

Anforderungen an Gießereikoks.

Klasse I	Klasse II	
1. 8% Asche	9% Asche	Maximum
2. 5% Wasser	5% Wasser	
3. 1% Schwefel	1—1,25% Schwefel	
4. 6% Staub am Empfangsort		
5. 40% Porenraum		
6. 100 kg Druckfestigkeit (Minimum).		

Hinsichtlich der Druckfestigkeit von Hochofenkoks verlangt H. Koppers[1], daß bei der Trommelprobe[2] 65—70% Stückkoks über 40 mm sich ergeben müssen und verlangt ferner, daß der Hochofenkoks bei der Füllprobe[2] 75% Stückkoks über 50 mm ergeben soll; die Verkokungstemperatur soll 700—800° betragen. Für Gießereikoks verlangt H. Koppers, daß bei der Trommelprobe 75—80% Stückkoks über 40 mm und bei der Fallprobe 85% Stückkoks über 50 mm bleiben soll. Die Verkokung soll bei 1000—1100° stattfinden.

Die Nachteile, die ein zu hoher Aschegehalt des Kokses für den Hochofenbetrieb mit sich bringt, wurden bei der Besprechung der Auswahl der Kohlen bereits erwähnt. Zusammenfassend sei nochmals gesagt, daß der Aschegehalt des Kokses dessen prozentualen Kohlenstoffgehalt und damit seinen Heizwert mindert, und daß zum Verschlacken der Asche eine entsprechende Menge Kalkstein benötigt wird. Außerdem wird zum Niederschmelzen der Schlacke im Hochofen ungefähr ein Viertel des Aschengewichtes an reinem Koks gebraucht und auch der Bedarf an Dampf, Gebläsewind und Zeit ist größer, so daß die Nachteile sich geldlich außerordentlich ungünstig auswirken. Es ist also anzustreben, den Aschengehalt möglichst weit unter den Maximalwert von 9% herunterzudrücken und möglichst noch unter 7% zu halten; das Mittel, dies zu erreichen, liegt in einer geeigneten Auswahl und Aufbereitung der Kohle durch Zerkleinern und Waschen und durch Schwimmaufbereitung des Kohlenstaubes[3].

Auch der Wassergehalt erniedrigt den prozentualen Gehalt des Kokses an Kohlenstoff und damit den Heizwert des Kokses. Zu seiner Verdampfung braucht er große Wärmemengen, die dadurch dem eigentlichen Verhüttungsprozeß entzogen werden; ferner steigt der Wassergehalt des Gichtgases, wodurch dessen Heizwert sinkt, und zum Kondensieren dieses Wasserdampfes sind Ausgaben für Kühlung notwendig, so daß also auch ein hoher Wassergehalt des Kokses schwere wirtschaftliche und betriebliche Nachteile für den Hochofenprozeß mit sich bringt. Der Maximalwert für den Wassergehalt des Kokses wurde oben mit 5%

[1] Vgl. z. B. Taschenbuch für Gasanstalten, Kokereien usw. von H. Winter, 1926, S. 207.
[2] Siehe analytischer Teil.
[3] Vgl. hierzu z. B. Thau, A.: Stahl und Eisen 1922, S. 1153 u. 1242.

angegeben; im allgemeinen ist man etwas duldsamer, doch sollten 6—7% nicht überschritten werden. Durch geeignetes Löschen kann diese Grenze gut eingehalten werden; man löscht nämlich mit starkem Wasserstrahl so, daß die äußeren Partien der Koksstücke rasch mit Wasser gesättigt sind, welches durch die im Innern der Koksstücke noch aufgespeicherte Wärme zum größten Teil wieder verdampft wird. Die Erfahrung hat gelehrt, daß durch Lagern des Kokses eine ins Gewicht fallende Abnahme des Wassergehaltes nicht zu erwarten ist, weil nur eine geringe Abnahme in den außen liegenden Koksteilen stattfindet, während das Wasser im Innern der Koksstücke sehr fest gehalten wird. Der deutschen Erdöl AG. wurde ein Verfahren patentiert, nach welchem man den Koks nach dem Löschen in noch warmem Zustande in einer Zentrifuge schleudert, um ihn wasserärmer zu machen, doch erscheint ein solches Verfahren für den Großbetrieb als wohl zu umständlich und zu teuer. Dagegen erscheint die trockene Kühlung des Kokses, wobei dieser in besonderen Kühlkammern, in der Regel durch zirkulierende inerte Gase, soweit als nötig herabgekühlt wird, als geeignetes Mittel, den Koks wasserarm in den Hochofen zu liefern. Da nach diesem Verfahren außerdem ein großer Teil der sehr erheblichen Wärmemengen, die beim Löschen des Kokses mit Wasser verloren gehen, nutzbar gemacht werden können, so ist zu wünschen, daß dasselbe bald größere Verbreitung findet als es bislang der Fall ist.

Über das Verhalten des Koksschwefels im Hochofen haben F. Wüst und P. Wolff[1] nähere Angaben gemacht und stellten fest, daß derselbe zum großen Teil schon durch die aufsteigenden Hochofengase verflüchtigt wird, noch ehe er vor die Formen gelangt. Dieser verflüchtigte Teil des Schwefels wird vom Möller aufgenommen, mit dem er dann vor die Formen gelangt. Aus den Hochofengasen wird der Schwefel bei 800° durch die Eisenoxyde aufgenommen, bei höherer Temperatur wird er durch den Kalk gebunden. Die Schädigungen, die ein zu hoher Schwefelgehalt des Kokses für den Hochofenprozeß im Gefolge hat, sind mannigfaltig. Je größer der Schwefelgehalt des Kokses ist, desto mehr Schlacke ist zu seiner Bindung notwendig, und wenn die Schwefelmenge im Koks mehr als $1^1/_2$% beträgt, so muß die Schlackenmenge vergrößert werden, während zugleich die Produktion des Hochofens zurückgeht. Wenn die Alkalität der im Hochofen befindlichen Schlackenmenge aber nicht zur Bindung des Koksschwefels ausreicht, so geht dieser in das Roheisen ein und bedingt eine erhebliche Qualitätsminderung desselben. Neben dieser Hauptschädigung des Hochofenbetriebes durch den Koksschwefel, welche einen Mehrverbrauch von Kalk und einen solchen von Koks, der zum Schmelzen des Kalkes notwendig ist,

[1] Stahl und Eisen 1905, S. 585 u. 695.

im Gefolge hat, wirkt sich ein hoher Schwefelgehalt auch ungünstig auf die Zerreiblichkeit des Kokses aus, indem ein schwefelreicher Koks einen größeren Abrieb gibt. Noch unangenehmer als im Roheisen des Hochofens macht sich der Schwefel im Gußeisen bemerkbar, so daß die Bedingungen, die in dieser Hinsicht gestellt werden, noch schärfer sind.

Da die deutschen Kokskohlen im allgemeinen einen mäßigen Schwefelgehalt aufweisen, so sind die zahlreichen Versuche, den Koks zu entschwefeln, bei uns nicht von so großer Bedeutung als dies in Ländern mit schwefelreicheren Kohlen der Fall ist. Auf diese Versuche, welche allerdings nur gelegentlich zu einem Teilerfolg führten, wird im Zusammenhang mit der chemischen Zusammensetzung des Kokses noch eingegangen werden.

Während der Schwefelgehalt des Eisens dessen Schmiedbarkeit und Schweißbarkeit ungünstig beeinflußt, wirkt sich der Phosphor insofern nachteilig auf das Eisen aus, indem er dasselbe spröde macht. Es muß daher bei der Auswahl der Kokskohlen schon darauf geachtet werden, daß dieselben möglichst wenig Phosphor enthalten, da der Gehalt an Phosphor im Koks 0,03% möglichst nicht übersteigen soll. Übrigens wird auch die Rostbildung am Eisen durch zu hohen Phosphor-, Schwefel- und Kohlenstoffgehalt begünstigt.

Einige andere Verunreinigungen des Kokses, z. B. durch Eisen, Kieselsäure usw. werden noch besprochen werden, ebenso wird auf die Anforderungen, die an die physikalischen Eigenschaften des Kokses gestellt werden, wie z. B. an Festigkeit, Porosität, Heizwert, Verbrennlichkeit, im Abschnitt der die physikalische Beschaffenheit des Kokses behandelt, noch eingegangen.

6. Der Hochofenprozeß.

Der Hochofenprozeß dient der Herstellung von Roheisen aus den Sauerstoffverbindungen des Eisens; dabei wird der Sauerstoff des Hochofenkokses gebunden und das metallische Eisen wird in Freiheit gesetzt.

Vom chemischen Standpunkt aus betrachtet, handelt es sich beim Hochofenprozeß also um einen Reduktionsvorgang, bei welchem der Sauerstoff der Eisenerze von diesen abgespalten wird und andere Bindungen eingeht. Die Abspaltung des Sauerstoffs vom Eisen kann nach älterer Auffassung auf zweierlei Weise geschehen; einmal, indem die Eisenoxyde ihren Sauerstoff an Kohlenoxyd abgeben, wobei dieses in Kohlensäure umgewandelt wird,

$$Fe_2O_3 + 3\,CO = 3\,CO_2 + Fe_2 \text{ indirekte Reduktion,}$$

oder indem der Sauerstoff an Kohlenstoff gebunden wird, wobei letzterer in Kohlenoxyd übergeführt wird:

$$Fe_2O_3 + 3\,C = 3\,CO + Fe_2 \text{ direkte Reduktion.}$$

Diese beiden Vorgänge faßt A. Korevaar[1] zu einem direkten Reduktionsvorgang zusammen, wobei die Oxydation des Kohlenstoffs durch die Kohlensäure erfolgt:

a) Indirekte Reduktion: $FeO + CO = CO_2 + Fe$
b) Kohlenstoffauflösung: $CO_2 + C = 2\,CO$
} direkte Reduktion.

Nach Korevaar[2] ist es unwahrscheinlich, daß fester Kohlenstoff bei der Reduktion der Erze eine Rolle spielt, weil es nicht vorstellbar ist, daß unreduziert gebliebene Erzteile durch den festen Kohlenstoff angegriffen werden, weil diese Teilchen unmöglich genügend innig mit dem Kohlenstoff des Kokses in Berührung kommen können. Die Reduktion der Erze durch Kohlenoxyd dagegen ist ohne weiteres einleuchtend, weil dieses als Gas die Hochofenbeschickung umspült und weil es außerdem in der Schlacke löslich ist, so daß auch die letzten Eisenoxydanteile am Reduktionsvorgang teilnehmen können.

Die wichtigste Aufgabe, die der Koks im Hochofen zu erfüllen hat, ist also die Abgabe von Kohlenstoff zur Bildung von Kohlenoxyd bzw. zur Reduktion des Eisenoxydes; je weniger Asche und Wasser ein Hochofenkoks enthält und je höher sein Prozentgehalt an Kohlenstoff ist, um so geeigneter ist er demnach für den Hochofenprozeß.

Vereinzelt wird an Stelle von Koks noch Holzkohle gebraucht, wie z. B. in Schweden, und das so erzeugte Roheisen zeichnet sich durch hohe Reinheit aus.

Man war von jeher bestrebt, Methoden zu finden, um das Eisenerz im Hochofen oder unter Umgehung des Hochofens ohne Koks zu reduzieren. So versuchte man[3] z. B. in neuerer Zeit in Chile für metallurgische Zwecke mit Kohlenstaub befeuerte Flammöfen an Stelle von Hochöfen zu benützen. Garred und Cawers[4] haben in Kanada Versuche angestellt, um den Koks durch pulverisierte Kohle zu ersetzen. A. Helfenstein[5] berichtet über die Gewinnung des Eisens aus Erzen mit Hilfe von Wasserstoff. Französische Hochofenwerke[6] benützten zur Eisengewinnung statt Koks Generatorgas. Nach E. W. Davis[7] wurde in Minnesota das Hochofenverfahren in zwei Öfen durchgeführt; im ersten Ofen erfolgt die Reduktion des Erzes durch Kohlenoxyd, welches aus der Kohle des Erzkohlegemisches und dem Luftsauerstoff, der in den Zwischenräumen der Beschickung enthalten ist, entsteht. Den ersten

[1] Verbrennung im Gaserzeuger und im Hochofen. Kohle, Koks, Teer, S. 97. Halle/S. 1927,

[2] Ebenda S. 89 u. 98; vgl. auch: Wüst, F.: Eine neue Theorie des Hochofenverfahrens. Stahl u. Eisen 1928, S. 505 u. 1273.

[3] Z. angew. Chem. 1918, Ref. S. 398. Vgl. Braunkohle 1919, S. 332.

[5] Stahl und Eisen Bd 41, S. 1481, C. Bd 2, S. 135 (1922).

[6] Der Kokerei- und Schwelbetrieb. (Neue Dtsche Bergwerkszeitg) 1927, Nr 6.

[7] Iron Trade Rev. 1927, S. 133, 144 u. 197; vgl. Durrer, R.: Stahl und Eisen 1927, S. 1879.

Ofen verlassen bereits 95% des Eisens in Metallform, die Beschickung gelangt von hier zunächst in eine Kühlkammer und von da in einen zweiten Ofen, in welchem die eigentliche Schmelzung erfolgt. Einen Überblick über den Stand der Bestrebungen, das Eisen durch unmittelbare Reduktion zu gewinnen, gab E. Edwin[1], der sich besonders mit den Verfahren zur Herstellung von Eisenschwamm befaßt. Alle diese Bemühungen sind aber kaum aus dem Versuchsstadium herausgekommen, so daß in der Praxis die Reduktion der Eisenerze also fast stets mittels Koks erfolgt.

Neben dieser Hauptaufgabe, den zur Reduktion der Erze nötigen Kohlenstoff zu liefern, hat der Koks aber noch wichtige andere Aufgaben zu erfüllen, die man am besten bei der Betrachtung des Hochofens und dem Betriebsvorgang in demselben kennenlernt.

Der Hochofen ist ein Schachtofen, d. h. er ist bedeutend höher als sein Durchmesser beträgt. Man hat sich vergeblich bemüht, für das Innere des Hochofens, dem Ideal eines Schachtes, nämlich der Zylindergestalt nahe zu kommen[2]; weil aber die Beschickung während ihres Niedergehens im Hochofen stark erhitzt wird und sich dadurch ausdehnt, so muß der Hochofen in seinem mittleren Teil erweitert werden. Das Profil eines Hochofens gleicht daher zwei mit den Grundflächen zusammenstoßenden Kegelstumpfen, von denen sich der untere nicht ganz bis zum Boden des Ofens erstreckt, sondern vorher in einen Zylinder übergeht, so wie es auf Abb. 16 zu erkennen ist.

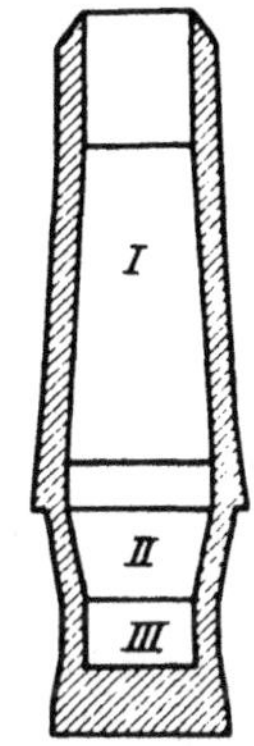

Abb. 16. Hochofenprofil (nach Korevaar: Verbrennung im Gaserzeuger und im Hochofen, S. 76).

Die drei Hauptteile des Hochofens werden wie folgt bezeichnet[3]:

I. der Schacht
II. die Rast oder der Herd
III. das Gestell.

Die Beschickung des Hochofens, welche aus dem Erz, aus Kalkstein und Koks besteht, wird im obersten Teil des Ofens durch die Gichtöffnung aufgegeben. Im Schachte des Hochofens wird die Beschickung getrocknet und vorgewärmt, auch tritt schon hier eine teilweise Reduktion der Erze durch Kohlenoxyd ein. In der Rast oder im Herd werden die Erze reduziert, hier verbrennt der Koks, und die Schlacke und das Eisen schmelzen. Korevaar teilt die Aufgabe des Herdes in eine metallurgische Wirkung und in eine Gaserzeugerwirkung. Im unteren Teile des Herdes

[1] Vgl. hierzu Techn. Blätter Nr 43 d. Dtschen Bergwerkszeitg v. 22. Okt. 1927.
[2] Vgl. Gemeinfaßliche Darstellung des Eisenhüttenwesens, 11. Aufl., S. 47.
[3] Vgl. Korevaar, A.: Verbrennung im Gaserzeuger und im Hochofen. S. 77. Halle/S. 1927.

erfolgt vor den Winddüsen die Verbrennung des Kohlenstoffes mit der Gebläseluft, wobei geschmolzenes Eisen und Schlacke in das Gestell hinabtropfen; oberhalb der Verbrennungszone gehen die metallurgischen Vorgänge vor sich. Die Reaktionszone, in welcher die Erze reduziert und Eisen und Schlacke gebildet werden, reicht vom Oberteil der Verbrennungszone bis zum oberen Teil des Hochofens. Das geschmolzene Eisen und die Schlacke werden unten im Gestell abgelassen.

Neuere Hochöfen haben eine Höhe von etwa 25 m und einen Gestelldurchmesser von etwa 4 m. Der größte Hochofen der Welt[1], Ofen 5 der Illinois Steel Co., hat einen Gestelldurchmesser von 6,55 m und eine Höhe von 28 m bei einem Inhalt von 815 cbm.

Im einzelnen setzt sich der Hochofen, von unten nach oben, aus folgenden Teilen zusammen: Aus dem Gestell, einem Zylinder von 2—5 m lichter Weite und 2—4 m Höhe, in welchen in etwa 2 m Höhe die Zuführungsröhren für den Gebläsewind führen. In der unteren Hälfte des Gestelles sammelt sich das Roheisen und die Schlacke, darüber verbrennt der Koks und schmilzt die Beschickung. Auf dem Gestell ruht ein umgekehrter Kegelstumpf, der sich nach oben hin auf etwa 8 m erweitert und der mit Rost oder Herd bezeichnet wird. Der nächste Teil nach oben hin ist der Schacht, ebenfalls ein abgestumpfter Kegel, der an seinem oberen Ende, der Gichtöffnung noch etwa 5—6 m Weite hat und bei einer Ofenhöhe von beispielsweise 25 m etwa 15 m hoch ist. Den größten Querschnitt besitzt der Hochofen in der Ebene, in welcher Rast und Schacht zusammenstoßen; dieselbe wird als Kohlensack bezeichnet. Sämtliche Abmessungen des Hochofenprofils richten sich nach den Eigenschaften des zu verhüttenden Erzes.

Die Wände des Hochofens werden aus Schamotteziegeln aufgemauert, die entsprechend den in den einzelnen Höhen des Ofens herrschenden verschiedenen Temperaturen von verschiedener Feuerbeständigkeit sein müssen. Das Mauerwerk wird mit zahlreichen eisernen Bändern umgeben, die es zusammenhalten, so daß die Hitze es nicht auseinander treiben kann. Besonders gefährdete Teile des Ofens, wie z. B. der Bodenstein, das ist der unterste Teil der Hochofenmauerung, werden aus Kohlenstoffsteinen errichtet, die aus fein gemahlenem Koks und Teer hergestellt werden und der Hitze und chemischen Einflüssen sehr gut widerstehen. Um eine möglichst lange Lebensdauer des Ofenmauerwerks zu erreichen, ist es notwendig, für gute Kühlung desselben Sorge zu tragen. In der Rast und in dem Gestell, wo die Gefahr des Durchbrennens am größten und das Mauerwerk etwa 1 m stark ist, werden die Hochofenwände durch zahlreiche Kühlkasten aus Gußeisen oder Bronze gekühlt, die von Wasser durchflossen werden; für einen Hochofen

[1] Blast Furnace 1925, S. 189; vgl. Stahl und Eisen 1925, S. 1316.

von 300 Tonnen Roheisenleistung pro Tag rechnet man 5 cbm Kühlwasser pro Minute. Die ungefähr $^3/_4$ m dicken Wände des Schachtes liegen frei und werden durch die ihn umstreichende Luft gekühlt. Der Bodenstein des Hochofens, dessen oberer Teil durch den Betrieb weggefressen wird, erhält durch eine sich dort ablagernde, sehr schwer schmelzbare Masse einen natürlichen Schutz. Diese Ablagerung wird Hochofensau genannt und besteht aus sehr hoch schmelzenden Substanzen, wie z. B. aus Stickstofftitanverbindungen.

Die Außenansicht eines neuzeitlichen Hochofens ist in Abb. 17 wiedergegeben.

Auf dieser Abbildung ist ein Gerüst zu erkennen, auf dem mehrere Galerien angeordnet sind, welche den Ofen umziehen. Das Gerüst trägt außerdem die Gichtbühne, die Gichtverschlüsse und Gasleitungen, die zusammen ein Gewicht von mehr als 1000 Tonnen besitzen. Um das Gestell sind mehrere eiserne Säulen aufgestellt, die das Gewicht des Schachtes tragen und neuerdings auch dasjenige der Rast, welche in einen Blechmantel gehüllt wird, der an diesen Tragsäulen aufgehängt wird[1].

Die auf der Abb. 17 gut erkennbare, ringförmig den Ofen umspannende Leitung für den heißen Gebläsewind ist aus Schmiedeeisen gefertigt und mit feuerfesten Steinen ausgekleidet. Von der Gebläsewindleitung führen die Düsenstöcke, das sind ausgemauerte Abzweige, nach den Hochofenformen und münden etwa an der Stelle des Gestelles, an welcher der zylindrische Teil an den umgekehrten Kegelstumpf grenzt. Bekanntlich dient der Gebläsewind dazu, um den Koks im Hochofen zu verbrennen. Die dazu nötigen Luftmengen sind sehr groß[2]; so gebraucht ein Hochofen mit einem täglichen Ausbringen von 300 Tonnen Roheisen, bei einem Ausbringen von 38% aus dem etwa 800 Tonnen wiegenden Erz-Kalksteingemisch, rund 300 Tonnen Koks, der seinerseits pro Tonne etwa 3000 cbm trockene Luft zur Verbrennung benötigt. Da aber die Luft stets einen gewissen Prozentsatz Feuchtigkeit enthält und die Leitungen und Apparaturen nicht vollkommen dicht sind, so rechnet man die tatsächlich nötige Windmenge um 40% höher, so daß also täglich ungefähr 1,2 Millionen cbm Luft zugeführt werden müssen, die ein Gewicht von 1500 Tonnen haben.

In diesem Zusammenhang sei kurz erwähnt, daß es nicht an Versuchen gefehlt hat, die Gebläseluft zu trocknen, weil die Schwankungen im Feuchtigkeitsgehalt, die im Laufe des Jahres zwischen 2 und 15 g je Kubikmeter Luft liegen, Unterschiede bis zu 3% in der Ausbeute an Roheisen im Gefolge haben. So berichtet z. B. E. H. Lewis[3] über das

---

[1] Vgl. Gemeinfaßliche Darstellung des Eisenhüttenwesens, 11. Aufl., S. 51.
[2] Vgl. Gemeinfaßliche Darstellung des Eisenhüttenwesens, 11. Aufl., S. 43.
[3] Chemical Age Bd. 17, S. 281 (1927).

Trocknen der Hochofengebläseluft mit Hilfe von Silikagel. Das Sili-

Abb. 17. Neuzeitlicher Hochofen.
(Aus Gemeinfaßliche Darstellung des Eisenhüttenwesens, 11. Aufl. S. 49. Düsseldorf 1921.)

kagel, welches eine sehr absorptionskräftige Form der Kieselsäure ist, kann bis zu 20% des Eigengewichtes an Wasser aufnehmen, welches es durch Erhitzen wieder abgibt. Das mit einer solchen Trocknungsanlage für 10000 cbm arbeitende Hochofenwerk in Wishaw (Westschottland) soll mit einer Brennstoffersparnis bis zu 6% arbeiten.

Die Verbrennungsluft für den Hochofen, die man als „Wind" bezeichnet, wird durch Gebläsemaschinen, das sind doppeltwirkende Luftpumpen, dem Hochofen zugeführt. Damit der Wind die Widerstände in den Rohrleitungen, auf seinem Weg durch die Schmelzmassen und durch den Schmelzraum, überwinden kann, muß er, je nach Höhe des Ofens und den Eigenschaften der Beschickung, auf einen Druck von etwa 0,5—1 atü gebracht werden. Während man früher Kolbendampfmaschinen als Antriebsmaschinen für die Hochofengebläse benutzte, werden bei neuen Anlagen fast ausschließlich Großgasmaschinen gebraucht, in denen das Hochofengichtgas direkt verwendet wird. Für jeden Hochofen ist ein besonderes Gebläse vorgesehen, das nach Bedarf jedem der vorhandenen Hochöfen vorgeschaltet werden kann.

Da sich die Gase nur in den Zwischenräumen der Hochofenbeschickung bewegen können, so errechnet sich die Aufenthaltsdauer des einzelnen Gasteilchens im Hochofen nur nach Sekunden[1]. Um die Reaktion zwischen Luft und Koks, Gas und Erz möglichst zu beschleunigen, wird der „Wind" nicht kalt in den Hochofen geblasen, sondern vorher auf 700—800° erhitzt. Das Erhitzen des Windes geschieht in den Winderhitzern, die auch Cowper genannt werden. Auf der Abb. 17 sieht man drei solcher Winderhitzer links neben dem Hochofen, vor dem Schornstein. Diese Cowper sind mit einer Haube versehene Blechzylinder, deren Inneres mit feuerfestem Mauergitterwerk gefüllt ist, sie haben eine Höhe von 25—35 m bei einem Durchmesser von 6—8 m. Die Winderhitzer werden so betrieben, daß durch einen von ihnen die Gebläseluft streicht, während ein zweiter durch Verbrennen von Hochofengichtgas mit Luft aufgeheizt wird. Von Zeit zu Zeit wird umgeschaltet, der Gebläsewind geht durch das jetzt heiße Gitterwerk des zweiten Cowpers, während nun der erste Cowper mittels Gichtgas beheizt wird, so daß ein regelrechter Regenerativbetrieb unterhalten wird. Die beim Beheizen der Winderhitzer entstehenden Verbrennungsgase ziehen, nachdem sie ihre Wärme an das Gitterwerk abgegeben haben, durch die Kuppel und besondere Züge nach dem Fuchs und dem Schornstein.

Im allgemeinen müssen für einen Hochofen drei Winderhitzer vorgesehen werden, von denen einer zum Erhitzen des Windes dient, während zwei aufgeheizt werden; große Hochöfen besitzen bis zu fünf Winderhitzer. Die Heizfläche eines Winderhitzers beträgt bis zu 5000 qm.

Die Beschickung des Hochofens, „Möller" genannt, wird durch die

[1] Vgl. Mathesius, W.: Die physikalischen und chemischen Grundlagen des Eisenhüttenwesens, 2. Aufl., S. 223. Leipzig 1924.

Gichtöffnung am oberen Ende des Hochofens eingebracht. Die Gichtgase werden im höchsten Teil des Mauerwerks durch seitlich angebrachte Rohre abgeführt; damit beim Einfüllen des Möllers keine Gasverluste auftreten, werden zwei übereinanderliegende Gichtverschlüsse angeordnet, die unabhängig voneinander betätigt werden können.

Der Verbrauch eines Hochofens an Rohmaterialien ist gewaltig und beträgt bis zu 12000 Tonnen täglich. Diese großen Mengen werden von den Lagerplätzen durch Hängebahnen in Förderkübeln auf die Gichtaufzüge gebracht, die bei neueren Hochöfen als Schrägaufzüge ausgebildet sind (s. Abb. 17). Die Förderkübel entleeren ihren Inhalt selbsttätig in den Fülltrichter des Gichtverschlusses, so daß jegliche Handarbeit auf der Gichtbühne fortfällt. Die Verteilung des Möllers geschieht durch drehbare Aufgabetrichter oder dergleichen. Die Aufgabevorrichtungen sind so angeordnet, daß ein Zerbröckeln des Kokses so gut als möglich vermieden wird.

Die Zusammensetzung des Möllers wird so errechnet, daß zu den Beimengungen der Erze eine möglichst geringe Menge von Zuschlägen erforderlich ist, um eine Schlacke von gewünschter Zusammensetzung zu erhalten. Die Schlacke muß die Verunreinigungen der Erze sowohl als auch diejenigen des Kokses, wie Asche, Schwefel usw. vollkommen binden, damit sie in möglichst geringer Menge vom Eisen festgehalten werden. Nachdem die Förderkübel gewogen sind, werden dieselben direkt zum Gichtverschluß gehoben und in den Ofen eingefüllt; die auf einmal durch den unteren Gichtverschluß in den Hochofen eingebrachte Menge von Erz und Zuschlag wird mit „Gicht" bezeichnet. Erzgicht und Koksgicht wechseln dauernd miteinander ab; sie schmelzen bzw. sie verbrennen, gleiten im Ofen abwärts und treten flüssig als Roheisen und Schlacke unten aus, oder sie verlassen den Hochofen wieder oben gasförmig mit dem Gichtgas. Der Aufenthalt der Beschickung im Hochofen schwankt mit dessen Abmessungen zwischen 12—24 Stunden.

Das Roheisen scheidet sich im Gestell unterhalb der Windformen ab und wird von Zeit zu Zeit durch einen Abflußkanal, der sich direkt über dem Bodenstein befindet und als „Stichloch" bezeichnet wird, abgelassen. Diesen Vorgang nennt man „Abstechen" des Hochofens. Das Roheisen fließt dabei meistens in vorher gemachte Sandformen, die „Masselbetten", oder aber in eisernen Schalen, die „Kokillen". Die beim Erstarren des Roheisens entstehenden Masselstränge werden mechanisch zerkleinert und mit Hebemagneten verladen. Häufig läßt man das Roheisen auch in feuerfest aufgekleidete große Pfannen fließen, um es der Veredelung in den Stahlwerken in flüssiger Form zuzuführen.

Nachdem das Roheisen den Hochofen verlassen hat, folgt die spezifisch leichtere Schlacke, die auf dem Roheisen schwimmt, als hellglühende Flüssigkeit hinterher und wird in Schlackenwagen aufgefangen und zur

Halde oder zu weiteren Verwendungszwecken abgefahren. Aber auch während des ganzen Hochofenbetriebes fließt die sich dauernd bildende Schlacke, die sogenannte Laufschlacke, kontinuierlich aus einer unter den Windformen befindlichen Öffnung ab, so daß die Unterbrechung des Hochofenbetriebes während des Abflusses, die früher geraume Zeit in Anspruch nahm, auf einige wenige Minuten verringert wird. Diese Arbeitsweise, durch welche die Menge des pro Hochofen erzeugten Roheisens um mehr als das Zehnfache gesteigert werden konnte, verdankt man Fritz W. Lürmann[1].

Zusammenfassend stellen sich die Vorgänge im Hochofen also folgendermaßen dar:

Der durch die Windformen eintretende heiße Gebläsewind trifft auf glühenden Koks, der im Gestell zu Kohlenoxyd verbrennt; der Sauerstoff der Luft tritt also an den Kohlenstoff des Kokses, während der Luftstickstoff im wesentlichen unverändert bleibt und auf die Temperatur, die im Hochofen herrscht, erhitzt wird.

F. Wüst[2] hat nachgewiesen, daß vor den Blasformen, außer der Verbrennung von Kohlenstoff zu Kohlenoxyd, auch nicht gewollte Oxydationsreaktionen vor sich gehen, die durch besondere Maßnahmen abgeschwächt werden können.

Beim Aufsteigen durch die Beschickung geben die Verbrennungsgase einen großen Teil ihrer Wärme an die Beschickung ab, wobei sie sich von ungefähr 1600° auf 600° abkühlen. Bei dieser Temperatur ist die Kohlensäure wieder imstande, mit Kohlenstoff zu reagieren, weil die Reaktion

$$CO_2 + C = 2\,CO$$

umkehrbar ist[3].

Nach Boudouard und Haber[4] herrschen bei den verschiedenen Temperaturen in der Gaszusammensetzung folgende Gleichgewichte

Temperatur	$CO : CO_2$
500°	0,106
600°	0,940
700°	3,700
800°	11,100
900°	64,000
1000°	165,000

Zwischen etwa 300—1000° reduziert das mit Eisenerz zusammentreffende Kohlenoxyd das Eisenoxyd zu metallischem Eisen, indem es selbst in Kohlensäure übergeht.

$$FeO + CO = Fe + CO_2.$$

Da aber die Gase mit großer Geschwindigkeit an den Erzen vorbeieilen, so wird nur ein Teil des Kohlenoxyds zu Kohlensäure verbrannt, während der unverbrannte Rest im Gichtgas wiedergefunden wird oder aber bei

[1] Vgl. Gemeinfaßliche Darstellung des Eisenhüttenwesens, 11. Aufl., S. 67.
[2] Stahl und Eisen 1926, S. 1213.
[3] Vgl. z. B. Korevaar, A.: Verbrennung im Gaserzeuger und im Hochofen, S. 21. Halle/S. 1927.
[4] Vgl. Le Chatelier: Le Chauffage Industriel, S. 328. Paris: Dunod 1920.

Temperaturen über 1000° nach der Gleichung

$$2\,CO = CO_2 + C$$

in Kohlensäure und Kohlenstoff zerfällt.

Die aus den Erzen, Kalkstein und Koks bestehende Beschickung gelangt durch die Gichtöffnung zunächst in den kältesten Teil des Hochofens, wo ihr von dem warmen Gichtgas die Feuchtigkeit entzogen wird. Beim Niedergehen kommt die Beschickung in immer heißere Zonen; von etwa 300° ab beginnt die indirekte Reduktion, indem das Kohlenoxyd reduzierend auf die Erze wirkt. Bei ungefähr 800° geben Spateisen- und Kalkstein ihre Kohlensäure ab. Etwa zu gleicher Zeit zerfällt ein Teil des Kohlenoxyds in Kohlensäure und Kohlenstoff, der sich in äußerst feiner Form auf dem noch mit erdigen Substanzen vermengten metallischen Eisen abscheidet und von diesem allmählich aufgenommen wird. Dieser Vorgang wird mit „Kohlen des Eisens" bezeichnet, die dabei entstehende Eisenkohlenstoffverbindung schmilzt schon bei 1100—1200°.

In der unteren Hälfte der Rast und im oberen Teil des Gestelles geht die Reduktion der noch nicht reduzierten Eisenverbindungen vor sich; ebenso werden die Begleiter des Roheisens, nämlich Mangan, Silicium und Phosphor reduziert. Zu gleicher Zeit wird aus den Erden und Zuschlägen die Schlacke gebildet, die ihrerseits einen großen Teil der Verunreinigungen aufnimmt. Die am schwersten reduzierbaren Teile der Beschickung werden nach älterer Auffassung durch direkte Reduktion, also durch den hocherhitzten, glühenden Kohlenstoff in Eisen und Schlacke übergeführt, während, wie bereits eingangs bemerkt, die neuere Auffassung es für unwahrscheinlich hält, daß unreduziert gebliebene Erzteile durch festen Kohlenstoff angegriffen werden, und daß vielmehr auch diese letzten Anteile durch das in der Schmelze enthaltene Kohlenoxyd reduziert werden. Das geschmolzene Roheisen und die Schlacke sammeln sich schließlich im unteren Teil des Gestells, wo sie, wie bereits beschrieben, abgelassen werden. Die Leistungsfähigkeit deutscher Hochöfen beträgt durchschnittlich etwa 300 Tonnen Roheisen täglich; die größten deutschen Hochöfen haben Tagesleistungen bis zu 650 Tonnen in 24 Stunden aufzuweisen.

Der Hochofen erzeugt demnach Roheisen, Gichtgas und Schlacke.

Beim Roheisen unterscheidet man zwischen weißem und grauem Roheisen. Das weiße Roheisen enthält den Kohlenstoff in chemischer Bindung, während das graue Roheisen den Kohlenstoff größtenteils blätterförmig abgeschieden als Graphit enthält. Während das weiße Roheisen häufig größere Mengen von Mangan enthält, das die Bildung eines strahligen Gefüges begünstigt, sind vom grauen Roheisen größere Mengen Silicium aufgenommen worden, welches den Kohlenstoff aus dem Eisen austreibt und ihn in Form von Graphit sich ausscheiden läßt. Mangan fördert also die Bindung des Kohlenstoffs durch Eisen, Silicium verhindert dieselbe. Auch die Art der Abkühlung des Roheisens ist von Einfluß auf seine Eigenschaften; bei raschem Abkühlen bleibt der Kohlenstoff gebunden und das Roheisen wird weiß, bei langsamem Abkühlen neigt der Kohlenstoff zur Graphitbildung und das Roheisen wird grau. Phosphorhaltiges Eisen ist dünnflüssiger und daher besonders für Gießereizwecke geeignet. Auch die Härte des Eisens nimmt mit seinem Phosphorgehalt zu, andererseits ist phosphorhaltiges Eisen spröde und wird leicht kaltbrüchig; es bricht unter dem Einfluß stärkerer Erschütterungen. Ein Schwefelgehalt im Eisen ist stets unerwünscht, weil derselbe schon in geringer Menge dasselbe rotbrüchig macht, indem dasselbe beim Bearbeiten bei Rotglut Risse bekommt.

Je nach seiner Tauglichkeit für verschiedene Verwendungszwecke unterscheidet man Gießerei-, Bessemer-, Puddel- und Thomasroheisen. Unter Spiegeleisen versteht man ein manganreiches, also weißes Roheisen von eigentümlich, blätterigem Gefüge. Hämatit ist ein graues Gießereieisen mit geringem Mangangehalt. Die Unterschiede in der Zusammensetzung von Spiegeleisen und Hämatit gehen aus folgenden Analysenzahlen hervor:

	Kohlenstoff	Graphit	Silicium	Mangan	Phosphor	Schwefel
Spiegeleisen	4,5%	—	0,4%	15,5%	0,08%	0,015%
Hämatit	4,0%	3,6%	3,1%	0,8%	0,09%	0,020%

Die Menge und die Zusammensetzung des Gichtgases ist erheblichen Schwankungen ausgesetzt, die durch die jeweiligen Betriebsverhältnisse bedingt sind. Nach R. Buck[1] ist die Zusammensetzung des Gichtgases abhängig vom Verlauf des Hochofenprozesses, von der regelmäßigen Begichtung, von der erblasenen Roheisensorte, von der chemischen und mechanischen Beschaffenheit des Gichtgutes der Erze wie des Kokses, von der vom Hochofen erforderten Tageserzeugung, d. h. der dem Hochofen zugeführten Windmenge und endlich von der Zusammensetzung des Gebläsewindes und seiner Temperatur vor dem Formen. Immerhin bewegen sich die Schwankungen in der Zusammensetzung des Hochofengases in solchen Grenzen, daß seine Verwendung im Dauerbetrieb nicht in Frage gestellt ist. Der Inhalt des Gichtgases an Kohlenoxyd, welches der wichtigste Bestandteil ist, bewegt sich zwischen 25—30 Volumprozenten. Der Kohlensäuregehalt beträgt etwa 10 Volumprozent; hinzu kommen noch 52—60 Volumprozent Stickstoff und kleinere Mengen von Wasserstoff, Methan und Wasserdampf[2]. Nach K. A. Hof-

[1] Stahl und Eisen 1911, S. 1172, 1212 und 1295.
[2] Vgl. Gemeinfaßliche Darstellung des Eisenhüttenwesens 1921, S. 73.

mann[1] enthält das Hochofengichtgas etwa 60 Volumprozent Stickstoff und 24 Volumprozent Kohlenoxyd und 12 Volumprozent Kohlensäure neben geringen Mengen von Wasserstoff und Methan.

Das Gichtgas enthält außerdem große Mengen von Staub, die pro Kubikmeter etwa zwischen 5 und 15 g schwanken, so daß aus einem Hochofen, der täglich 300 Tonnen Roheisen erzeugt, vom Gichtgas bis zu 20 Tonnen der Beschickung mitgerissen werden können.

Vor ihrer Benutzung müssen die Gichtgase von dem mitgerissenen Gichtstaub befreit werden, weil durch denselben die Verbrennungseinrichtungen verstopft werden und weil durch ihn der Wirkungsgrad der Verbrennung und die Wärmeübertragung ungünstig beeinflußt werden. Die grobe Reinigung des Gichtgases geschieht in der Weise, daß man die von der Gicht kommenden, mit großer Geschwindigkeit durch die Leitung abwärts strömenden Gase in weite Behälter leitet (s. Abb. 17 rechts), in welchen die Strömungsgeschwindigkeit stark vermindert wird und wo der Staub Zeit zum Absitzen findet. Solche „Staubsäcke" werden mit einem Durchmesser von 12 m und mehr gebaut. Das vorgereinigte Gas enthält noch bis zu 0,5 g Staub im Kubikmeter. Für einfache Feuerungen, wie bei Dampfkesseln oder wie beim Beheizen der Winderhitzer, genügt eine derartige Vorreinigung unter Umständen, wenn auch hier eine vollständige Reinigung und Trocknung des Gichtgases den Vorzug verdient. Wenn aber das Gichtgas in Großgasmaschinen oder zur Beheizung von Koksöfen verwendet werden soll, so muß das Gas bis auf einen Staubgehalt von höchstens 0,03 g im Kubikmeter gereinigt werden. Das am häufigsten dafür angewandte Verfahren ist die Naßreinigung, wobei das Gas in Hordenwäschern mit Wasser berieselt und dann Zentrifugalreinigern zugeführt wird, in welche Wasser eingespritzt wird und wo der feuchte Staub sich abscheidet. Die Trocknung des so gereinigten Gases erfolgt in besonderen Wasserabscheidern. Die Trennung des feinen Gichtstaubes vom Wasser geschieht in Klärbecken und erfordert erhebliche Unkosten. In neuerer Zeit geschieht die Feinreinigung des Gichtgases auch auf trockenem Wege, indem man entweder das Gas durch Stoffgewebe filtriert oder aber indem man es der elektrischen Entstaubung unterwirft.

Die Hochofenschlacke besteht im wesentlichen aus Kalk-Tonerde-Silicaten. Ihre Zusammensetzung ist naturgemäß von der Art der verwendeten Erze und den sich daraus ergebenen Zuschlägen abhängig. In nebenstehender Tabelle[2] sind einige Durchschnittsanalysen verschiedener Hochofenschlacken zusammengestellt.

Die Hochofenschlacke kann auf vielerlei Art verwendet werden. Wenn man die flüssige Schlacke in Wasser kippt, so erstarrt sie zu einer

[1] Lehrbuch der anorganischen Chemie 1920, 3. Aufl., S. 604.
[2] Aus Gemeinfaßliche Darstellung des Eisenhüttenwesens, 11. Aufl., S. 66.

Roheisengattung	Bezirk	Kieselsäure %	Tonerde %	Eisenoxydul %	Manganoxydul %	Kalk %	Magnesia %	Schwefelcalcium %
Gießereiroheisen	Ruhrbezirk	32—36	12—13	0,5—1,5	0,3—0,6	43—47	1,8—4,0	1,5—4,0
desgl.	Lahnbezirk	34—36	10—13	0,9—1,5	0,4—0,7	44—46	2,0—2,5	1,7—3,0
Thomasroheisen	Saarbezirk	30—32	16—17	1,2—1,5	1,5—2,0	40—43	4,4	0,9—2,2
desgl.	Ruhrbezirk	30—34	10—12	0,8—1,5	2 —4,5	39—42	2 —4,5	1,5—4,5
desgl.	Oberschles.	37—38	9	1,5—2,0	3 —4	35	9 —10	2 —4
Stahleisen	Siegerland	33—34	7—10	1 —3	8 —14	34—39	4 — 7	1,8—3

sandartigen Masse, dem Schlackensand, der zur Zementerzeugung, zur Herstellung von Schlackensteinen, als Mauersand und als Zusatz bei der Betonbereitung, sowie als Bergeversatz usw. dienen kann. Unter Schlackenwolle versteht man ein kieselsäurereiches Material, das aus flüssiger Schlacke mittels eines Dampf- oder Windstrahles erzeugt wurde und feine Fäden bildet, das zu mancherlei Isolierzwecken zu gebrauchen ist.

Da im Rahmen dieses Buches der Hochofenprozeß nur kurz skizziert werden konnte, muß zum eingehenderen Studium desselben auf die Sonderliteratur verwiesen werden.

Neben dem Hauptzweck, den der Koks beim Hochofenprozeß zu erfüllen hat, nämlich den für die Reduziervorgänge notwendigen Kohlenstoff zu liefern, muß er also auch genügend Druckfestigkeit besitzen, um von der schweren Beschickung nicht erdrückt zu werden; vor allem muß er schwer zerreiblich sein, er darf nur wenig Abrieb geben, damit dem Gebläsewind der Durchgang durch die Beschickung ohne allzugroßen Widerstand möglich ist. Die Begründung, warum der Koks nur eine begrenzte Menge Wasser und Asche und nur wenig Schwefel enthalten soll, ist an anderer Stelle gegeben. Die Forderung neuerer Zeit nach Leichtverbrennlichkeit und hoher Reaktionsfähigkeit hat zu einem lebhaften Meinungsaustausch über das Für und Wider geführt; Verfasser glaubt sich der Meinung von G. Bulle[1] anschließen zu dürfen, wonach beim Hochofenbetrieb die Begriffe Reduzierbarkeit einerseits und Verbrennlichkeit andererseits durchaus relativ und von den jeweiligen Betriebsverhältnissen abhängig sind.

II. Der Koks und seine Eigenschaften.

1. Äußere Beschaffenheit des Kokses.

Nachdem der Koks den Koksofen verlassen hat und abgelöscht ist, bildet er mehr oder minder feste und große Stücke im Gewicht von 1—10 kg, die durch Zusammenbacken der Kohle beim Verkokungs-

[1] Stahl und Eisen 1928, S. 433.

vorgang gebildet wurden. Da bei der Verkokung ein Schwinden und Zusammenziehen der Koksmasse eintritt, das zur Bildung von Spaltrissen führt, so reißt der glühend aus dem Ofen kommende Kokskuchen auseinander und zerteilt sich in prismatische Stücke, die in der Richtung der fortschreitenden Hitze unregelmäßig zerklüftet erscheinen.

Die eigentliche Spaltung des Kokskuchens erfolgt beim Herausdrücken und wird manchmal künstlich unterstützt; die Trennungsfläche der Wandstücke liegt dabei senkrecht in der Ofenmitte, wo die Fußenden der Koksstücke aneinanderstoßen, da die Richtung des Verkokens von den Wänden nach der Mitte des Ofens fortschreitet. Die Ablösungsflächen des Kokses liegen also waagrecht und die einzelnen Stücke können höchstens die Länge der halben Ofenbreite erreichen. Herrscht eine gleichmäßige Hitze, wie es bei modernen Öfen stets der Fall ist, so liegt die Trennungsebene gerade in der Mittelebene. Bei nicht scharf ausgeprägter Trennungsfläche war die Verkokung an der schlecht ausgebildeten Stelle ungenügend und der Koks ist dort schaumig und rauh. Bei der früher üblichen intensiven Sohlenbeheizung der Öfen schritt die Verkokung von der Sohle aus fort, und es bildeten sich Stengel, die um so länger waren, je stärker die Ofensohle beheizt wurde; diese Erscheinung wurde besonders bei backender Sinterkohle beobachtet. Mit dem Fortfall der Sohlenbeheizung schreitet die Verkokung von den Seitenwänden des Ofens fort und die Stengelbildung hört auf.

Die Geschwindigkeit der Verkokung stellte sich früher in der Stunde auf durchschnittlich etwa 0,7 cm, bis sich die beiden Verkokungsschichten in der Mitte des Ofens trafen. Damit war aber die Verkokung noch nicht beendet; es garten immer noch einige kleine Teile nach, so daß 1—1$^1/_2$ cm Geschwindigkeit pro Stunde der Wirklichkeit wohl näher kamen.

A. Bauer schätzte die Geschwindigkeit der Verkokung

beim Koksofen auf	1—1,5 cm je Stunde
in der Gasretorte auf	2,5 cm „ „
und im Platintiegel (Normalprobe) auf	12 cm „ „

E. Bury[1] stellte durch Messungen bei Koksöfen eine ähnliche Geschwindigkeit fest, und bei Gasretorten fand er ein Vordringen von 500° ab, d. h. des Beginns der lebhaften Destillationstemperatur, gemäß nachstehender Übersicht:

im Koksofen . . . . 1,6 cm je Stunde

und in der Gasretorte:

a) mit niedriger Schicht und niedriger Temperatur	2,5 cm
b) mit hoher Schicht und hoher Temperatur	2,6 cm
c) mit niedriger Schicht und hoher Temperatur	30,0 cm

Das Hauptmerkmal neuzeitlicher Koksöfen ist die außerordentliche Steigerung des Kohlendurchsatzes, die unter anderem auch durch Ver-

[1] Bury, E.: J. Gaslight 1907, S. 982.

kürzung der Garungszeit erreicht wird. Öfen mit einer mittleren Breite von 45 cm brauchen zum Garen höchstens 24 Stunden, so daß die Geschwindigkeit, mit der die Verkokung fortschreitet, etwa 2 cm beträgt, bei Öfen mit einer Breite von 35 cm, welche in 12 Stunden gar sind, schreitet die Verkokung etwa 3 cm in der Stunde fort. Diese Verkürzung der Garungszeit wird erreicht durch Verschmälerung der Ofenkammer und Erhöhung der Verkokungstemperatur. Da aber der bei höherer Verkokungstemperatur anfallende Koks kleinstückiger ist als der bei niedriger Temperatur erzeugte, so sind für die Herstellung von Hüttenkoks gewisse Grenzen gezogen, die bei einer Kammertemperatur von ungefähr 1200—1250° C liegen.

Abb. 18. Bienenkorbofenkoks.

Da also Ofenbreite und Verkokungstemperatur in einem bestimmten Verhältnis zueinander stehen, so zeigen beide auch bestimmte Einwirkungen auf Gestalt und Aussehen des Kokses. Der Querschnitt durch einen Kokskuchen läßt die verschiedene Art der Einwirkung der Hitze bzw. das Fortschreiten der Verkokung erkennen. Der Hauptteil des Kokskuchens gelangt durch die Hitze der Seitenwände des Ofens zur Verkokung und nur ein kleiner Teil durch diejenige des Gewölbes. Je stärker der Ofen an einer Stelle beheizt wird, desto weiter schreitet an derselben auch die Verkokung vor. Nach dem Aussehen eines Kokses läßt sich daher beurteilen, ob die Wärmezufuhr eine gleichmäßige war oder nicht.

Im Bienenkorbofen schreitet der Verkokungsprozeß von oben nach unten fort, da die Erhitzung von oben her erfolgt. Infolgedessen sind die Absonderungsflächen der Koksstücke senkrecht gerichtet. Man erhält somit in den Bienenkorböfen sehr langstückigen, säulenförmigen Koks (vgl. Abb. 18).

Bei normalem Verlauf des Verkokungsprozesses zeigen die Seiten des Kokskuchens an den Ofenwänden eine wellenförmige Oberfläche, die sogenannten Blumenkohlköpfe, bestehend aus Scheiben von 6—8 cm Durchmesser, die in der Mitte höher sind als am Rande. Spaltrisse ziehen sich in die Masse tief hinein, und zwar bis zu der Fläche, die zuletzt auf die Verkokungstemperatur erhitzt war. Die Erklärung hierfür liegt darin, daß während der ersten Periode der Verkokung durch die entweichenden Gase die Koksmasse sich aufbläht, um sich dann wieder zusammenzuziehen. Stößt man den Koks nach dem Hauptentweichen der flüchtigen Bestandteile aus dem Ofen heraus, so haben sich noch keine Blumenkohlköpfe gebildet, man sieht aber wohl die Risse. Wird der Koks nur ausgegart, so bewirkt dies ein weiteres Zusammenschrumpfen, und zwar gerade am meisten dort, wo die Rißbildung stattfand. Hier konnte die Hitze am leichtesten einwirken, wodurch der zentrische Teil zwischen den Spaltrissen sich nun etwas heraushob. Die Koksrisse wachsen von der Wand in das Innere des Kokses hinein, d. h. von der Blumenkohlkopfseite aus waagrecht. In der Richtung senkrecht zur Wand zeigen sie keine oder nur selten Risse. Solche Querrisse finden sich bei Koks aus magerer Kohle, besonders bei forciertem Ofengang. Es fällt dann fiel Knabbelkoks. Rasche Gasabsaugung (starker Zug) befördert die Bildung eines rissigen Kokses, besonders bei Verwendung gasreicher Kohlen; wird der Koks nach vollendeter Garungszeit dagegen noch im heißen Ofen einer Nachglut überlassen, so nimmt er an Härte zu.

Das Stampfen der Kohle verhindert nicht die Rissigkeit des Kokses, sondern erhöht sie eher, weil die gleiche Gasmenge in einem kleinen Kohlenvolumen zurückgehalten wird und daher bei der Entgasung mehr und in höherem Maße sich Schwindrisse bilden müssen.

Im Gegensatz zum Stampfen der Kohle macht ein Zusatz von gasarmer Kohle oder Koksasche den Koks weniger rissig, weil dadurch sich die Gasmenge erniedrigt. Verkokungsversuche mit einem Zusatz von 10—20% gasarmer Kohle oder feingemahlener Koksasche haben nach F. Schreiber[1] gezeigt, daß die Rissigkeit hierdurch vermindert und das Stückkoksausbringen um 20% erhöht werden kann. Durch höheren Zusatz leidet die Backfähigkeit und der Koks wird mürbe.

Schwarze Köpfe können meist als Merkmal eines ungaren Brennens gelten; sie traten früher meist an den Kopfseiten des Koksbrandes auf. Bei neuzeitlichen Ofentüren, die eine gleichmäßige Beheizung des Koksbrandes auch an den Stirnseiten gewährleisten, werden schwarze Köpfe nur noch ausnahmsweise angetroffen. Jedoch kann das schwarze Aussehen des Kokses auch daher kommen, daß der Koks beim Ausstoßen an einzelnen Stellen immer mit etwas Luft in Berührung kommt. Je rascher der Koks abgelöscht wird, desto weniger kommen solche unansehnlichen Stellen vor.

[1] Stahl und Eisen 1904, S. 522.

Wenn der Ofengang dagegen anormal verläuft, so fällt der Koks in dicken, klobigen Stücken, „blockig“, und erscheint mangelhaft geschmolzen, besonders in der Mitte, wo mehr oder minder schlechte und unverkohlte Teile zurückbleiben. Der Koks besitzt in diesem Falle nur eine geringe Festigkeit und hat ein schmutzig, schwarzes Aussehen. Solche schlecht verkokte Teile sind im Hochofen sehr schädlich, da sie wegen ihrer geringen Festigkeit der zerstörenden Einwirkung des Kohlendioxyds sehr ausgesetzt sind und zugleich die Reibung der Beschickung nicht auszuhalten vermögen. Man vermeidet diesen anormalen Ofengang, indem man größere Wärme zuführt. Die Temperatursteigerung hilft nämlich die Hindernisse überwinden, welche der Wärmezufuhr nach dem Ofeninnern entgegenstehen, so daß dort die Verkokung bei genügender Temperatur und Garungszeit erfolgt und der Koks besser ausfällt. Um eine gleichmäßige Qualität Koks zu erzielen, bleibt gleichmäßige Beheizungstemperatur die notwendige Bedingung, welche von den modernen Koksöfen stets erfüllt wird.

Koks aus quellender Kohle zeigt nach der Ofenwandseite geringere Dichtigkeit als nach dem Innern zu; solcher aus teerreicher Kohle weist auf der Oberfläche verbrannte Teerteilchen auf, die vielfach wie Graphit aussehen. Sie finden sich meistens bei zu heißem Ofengang, doch kann man derartige Stücke auch bei jeder anderen Kohle dann sehen, wenn der Gasabzug durch Verstopfen des Steigrohres verringert wird. Schaumige Stücke finden sich häufig bei Fettkohlen, die mit hohem Wassergehalt und rasch erhitzt sind, infolge des großen Volumens der frei werdenden Gase. Hat man bei Magerkohlen, die sich zwar verkoken lassen, aber stark blähen, zum Ausgleich dieses Treibens im Ofen gasreiche Kohle zugesetzt, so werden die Spaltungsflächen in der Mitte des Kokskuchens nicht wie sonst meist porös, sondern fast vollkommen glatt.

Die erwähnten ungaren Teile „Roher Kern“ in der Mitte des Kokskuchens bei den sogenannten Fußenden haben stets ein dunkles Aussehen und enthalten bis über 20% flüchtige Bestandteile.

Analyse eines „Rohen Kern“[1].

83,96% C	1,42% N
3,55% H	6,99% Asche.
4,07% O + S	

Der Destillationsversuch ergab:

12,25%	Flüchtiges, und zwar
1,85%	Teer
0,8 %	CO_2
0,1 %	H_2S
2,9 %	H_2O (inkl. 0,309% NH_3)
0,25%	C_mH_n
6,35%	Gase (CH_4, H, CO).

[1] Bauer, A.: l. c.

Ungarer Ofenkoks kann mehr als 0,6% disponiblen Wasserstoff auf 100 C enthalten, wie die folgenden Analysen von ungarem Brech- und Knabbelkoks nach Streit[1] zeigen. Infolge des hohen H-Gehaltes hat dann natürlich solcher Koks auch einen relativ hohen Heizwert.

	Ungarer Knabbelkoks	Ungarer Brechkoks
C	93,83	95,96
H	1,93	1,05
N	1,30 }	2,02
O	2,15 }	
S	0,79	1,24
Auf 1000 Teile C kommen:		
Ges. H	20,6	11,00
an O geb. H	4,6	2,6
disp. H	16,2	8,4
Fixer C in % des Reinkokses	95,53	97,26
Flüchtige Bestandteile in % des Reinkokses	4,47	2,74
Heizwert	8037 WE	7980 WE.

Bei sehr fetter Kohle und bei sehr ungleichmäßigem Kokskohlenkorn[2] sind die Innenspalten des Kokskuchens, insbesondere an isolierten Stellen, vielfach schön geperlt; auch treten an solchen Stellen häufig die sogenannten Kokshaare auf. Letztere sind — nach Wedding — der bei hoher Temperatur aus kohlenstoffreichen Kohlenwasserstoffen abgeschiedene Kohlenstoff ($C_2H_4 = C + CH_4$), — nach Muck — feste Verbindungen aus Kohlenstoff, Wasserstoff und Sauerstoff.

Die Kokshaare stellen mollige, haarförmige Gebilde dar von hell- bis dunkelgrauer Farbe, die unter dem Mikroskop betrachtet, fest zusammenhängende Stücke von zylindrischer und konischer Form ergeben.

Zusammensetzung der Kokshaare (nach Grünwald):

C	H	O + N
96,05	0,44	3,51
97,39	0,36	2,25
97,89	0,34	1,77
98,05	0,34	1,61
98,75	0,32	0,93

B. Platz fand ferner folgende Zusammensetzung:

95,73 C	3,88 O + N
0,38 H	0,715 überschüssiger O.

An den beiden Stirnseiten von Öfen, die noch ältere Türen besitzen, bildet sich auf dem festen Koks mehr oder minder ein leicht zerreiblicher, schaumiger Überzug. Solcher Koksschaum entsteht durch die Aufblähung von Kohlenteilchen, deren Verkokungsprozeß zufolge Ab-

[1] Vgl. Simmersbach, F.: Bedingungen des Koksbrennens, S. 19.
[2] Diss. Zürich 1906, S. 19/20.

kühlung an den Türen nicht zu Ende gelangt ist. Schuld daran sind in erster Linie dünne Ofentüren, ferner schlecht passende Türen, die sich schlecht dichten lassen. Es ist daher zweckmäßig, nach solchen Türen, als den kältesten Teilen des Ofens, hin die Füllung abzuböschen. Diese leicht zerreibliche und zerbröckelnde Beigabe des festen Kokskuchens beträgt indes nur wenige Gewichtsprozente. Unter normalen Verhältnissen darf gut gebrannter Koks nur ein Koksklein von 4—6% aufweisen, besonders gilt dies für Gießereikoks.

Mehr oder weniger treten auch schwammige Stücke auf, die stets auf den Kokereien zurückgehalten werden müssen. Besonders häufig zeigen sie sich an der obersten Schicht und an den Türen, weil dort die Gase am schnellsten herausgesaugt werden.

Der Koks kann klein- und großstückig ausfallen, und zwar hängt dies — abgesehen von der Kohlenqualität — auch von der Kohlensatzhöhe und vom Heizgrad ab. Zu große Satzhöhe erzeugt viel kleinstückigen Koks, zu kleine Satzhöhe ebenfalls und nur wenig Ausbringen an Stengelkoks, welch letzteren der Hüttenmann bevorzugt. Je intensiver ferner die Ofenbeheizung ist, desto häufiger treten die Spaltungsflächen auf, und desto kleinstückiger wird der Koks. Um großstückigen Koks zu erzielen, darf man daher, wie schon erwähnt, die Temperatur nicht über eine gewisse Grenze erhöhen. Starker Zug, kalter Luftzutritt und dementsprechender scharfer Abbrand veranlassen ebenfalls das Reißen und Bröckeln des Kokses beim Erkalten. Man pflegt dem Löschplatz eine schwache Neigung zu geben, und ihn mit gutem Plattenbelag oder glattem Pflaster zu versehen, damit beim Herausdrücken des Kokskuchens ein zu frühzeitiges Auseinanderfallen desselben vermieden wird.

Ofenkoks besitzt größere Stückform als Gaskoks aus Retorten. Die Größe des letzteren ist bedingt durch den Radius der Gasretorte, denn da die Retorte von allen Seiten befeuert wird, die Verkokung demnach von der Peripherie zur Mitte geht, kann kein Koksstück größer bzw. länger sein als der Radius der Gasretorte. Des weiteren spielt auch noch das ungleichmäßige und meist großstückige Korn der Gaskohle mit, ferner die geringe Garungszeit und der rasche Gang der Entgasung.

In der Gasretorte erfolgt rasche Zersetzung bei höherer Temperatur und im Koksofen langsamere Zersetzung bei niedrigerer Temperatur.

Der Einfluß der Temperatur tritt auch im Anfang der Kohlendestillation zutage, weil die Gasretorte einen größeren Wärmevorrat zur Verfügung hat als der Koksofen. Abgesehen davon setzt man die Kokskohle naß ein und die Gaskohle trocken, und ferner herrscht im Koksofen ein etwas geringeres Temperaturgefälle als in der Retorte.

Die Farbe des Kokses ist zuweilen schwarz und glanzlos, bald hellgrau und von lebhaftem Metall- oder Silberglanz, zuweilen auch in den Farben des Regenbogens spielend, was auf hohen Schwefelgehalt hindeutet.

Guter Koks soll silberweiß bis hellgrau aussehen, doch haben gepulverte Koksarten stets ein dunkelgraues bis schwarzes Aussehen. Bei gewaschenem Koks ist die Farbe gleichmäßiger, bei ungewaschenem hingegen mit mehr oder minder schmutzig farbigen Strichen durchsetzt. Manchmal ist an der Oberfläche des Kokskuchens die Asche durch den Abbrand der kohligen Bestandteile weiß bis rot gebrannt. Koks mit Anthrazitzusatz zeigt stets hellglänzende Plättchen, welche aus reinem Kohlenstoff bestehen.

Koks mit rauher, nicht spiegelnder Oberfläche sieht meist schwarz aus, solcher mit glatter Oberfläche grau. Diese Farbenunterschiede sind durch die Struktur der Oberfläche bedingte rein optische Erscheinungen, die keinerlei Schlüsse auf die Güte des Kokses zulassen.

Das Aussehen des Kokses hängt wesentlich vom Verkokungsverfahren ab.

Der Mangel an Silberglanz an Teerofenkoks rührt nach F. Lürmann[1] von einem Überzug aus feinem Kohlenstoff her, welcher, aus den schweren Kohlenwasserstoffen ausgeschieden, die weißen Flächen des Kokses überzieht. In Öfen, in welche Luft eindringt, wird diese Absetzung des Kohlenstoffs an der Oberfläche des Kokses verhindert. Die glänzende lichtgraue bis silberhelle Oberfläche des Bienenkorbofenkoks wird darauf zurückgeführt[2], daß im Bienenkorbofen die größte Hitze im oberen Teil des Ofens ist, und daß die aus der Kohlencharge entweichenden Kohlenwasserstoffe und sonstigen Gase durch die ganze Masse des heißen Kokses streichen müssen, wobei sich dann die Kohlenwasserstoffe zersetzen und der abgeschiedene Kohlenstoff in fast metallisch aussehenden dünnen Schichten sich auf den Koksstücken absetzt. Zieht man die Gase ab, so daß zeitlich die Oberflächenberührung zwischen Koks und Gas relativ verkleinert wird, so wird der Koks nicht silberhell, sondern erhält ein grauschwarzes Aussehen. Nur dort, wo sich der Kohlenstoff in sehr dünner Schicht absetzt, ergibt sich das hellglänzende Aussehen; wo er sich in dichter Form als eine Schicht von großer Dichtigkeit absetzt, wird das Aussehen dunkel, und bei Massenabsetzung, z. B. in der Gasretorte, bildet sich Retortenkohle gemäß folgenden Reaktionen[3]:

$$\begin{array}{ccccccccc} CH_3H & & CH_2H & & CHH & & CH & & C \\ & = & | & + 2H = & // & + 4H = & /// & + 6H = & //// \; + 8H \\ CH_3H & & CH_2H & & CHH & & CH & & C \end{array}$$

2 Moleküle Methan	1 Molekül Äthan	1 Molekül Äthylen	1 Molekül Acetylen	Retortenkohle

Es sei hierbei auch auf die Ansicht englischer Autoren hingewiesen, daß die Ablagerung des Kohlenstoffs in glänzenden Schichten bzw. der Unterschied in der Form des abgesetzten Kohlenstoffs davon abhängt,

[1] Stahl und Eisen Bd 1, S. 299 (1885).
[2] The Iron and Coal Trades Review 1911, 8. Dez.
[3] Muck: Steinkohlenchemie, S. 155.

ob die Zersetzung der Kohlenwasserstoffe durch Strahlungshitze, also leicht, oder durch Kontakthitze, d. h. schwieriger, bewirkt wird, wobei in letzterem Falle der Kohlenstoff sich nicht in großer Menge, sondern in dichter Form abscheidet.

Nach Bone[1] ist der von Methan bei der Zersetzung abgeschiedene Kohlenstoff wesentlich verschieden von dem aus Acetylen, Äthylen und Äthan abgeschiedenen Kohlenstoff. Untersuchungen von O. Simmersbach[2] bestätigten diese Verschiedenartigkeit des abgeschiedenen Kohlenstoffs und gaben zugleich eine Erklärung für das verschiedenartige Aussehen des Kokses ab. Der von Methan stammende Kohlenstoff ist äußerst hart und glänzend. Abb. 19 zeigt in natürlicher Größe eine Schicht solchen Kohlenstoffs, der bei der Zersetzung von Methan sich

Abb. 19. Kohlenstoff aus zersetztem Methan.

Abb. 20. Perlförmiger Methankohlenstoff.

auf der Innenseite des Porzellanrohres absetzte. Die Schicht ist nur etwa $^1/_{10}$ mm dick, aber so hart, daß sie trotzdem, ohne zu zerfallen, sich abblättern läßt. Aus Abb. 20 ersieht man bei vierfacher Vergrößerung, wie der Methan-Kohlenstoff sich in Form feiner abgerundeter Perlen absetzt und genau dieselbe glänzende und von scharfen Unebenheiten freie Oberfläche zeigt, wie Bienenkorbofenkoks. Ein Vergleich der Abb. 18 mit der Abb. 20 ($^1/_2$ der natürlichen Größe), die Beehivekoks wiedergibt, führt dies klar vor Augen. Von nicht geringem Interesse erscheint auch Abb. 21, die in achtfacher Vergrößerung zeigt, wie die perlenartigen Gebilde des Methankohlenstoffs zu relativ langen Stengelchen sich ausbilden können, die so hart sind, daß sie selbst bei scharfem Druck des Fingers auf ihre Spitzen nicht zerbrechen.

Abb. 21. Stengelbildung von Methankohlenstoff.

[1] Vortrag vor der Versammlung der Institution of Gas.-Eng., Juni 1908; vgl. G.- u. W.-Fach 1908, S. 803.

[2] Kokschemie, 2. Aufl., S. 114.

Abb. 22. Kohlenstoff aus zersetztem Äthylen.

Abb. 23. Bienenkorbofenkoks mit Methan- und Äthylenkohlenstoff.

Im Gegensatz zu dem von Methan abgesetzten Kohlenstoff sieht der bei der Zersetzung von Äthylen abgeschiedene Kohlenstoff Abb. 22 (dreifache Vergrößerung) schwarz wie Ruß aus und ist so weich, daß er auch wie dieser abfärbt. Abb. 23 gibt ein Bienenkorbofenkoksstück in halber natürlicher Größe wieder, das beide genannten Kohlenstoffarten an der Oberfläche aufweist. Die helle, glänzende, perlenartige Oberfläche rührt vom Methankohlenstoff her und die abfärbenden, matten, schwarzen Stellen stammen vom Äthylenkohlenstoff[1].

Berücksichtigt man, daß die Zersetzung des Methans beim Überleiten über glühenden Koks vorwiegend erst von 900° an beginnt (die des Äthylens dagegen schon bei 600—700°), daß also der harte Methankohlenstoff in der Hauptsache erst nach vollendeter Verkokung der Kokskohle in die Erscheinung tritt, so kann nach O. Simmersbach der bei der Zersetzung der Kohlenwasserstoffe abgeschiedene Kohlenstoff nicht allein die Ursache der Backfähigkeit der Steinkohle sein.

Koks aus aschenreicher Kohle zeigt Glanzlosigkeit, weil der hohe Aschengehalt einer völligen Schmelzung entgegensteht. Je reiner der Koks, desto heller und glänzender sieht er aus.

Koks aus weniger backfähigen Kohlen hat eine dunklere Farbe als solcher aus Kokskohlen; die Farbe kann sogar so dunkel werden, wie die von ungarem Koks, ohne daß solcher Koks ungar ist. Je rascher ferner der Koks entgast wird, desto grauer sieht er aus.

Koks, dessen Aussehen stellenweise durch hellgraue glänzende Flecken von 10—20 qmm Größe durchbrochen wird,

[1] Vgl. Simmersbach, O.: Stahl und Eisen 1914, S. 109.

stammt aus guter Kokskohle, die schlecht mit Magerkohle oder verwitterter Lagerkohle gemischt ist; auch kann seine Entstehung von einer mehr oder weniger großen Erwärmung oder Entzündung der Kohle im Kohlenbehälter herrühren, wodurch ja ebenfalls die Verkokungsfähigkeit der Kohle ungünstig beeinträchtigt wird.

Bleibt der gargebrannte Kokskuchen in der zu Ende der Garung vorhandenen Ofentemperatur noch eine zeitlang, so trägt dieses Verweilen dazu bei, dem Koks Metallglanz zu verleihen bzw. denselben zu erhöhen. Andererseits hängt das Aussehen des Kokses auch von der Beschaffenheit des Löschwassers ab. Ist dasselbe schmutzig, so setzen sich die suspendierten Teile auf den weißen Flächen des Kokses ab und geben ihm ein schlechtes, schmutziges Aussehen, besonders wenn man mit dickem Strahl löscht. Je reiner das Löschwasser ist, um so mehr Glanz und hellere Farbe behält der Koks. Auf den westfälischen Zechen wird bisweilen eine Mischung von reinem Mergel- oder Ruhrwasserleitungswasser mit Grubenwasser, welches vorher geklärt ist, oder aber zweckdienlicher nur ersteres allein zum Löschen benutzt. Grubenwasser und Seewasser enthalten häufig Salze, diese setzen sich dann auf dem gelöschten Koks in Form weißer Striche ab.

Die Oberfläche des Kokskuchens ist gewöhnlich rauh, jedoch öfters wird die an der Ofenwand gelagerte Masse der Beschickung glatt und verglast und gewinnt graphitartiges Aussehen.

Guter Koks muß einen metallenen Klang haben; dumpfer, schwerer Klang zeugt nicht von besonderer Güte.

Bienenkorbofenkoks hat meist schönen Silberglanz und fühlt sich ganz glatt und fettig an; die Außenseiten zeigen keine scharfen Unebenheiten, vielmehr sind diese stets abgerundet.

Koksofenkoks fühlt sich mehr oder weniger rauh an und hat, wie schon erwähnt, eine dunklere Farbe als Bienenkorbofenkoks.

Aus der Farbe des Kokses auf seine Güte zu schließen, ist mithin keinesfalls immer tunlich, wie denn z. B. westfälischer Ofenkoks in chemischer und physikalischer Hinsicht ein ebenso trefflicher Hochofenkoks ist wie der amerikanische Rundofenkoks, obwohl er den hohen Silberglanz, der das Auge bestrickt, nicht besitzt.

Immerhin aber bietet das Aussehen des Kokses manchen Anhalt, um auf seine Qualität zu schließen, sowie auf die Qualität der verwendeten Kohlen und auf den Gang der Öfen, insbesondere die richtigen Temperaturverhältnisse. So sprechen nach A. Thau[1] folgende Momente

für hohen Aschengehalt:

1. Unreinigkeiten von unverbrennbaren Stoffen im Bruchstück;
2. dunkles sandiges Äußere ohne großen Porenreichtum;

[1] Glückauf 1907, S. 282.

3. auffallend hohes Gewicht;
4. die Porenränder erscheinen im Bruchstück metallisch glänzend;

Abb. 24. Poröser Hochofenkoks.

für hohen Gehalt an flüchtigen Bestandteilen:

1. klangloser Fall auf einen harten Gegenstand;
2. schwarzes, glanzloses Aussehen;
3. kleine blauschwarze Flekken im Bruchstück, herrührend von unverkokter Kohle;
4. dicke Stücke, die keine Stielform haben und leicht zerfallen;
5. tiefschwarzes Innere der Poren und Teerglanz der Ränder.

Hohen Wassergehalt erkennt man daran, daß ein abgeschlagenes Stückchen Koks unter der Lupe betrachtet, mit Wasser angefüllte Poren zeigt.

Abb. 25. Dichter Hochofenkoks, mit salzhaltigem Wasser gelöscht.

Ungarer Koks schlägt beim Fallen aus $1^1/_4$—$1^1/_2$ m Höhe auf eine Eisenplatte nur dumpf auf, ohne in Stücke zu zerspringen. Das gleiche findet man auch vielfach bei Koks, der bei zu niedriger Ofentemperatur hergestellt ist.

Sehr guter Koks hält ein Fallen aus 3 m Höhe auf eine harte Fläche aus, ohne zu brechen oder rissig zu werden.

Abb. 26. Schaumiger Koks (nasse Kohle, heißer Ofengang).

Mittelguter Durchschnittskoks wird rissig beim Fallen aus $1^1/_2$ m Höhe, ohne zu brechen.

Die Abb. 24 bis 35 dienen zur Veranschaulichung der verschiedenen Koksqualitäten.

Bei stockendem Koksabsatz ist man gezwungen, denselben zu lagern. Durch die Einwirkung der Atmosphärilien leidet häufig sein Aussehen, er

Abb. 27. Oben: Koks aus magerer Kohle; unten: Koks aus gasreicher Kohle.

Abb. 28. Aschereicher Koks.

Abb. 29. Dichter, poröser und silberglänzender Bienenkorbofenkoks.

Abb. 30. Kokshaare.

Abb. 31. Koks mit verbrannten Teerteilchen.

Abb. 32. Koks aus quellender Kohle mit poröser Spaltungsfläche in der Kokskuchenmitte.

bekommt braune Flecken. Nach K. Brüggemann[1] rühren diese Flecken von der Oxydation von Schwefeleisen her, sie bedeuten keine

Abb. 33. „Roher Kern" am Fußende von ungarem Koks.

Abb. 34. „Blumenkohlkopf" von der Ofentür.

Verschlechterung der Koksqualität, sondern der Koks ist streng genommen eher hochwertiger geworden, weil eine Entschwefelung stattgefunden hat.

---

[1] Glückauf 1927, S. 564.

Über die mannigfachen Versuche, die Koksqualität zu verbessern, wird, da es sich vorwiegend um das Bestreben handelt, die Festigkeit

Abb. 35. Blumenkohlkopf von garem Koks.

des Kokses zu erhöhen, im Zusammenhang mit der Besprechung der physikalischen Eigenschaften des Kokses, berichtet werden.

2. Chemische Zusammensetzung und chemisches Verhalten des Kokses.

a) Allgemeines.

Der Koks enthält außer Kohlenstoff, Asche und Feuchtigkeit auch Wasserstoff, Sauerstoff, Stickstoff und organischen Schwefel, teils elementar, zum größeren Teil in Form der verschiedensten Verbindungen.

Die nachstehenden Analysentabellen von Koksen verschiedener Herkunft geben eine Übersicht über ihre chemische Zusammensetzung.

Deutschland:

Kokssorten aus Oberschlesien.

Bestandteile		I Hochofenkoks		II Würfelkoks		III Nußkoks	
		trock. Subst. %	aschefreie Subst. %	trock. Subst. %	aschefreie Subst. %	trock. Subst. %	aschefreie Subst. %
Asche		13,00	—	8,82	—	10,16	—
Kohlenstoff		84,87	97,55	83,72	91,82	80,03	89,08
Wasserstoff		0,44	0,50	1,24	1,36	0,96	1,07
Stickstoff		1,67	1,92	1,43	1,57	1,30	1,45
Sauerstoff		0,02	0,03	4,79	5,25	7,55	8,40
Gesamtwasserstoff	auf 1000 Kohlenstoff	—	—	14,81	—	16,24	—
Gebundener Wasserstoff	auf 1000 Kohlenstoff	—	—	11,70	—	11,78	—
Disponibler „	auf 1000 Kohlenstoff	—	—	3,11	—	4,46	—
Schwefel		1,08	—	0,91	—	0,89	—

Schlesischer Koks[1].

	C %	H %	O + N %	S %	Wasser %	Asche %
1.	86,44	0,59	4,06	1,07	0,66	7,18
2.	87,80	0,54	1,58	1,47	0,38	8,23
3.	89,55	0,26	1,02	1,12	0,48	7,57
4.	88,09	0,61	1,36	0,83	1,06	8,05
5.	85,80	0,59	2,11	0,90	0,56	10,14

Kokssorten aus dem Ruhrrevier.

	C %	H %	O %	N %	S %	Feuchtigkeit %	Asche %
Hochofenkoks							
1.	83,23	0,65	2,52	1,08	1,02	4,69	10,50
2.[1]	87,95	0,35	1,17		1,15	0,50	8,88
3.[1]	86,21	0,24	0,93		1,49	0,40	10,69
4.[1]	89,09	0,27	0,40		1,43	0,10	8,71
Gießereikoks:							
1. Zeche Mansfeld	88,89	0,56	1,30	0,85	0,86	0,14	7,40
2. „ Constantin der Große	87,63	0,56	1,39		1,03	0,22	9,17
3. „ Friedl. Nachbar	86,44	0,62	1,52		1,34	0,60	9,48
4. „ Consolidation	90,02	0,29	1,33		0,95	0,12	7,29
Brechkoks:							
1. Zeche Friedl. Nachbar	86,72	0,32	1,29		1,23	0,44	10,00
2. „ Consolidation	89,15	0,59	1,47		0,93	0,70	7,16
Nußkoks:							
1. Zeche Mansfeld	87,30	0,56	1,36	0,96	0,74	0,88	8,20

Kokssorten aus dem Saarrevier.

	C %	H %	O %	N %	S %	Feuchtigkeit %	Asche %
Gießereikoks:							
1. Zeche v. d. Heidt	89,35	0,29	0,50	0,81	1,30	0,18	7,57
2.	88,93	0,53	1,11		1,10	0,60	7,73
3.	86,21	0,57	2,05		1,08	1,20	8,89
Hochofenkoks:							
Zeche Heinitz	80,53	0,54	1,35		0,85	2,49	14,24
Brechkoks:							
Zeche v. d. Heidt	87,92	0,36	1,50		1,25	0,68	8,29

Analysen von Gaskoks[2]. I.

Gaskoks	C %	H %	O %	N %	S %	Wasser %	Asche %
Ruhrrevier:							
Zeche Consolidation	85,2	0,7	2,7	1,4	0,9	1,8	7,3
„ Rhein-Elbe	85,3	0,8	3,3	1,5	0,9	1,7	6,5
„ Ewald	80,7	0,9	2,3	1,4	1,2	2,3	11,2
„ Bonifacius	82,0	1,1	2,1	1,5	1,0	1,5	10,8

[1] Nach Hinrichsen, F. W., und S. Taczak.
[2] Kalender für Gas- und Wasserfach (Schilling) 1912, S. 74.

Analysen von Gaskoks. I. (Fortsetzung.)

Gaskoks	C %	H %	O %	N %	S %	Wasser %	Asche %
Saarrevier:							
Zeche Camphausen	82,9	1,0	1,6	1,0	1,4	1,8	10,3
„ Heinitz	88,1	0,8	1,8	1,0	0,8	1,0	6,5
Oberschlesien:							
Zeche Deutschland	88,2	0,8	1,9	1,2	1,0	3,2	3,7
„ Königin Luise . . .	86,4	0,5	0,8	1,2	1,0	3,7	6,4
Niederschlesien:							
Zeche Ver. Glückhilfgruben .	82,4	0,9	1,4	1,0	1,2	1,5	11,6

Analysen von Gaskoks. II.

Gaskoks	C %	H %	O + N %	S %	H_2O %	Asche %
Gasanstalt: Zürich	81,37	1,28	2,41	1,00	2,23	11,35
Basel	86,63	0,75	1,60	0,86	0,30	9,86
Luzern	86,66	0,51	1,32	0,89	1,18	9,44
Genf	86,97	0,63	2,07	0,95	0,26	9,12
Lausanne	83,76	0,51	1,71	0,92	0,43	12,67
Ludwigshafen	85,95	0,96	1,75	0,68	0,93	9,73
Mainz	90,90	0,78	1,54	0,45	0,75	5,58
Straßburg	87,86	0,46	1,34	0,68	0,41	9,25
Hamburg	82,10	0,73	1,79	0,71	0,71	13,96

Belgische Koksanalysen[1].

Koks von	Wasser %	Asche %	C %	H %	O + N %	S %	P %
Lüttich.	3,94	12,00	81,05	0,38	1,38	1,22	0,03
Fontanie l'évèque	5,30	15,54	76,00	0,84	1,26	1,02	0,04
La Louvière	6,10	15,27	75,54	0,40	1,72	0,94	0,03
Ghlin-Lez-Mons	4,87	14,68	78,25	0,32	1,02	0,84	0,02
Horlez	2,75	11,25	83,47	0,32	1,24	0,95	0,02
Charleroi	4,40	14,32	78,30	0,42	1,59	0,93	0,04

Französische Koksanalysen.

Koks von		C %	H %	O %	N %	S %	Feuchtigkeit %	Asche %
Mines de Dourges		88,85	0,50	0,32	0,83	0,93	0,14	8,73
„ „ „		88,99	0,44	0,42	0,88	0,94	0,33	7,00
Coke metallurgique Méons .		86,20	0,48	1,06	0,91	0,84	0,22	10,29
Bruay	Hochofenkoks	83,79	0,73	0,40	1,17	0,60	2,03	12,14
Ronchamp	Hochofenkoks	78,53	0,50	0,15	0,78	1,27	0,16	18,61
Grand' Combe	Hochofenkoks	83,51	0,84	0,40	1,76	1,17	0,36	13,04
St. Etienne	Gießereikoks	90,28	0,77	0,29	1,21	0,60	0,37	6,48
Lens	Gießereikoks	91,01	0,71	0,40	1,30	0,49	0,34	7,19
Coke 1er Méons	Gießereikoks	88,93	0,59	1,02	0,91	0,72	0,28	7,55
Coke special Méons	Gießereikoks	90,89	0,46	1,31	0,95	0,61	0,19	5,49

[1] Grünwald: l. c.

Koksanalysen verschiedener Herkunft.

	Mexiko Sabinas	Neusüdwales			Indien Giridhi	Indien Sanctoria	Indien Kenwadih	Indien Kustore	Neu-Schottland dominion C. C.
Kohlenstoff	83.80	88,09	90,88	84,21	86,97	81,57	82,65	82,15	89,74
Flüchtige Bestandteile	1,35	0,33	0,46	0,53	—	—	—	—	2,26
Asche	14,85	10,46	7,93	14,05	12,00	17,25	16,10	16,70	8,00
Feuchtigkeit	1,35	0,53	0,31	0,70	0,40	0,70	0,40	0,33	8,00
Schwefel	1,08	0,59	0,42	0,51	0,63	0,48	0.85	0,82	1,46
	100,00	100,00	100,00	100,00	100,00	100.00	100,00	100,00	100,00

Zum Vergleich mögen nachstehend noch die Analysen anderer verkokter Brennstoffe folgen:

	Holzkohle[1] lufttrocken	Holzkohle[1] vollkommen trocken	Torfkoks[2] wasserfrei	Torfkoks[2] wasserhaltig	Braunkohlenkoks[3] (Kaumacit)	Petroleumkoks[5]	Graphitmasse aus dem Koksofen[6]
C	75,5	83,0	87,8	86,0	81,98	87,4	94,53
H	2,5	2,7	2,0	1,9	0,57	3,4	0,46
N	—	—	1,3	1,3	—[5]	3,3	0,19
O	12,00	13,2	5,5	5,2	—[5]	—	3,21
S	—	—	0,3	0,3	1,0	1,4	1,25
H_2O	9,00	—	—	4,3	3,20	1,4	—
Asche	1,00	1,1	3,2	3,0	13,25[4]	3,1	0,36

Britische Gießereikoksanalysen[7].

	Herkunft: Lancashire Habergham %	Lancashire Milnrow %	Lancashire Jubilee %	Derbyshire Birley Silkstone %	Durham Malton %	Yorkshire Torncliffe %	Yorkshire Old Silkstone %	Gloucestershire Kongswood %	Monmouths Newport Abercarn (Black Vein) %
Kohlenstoff	93,70	94,28	94,21	93,21	90,86	91,37	92,45	90,55	91.41
Flüchtige Bestandteile	1,00	—	—	—	—	—	—	—	—
Asche	5,10	5,05	5,08	5,74	8,20	7,56	6,60	8,80	7,76
Wasser	0,20	0,22	0,16	0,33	—	0,25	0,24	—	0,20
Schwefel	—	0,45	0,55	0,72	0,94	0,82	0,71	0,65	0,63
	100,00	100,00	100,00	100,00	100,00	100,00	100,00	100,00	100,00

[1] Jüptner: l. c. [2] Stahl und Eisen Bd 2, S. 1379 (1907).
[3] Z. Dampfkessel- u. Maschinenbetrieb 1907, Nr 1.
[4] Zu der Asche gerechnet.
[5] Dinglers polyt. J. 1907, Nr. 2.
[6] Schreiber: Stahl und Eisen 1913, S. 409.
[7] Simmersbach, O.: Stahl und Eisen 1909, S. 1557.

Amerikanischer Koks[1].

Herkunft	Chemische Zusammensetzung der Kohle					Chemische Zusammensetzung des Kokses						Physikalische Beschaffenheit des Kokses						
												Spez. Gewicht		Porosität		Koksausbeute		
	Feuchtigkeit %	Flüchtige Bestandteile %	Kohlenstoff %	Asche %	Schwefel %	Feuchtigkeit %	Flüchtige Bestandteile %	Kohlenstoff %	Asche %	Schwefel %	Phosphor %	wirkliches	scheinbares	Koks-substanz %	Porenraum %	Grobkoks %	Feinkoks %	Summa %
1. Alabama	7,28	30,46	58,38	3,88	1,00	0,35	0,42	92,99	6,24	0,87	0,008	1,95	0,87	45	55	56,74	1,99	58,73
2. „	3,28	25,30	64,50	6,92	0,59	0,46	0,35	89,37	9,82	0,59	0,051	1,97	0,93	47	53	69,01	2,61	71,62
3. „	6,73	24,84	63,57	4,86	0,59	0,63	0,27	92,36	6,74	0,60	0,038	1,95	0,91	47	53	65,66	1,86	67,52
4. Colorado	4,72	22,24	66,85	6,19	0,50	0,37	0,28	91,33	8,02	0,58	0,043	2,06	0,79	38	62	68,03	1,62	69,65
5. „	6,08	23,06	62,12	8,74	0,43	0,57	1,96	82,82	11,65	0,48	0,040	2,08	0,87	42	58	67,51	2,38	69,89
6. Illinois	8,24	31,64	52,81	7,31	1,55	1,19	0,93	85,97	11,91	1,44	0,007	1,87	0,82	44	56	54,00	3,00	57,00
7. „	9,23	35,64	48,30	6,83	1,00	0,51	1,80	87,17	10,52	0,78	0,017	1,79	0,82	46	54	58,33	3,99	62,32
8. Kentucky	5,64	32,41	52,77	9,18	1,11	1,32	1,53	84,68	12,47	0,96	0,044	1,88	0,94	50	50	60,99	2,96	63,95
9. Pennsylvania	4,73	34,29	56,27	4,71	0,94	0,23	1,19	91,63	6,95	0,81	0,005	1,84	0,83	45	55	66,14	1,86	68,00
10. „	6,58	33,00	52,96	7,46	1,46	0,24	0,66	88,61	10,49	1,21	0,016	1,92	1,05	55	45	69,05	2,46	71,51
11. „	4,50	31,35	57,66	6,49	1,40	0,52	1,28	89,13	9,07	1,11	0,009	1,95	0,92	47	53	66,72	2,12	68,84
12. „	5,37	28,33	58,07	8,23	0,89	0,71	0,12	88,24	10,93	0,82	0,016	1,94	0,96	50	50	67,37	2,65	70,02
13. „	4,05	29,26	58,29	8,40	0,93	0,82	0,21	88,22	10,75	0,81	0,010	1,93	0,95	49	51	67,93	2,56	70,49
14. „	3,58	28,86	60,13	7,43	0,91	0,29	0,69	88,54	10,48	0,76	0,010	1,98	0,96	49	51	67,24	2,95	70,19
15. Virginia	5,70	32,52	56,15	5,63	0,98	1,52	0,99	89,20	8,29	0,88	0,004	1,80	0,93	52	48	64,85	2,96	67,81
16. „	4,44	33,44	56,27	5,85	1,13	1,23	1,67	89,24	7,86	0,94	1,004	1,79	0,91	51	49	68,11	2,58	70,69
17. „	4,40	35,09	55,24	5,27	1,05	0,20	0,80	91,52	7,48	1,02	0,005	1,87	0,84	45	55	67,90	2,24	70,14
18. „	2,87	31,58	61,43	4,12	0,56	0,29	1,21	92,60	5,90	0,61	0,001	1,93	1,25	65	35	68,00	2,00	70,00
19. „	2,49	31,90	61,16	4,45	0,57	0,16	1,26	91,85	6,73	0,55	0,006	1,87	1,12	60	40	65,89	2,80	68,69
20. Westvirginia	3,23	31,12	61,98	3,67	0,86	0,75	1,05	93,36	4,84	0,77	0,005	1,84	1,02	55	45	66,29	3,44	69,73
21. „	4,81	29,28	62,84	3,07	0,89	0,43	1,37	94,20	4,00	0,84	0,006	1,85	0,88	48	52	67,44	1,79	69,23
22. „	1,04	29,28	66,80	2,88	1,04	0,38	0,96	95,19	3,47	0,94	0,005	1,92	0,85	44	56	65,04	2,31	68,35
23. „	3,42	32,82	57,02	6,74	0,70	0,63	0,97	89,54	8,86	0,54	0,006	1,93	0,98	51	49	70,37	2,58	72,95
24. „	4,18	32,08	57,69	6,05	0,61	0,69	1,19	89,47	8,65	0,53	0,004	1,87	0,90	48	52	70,18	2,83	73,01
25. „	3,55	36,32	55,18	4,95	1,23	0,24	0,81	91,23	7,72	0,98	0,003	1,86	0,89	48	52	67,55	2,02	69,57

[1] Zusammengestellt nach Bull. Nr 336, U. S. Geol. Survey 1908 und Bull. Nr 5, Bur. of Mines, Washington 1910.

Britische Hochofenkoksanalysen[1].

	Koksmarke								
	Durhamrevier			Yorkshire	Lancashire	Derbyshire	Cumberland		Schottland
	South Brancepeth %	Browney %	Tursdale %	Dalton Main %	Lower Mountain %	Mickley %	Buckhill %	Braytondomain %	Lanarkshire %
Kohlenstoff	89,66	87,31	85,54	89,03	91,95	91,94	87,97	89,08	93,00
Flüchtige Bestandteile	0,71	0,61	0,82	0,37	—	0,10	0,91	0,90	3,75
Asche	7,08	8,05	9,96	8,52	7,15	5,42	9,40	7,84	0,40
Feuchtigkeit	1,64	3,00	2,64	0,90	0,31	0,87	0,93	0,65	0,90
Schwefel	0,91	1,03	0,82	1,18	0,59	1,66	0,79	1,53	1,95
	100,00	100,00	100,00	100,00	100,00	100,00	100,00	100,00	100,00

Auch der vollständig gare Koks enthält noch große Gasmengen, die zum größten Teil aus Wasserstoff bestehen. J. Parry[2] konnte aus 20 g Koks, der im Seffströmschen Ofen geglüht war, unter Zuhilfenahme einer Sprengelschen Luftpumpe folgende Gasmenge von der angegebenen Zusammensetzung gewinnen.

Koksprobe Nr	Versuchsdauer	Gasmenge	Zusammensetzung					
			CO_2	O	H	CO	CH_4	N
1	$2^1/_2$ Stunden	301,5 ccm	22,80	—	50,00	13,49	13,80	—
2	7 „	586,0 „	3,10	—	93,45	3,30	—	—
3	$1^1/_2$ „	65,5 „	5,72	—	89,13	5,15	—	—
4	$1^1/_2$ „	80,0 „	4,81	—	90,09	5,11	—	—
5	1 „	62,5 „	9,65	—	89,65	0,70	—	—
6	1 „	21,6 „	9,38	—	81,20	8,20	—	12,15

Bei der Koksprobe 1 dürfte es sich wohl um keinen ausgegarten Koks gehandelt haben; bei Probe 2 wurde, auf das Kilogramm Kohle gerechnet, noch eine Gasmenge von 29,3 Liter entzogen, also ungefähr 10% von dem schon bei der Verkokung erhaltenen Gas; bei den übrigen Proben liegen die Verhältnisse, wenn man die kürzere Versuchsdauer berücksichtigt, ähnlich, wenn auch die Gasmengen nicht ganz so groß sind. Parry glaubt, daß der vom Koks zurückgehaltene Wasserstoff okkludiert ist, einer Meinung, der man wohl nicht ohne weiteres beitreten kann; es ist vielmehr wahrscheinlich, daß dieser Wasserstoff aus sehr feuerbeständigen Kohlenwasserstoffverbindungen noch nachträglich abgespalten wird.

b) Wassergehalt und Asche und ihr Einfluß auf den Koks.

Von sehr erheblichem Einfluß auf den Hochofen ist der Gehalt des Kokses an Wasser und an Asche. Für die Bewertung des Kokses vom wirt-

[1] Simmersbach, O.: Stahl und Eisen 1909, S. 1557.

[2] Chem. News. Bd 25, S. 98; Dinglers polyt. J. Bd 204, S. 470; vgl. Hinrichsen u. Taczak: Die Chemie der Kohle. S. 445. Leipzig 1916.

schaftlichen Standpunkt aus ist vor allen Dingen die Menge Roheisen maßgebend, die mit der Gewichtseinheit Koks erzeugt werden kann. Da mit höherem Wasser- und Aschegehalt der Anteil des Kohlenstoffs im Koks geringer wird, und dadurch die Reduktionsfähigkeit der Gewichtseinheit Koks sinkt, so ist es schon aus diesem Grunde wichtig, den Koks möglichst trocken und aschearm zur Ablieferung zu bringen. Außer diesem Nachteil bringen zu hohe Nässe und zuviel Asche im Koks aber noch andere Schädigungen für den Hochofenbetrieb mit sich. Das im Koks vorhandene Wasser muß verdampft werden, was einerseits einen Mehraufwand von Wärme im Hochofen erfordert, andererseits muß das verdampfte Wasser wieder durch Kühlung aus dem Gichtgas kondensiert werden, was wieder Unkosten verursacht. Ähnlich verhält es sich mit der Asche im Hochofenkoks. Diese Asche erfordert Wärme, um geschmolzen zu werden, außerdem ein Mehr an Zuschlägen, um sie richtig zu verschlacken; es entstehen ferner Unkosten für den Transport der Asche im Koks und in der Schlacke. Aus diesen Beispielen ist ersichtlich, wie richtig es ist, dem Wasser- und Aschegehalt des Hochofenkokses die größte Aufmerksamkeit zu widmen.

Mit dem nachteiligen Einfluß, den ein zu hoher Wassergehalt des Gaskokses für den Gasanstaltsbetrieb mit sich bringt, beschäftigte sich E. Dubois[1], worauf hingewiesen sei.

Der Wassergehalt des Kokses rührt vom Ablöschen desselben mit Wasser her; er kann aber auch beim Lagern des Kokses durch Regen und Schnee usw. in den Koks hineingekommen sein. Die durchgreifendste Maßnahme, um wasserfreien Koks für den Hochofen zu gewinnen, wäre die, den Koks ohne Wasser, also trocken zu kühlen, wobei neben dem Vorteil der Trockenheit auch noch die beim Naßlöschen verlorengehende Wärme zum großen Teil nutzbar gemacht werden könnte.

Tatsächlich sind schon sehr zahlreiche Vorschläge gemacht worden[2], um diese Versuche in die Praxis umzusetzen; leider ist dies in Wirklichkeit bis jetzt nur in Einzelfällen gelungen. Ein Vorschlag, die Kokshitze direkt im Hochofen nutzbar zu machen, sei seiner Originalität wegen erwähnt[3]: er zielt darauf hin, um die Gichtglocke des Hochofens strahlenförmig die Koksöfen anzuordnen, so daß der Koks mit seiner gesamten Eigenhitze direkt in den Hochofen gedrückt werden kann oder ihn aus dem Koksofen in eine eiserne Kammer zu drücken, die zum Schrägaufzug des Hochofens befördert wird.

Vorläufig muß man also noch mit naßgelöschtem Koks rechnen, das in moderner Weise ausgeführt einen Koks mit 2—3% Wasser ergibt, der für den Hochofenbetrieb durchaus annehmbar ist. Ein Verfahren,

[1] G.- u. W.-Fach 1928, S. 793.
[2] Vgl. Gluud, W.: Handbuch der Kokerei, Bd 1, S. 269. Halle/S. 1927.
[3] Vgl. Glückauf 1919, S. 853.

wonach der Koks nach dem Ablöschen in noch warmem Zustand zur Entfernung des Wassers in einer Zentrifuge behandelt wird, hat sich die Deutsche Erdöl AG. schützen lassen.

Neben der groben Feuchtigkeit oder Nässe des Kokses unterscheidet man noch die hygroskopische Feuchtigkeit, die gewissermaßen auch als eine Art chemischer Feuchtigkeit bezeichnet werden kann.

An sich ist Koks wenig hygroskopisch, bedeutend weniger als Holzkohle: schon einige Prozent Wasser machen den Koks sehr fühlbar naß. Dieses Wasser sitzt in den Poren des Kokses und verdunstet beim Zerschlagen desselben in kleine Stücke äußerst rasch bis auf geringe Bruchteile eines Prozents.

Der geringe dauernd festgehaltene hygroskopische Wassergehalt des Kokses (1%) bezieht sich nicht auf frischgelöschten Koks, der selbst nach einem Tag noch infolge seiner Porosität erhebliche Mengen Wasser enthalten kann, ohne feucht auszusehen.

Völlig trockener Koks absorbiert aus mit Feuchtigkeit gesättigter Luft nur wenige Zehntel Prozent, wie die nachstehenden Untersuchungen mit normalen Koksstücken zeigen:

Wasseraufnahme von kaltem Koks in feuchter Luft[1].

Zeit des Verbleibens der Koksstücke in feuchter Luft	I %	II %	Chlorcalcium nahm in derselben Zeit Wasser auf in Gewichtsprozenten %
6 Stunden	0,02	0,06	15,2
12 ,,	0,03	0,08	18,8
24 ,,	0,03	0,08	38,8
2 Tage	0,07	0,20	49,8
3 ,,	0,07	0,20	59,1
4 ,,	0,08	0,21	66,6
5 ,,	0,09	0,24	74,2

Die höchste Wasseraufnahme aus feuchter Luft ist hiernach also erst am fünften Tage erreicht.

Die Wasseraufnahmefähigkeit der Holzkohle hängt von der Verkohlungstemperatur ab, wie die nachstehenden Untersuchungen Violettes[2] zeigen, der Kohlen solange in einem mit feuchter Luft erfüllten Raum liegen ließ, bis ihr Gewicht konstant blieb:

Wasseraufnahme von Holzkohle.

160° C	18,220%
200° C	10,018%
250° C	7,406%
300° C	7,608%
1025° C	4,676%
1250° C	4,760%
1500° C	2,204%

[1] Stahl und Eisen Bd 1, S. 995 (1912). [2] Jüptner: Heizstoffe.

Der Gehalt an hygroskopischem Wasser wächst mit der Größe der Poren, weniger mit der Anzahl der Poren. Dichter Koks hat stets weniger Nässegehalt als poröser; doch hat letzterer übrigens höchstens 1% Wasser mehr als dichter Koks.

Die höchste Wasseraufnahme des Kokses beim Liegen in kaltem Wasser tritt dagegen mit nur noch geringer Steigerung schon am dritten Tage ein. Die folgende Tabelle führt diesbezügliche Untersuchungen näher vor Augen.

Wasseraufnahme von kaltem Koks in kaltem Wasser.

Zeit des Verbleibens der normalen Koksstücke im Wasser	I %	II %
1/4 Stunde	6,20	4,2
1/2 „	7,23	4,6
1 „	7,70	5,2
2 Stunden	9,10	6,6
3 „	10,10	7,7
6 „	11,20	8,7
12 „	12,90	9,9
24 „	14,10	10,9
2 Tage	15,90	12,4
3 „	17,20	13,5
4 „	17,20	13,5
5 „	17,30	13,6
6 „	17,30	13,6

Die Wasseraufnahme von frisch gedrücktem, glühendem Koks in kaltem Wasser stellt sich etwa 3—5% höher, als die von kaltem Koks, weil bei der Berührung des glühenden Kokses mit dem Ablöschwasser ein viel energischeres Auskochen der Gase aus den Poren des Kokses stattfindet, als wenn man nach Post[1], die „vorher getrockneten und auf Walnußgröße zerkleinerten Kokse in siedendem Wasser auskocht". Die Stückgröße spielt nach O. Johannes[2] hierbei weniger eine Rolle. Nach ihm zeigte gestampfter, glühender Saarkoks in kaltem Wasser eine Wasseraufnahmefähigkeit von 25—35%, gewöhnlich von 30%. Rotglühender Koks kann in kaltem Wasser etwa 3—4 mal so viel Wasser aufnehmen, als derselbe Koks in kaltem Zustande in heißes Wasser getaucht. Vgl. Abb. 36 und 37 für Gießereikoks und Abb. 38 und 39 für Hochofenkoks[3].

Der ungleichartigen Porosität der einzelnen Teile des Kokskuchens entspricht natürlich sehr verschiedene Wasseraufnahmefähigkeit. So ist z. B. der Nässegehalt am Kopfende des Kokses bedeutend höher

[1] Post: Chemisch-technische Untersuchungsmethoden S. 26.
[2] Stahl und Eisen, Bd 2, S. 998 (1908).
[3] Stahl und Eisen, Bd 1, S. 28 (1908).

als gegen die Mitte des Kokskuchens. O. Simmersbach[1] stellte bei zwei verschiedenen Koksmarken am Kopfende etwa 6% H_2O und in

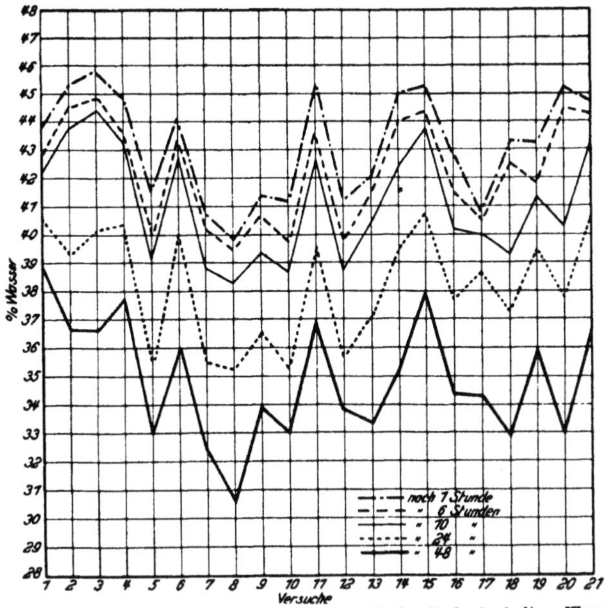

Abb. 36. Wasseraufnahme von rotglühendem Gießereikoks in kaltem Wasser.

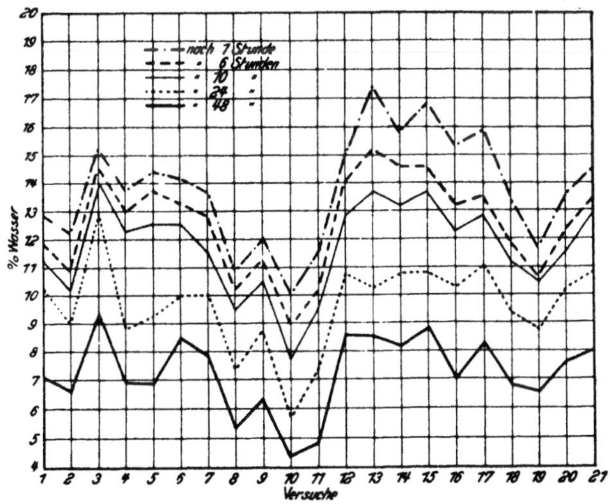

Abb. 37. Wasseraufnahme von kaltem Gießereikoks in heißem Wasser.

der Mitte nur 0,25% H_2O fest. Um vergleichbare Ergebnisse zu erzielen, ist beim Probenehmen hierauf zu achten.

[1] Kokschemie, 2. Aufl., S. 134.

Ähnlich ungleiche Verhältnisse liegen auch beim Stückkoks und Feinkoks eines ganzen Brandes vor, weil der Feinkoks mehr Wasser beim

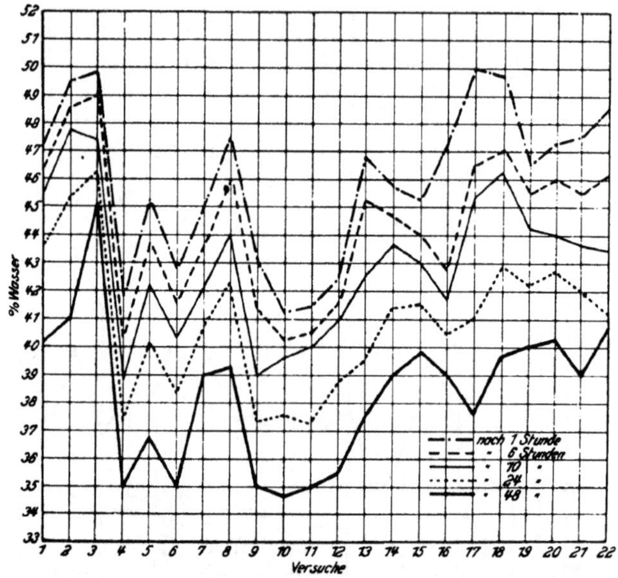

Abb. 38. Wasseraufnahme von rotglühendem Hochofenkoks in kaltem Wasser.

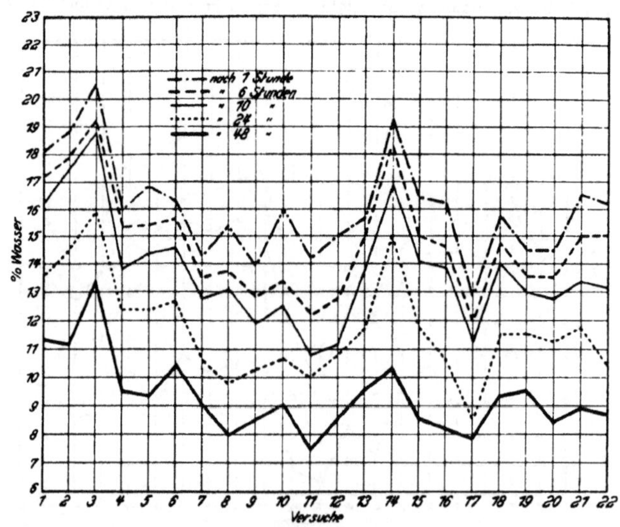

Abb. 39. Wasseraufnahme von kaltem Hochofenkoks in heißem Wasser.

Löschen aufnimmt als Stückkoks, wie aus nachstehender Analysenübersicht über amerikanischen Koks hervorgeht[1]:

[1] Simmersbach, O.: Stahl und Eisen, Bd 1, S. 513 (1913).

Wassergehalt des Hochofenkokses		Wassergehalt des Gießereikokses	
im Stückkoks %	im abgesiebten Feinkoks (7%) %	im Stückkoks %	im abgesiebten Stückkoks (7%) %
2,08	16,62	0,97	13,10
1,02	15,30	1,50	12,37
1,96	14,45	1,81	10,78
1,57	14,00	1,79	10,51
0,72	13,34	2,03	10,43
0,45	11,93	2,04	10,08

Hochofenkoks soll einen Nässegehalt von 4% nicht übersteigen, man wird jedoch nicht fehlgehen, wenn man einen durchschnittlichen Feuchtigkeitsgehalt von etwa 5% annimmt. Höhere Zahlen sind Ausnahmen. Der Wassergehalt des Saarkokses steigt infolge der größeren Aufnahmefähigkeit desselben beim Löschen auf 8% gegen 4—6% bei Ruhrkoks; gestampfter Saarkoks zeigt bis 15% Wasser. Die Feuchtigkeit des Kokses hängt wesentlich ab von der Art der Löschvorrichtung, indem die Löschung von Hand einen höheren Gehalt ergibt, als die maschinelle Wasserbadlöschung. So ergab sich bei Gaskoks ein diesbezüglicher Wassergehalt von 5,5% bzw. 7,5% gegen 6,8% bzw. 10%. Gaskoks aus Kammeröfen nimmt weniger Wasser auf als solcher aus Retorten, weil letzterer eine größere Porosität aufweist.

Beim Löschen mit dickem Wasserstrahl wird der Koks feuchter als beim Löschen durch Brausen oder von oben herab. Früher löschte man solange, bis der Koks bei Tage nicht mehr glühend erschien; da das Glühen jedoch bei nachtzeitiger Löschung länger sichtbar war, so fand dort leicht ein zu großer Verbrauch von Löschwasser statt, so daß dieser Koks feuchter war als bei Tage gelöschter.

Zweckmäßig löscht man den Koks schnell und nur insoweit, daß die äußeren Partien mit Wasser übersättigt werden: durch die im Innern des Koksstückes noch vorhandene Wärme verdampft dann später das Wasser der äußeren Kokspartien.

Auf neuzeitlichen Kokereianlagen geschieht das Löschen des Kokses in der Regel wie folgt: Der glühende Koksbrand wird aus dem Koksofen direkt in einen Löschwagen gedrückt, welcher während des Ausdrückens so bewegt wird, daß der Brand sich im Wagen möglichst gleichmäßig verteilt. Der Löschwagen wird nun mit dem glühenden Koks unter den Löschturm gefahren, das ist ein aus Beton errichtetes kaminartiges Gebäude, das mit einer Berieselungsvorrichtung versehen ist. Durch Einschalten der zahlreichen Regendüsen wird der Koks rasch und gleichmäßig abgelöscht. Bei aufmerksamem Arbeiten kann ein Koks erhalten werden, der nach vollständigem Abkühlen nur noch 1—2% Wasser enthält. Der durch das Kokslöschen sich bildende Wasserdampf zieht im Löschturm aufwärts und entweicht oben, so daß keine Belästigung durch denselben auftritt. Der Wasserverbrauch beträgt bei dieser Löschweise etwa 1 cbm pro Tonne Koks[1].

Die Wasserabnahme ganzer Kokssendungen während des Transportes von der Kokerei zur Hütte stellt sich bedeutend geringer als bei einzelnen Koksstücken während desselben Zeitraumes, weil die Luft vorwiegend nur auf die Oberfläche der Koksladung und wenig oder nicht auf die unteren Schichten einwirkt, während beim einzelnen Koksstück das Verdunsten in keiner Weise gehemmt wird.

Die Wasserabgabe während des Kokstransportes hängt wenig von der Höhe des Wassergehaltes ab; nasser Koks wird im allgemeinen nicht viel mehr abgeben als weniger nasser Koks. Auch macht es nicht viel Unterschied, ob der Koks heiß oder kalt verladen worden ist; der Gewichtsverlust an Wasser beläuft sich auf nur höchstens $^1/_2$% zugunsten des heiß verladenen Koksee gemäß folgender Tabelle:

Wasserverlust von westfälischem Koks.

Heiß verladen	Kalt verladen
0,80%	0,56%
0,88%	0,44%
1,04%	0,80%
2,45%	1,96%

R. Günwald[2] stellte nachstehende Wasserabnahme bei gleichmäßig großen belgischen Koksstücken fest, die er eine Stunde lang in heißes Wasser gelegt und an einem mäßig trockenen Ort kalt gelagert hatte:

	Koks von			
	Maduenne % Wasser	Couillet % Wasser	Fontaine l'évèque % Wasser	Ghlinlez Mons % Wasser
enthielt				
$^1/_2$ Std. nach dem Kaltlagern . . .	23,45	24,76	25,10	22,99
1 „ „ „ „ . . .	21,75	23,40	24,85	22,15
10 „ „ „ „ . . .	17,80	21,79	22,95	21,85
20 „ „ „ „ . . .	12,55	15,43	16,84	15,62
30 „ „ „ „ . . .	9,40	10,95	11,75	10,18
Abnahme	14,05	13,81	13,45	12,81

Gleiche Versuche mit je einem Kopf-, Fuß- und Mittelstück bei Marduenne-Koks ergaben:

	Kopfstück % Wasser	Fußstück % Wasser	Mittelstück % Wasser
$^1/_2$ Std. nach dem Kaltlagern . . .	25,40	24,60	17,80
1 „ „ „ „ . . .	22,80	21,40	16,30
10 „ „ „ „ . . .	18,90	15,80	12,90
20 „ „ „ „ . . .	13,70	12,60	10,10
30 „ „ „ „ . . .	10,80	10,10	8,10

[1] Über Kokslöschen vgl. Gluud, W.: Handbuch der Kokerei, Bd 1, S. 250.
[2] l. c.

Wie bereits erwähnt wirkt die Koksasche im Hochofen als Wärmeverzehrer und vermindert die Hochofenleistung erheblich und steigert die Gestehungskosten.

Die Hauptbeziehung der Asche zum Wert des Kokses besteht in ihrer Herabminderung des Kohlenstoffgehaltes, d. h. des Heizwertes. Beim Hochofenprozeß verlangt die Asche ein ihr gleiches Volumen Kalkstein zum Verschlacken, und zum Niederschmelzen der so aus der Asche erhaltenen Schlacke gehört mindestens ein Viertel des Aschengewichtes reiner Brennstoff; ferner ist noch ein Aufwand von Wind, Dampf und Zeit erforderlich.

Die nachstehenden Berechnungen mögen die Kosten, welche eine derartige Erhöhung des Aschengehaltes im Hochofenbetriebe hervorruft, vor Augen führen[1].

Ein Hochofen, der in 24 Stunden 100 Tonnen Gießereiroheisen mit einem Koksaufwand von 120 Tonnen bläst, hat täglich bei 7% Asche im Koks $\frac{120 \cdot 7}{100} = 8{,}4$ Tonnen Asche zu schmelzen und zu verschlacken. Die Asche enthält im Durchschnitt 45% SiO_2, 30% Al_2O_3 und 5% CaO-MgO, d. h. 80% schlackengebende Bestandteile. Hiernach müssen im Tag verschlackt werden:

$$8{,}4 \cdot 0{,}45 = 3{,}78\ \text{t}\ SiO_2$$
$$8{,}4 \cdot 0{,}30 = 2{,}52\ \text{t}\ Al_2O_3 \text{ und}$$
$$8{,}4 \cdot 0{,}05 = 0{,}42\ \text{t}\ CaO + MgO$$

Die Kieselsäure und Tonerde brauchen zur Verschlackung insgesamt

$$(3{,}78 - 2{,}52) \cdot \frac{51}{49} = 6{,}56\ \text{t CaO}$$

oder nach Abzug der in der Asche vorhandenen 0,42 Tonnen CaO noch 6,14 Tonnen CaO, welche 11,05 Tonnen $CaCO_3$ und 12 Tonnen Kalkstein mit 3% Rückstand entsprechen. Berechnet man den Kalkstein für die Tonne mit 3,5 M.[2] loco Hütte, so haben diese 12 Tonnen Kalkstein einen Wert von $13 \cdot 3{,}5 = 42$ M. Auf obige 8,4 Tonnen Asche kommen bei Verwendung von Kalk mit 57% schlackengebenden Bestandteilen

$$8{,}4 \cdot \frac{80}{100} - 12 \cdot \frac{57}{100} = 13{,}56\ \text{t Schlacke uud}$$

$$12 \cdot \frac{43}{100} = 5{,}16\ \text{t Kohlensäure.}$$

Nach Osann[3] sind ferner erforderlich an Kohlenstoff bei einer Windtemperatur von 600° C:

	Kohlenstoff
zum Schmelzen der Schlacke	$13{,}56 \cdot 0{,}16 = 2{,}16$ t
zum Austreiben der Kohlensäure	$5{,}16 \cdot 0{,}29 = 1{,}49$ t
	Sa. $= 3{,}65$ t

[1] Vgl. Kokschemie, 2. Aufl., S. 145.

[2] Die angegebenen Preise haben nur relative Gültigkeit und sind durch den jeweiligen Marktpreis zu ersetzen.

[3] Vgl. Stahl und Eisen 1902, S. 1103.

welche ihrerseits in 4,2 Tonnen Koks (mit 7% Asche und 87% C) enthalten sind und entsprechend einem Kokspreis in Höhe von 25 M. für die Tonne loco Hütte 4,2 · 25 = 105 M. kosten. Es stellen sich sonach die Unkosten bei Koks mit 7% Asche auf

42 M. für Kalk zum Verschlacken
105 M. für Koks zum Schmelzen
Sa. 147 M.

Mit jedem Prozent Asche im Koks mehr wächst für 100 Tonnen Gießereiroheisen mit 120 Tonnen Koksverbrauch die Schlackenmenge um 1,93 Tonnen, und demgemäß tritt, wie die nachstehende Tabelle ersehen läßt, eine Erhöhung des Koksverbrauchs jeweilig um 0,67 Tonnen ein, und insgesamt wachsen die Gestehungskosten des Roheisens um 22,70 M.

Einfluß des Aschengehaltes des Kokses.

%	Aschengehalt des Kokses	Zum Verschlacken der Asche erforderlich an Kalk: Menge t	Zum Verschlacken der Asche erforderlich an Kalk: (t=3,5 M.) Preis M.	Entstehende Schlackenmenge t	Zum Schmelzen der Schlacke erforderl. an Koks: Menge t	Zum Schmelzen der Schlacke erforderl. an Koks: (t=25 M.) Preis M.	Summa Unkosten M.
7	45% SiO_2—30% Al_2O_3 — 5% CaO — MgO in der Asche und 94% im aschefreien Koks	12,00	42,00	13,56	4,20	105,00	147,00
8		13,70	47,95	15,49	4,87	121,75	169,70
9		15,40	53,90	17,42	5,54	138,50	192,40
10		17,10	59,85	19,35	6,21	155,25	215,10
11		18,80	65,80	21,28	6,88	172,00	237,80
12		20,50	71,75	23,21	7,55	188,75	260,50
13		22,20	77,70	25,14	8,22	205,50	283,25
14		23,90	83,65	27,07	8,89	222,25	305,90

Für ein Hochofenwerk mit einer Tagesproduktion von 300 Tonnen Gießereiroheisen ergibt sich sonach bei einer Zunahme des Aschengehaltes des Kokses um 4—6% jährlich eine direkte Mehrausgabe von etwa 100000 bis 150000 M. Diese Summe dient aber nur zu dem Zweck, die Koksasche zu schmelzen und zu verschlacken; die Kosten für die Wegschaffung der täglich mehr entstehenden (23—34 t) Schlacke an Material und Löhnen sind nicht einbegriffen. Des weiteren kommt noch in Betracht, daß infolge des erhöhten Kalksteinzuschlages die Hochofengase reicher an Kohlensäure werden, daher weniger Brennwert erhalten, so daß die Winderhitzer und Kessel schlechter geheizt werden; jede Ermäßigung der Windtemperatur zieht aber im Hochofen eine Erhöhung des Koksverbrauches nach sich, und jede Erniedrigung der Verdampfungsziffer muß durch den Verbrauch an Kesselkohle ausgeglichen werden. Endlich wird zur Verschlackung der Koksasche, sowie zur Verbrennung des hierzu benötigten Mehraufwandes an Koks eine größere Windmenge erforderlich, welche für die Roheisenerzeugung verloren geht und wodurch diese abnimmt.

Nach H. Koppers[1] können im Hochofen für jedes Prozent, um das der Aschengehalt des Kokses herabgesetzt wird, rund 2,5% Koks gespart werden. Für den Hochofenbetrieb ergeben sich dann als Vorteile: geringerer Koksverbrauch, Erhöhung des Durchsatzes, Verringerung der Unkosten und Ersparnis an Kalkstein. Wenn der Aschegehalt des Hochofenkokses beispielsweise um 4% erniedrigt wird, so ergeben sich nach H. Koppers folgende Ersparnisse: Ein normaler Hochofen von 30 m Höhe und 4 m Gestellweite erzeugt täglich etwa 350 Tonnen Roheisen, wozu je Tonne Roheisen 1050 kg mit 13,5—14% Asche gebraucht werden. Würde statt dessen ein Koks mit nur 9,5—10% Asche verwendet werden, so träte eine Koksersparnis von $4 \times 2{,}5\% = 10\%$ ein, und es wurden pro Tonne Roheisen mithin nur 945 kg Koks benötigt; d. h. die Mehrerzeugung des Hochofens beträgt 11,12%; die Schmelzkosten pro Tonne Roheisen ermäßigen sich um 10% und es werden außerdem pro Tonne Roheisen 125 kg Kalkstein gespart.

Beim Aschengehalt des Gießereikokses spielt der pekuniäre Schaden weniger als beim Hochofenkoks die erste Rolle, indem entsprechend dem geringeren Koksverbrauch im Kupolofen die diesbezüglichen Verlustziffern sich nur auf 20—15% der in der Tabelle angegebenen Unkosten belaufen; immerhin aber machen sich auch kleinere Zahlen, besonders in Jahren schlechter Konjunktur, bei den Gießereien bemerkbar. Der Schwerpunkt liegt beim Gießereikoks nach der technischen Seite hin, weil im Kupolofen ein Endprodukt erzeugt wird und nicht erst, wie im Hochofen, ein Rohstoff, der noch mittels anderer Prozesse weiter verarbeitet und von seinen unnötigen und schlechten Bestandteilen befreit wird. Je mehr Asche der Gießereikoks aufweist, desto mehr wird im Kupolofen dem ungeschmolzenen Roheisen Gelegenheit gegeben, aus der Schlacke verunreinigende Elemente aufzunehmen, so daß die Gefahr vorliegt, daß der Guß mehr oder minder fehlerhaft oder gar unbrauchbar wird; zudem darf auch die Schlackenmenge nicht über 5% des Roheisengewichtes steigen, wenn nicht Unannehmlichkeiten und Störungen bei der Ofenbedienung entstehen sollen. Aus diesen Gründen wächst der Wert eines Gießereikokses um so mehr, je aschenarmer er ist. Guter Gießereikoks I. Klasse soll unter 8%, solcher II. Klasse 8—9% Asche aufweisen.

Vergleicht man z. B. die beiden Gießereikoksmarken mit beispielsweise 7,30% Asche und 90,19% Kohlenstoff bzw. 13,07% Asche und 83,35% Kohlenstoff, und nimmt man einen Koksverbrauch von 10% des erstgenannten Kokses im Kupolofen an, so sind zum Schmelzen von 1 Tonne Roheisen 90,19 kg Kohlenstoff vorhanden; bei Verwendung des zweiten Kokses sind nur 83,35 kg Kohlenstoff, d. h. 6,84 kg zu wenig. Diese fehlenden 6,84 kg Kohlenstoff sind in $\frac{6{,}84 \cdot 100}{83{,}35} = 8{,}2$ kg

[1] Aus Koppers Mitteilungen. 1920. Heft 6.

Koks enthalten, demgemäß entsprechen 108,2 kg des zweiten Kokses den 100 kg vom ersten Koks hinsichtlich des Kohlenstoffgehaltes. Durch die Erhöhung des Koksverbrauches um 8,2 kg steigt nun aber auch die Aschenmenge, und zwar um $\frac{8,2 \cdot 13,07}{100} = 1,06$ kg; es sind also ingesamt $1,06 + 5,77 = 6,83$ kg mehr Asche zu verschlacken als beim ersten Koks. Rechnet man aus 100 kg Koksasche 100 kg Kalkstein zum Verschlacken, so benötigen die obigen 6,83 kg Asche 6,83 kg Kalk zum Verschlacken und die Gesamtschlackenmenge stellt sich auf 13,66 kg, welche zum Schmelzen $13,66 \times 0,5 = 6,83$ kg Koks erfordern. Es sind daher beim zweiten Koks rund $6,8 + 8,2 = 15$ kg Koks und 6,8 kg Kalkstein mehr nötig. Bei einem Kokspreis von 25 M. loco Gießerei und bei einem Kalksteinpreis von 4 M. für die Tonne ergibt dies eine Mehrausgabe für die Tonne Eisen von:

für Koks	0,375 M.
für Kalk	0,027 „
	rund 0,40 M.

Für eine Gießerei mit 10000 Tonnen Jahresproduktion würde also die schlechtere Koksqualität allein wegen des höheren Aschengehaltes einen jährlichen Mehraufwand von 4000 M. nach sich ziehen[1].

Die zahllosen Vorschläge, die gemacht wurden, um den Aschengehalt des Kokses möglichst niedrig zu halten, laufen meistens darauf hinaus, die Asche nach Möglichkeit bereits bei der Aufbereitung der Kokskohle zu entfernen, wozu nach A. Thau[2] besonders die Schwimmaufbereitung geeignet ist.

Die Koksasche besteht aus den unverbrennlichen Anteilen und aus geringen Mengen von verbrannten Bestandteilen der Kohlen, daß die Asche nur die Verunreinigungen der Kohle enthalte, trifft nur annähernd zu.

Ihrer Herkunft nach besteht die Reinkohlenasche:

1. aus der primären Asche, d. h. aus der von den Organismen herrührenden Asche, wozu vor allem die Kieselsäure, Tonerde und die Alkalien zu rechnen sind, und

2. aus der sekundären Asche, d. h. aus anorganisch-mineralogischer Substanz, die nach Potonié[3] hinzukommen kann

a) durch Sedimentierung herbeigeführter Wassertrübe,

b) durch Niederschlag aus dem Wasser, das anorganisch-mineralische Substanz in Lösung enthält. Sich zersetzende organische Substanz kann solchen Niederschlag wesentlich begünstigen bzw. veranlassen durch

[1] Vgl. Bunte, K., und K. Baum: Untersuchungen über Schmelzvorgänge bei Brennstoffaschen. G.- u. W.-Fach, Bd. 71 S. 97 (1928).

[2] Stahl und Eisen 1922, S. 1153 u. 1242; vgl. auch Gluud, W.: Handbuch der Kokerei, Bd 1, S. 107. Halle/S. 1927.

[3] Potonié: l. c. S. 52.

chemische Umsetzungen, die zwischen den Zerfallsprodukten und den gelösten Salzen stattfinden.

Die kohlenfreie Steinkohlenasche kann nach Muck[1] folgende Verbindungen enthalten:

1. Freie lösliche Kieselsäure,
2. Eisenoxyd,
3. Manganoxyd,
4. Tonerde,
5. Eisenoxyde
6. Kalk,
7. Magnesia,
8. Alkalien,

(4.–8.) als Kieselsäure-Verbindungen

9. schwefelsaures Eisenoxyd,
10. schwefelsauren Baryt,
11. schwefelsauren Kalk,
12. kohlensauren Kalk,
13. kohlensaure Magnesia,
14. phosphorsaures Eisenoxyd,
15. phosphorsauren Kalk,
16. Schwefelcalcium,
17. Schwefeleisen, sowie
18. Spuren von Arsen, Selen; außerdem aber auch Spuren von Vanadium[2].

In der Kohle selbst und in den Klüften der Flöze kommen nach demselben Autor noch folgende Metallverbindungen bzw. Mineralien vor:

1. Pyrit,
2. Markasit,
3. Kalkspat[3],
4. Bitterspat,
5. Phosphorit,
6. Kohleneisenstein,
7. Gips,
8. Schwerspat.

Manchmal enthalten die Kohlen noch einige andere Sulfate, wie:

9. Glaubersalz, Bittersalz, Haarsalz, Kalialaun,
10. Eisencarbonat,
11. Kupferkies,
12. Buntkupfererz,
13. Bleiglanz,
14. Zinkblende,
15. Quarz,
16. Malachit,
17. Nickelkies, Haarkies,
18. Zinnober,
19. Chlornatrium in fester Form.

R. Grünwald[4] fand z. B. in den Hohlräumen belgischer Kohlen-Ablagerungen von folgender Zusammensetzung:

Kohle von	Organische Substanz %	SiO_2 %	Al_2O_3 %	Fe_2O_3 %	CaO %	MgO %	K+Na +CO_2 %	Cl %	P %	S %	Mn
Ougrée . . .	18,45	21,10	14,22	2,85	32,45	3,15	6,95	—	0,02	0,122	—
Seraing . . .	26,84	16,33	8,25	1,98	30,20	6,30	9,86	0,005	0,06	0,008	—
Couillet . . .	24,20	15,60	17,24	1,05	31,30	8,60	2,15	—	—	0,03	0,13
Havre-Ville .	29,20	6,55	21,39	3,67	34,13	4,20	1,03	0,008	—	0,089	0,18
Fontaine l'évêque . .	21,25	8,35	29,27	1,98	36,91	2,05	0,45	—	0,05	0,09	0,07
Nord du Flenu	25,75	7,21	11,83	2,04	32,15	9,25	11,48	0,03	0,09	—	0,27
„ „ „	17,03	20,00	21,26	1,00	28,01	6,35	15,33	0,04	—	—	—

Im allgemeinen entspricht die Koksasche der Zusammensetzung der Steinkohlenasche. Einzelne Mineralbestandteile der Kohle verflüchtigen

[1] Muck: l. c. [2] Vgl. End. and Min. J. Bd. 61, S. 81.

[3] In stark sodahaltigem Grubenwasser bildet sich Calciumcarbonat und Chlornatrium, in stark kochsalzhaltigem Grubenwasser hält das Chlornatrium das Calciumsulfat gelöst. Manche Grubenwasser enthalten auch Strontiumchlorid und Strontiumsulfat.

[4] l. c.

sich zwar bei der Verkokung, z. B. ein Teil des Schwefels, das Hydratwasser der Tonsilicate usw. Manche Stoffe bilden auch neue Verbindungen; so bleiben Calcium- und Magnesiumcarbonate zum größten Teil als Kieselsäureverbindungen und nicht als Oxyde in der Koksasche, desgleichen Eisenoxyd; vielmehr findet sich das Eisen in freier Form oder sauerstofffreier Verbindung. Als vorwiegende Bestandteile der Koksasche findet man, wie bei der Steinkohlenasche, Kieselsäure, Tonerde, Eisen, Kalk, Magnesia, Schwefel und Phosphor, von denen Schwefel, Eisen, Phosphor und Kieselsäure die wichtigsten und einflußreichsten sind.

Die Zusammensetzung der Steinkohlen- und der Koksasche geht aus nachstehender Zusammenstellung hervor:

Steinkohlenaschen-Analysen.

	SiO_2 %	Al_2O_3 %	Fe_2O_3 %	CaO %	MgO %	K_2O %	Na_2O %	SO_3 %	P_2O_5 %			
Ruhrrevier[1]	27,37	22,55	46,90	2,69	—	0,30	0,24	Sp.	0,54			
Aachener Revier[2] . .	1,70	2,12	60,79	19,22	5,03	0,35	0,08	10,71	n. b.			
Königreich Sachsen[2] .	45,30	22,47	25,83	2,80	0,52	0,60	0,28	2,37	n. b.			
Oberschlesien[2] .	55,41	18,94	16,06	3,20	1,86	2,04	n. b.	n. b.	1,73			
Niederschlesien .	31,30	8,31	54,47	3,44	1,60	0,07	0,29	0,52	n. b			
						$K_2O + Na_2O$	SO_3	P_2O_5	Cl			
Couillet . . .	46,09	28,96	7,45	5,82	4,44	3,54	3,12	0,52	0,14			
Fontaine l'évéque .	49,15	32,79	6,89	3,18	0,98	3,99	1,59	1,38	0,07			
Marchienne	53,01	30,15	4,15	5,10	2,19	2,82	2,04	0,43	0,05			
Chlin	58,14	24,15	10,18	2,14	1,92	2,04	0,82	0,13	0,09			
La Louvière	50,08	29,14	6,33	3,22	4,39	3,92	1,41	1,18	0,05			
						K_2O	Na_2O	SO_3	P_2O_5			
Westvirgin. USA.	44,15	28,02	11,29	7,02	1,32	1,23	1,19	4,57	1,24			
„ . .	36,50	25,35	27,58	4,91	0,98	1,03	1,44	3,92	0,33			
„ . .	29,94	19,71	39,21	5,23	1,09	0,96	1,10	2,93	0,23			
						K_2O	Na_2O	SO_3	P_2O_5	Cl	MnO	
Braunkohlenasche[2] .	36,01	23,70	5,05	15,62	3,64	2,38	0,38	12,35	n. b.	1,55	1,13	
												CO_2
Torfasche[2]	4,94	5,27	18,01	48,16	0,44	0,15	0,16	11,08	0,53	0,14	—	11,62
							Alkalisulfate				Mn_2O_3	
Holzasche .	10,0	—	0,1—1,5	30—60	—	10—15	2—5		5—10	—	1—5	25—35

[1] Muck: l. c. [2] Jüptner: l. c.

Koksaschenanalysen.

Herkunft des Kokses	SiO_2	Al_2O_3	Fe_2O_3	CaO	MgO	K_2O	Na_2O	SO_3	P_2O_5	Mn_3O_4
1. a) Ruhrrevier[1]	41,65	28,49	14,18	5,60	2,15	4,11		2,37	0,56	1,77[7]
1. b) Ruhrrevier[2]	41,22	33,35	14,87	1,78	1,23	—	—	3,82	0,048	Sp.
	49,86	29,40	13,36	2,32	2,33	—	—	0,69	1,076	0,169
	41,93	28,68	18,92	1,32	1,56	—	—	2,035	0,224	0,324
	35,61	23,97	30,02	1,82	1,99	—	—	1,41	0,387	0,477
2. Aachener Bezirk[2]	39,90	27,62	16,83	4,48	2,02	5,15		2,13	0,55	1,23
	42,16	28,13	14,77	3,88	2,66	5,14		2,16	0,50	1,24
	41,86	28,11	14,78	3,42	2,23	4,69		2,99	0,72	1,03
	41,66	26,33	17,33	4,56	1,68	4,56		2,16	0,94	0,62[7]
3. Oberschlesien[2]	24,40	14,64	20,10	18,23	9,70	n. b.		8,63	0,16	0,50
	18,68	11,70	22,90	18,95	10,78	n. b.		15,06	0,35	n. b.
	34,40	14,98	26,19	12,28	6,25	3,32		1,03	0,52	0,90
	30,56	13,68	24,69	18,25	8,62	2,59		0,60	0,53	0,87
	29,49	15,25	24,41	17,42	8,97	2,02		1,05	0,40	0,84
	31,38	13,63	23,12	13,89	7,43	1,32		7,43	0,49	1,20
4. Ostrauer Revier[2]	37,16	25,21	13,34	10,95	4,69	2,34		3,50	2,19	1,18
	41,03	29,71	10,00	8,31	3,49	3,23		2,07	1,60	0,51
	39,38	25,24	13,06	0,55	9,77	3,11		2,62	1,15	0,55
	35,40	23,18	21,23	7,50	1,08	5,16		4,82	1,14	Sp.
5. Südrußland[3]	53,50	22,40	10,70	11,80	1,17	—		3,54	0,16	0,13
	49,04	29,73	6,94	12,35	1,62	—		4,17	0,114	0,60
	40,93	30,14	13,47	4,80	2,01	—		4,14	0,149	1,02
	36,47	27,30	32,06	1,76	1,17	—		4,04	0,149	0,15
6. Belgien[4]	52,53	24,12	20,28	4,92	1,69	—		0,62	0,49	—
	57,13	26,75	10,37	4,20	2,19	—		0,41	0,32	—
	56,22	27,30	6,17	5,32	3,34	—		0,89	0,52	—
	59,08	24,53	12,22	2,82	2,00	—		0,60	0,31	—
7. Durham[5]	46,20	25,40	14,80	5,00	1,64	1,47		3,20	0,76	—
	14,40	12,50	58,60	5,84	0,87	1,53		5,32	0,50	—
	33,85	25,18	29,60	2,50	1,35	2,87		2,51	0,82	—
	43,20	22,82	13,60	4,88	7,12	1,53		5,31	0,34	—
8. Westvirginia[6], USA.	42,08	24,33	28,07	1,70	0,39	0,87	0,72	0,15	0,48	—
	39,34	22,21	28,07	4,60	0,88	1,30	0,89	2,24	0,52	—
	36,44	21,44	29,71	5,70	0,76	1,45	0,89	2,62	0,49	—
	44,96	25,94	23,57	1,60	0,97	1,33	1,07	0,27	0,47	—
	34,15	18,24	29,36	8,20	0,97	1,36	0,94	5,25	0,56	—
	35,39	21,10	30,86	6,04	0,93	1,22	1,21	2,41	0,59	—
	36,57	19,67	28,57	6,90	1,14	1,35	1,03	4,50	0,78	—
9. Mexiko	53,52	28,61	7,71	3,89	1,61	—	—	0,83	0,014	—
10. Südwales...	51,10	40,20	2,80	3,19	0,64	1,76		0,85	—	—
										CO_2
Torfkoksasche .	47,82	11,20	1,15	28,42	2,69	1,48		3,36	1,76	2,12
	37,08	14,76	4,18	31,33	2,75	0,67		5,69	2,26	1,27

[1] Nach Metz, N.: Stahl und Eisen, l. c. [2] Nach Privatmitteilung.
[3] Nach Analyse von O. Simmersbach. [4] Nach Grünwald: l. c.
[5] Nach Mitteilungen von Dr. C. Otto & Co. G. m. b. H., Bochum.
[6] West-Virg. Geol. Survey 1903, Vol. 2. [7] Mn_2O_3.

Die nachstehenden Analysen von Koksaschen[1] sind neueren Datums, sie seien deshalb noch angeführt.

Herkunft des Kokses	SiO_2	Al_2O_3	Fe_2O_3	CaO	MgO	K_2O+ Na_2O	SO_3	P_2O_5	Mn_3O_4
[2]	44,54	23,08	19,15	4,55	6,10	—	—	—	n. b.
[2]	45,46	23,03	18,76	6,05	5,00	—	—	—	n. b.
Schlieren[3]	49,51	27,00	17,52	2,53	0,89	1,83	0,72	—	n. b.
Prosper[3]	40,55	31,92	14,41	6,19	1,40	1,14	3,77	0,62	n. b.
Emma[3]	45,78	34,22	11,12	2,40	1,44	3,53	1,51	—	n. b.
Durham[3]	50,80	34,36	8,18	1,70	1,25	2,24	1,47	—	n. b.
Ruhrrevier[4] . . .	41,65	28,49	14,18	5,60	2,05	4,11	2,37	9,56	1,07

Über die durchschnittliche quantitative Zusammensetzung von Ruhrkohlenasche hat D. J. W. Kreulen[5] kürzlich eine Arbeit geliefert, auf die hiermit hingewiesen sei.

Wenn also der Wert des Kokses mit seiner Aschenreinheit zunimmt, so bleibt zu berücksichtigen, daß in gewisser Beziehung auch die Aschenzusammensetzung eine Rolle spielt, insofern eine Koksasche selbstschmelzend sein kann, z. B. in Oberschlesien, so daß dann zur Bildung der flüssigen Schlacke kein Kalkstein benötigt wird und auch kein Koks für den Kalkstein. In solchem Falle hat ein Koks mit 8% Asche und 88% Kohlenstoff keinen höheren Wert als selbstschmelzender Koks mit 12% Asche und nur 84% Kohlenstoff.

Es genügt jedoch nicht, nur den Gesamtaschengehalt zu ermitteln; die Bestandteile der Asche können von solchem Charakter sein, daß sie auf den Schmelzgang und auf die Qualität des Eisens sowohl im Hochofen, als auch im Kupolofen einen entschieden verschlechternden Einfluß auszuüben imstande sind.

Die Schmelzbarkeit der Koksasche beurteilt man vielfach nach dem Verhältnis $\frac{SiO_2 + Al_2O_3}{Fe_2O_3 + CaO + MgO}$; je höher sich dieses stellt, desto schwerer schmelzbar gilt die Asche. Es beträgt nach Strache[6] das Verhältnis:

Koksherkunft	$\frac{SiO_2 + Al_2O_3}{Fe_2O_3 + CaO + MgO}$	Koksherkunft	$\frac{SiO_2 + Al_2O_3}{Fe_2O_3 + CaO + MgO}$
Sachsen . . .	1,0	Saarrevier . .	4,2
Oberschlesien .	1,5	Westfalen . .	4,4
England . . .	2,4	Böhmen . . .	5,5

Genauer hängt die Schmelzbarkeit der Koksasche ab

a) von dem Verhältnis der Tonerde zur Kieselsäure,

b) von dem Verhältnis der Tonerde zu den anderen Basen.

[1] Vgl. Handbuch der Brennstofftechnik, S. 137. Essen 1928.
[2] Terres u. Schaller: G.- u. W.-Fach, Bd 65, S. 764 (1922).
[3] Debrunner: Schweiz. Monats-Bull., Bd 4, S. 26 (1924).
[4] Metz: Stahl und Eisen. [5] Brennstoffchemie 1928, S. 399.
[6] Gasbeleuchtung und Gasindustrie 1913, S. 393.

Im allgemeinen gilt, daß die Asche um so leichter schmelzbar ist, je geringer das Verhältnis von Tonerde zur Kieselsäure sich stellt und je geringer der Anteil der Basen ist, dagegen um so schwerer schmelzbar, je mehr Basen auf Kosten der Tonerde vorhanden sind. Die Schmelzbarkeit wächst ferner rascher mit der Verminderung des Tonerdegehaltes, als mit der Steigerung des Gehaltes an anderen Basen. Eisen, Kalk und Magnesia üben dieselbe Wirkung aus, als wenn der Tonerdegehalt gesteigert würde, und zwar Eisen in stärkerem Maße als Kalk und Magnesia. Tonige oder kieselige Asche bildet Pulver oder Staub bei der Verbrennung.

Nach Constam[1] wird der Grad der Schmelzflüssigkeit von Kohlenaschen wie folgt unterschieden:

unter 1200° C	leichtflüssig,	1500—1650° C	sehr strengflüssig,
1200—1350° C	flüssig	über 1650° C	feuerfest.
1350—1500° C	strengflüssig,		

Der Schmelzpunkt der Aschen der Ruhrkohlen liegt meist unter 1300° C.

Analysen leicht- und schwerschmelzbarer Steinkohlenaschen[2].

	leicht schmelzbar bei etwa 1160° C	schmelzbar bei etwa 1350° C	schmelzbar bei 1450-1500° C	schwer schmelzbar
SiO_2	48,60	47,20	43,95	49,46
Al_2O_3	23,43	29,58	32,05	33,28
Fe_2O_3	14,68	6,96	8,45	5,50
CaO	3,08	6,52	6,00	2,76
MgO	2,88	4,66	2,07	0,78
SO_3	0,96	3,33	1,45	1,50
P_2O_5	1,85	0,50	1,60	1,42
Alkalien .	4,52	3,20	3,14	3,83
Diverses .		0,97	1,29	1,47
	100,00	100,00	100,00	100,00

Molekulare Zusammensetzung (SiO_2 = 100 gesetzt):

SiO_2	100,0	100,00	100,00	100,00
Al_2O_3	28,5	36,0	43,0	39,6
Fe_2O_3	11,3	5,5	7,0	4,17
CaO	6,8 } 15,7	14,7 } 19,9	14,8 } 21,8	5,98 } 8,30
MgO	8,9	5,2	7,0	2,32
	1. Geringes Verhältnis v. Al_2O_3 : SiO_2. 2. Geringes Verhältnis v. Al_2O_3 : Sa. der Basen 3. Hoher Fe-Gehalt.	1. Mittelhoh. Verhältnis v. Al_2O_3 : SiO_2. 2. Mittl. Verhältnis von Al_2O_3 : Sa der Basen. 3. Mittl. Fe-Gehalt.	1. Hohes Verhältnis von Al_2O_3 : SiO_2. 2. Mittl. Verhältnis von Al_2O_3 : Sa der Basen. 3. Mittl. Fe-Gehalt.	1. Hohes Verhältnis von Al_2O_3 : SiO_2. 2. hohes Verhältnis von Al_2O_3 : Sa der Basen. 3. Geringer Fe-Gehalt.
Al_2O_3 = 1	1,00	1,00	1,00	1,00
SiO_2	3,50	2,77	2,32	2,52
Basen = 1	1,00	1,00	1,00	1,00
Al_2O_3	1,05	1,45	1,49	3,17

[1] Vgl. Handbuch der Brennstofftechnik, S. 130. Essen 1928.
[2] Nach Prost, E.: Rev. univ. des mines et de mét. 1895, S. 87.

Nach neueren Untersuchungen von Schulte[1] liegen die Schmelzpunkte von Kohlenaschen aus dem Ruhrbezirk und aus Oberschlesien wie hier angegeben:

Herkunft	Kohlensorte	Schmelzpunkt °C
Ruhr	Fettkohle	1005—1330
„	Gaskohle	1150—1350
„	Gasflammkohle	1145—1360
„	Magerkohle	1030—1340
Oberschlesien	Steinkohle	1215—1380

Was die Farbe der Koksasche anbelangt, so ist man vielfach der Meinung, daß Koks mit roter Asche einen höheren Eisengehalt und auch höheren Schwefelgehalt habe, weil der Schwefel im Koks hauptsächlich von seinen Eisenverbindungen herrühre. Der Eisengehalt ist jedoch für diese Rotfärbung weniger maßgebend als vielmehr der größere oder geringere Wassergehalt des Kokses, wie die nachstehenden Untersuchungsergebnisse Youngs[2] an amerikanischem Bienenkorbofenkoks darlegen:

Zustand des Kokses beim Ziehen aus dem Bienenkorbofen	Zustand beim Veraschen	Farbe der Koksasche
1. Sorgfältig im Ofen gelöscht . .	a) trocken 111° b) feucht	hellbraun (normal) dunkelbraun
2. Sorgfältig im Ofen gelöscht u. auf dem Koksplatz heftigem Regen ausgesetzt.	a) trocken b) feucht	dunkler als bei 1b braun mit rotem Strich
3. Im Ofen ersäuft	a) trocken b) feucht	rotbraun rot
4. Heiß gezogen, mit Wasser abgelöscht.	a) trocken b) feucht	dunkelrot dunkelziegelrot
5. Heiß gezogen und unter Sand abgekühlt	a) trocken b) feucht	gelblich etwas heller als normal (1a)

Die Asche des Kokses vermehrt sich entsprechend der Koksausbeute gegenüber der Asche der Steinkohle. 75% Ausbringen erfordern rund 140% Kohle. Kokskohle mit 6% Asche gibt also Koks mit $6 \times 1{,}40 = 8{,}40$% Asche; 6—7% Asche in der Kohle erzielt 8,40—9,80% Asche im Koks, im Mittel 9%, ein Aschengehalt, den guter Koks nicht übersteigen soll.

Nachstehend die Monatsdurchschnitte von Koks verschiedener Zechen des Ruhrreviers:

---

[1] Z. V. d. I. 1924, S. 1021. [2] Eng. and Min. J. 1908.

Ruhrkoks (unter 1% S)	% Asche	Ruhrkoks (über 1% S)	% Asche
Zeche Rheinelbe I (Gelsenkirchen)	6,84	Zeche Recklinghausen	7,00
„ Germania II (Gelsenkirchen)	7,26	„ Neumühl	7,35
„ Erwin (Gelsenkirchen)	7,26	„ Präsident	7,35
„ Anna (Kölner Bergw.)	7,42	„ Lothringen	7,36
„ Dannenbaum II	7,43	„ Viktor I	7,49
„ Zollern I (Gelsenkirchen)	7,46	„ Dorstfeld II	7,55
„ Neu-Iserlohn (Harpen)	7,63	„ Holland	7,57
		„ Graf Moltke	7,87
		„ Dahlbusch III	7,88
		„ Constantin d. Gr. IV	7,92

Was amerikanischen Koks anbelangt, so zeigen eine große Anzahl Connellsville-Koksanalysen — aus 150000 Tonnen — einen Aschengehalt innerhalb der Grenzen von 9,11—10,91%. 9,75% kann daher als der mittlere Aschengehalt in gutem Connellsville-Koks angesehen werden.

Westvirginia[1].

Kohlenfeld	% Asche
Poccahontas	4,67
„	5,14
„	5,38
„	5,62
„	5,97
New River	5,17
„	5,52
„	5,68
Upper Monongahela	5,78

Als besonders aschenrein gilt in Amerika der Koks vom Flat-Top-Kohlenbecken in Westvirginia, das das berühmte Poccahontas-Koksrevier umfaßt. Die Kohle ist chemisch von großer Reinheit und der Koks zeichnet sich daher ebenfalls in chemischer und physikalischer Hinsicht aus, so daß er sogar in höherem Werte steht als der Connellsville-Koks in Pennsylvania.

Die einzelnen Koksstücke sind an Fuß- und Kopfschicht infolge von Abbrand nicht unerheblich aschenreicher als in der Mittelschicht, ein Umstand, der beim Probenehmen sehr wohl zu beachten ist. O. Simmersbach[2] stellte bei zwei Koksproben nebenstehenden Falles den Aschengehalt vom Kopfende zur Mitte fest.

I	II
8,91%	10,54%
8,17%	8,85%
7,69%	8,63%
6,94%	8,55%

Wie sehr der Aschengehalt im einzelnen wechselt, zeigen auch die folgenden Untersuchungen eines langen Koksstückes aus Westfalen, und zwar a) am Kopf, b) in der Mitte und c) am Fußende. Die Probenahme geschah jeweilig durch Absägen einer senkrechten Koksschicht von etwa 2 mm Dicke.

Aschengehalte.

a)	b)	c)
1. 6,65% Asche	7,33% Asche	7,12% Asche
2. 7,18% „	7,83% „	7,19% „
3. 9,40% „	8,73% „	6,35% „
4. 12,31% „	8,30% „	7,56% „
5. 6,80% „		
6. 8,82% „		

[1] West-Virg. Geol. Survey 1903, Vol. 2.

[2] Kokschemie, 2. Aufl., S. 143.

Eine Durchschnittsprobe aus der Mitte des Koksstückes ergab 7,60% Asche.

Die Ursachen des höheren Aschengehaltes im Kopfende des Koksstückes sieht A. Bauer[1] in einer Capillarwirkung. Die während des Verkokungsvorganges verflüssigte Substanz der Steinkohle zieht sich darnach capillar in die angrenzende fertige Koksschicht hinein. Die Blumenkohlköpfe, die zuerst verkoken, geben nichts ab, empfangen aber kohlenstoffhaltige Substanz, während das zuletzt verkokende Fußende nur abgibt, aber keine kohlenstoffhaltige Substanz empfängt, also aschenreicher als die Mitte sein muß. Erwähnt sei auch, daß beim Brechen des Kokses die Festigkeit der Kokssubstanz anders wie die der Asche sein kann. Ist letztere ein Mineral, das Flächenspaltbarkeit besitzt, z. B. Tonschiefer, so können diese Aschenflächen leicht abspalten und bilden so das Feine, das auch daher aschenreicher ist.

Daher enthält auch Stückkoks viel weniger Asche als abgesiebter Feinkoks, wie die folgenden Untersuchungen von amerikanischem Bienenkorbofenkoks zeigen:

Aschengehalte		Aschengehalte	
im Stückkoks	im abgesiebten Feinkoks (7%)	im Stückkoks	im abgesiebten Feinkoks (7%)
9,70%	14,76%	9,83%	13,50%
9,78%	12,58%	9,93%	13,41%
9,66%	11,11%	10,29%	14,87%
9,82%	12,02%	10,69%	14,88%
9,93%	12,55%	10,55%	13,74%
9,96%	12,54%	10,55%	13,74%
9,70%	13,87%		

Auf die Bestandteile des Kokses, die sich nach seiner Verbrennung ganz oder teilweise in der Asche wiederfinden, wie z. B. Eisen, Schwefel, Phosphor usw. wird in folgendem Abschnitt eingegangen.

c) Die einzelnen chemischen Bestandteile des Kokses und ihr Einfluß auf denselben.

Als Träger der Reduktionskraft und des Heizwertes ist der Kohlenstoff für den Hochofenprozeß der wichtigste Bestandteil des Kokses. Der Kokskohlenstoff besteht hauptsächlich:

1. aus dem direkt von der Steinkohle verbleibenden Kohlenstoff, ferner

2. aus dem Kohlenstoff, der sich aus Kohlenwasserstoffen durch die hohe Temperatur abgeschieden hat, und endlich

3. aus nicht vollständig verkokten Destillationsprodukten.

---

[1] Bauer, A.: l. c.; vgl. auch Simmersbach, O.: Stahl und Eisen 1913, Nr 13.

Berücksichtigt man diese Quellen des im Koks enthaltenen Kohlenstoffes, so läßt sich die verschiedenartige Zusammensetzung des Kokses leicht erklären.

Der Kohlenstoff stellt sich im aschen- und wasserfreien Koks ziemlich konstant. Er beträgt sowohl bei Hochofen-, wie bei Gießerei-, Brech- und Nußkoks im Mittel etwa 95,5%, wie die folgende Tabelle näher ergibt.

Mit abnehmendem Gehalt an Kohlenstoff nimmt der Gehalt der brennbaren Substanz an Gesamtwasserstoff sowie an disponiblem Wasserstoff zu und demgemäß auch die Verbrennungswärme (= Heizwert + latente Verdampfungswärme). Nach H. Streit[1] stellt sich die Verbrennungswärme des aschen- und wasserfreien Kokses wie folgt:

	C %	H %	Disponibler H, auf je 1000 Teile C berechnet	Verbrennungswärme je Gramm in WE
Hüttenkoks	96,47	0,64	6,0	7950
Gaskoks	96,16	0,95	7,2	8000
Tiegelkoks n. d. amerikanischen Probe	93,50	1,76	13,6	8100
Bochumer Probe	93,02	2,27	15,3	8140

Je garer also der Koks, desto geringer seine Verbrennungswärme.

Da bei der Verkokung vorwiegend H und O austreten, aber verhältnismäßig nur wenig C, so bleibt der Koks natürlich reicher an jenem und ärmer an ersterem als die zu seiner Herstellung verwandte Kohle. Diese Kohlenstoffanreicherung macht etwa 10% aus im Vergleich zu guter asche- und wasserfreier Kokskohle, ein Umstand, der hinsichtlch des Heizwertes sehr zu berücksichtigen ist. Der Heizwert des Kokises beträgt bei aschen- und wasserfreier Substanz im Mittel etwa 7950 WE trotz der verschiedenartigen Herkunft des Kokses.

Von welch großem Einfluß der Kohlenstoffgehalt des Kokses auf den Wärmeentwicklungswert im Hochofen ist, geht aus nachstehender Feststellung des englischen Eisenhüttenmannes L. Bell[2] hervor:

Koks	I	II	III
C	89,85	87,60	86,36
H	2,00 (H + O + N)	0,25	0,51
O + N		1,20	1,77
S	1,06	1,05	1,07
Asche	6,60	8,52	7,94
Wasser	0,49	1,38	2,35
	100,00	100,00	100,00

Rechnerischer Wert des Kohlenstoffgehaltes:

I	II	III
100,00	97,50	96,11

[1] Streit, H.: l. c.   [2] Stahl und Eisen, Bd 1, S. 208 (1885).

Praktischer Wert im Hochofenbetrieb:

I	II	III
100,00	98,88	90,00

d. h. es mußten von Koks II 101,11% und von Koks III 111,11% verwendet werden, um dieselbe Hochofenproduktion zu erzielen.

Bei der Holzkohle variiert der Kohlenstoffgehalt wesentlich zwischen Ofen- und Meilerkohle, wie die folgende Gegenüberstellung zeigt[1]:

	Ofenkohle				Meilerholzkohle			
	C	H	O+N	Asche	C	H	O + N	Asche
Birkenkohle	70,04	3,49	19,83	0,90	87,84	2,94	8,00	1,22
Fichtenkohle	75,38	4,13	17,17	1,24	88,12	2,53	8,14	1,21
Tannenkohle	73,41	3,45	20,63	1,26	89,71	2,31	6,52	1,40

Der höhere C-Gehalt der Meilerholzkohle rührt von der höheren Verkokungstemperatur her (700° gegen 350° C).

Fichtenofenkohle hat z. B. bei

250° C etwa 68,41% C
350° C „ 75,40% „
450° C „ 82,70% „

Von 70% C an fängt die Holzkohle an schwarz zu werden; zur Erreichung dieser C-Menge sind 284° C nötig.

Der Wasserstoff- und Sauerstoffgehalt des Kokses findet seine Ursache, wie schon erwähnt, in dem Umstande, daß der Koks im Koksofen nicht vollständig entgast wird, sondern daß er nicht unbedeutende Mengen von Gasen zurückhält, namentlich Wasserstoff. Je länger die Verkokung dauert, und bei je höherer Temperatur sie vor sich geht, um so freier von Wasserstoff und Sauerstoff wird der Koks, wenn man auch stets mit diesen Gasen noch rechnen muß.

Bei drei in physikalischer Hinsicht verschiedenen Koksproben fand J. Parr[2] folgende Ergebnisse:

1. Harter, gut gebrannter Koks; 20 g zwei Stunden unter Sprengels Luftpumpe behandelt, gaben 79,2 ccm Gas von folgender Zusammensetzung:

Kohlendioxyd	85,720
Kohlenoxyd	8,590
Wasserstoff	5,680
Stickstoff	0,000

2. Harter Koks, aus einem Gemenge von verschiedenen Steinkohlensorten erhalten, gab bei zweistündigem Erhitzen unter der Luftpumpe 42,4 ccm Gas, welches in Prozenten enthielt:

Kohlendioxyd	57,413
Kohlenoxyd	28,562
Wasserstoff+Stickstoff .	14,025

[1] Juon, E.: Stahl und Eisen, Bd 2, S. 1232 (1904). [2] l. c.

Analysen von aschen- und wasserfreien Koksen (nach Streit).

Hochofenkoks	C	H	O	N	S	Auf 1000 Teile C kommen an O: Ges. H	Geb. H	Disp. H	Fixer C in % des Reinkokses	Fl. Best. in % des Reinkokses	Heizwert WE
1. Coke métallurg. Min. des Dourges ...... (Hochofenkoks)	97,17	0,55	0,91	0,35	1,02	5,7	1,6	4,1	98,78	1,22	7942
2. Coke lavé Mines des Dourges ..... (Hochofenkoks)	97,11	0,52	0,95	0,41	1,01	5,4	1,8	3,6	99,09	0,91	7951
3. Coke métallurg. Méons (Hochofenkoks)	96,33	0,54	1,01	1,18	0,94	5,6	2,9	2,7	98,77	1,23	7894
4. Coke 1er Méons .. (Gießereikoks)	96,49	0,64	0,99	1,10	0,78	6,6	2,7	3,9	98,04	1,96	7899
5. Coke special Méons (Gießereikoks)	96,47	0,49	1,00	1,39	0,65	5,1	3,1	2,0	98,52	1,48	7880
Gießereikoks:											
1. Ruhrbezirk: Zeche Mansfeld ...	96,15	0,61	0,92	1,40	0,92	6,4	3,3	3,1	99,03	0,87	7861
2. Ruhrbezirk: „ Const. d. Gr. .	96,71	0,62	1,53		1,14	6,4	2,0	4,4	98,63	1,37	7952
3. Ruhrbezirk: „ Friedl. Nachb.	96,13	0,68	1,70		1,49	7,1	2,2	4,9	98,53	1,47	7951
4. Ruhrbezirk: „ Consolidation .	97,22	0,31	1,44		1,03	3,2	1,9	1,3	99,09	0,91	7912
5. Saarbez.: „ v. d. Heidt ..	96,85	0,30	0,88	0,56	1,41	3,1	1,9	1,2	99,33	0,67	7847
6. Saarbez.: „ Heinitz ...	96,71	0,65	1,62		1,02	6,7	2,1	4,6	97,43	2,57	7987
Brechkoks:											
1. Zeche Friedlicher Nachbar .	96,83	0,36	1,44		1,37	3,7	1,9	1,8	99,57	0,43	7898
2. „ Consolidation	96,75	0,64	1,60		1,01	6,6	2,1	4,5	98,47	1,52	7977
3. „ v. d. Heidt (Saarrevier)	96,59	0,40	1,64		1,37	4,1	2,1	2,0	97,94	2,06	7918
4. Nußkoks Zeche Mansfeld ..	96,02	0,63	1,06	1,47	0,82	6,6	3,3	3,3	98,19	1,81	7900

Analyse dieser Koksprobe:

Asche	12,100
Schwefel	1,400
Verlust bei Rotglühhitze	1,500
Verlust unter der Sprengelschen Luftpumpe	0,586
Kohlenstoff (durch Differenz bestimmt)	84,414

3. Gewöhnlicher Koks, welcher einige Zeit an freier Luft gelegen; schlecht verkokte Probe; 20 g, zwei Stunden unter der Sprengelschen Luftpumpe, ergaben 91,7 ccm Gas, dieses enthielt:

Kohlendioxyd	39,020
Kohlenoxyd	7,673
Wasserstoff	53,317
Grubengas (CH_4)	Spuren
Stickstoff	0,000

Analyse der Probe:

Asche	14,000
Schwefel	1,370
Verlust bei Rotglühhitze	4,820
Verlust unter der Sprengelschen Luftpumpe	1,000
Kohlenstoff (durch Differenz bestimmt)	78,810

Bei weichem Koks zeigte sich beständig die größte Menge von Wasserstoff, dagegen kein Stickstoff oder nur eine geringe Menge desselben.

Wie ersichtlich, ist der Gehalt an Wasserstoff in aschen- und wasserfreiem Hüttenkoks ziemlich konstant; nämlich nicht über 0,65%. Daraus ergibt sich auch eine relative Gleichmäßigkeit für den disponiblen Wasserstoff, so zwar, daß man für Hüttenkoks kaum fehl geht, wenn man einen solchen mit mehr als sechs Teilen disponiblen H auf 1000 Teile C als ungar oder halbgar betrachtet.

Analyse von halbgarem Koks, aschen- und wasserfrei (nach Streit.)

	C	H	N	O	S	Auf 1000 Teile C kommen an O Ges. H	gebundener H	disponibl. H	Fixer C i. °/₀ des Reinkokses	Flüchtige Bestandt. in °/₀ d. Reinkokses
Halbgarer Knabbelkoks ..	93,83	1,93	1,30	2,15	0,79	20,6	4,4	15,2	95,53	4.47
Halbgarer Brechkoks	95,69	1,05	2,02		1,24	11,0	2,6	8,4	97,26	2.74

Muck führt Wasserstoff und Sauerstoff auf das Vorhandensein feuerbeständiger fester Kohlenstoffverbindungen zurück und stützt sich hierbei auf die Zusammensetzung der Kokshaare. Dieselben bestehen nach B. Platz aus Kohlenstoff, Wasserstoff, Sauerstoff.

Da die Kokshaare keine Asche enthalten, sind sie unzweifelhaft etwas anderes, als die übrige Koksmasse, nämlich der Verkohlungsrückstand von teerartigen Destillationsprodukten. Die Zusammensetzung gleicht auch der des harten Teerpechs.

Thörner[1] beschäftigte sich ebenfalls mit den im Koks zurückgehaltenen Gasen. Thörner trocknete linsenkorngroße Koks- und Holzkohlenproben bei 140—150° C, so daß das hygroskopische Wasser verflüchtigt wurde. Von diesen Proben wurden gleiche Mengen — etwa 1,00 g Koks und 0,50 g Holzkohle — in einem eigens konstruierten Apparat genau 30 Minuten lang in einem reinen, getrockneten Wasserstoffstrom auf Weißglut erhitzt, wobei jede oxydierende Wirkung ausgeschlossen war. Bei diesen Versuchen beobachtete Thörner mehr oder minder große Verluste — bei Koks im Mittel 1,34% —, die durch Entweichen in Poren abgeschlossener Gase entstanden sein konnten, wie denn auch Thörner erhebliche Mengen von Kohlenwasserstoffen im Koks, und bei Holzkohle auch noch Kohlendioxyd und Kohlenoxyd ermittelte.

J. L. Bell[2] stellte bei einer Temperatur von etwa 510° C ebenfalls Gewichtsabnahme fest, die nur auf den Verlust an flüchtigen Substanzen zurückzuführen sind.

1. in Form feuerbeständiger fester Kohlenstoffverbindungen;
2. in Form von Kohlenwasserstoffen, welche in den Poren eingeschlossen sind.

Die in den Poren zurückbleibenden Gase können sich nach Thörner wegen ihrer geringen Spannung keinen Ausweg aus dem zusammengebackenen Kokskuchen im Innern des Ofens verschaffen, was natürlich bei dem auf Linsenkorngröße zerkleinerten Versuchsmaterial nicht auf Schwierigkeiten stößt.

Nachstehende Tabelle gibt die bei den Thörnerschen Versuchen ermittelten Verluste an:

1. Retortenkoks	0,25%	Verlust
2. Dannenbaum ab Bochum	0,75%	„
3. Gewöhnlicher Coppée-Koks Köln-Müsener Verein	1,13%	„
4. Gepreßter Koks, „ „	1,15%	„
5. „ „ „ „	1,40%	„
6. Koks von Karlsglück und Planetenfeld, Dortmunderfeld	1,55%	„
7. Koks von Massener Tiefbau, Zeche Massen	1,70%	„
8. Koks von Westhausen ab Bodelschwingh	1,70%	„
9. Buchenkohle	11,80%	„
10. Eichenkohle	13,20%	„
11. Birkenkohle	13,20%	„
12. Fichtenkohle	17,90%	„
13. Meilerkoks	29,70%	„

Die Gewichtsabnahme erscheint beim Gasretortenkoks am geringsten und beim Meilerkoks am größten. Je vollständigere Entgasung stattfindet, desto geringer wird der Verlust. Es leuchtet daher ein, daß bei Koks, wo die Entweichung der Gase durch Exhaustoren unterstützt wird, die eingeschlossenen Gase in bedeutend geringerem Maße vorhanden sind, als bei Koks aus alten Öfen ohne Nebenproduktengewinnung.

---

[1] Thörner: Stahl und Eisen, Nr 2, S. 71ff. (1886).
[2] Bell, J. L.: Stahl und Eisen 1885, S. 300.

Nur der freie Wasserstoff des Kokses entwickelt Wärme, wogegen der gebundene Wasserstoff sich gerade so verhält, als ob er bereits mit der ihm entsprechenden Menge Sauerstoff zu Wasser gebunden wäre. Dieses Wasser nennt man chemisches Wasser, zum Unterschied von dem hygroskopischen. Der gebundene Wasserstoff liefert keine Wärme, sondern verbraucht sogar einen Teil der von dem Kohlenstoff entwickelten Wärmemenge.

Auch der Sauerstoffgehalt des Kokses muß in Betracht gezogen werden, weil der Heizwert eines viel Sauerstoff enthaltenden Kokses sich verringert. Infolgedessen erzielt selbst ein aschenreiner Koks einen geringen Heizeffekt, sobald er einen entsprechend höheren Gehalt an Sauerstoff und Wasser aufweist, da hierdurch nicht nur der Prozentgehalt an Kohlenstoff herabgemindert, sondern auch noch Wärme verzehrt wird.

Bei westfälischem Koks schwankt der Gehalt des im Koks zurückgehaltenen Wasserstoffs von 0,2 bis fast 2% — englischer Koks zeigt weniger — und der Sauerstoff ist in Form von Spuren bis zu einem Gehalt von etwa 8% nachgewiesen worden.

Während der Wassergehalt und die Asche den Brennstoffgehalt des Kokses vermindern und dadurch den Hochofenbetrieb nachteilig beeinflussen, wirkt sich der Schwefel des Kokses insofern höchst schädlich im Hochofen aus, als erstens zu seiner Bindung eine gewisse Menge Kalkstein nötig ist, der zum Schmelzen einen gewissen Wärmeaufwand benötigt, und daß zweitens ein großer Teil des Koksschwefels bis vor die Formen gelangt, vom Eisen aufgenommen werden kann und dann dessen Güte vermindert.

Wenn man die Unkosten berechnet, die beispielsweise ein Schwefelgehalt des Kokses von 0,8% im Hochofen verursacht, so ergibt sich, daß einem Hochofen, der 120 t Koks für 100 t Gießereiroheisen verbraucht, $1{,}2 \times 0{,}8 = 0{,}96$ t Schwefel zugeführt werden; diese benötigen $0{,}96 \cdot 3{,}5 = 3{,}36$ t Kalkstein mit 3% Rückstand zu ihrer Bindung, unter Annahme eines Kalksteinpreises von 3,50 M.[1] für die Tonne, loco Hütte einen Wert von $3{,}36 \cdot 3{,}5 = 11{,}76$ M. haben. Für Kalkstein mit 57% schlackengebenden Bestandteilen entstehen demnach $3{,}36 \cdot \frac{57}{100} - 0{,}96 = 2{,}875$ t Schlacke, und $3{,}36 \cdot \frac{43}{100} = 1{,}445$ t Kohlensäure. Hiernach bleiben bei einer Windtemperatur von 600° C an Kohlenstoff aufzuwenden:

	Kohlenstoff
zum Schmelzen der Schlacke	$2{,}875 \cdot 0{,}16 = 0{,}4600$ t
zum Austreiben der Kohlensäure	$1{,}445 \cdot 0{,}29 = 0{,}4190$ t
	Sa. 0,8790 t

[1] Die Preisangaben haben nur relative Gültigkeit und sind durch den jeweiligen Marktpreis zu ersetzen.

welche bei 84% C im Koks und einem Preise von 25 M. loco Hütte 1,046 t Koks entsprechen mit einem Kostenpunkt von 1,046 · 25 = 26,15 M., so daß sich die Gesamtunkosten bei 0,8% S im Koks stellen auf

11,76 M. für Kalk und
26,15 M. für Mehraufwand an Koks
Sa. 38,36 M.

Der Schaden, den jedes weitere zehntel Prozent Schwefel im Koks für 100 t Gießereiroheisen mit 120 t Koksverbrauch hervorruft, geht aus der nachstehenden Zusammenstellung[1] hervor:

Schwefelgehalt des Kokses	Zum Binden des Schwefels erforderlich an Kalk (t = 3,5 M.)		Zum Schmelzen des Schwefels und Kalks erforderlich an Koks (t = 25 M.)		Summa Unkosten
%	Menge t	Preis RM	Menge t	Preis RM	RM
0,8	3,36	11,76	1,046	26,15	37,91
0,9	3,78	13,23	1,177	29,42	42,65
1,0	4,20	14,70	1,308	32,70	47,50
1,1	4,62	16,17	1,438	35,95	52,12
1,2	5,04	17,64	1,569	39,22	56,86
1,3	5,46	19,11	1,699	42,47	61,58
1,4	5,88	20,58	1,830	45,75	66,33
1,5	6,30	22,05	1,960	49,00	71,05
1,6	6,72	23,52	2,091	52,27	75,79
1,7	7,14	24,99	2,222	55,55	80,54
1,8	7,56	26,46	2,353	58,82	85,28
1,9	7,98	27,93	2,484	62,10	90,03
2,0	8,40	29,40	2,615	65,37	94,77
2,25	9,45	33,07	2,942	73,55	106,62
2,50	10,50	36,75	3,269	81,72	118,47

Wenngleich diese Verlustziffern nicht so stark in Erscheinung treten wie die durch den Aschengehalt entstehenden, so ersieht man doch den pekuniären Einfluß, den ein Unterschied im Schwefelgehalt des Kokses auf die Roheisenselbstkosten ausübt. Wer Koks mit 1,6% bis 2,5% Schwefel im Hochofen verschmilzt, wird die Tonne Gießereiroheisen um 0,37—0,80 M. teurer erblasen als bei der Verwendung eines Kokses mit 0,8% Schwefel; für ein Werk mit 300 t täglicher Roheisenerzeugung ergibt dies jährlich vergleichsweise etwa 40—85000 M. Mehrkosten. Diese Summen zeigen, wie verschieden in dieser Hinsicht manche Hochofenbezirke gestellt sind; die Verbraucher von westfälischem Koks, der im Mittel 1,1% Schwefel enthält, werden mehr begünstigt als die Oberschlesier, welche Koks mit einem Gehalt bis zu $1^3/_4$% und mehr Schwefel verschmelzen; die südrussische Hochofenindustrie basiert auf einem Koks mit 1,75—2,5% Schwefel, und England verbraucht Koks mit unter 1% Schwefel im Durchschnitt, während die nordamerikanische Eisenindustrie bekanntlich den schwefelreinsten Koks ihr eigen nennt, schwefelreiner als bei uns der beste Gießereikoks.

[1] Vgl. Simmersbach, O.: Stahl und Eisen 1904.

Den Hauptschaden ruft hoher Schwefelgehalt des Kokses wie gesagt in betriebstechnischer Hinsicht hervor. Der Koksschwefel unterliegt im Hochofen beim Niedergange der Beschickung nicht wie der Schwefel der Erze oder des Kalksteins dem Einfluß der Temperatur, sondern er gelangt fast unversehrt vor die Formen und trifft dort mit dem schon flüssigen Eisen zusammen, das sich intensiv mit ihm vereinigt[1]; bei dem geringsten Fehler in der Silicierung der Schlacke bzw. der Zusammensetzung derselben oder der Temperaturhöhe und der Stärke der Windpressung findet der Übergang des Schwefels in das Eisen statt; darin liegt die Hauptschwierigkeit in der Verwendung schwefelreicher Koksmarken. Je höher der Schwefelgehalt im Koks, desto weniger genügt zur Schwefelbindung die Basizität der Schlacke, es muß bei einem höheren Gehalt als $1^1/_2$% Schwefel auch die Schlackenmenge vergrößert werden, so daß sich naturgemäß die Ofenproduktion verringert und die Gestehungskosten des Roheisens wachsen[2].

Schwefelcalcium ist im Eisenbad unlöslich und wird von der Schlacke aufgenommen, ebenso Calciumsulfat, Schwefelmagnesium und Schwefelmangan, während Schwefeleisen bei seinem hohen spezifischen Gewicht ins Eisen übergeht. Die Moleküle der Schwefelmetalle schieben sich bei Bildung der Schlackenmoleküle zwischen diese und verbinden sich mit denselben; da aber die Schwefelmetalle bei dem Assimilationsprozesse, dem die fortwährend sich sammelnden Silicatmassen unterworfen sind, keine Rolle spielen, so können sie nur hinderlich sein und den Prozeß verzögern. Infolgedessen ist die verschlackende Wirkung von schwefelhaltigen Schlacken bei weitem geringer als die von Schlacken gleicher Zusammensetzung, welche keine Schwefelmetalle enthalten[3].

Wenn bei normalem Schwefelgehalt im Koks eine Schlackenmenge von 0,5—0,6 t für die Tonne Roheisen zur Verhinderung des Übertritts von Schwefel in das Roheisen genügt, so steigt die erforderliche Schlackenmenge bei über 1,5% Schwefel im Koks auf mindestens 0,8 t Schlacke, bei über 2% Schwefel auf 0,9—1,0 t, und bei $2^1/_2$—3% Schwefel werden 1—1,2 t Schlacke auf die Tonne Roheisen benötigt. Der höchste Schwefelgehalt, den ein Koks bei seiner Verwendung im Hochofen aufweisen kann, beträgt 3—$3^1/_2$%; hiermit nimmt die Roheisenerzeugung um 20—30% ab, gegenüber einem Betrieb mit normalem Koksschwefelgehalt.

Untersuchungen über das Verhalten des Koksschwefels den Be-

---

[1] Vgl. Simmersbach, O.: Über den Schwefelgehalt des Koks. Stahl u. Eisen 1898, Nr 1.

[2] Vgl. Simmersbach, O.: Über die Verwendung schwefelreicher Brennstoffe im Hochofen. Stahl und Eisen 1903, Nr 3.

[3] Elbers, Eng. and Min. J. 1894, 31. März.

standteilen des Hochofengases gegenüber wurden von P. Wolff angestellt[1].

Zu diesen Untersuchungen wurde ein schwefelreicher Ruhrkoks mit 1,406% Schwefel benutzt; der Schwefelgehalt des Kokses setzte sich zusammen aus

0,116%	Sulfidschwefel
0,092%	Sulfatschwefel und
1,198%	organischem Schwefel
1,406%	Gesamtschwefel.

Die Asche hatte nachstehende Zusammensetzung:

Fe_2O_3	21,50%	(Fe = 15,05%)
Al_2O_3	27,36%	
SiO_2	38,26%	
CaO	6,13%	
MgO	3,32%	
Mn_3O_4	0,61%	(Mn = 0,439%)
P_2O_5	0,50%	(P = 0,220%)
SO_3	2,292%	
	99,97%	

Die bei etwa 120° C getrocknete und zu Pulver geriebene Koksprobe, 1,2—1,7 g, je nach dem zu erwartenden Glühverlust, wurde in einem Porzellanschiffchen in die Porzellanverbrennungsröhre des elektrischen Ofens eingeschoben. Bei den Versuchen mit Wasserstoff wurden stündlich etwa 2—2,5 l Gas über die gepulverte Koksprobe geleitet, bei Anwendung von Stickstoff 1,2—1,4 l, von Kohlenoxyd 1,4—1,6 l und von Kohlensäure 2—2,3 l. Die Resultate der einzelnen Versuche gehen aus der folgenden Übersicht hervor:

Versuche mit Wasserstoff.

Temperatur	Glühverlust	Als H_2S vergaster Schwefel	Vergaster S in % des Gesamtschwefelgehaltes
500°	1,56%	0,170%	7,59%
600°	1,82%	0,324%	22,99%
800°	2,49%	0,590%	41,87%
900°	5,01%	0,645%	45,77%
1000°	10,06%	0,721%	51,77%

Versuche mit Wasserdampf.

Temperatur	Glühverlust	Als H_2S vergaster Schwefel	Vergaster S in % des Gesamtschwefelgehaltes
500°	2,14%	0,181%	12,84%
600°	2,94%	0,187%	13,27%
800°	16,72%	0,519%	36,83%
900°	70,88%	0,726%	51,52%
1000°	98,18%	0,764%	54,34%

[1] Diss. über das Verhalten des Koksschwefels im Hochofen. Aachen 1905. Vgl. Simmersbach, O.: Glückauf 1905, S. 906.

Versuche mit Stickstoff.

Temperatur	Glühverlust	Restschwefel im Koks	Vergaster S in % des Gesamtschwefelgehaltes
500°	1,03%	1,372%	2,41%
600°	1,43%	1,337%	4,90%
800°	2,16%	1,326%	5,90%
900°	2,83%	1,308%	6,97%
1000°	4,50%	1,162%	17,35%

Versuche mit Kohlendioxyd.

Temperatur	Glühverlust	Als SO_2 vergaster Schwefel	Der inges. vergaste S in % des Gesamtschwefelgehaltes
500°	0,98%	0,101%	6,47%
600°	1,08%	0,144%	8,32%
800°	3,56%	0,175%	16,00%
900°	14,54%	0,190%	25,46%
1000°	51,71%	0,257%	59,24%

Versuche mit Kohlenoxyd.

Temperatur	Glühverlust	Restschwefel im Koks	Vergaster S in % des Gesamtschwefelgehaltes
500°	1,49%	1,226%	12,80%
600°	1,69%	1,171%	16,89%
800°	2,20%	0,975%	30,80%
900°	2,35%	0,879%	37,61%
1000°	3,06%	0,869%	38,32%

Auf Grund vorstehender Laboratoriumsresultate glaubte Wolff den Schluß ziehen zu können, daß dieselben Vorgänge sich im Hochofen abspielen, eine Ansicht, der nicht beigepflichtet werden kann. Wie aus der Untersuchung von Gichtgasen[1] ersichtlich ist, findet sich gerade das stärkste Entschwefelungsgas, der Wasserstoff, nur in verschwindenden Mengen im Hochofengas, so daß sein Einfluß nur äußerst gering sein kann. H_2O kommt im Hochofen wenig in Betracht, da es schon kurz unter der Gicht ausgetrieben wird; CO_2 hat bis 900°, seiner Hauptentwicklungstemperatur, selbst in konzentrierter Form nur geringe entschwefelnde Wirkung, geschweige denn bei starker Verdünnung; es bleiben also nur CO und N übrig, deren an sich schon schwache Entschwefelungskraft aber durch Verdünnung auf ein Geringes beschränkt wird.

Was die Grobstückigkeit des Kokses im Hochofen anbelangt, so übt eine Vergrößerung der Porenzahl von 25 auf 45% (bei dichtem und porösem Koks) einen bestimmenden Einfluß auf die Bildung z. B. von CO und CO_2 aus; um so mehr muß sich ein Unterschied zwischen Stückkoks und gepulvertem Koks ergeben. Bei dem zu Pulver geriebenen Koks

[1] Niedt, H.: Untersuchungen über die Zusammensetzung des Gasstromes im Hochofen, S. 25. Halle/S. 1911.

der Wolffschen Versuche kommt das konzentrierte Gas fast mit der gesamten Koksmenge von 1,2—1,7 g vollständig in Berührung, daher auch die großen Glühverlustziffern, die zum Teil einer völligen Veraschung gleichkommen, während im Hochofen der Stückkoks von den verdünnten Bestandteilen des Hochofengases hauptsächlich nur an der Oberfläche angegriffen wird, weil das Gas selbst bei hohem Druck den Koks nicht völlig zu durchdringen vermag.

Den Beweis für die Richtigkeit dieser Anschauung geben Schwefelbestimmungen von Koks, der aus den Formen entnommen bzw. aus dem Stichloch des Hochofens herausgeblasen wurde. O. Simmersbach[1] fand in früherer Zeit bei solchem Koks im Mittel einen Bestand von über 75% des Gesamtschwefelgehaltes; eine auf seine Veranlassung in Friedenshütte, Oberschlesien, ausgeführte Untersuchung ergab nach M. Boecker bei einem Durchschnittsgehalt von 0,77% Schwefel im Koks auf der Kokerei bei dem aus dem Stichloch herausgeblasenen Koks am äußeren Rande 0,50% und im Kern des Stückkokses 0,59% S. Bei diesen Ergebnissen muß man aber berücksichtigen, daß die Koksstücke immer schon einen gewissen Zeitraum im Verbrennungsfokus des Gestells geweilt haben und dem Einfluß des eingeblasenen Windes (O_2, N_2 und H_2O) ausgesetzt gewesen sind. Man wird daher wohl nicht fehlgehen, wenn man den Schwefelverlust des Kokses seinem Wege von der Gicht bis zu den Formen als sehr gering veranschlagt; vom Standpunkte der Hochofenpraxis aus behält daher die Ansicht ihre Berechtigung, daß der Koksschwefel im Gegensatz zum Erzschwefel fast unversehrt — je nach der Porosität des Kokses und der Windpressung mehr oder weniger — vor die Formen gelangt.

Im Gießereikoks darf der Schwefelgehalt nicht eine solche Höhe erreichen wie im Hochofenkoks, wegen des Charakters des Gußeisens als Fertigprodukt. Für die Gießerei gilt der Schwefel mit vollem Recht als der unangenehmste Bestandteil des Kokses; er läßt sich zwar durch angemessenen Kalksteinzuschlag größtenteils in die Schlacke überführen, aber doch ist hier eine Grenze gezogen, insofern bei steigendem Kalkgehalt die Schlacke schwerschmelzig wird, dadurch die Formöffnungen verstopft und sich nur schwer aus dem Ofen ziehen läßt, so daß der Ofen unregelmäßig geht. Aus diesen Gründen darf Gießereikoks nur möglichst wenig Schwefel enthalten und möglichst wenig in seinem Schwefelgehalte wechseln; je gleichmäßiger die Schwefelanalyse im Koks, desto besser für die einzelne Gießerei.

Jedenfalls wird ein Gießereikoks mit 1% Schwefel mehr Schaden anrichten, wenn nicht die zu seiner Bindung erforderliche Menge Kalkstein zugesetzt wird, als Koks mit einem Schwefelgehalt von 1,5% bei

---

[1] Vgl. Kokschemie, 2. Aufl., S. 182.

hinreichender Schlackenbasizität. Man kann zwecks Verwendung für Qualitätsguß, z. B. Stahlwerkskokillen usw., ein Maximum mit 0,75% Schwefel im Gießereikoks festsetzen, aber man darf andererseits nicht vergessen, daß sich, allerdings unter Kostenerhöhung, durch Zusatz von etwa 1% Manganerz[1] selbst Koks mit 2% Schwefel im Kupolofen verschmelzen läßt, ohne daß der Guß Schwefel aufnimmt. Da metallisches Mangan den Schwefel sehr wirksam abscheidet und Schwefelmangan in geschmolzenen Silicaten sich leicht löst und infolge seines höheren Schmelzpunktes leichter erstarrt als kohlenstoffhaltiges Eisen, so können Kokereien, welche schwefelreiche Kohle verkoken, durch Beimischung einer kleinen Menge Manganerz einen Koks erzeugen, der den Schwefel in neutraler, unschädlicher Form aufweist und mithin trotz seines hohen Schwefelgehaltes sich noch für Gießereizwecke sowohl, als auch für den Hochofenbetrieb vorzüglich eignet und einen größeren Wert erhält.

Wenn der Koks zum Kalkbrennen gebraucht wird, nimmt der Kalk allen Schwefel auf, und zwar in oxydierter Form als Calciumsulfat. Die Verwendung eines solchen sulfathaltigen Kalkes bei der Fabrikation von Ätznatron aus Soda stellt sich sehr unökonomisch[2], indem beim Überführen einer Tonne Soda in Natriumhydroxyd der Kalk mit z. B. 2% Calciumsulfat 18,75 kg Soda in das weniger wertvolle Natriumsulfat umwandelt. Der Koks muß also auch für diesen Verwendungszweck möglichst schwefelrein sein.

Es muß also dem Koksöfner besonders viel daran liegen, einen möglichst schwefelarmen Koks zu erzeugen, um so mehr, als beim Hochofenprozeß, wo man den Schwefel des Kokses durch Kalkzuschlag in die Schlacke überzuführen sucht, ein noch so großer Kalküberschuß kaum mehr die einmal ins Eisen eingetretenen nachteiligen Beimengungen zu beseitigen vermag und wohl nur ein Zusammentreffen von Aschen- und Schwefelteilen mit den Kalkstücken ermöglichen kann.

Demgemäß hat man sich auch bemüht, den Schwefelgehalt des Kokses möglichst zu verringern. Mancherlei Verbesserungsmittel sind angewandt worden; so mengen Calvert und Chenot[3] beim Verkoken zur Bildung von Chlorschwefel Kochsalz ein; Bleibtreu[4] mengt backendes Kohlenklein mit Kalkpulver, damit bei Anwendung des erzeugten Kalkkokses im Schmelzofen der Schwefelgehalt in die Schlacke übergeführt wird[4]. Kopp löscht den Koks mit verdünnter Salzsäure, wäscht

---

[1] Vgl. Reusch, P.: Entfernung des Schwefels aus dem Koks und Roheisen im Kupolofen. Stahl und Eisen 1902, S. 416. — Wüst: Manganerz als Entschwefelungsmittel im Kupolofen. Stahl und Eisen 1913, S. 1134.

[2] Transactions of the Amer. Inst. of Min. Eng. 1893, S. 800.

[3] Vgl. Schellenberg, A.: Über den Schwefel in der Steinkohle und die Entschwefelung des Kokses. Br. Chem. 1921, S. 369.

[4] Amer. Inst. Min. Eng. 1893, S. 803.

die gelösten Salze aus und trocknet den nassen Koks an der Luft oder durch die Wärme des Ofens. Hoffmann verwendet zu gleichem Zweck Chlormanganlaugen. Grandidier leitet komprimierte Luft von 250 bis 300° C in die Öfen, wobei die Kohle in Brand kommt und das Schwefeleisen oxydiert wird.

Nach dem Diehl-Faber-Prozeß wird der Kokskohle eine genau berechnete Menge Kalk zugesetzt, welcher den Schwefel binden und unschädlich machen soll. Die Silicate, welche in der Kohlenasche enthalten sind, sollen dabei in ein Silicat vom Typus $(SiO_2) \cdot (M''O)_2$ übergeführt werden. Gegen Ende des Verkokungsprozesses wird dieses Kohle-Kalk-Gemisch dann bei höher gesteigerter Temperatur verkokt.

Nach diesem Verfahren wird der Kalk in Form von gepulvertem Kalkstein zugegeben, der erst bei etwa 900° C in CaO und CO_2 zerlegt wird, d. h. bei einer Temperatur, bei der der größte Teil der flüchtigen Bestandteile der Kohle und mit diesem auch des Schwefels bereits ausgetrieben ist und den Ofen verlassen hat.

Das basische Silicat, welches durch die Vereinigung des Kalkes mit der Kohlenasche gebildet wird, wirkt auf die in der Kohle enthaltenen Sulfide ein und bindet den Schwefel als Calciumsulfid, der direkt in die Hochofenschlacke übergeht. Die Zunahme des Aschengehaltes des Kokses ist nur eine scheinbare für die Verwendung im Hochofen, da es nicht mehr saure Asche ist, die zur Schlackenbildung einen Kalkzuschlag erfordert, sondern schon fertig gebildete Schlacke. Durch den Zusatz von feingepulvertem Kalkstein und sein inniges Mischen mit der Kohle wird das Blasigwerden des Kokses verhindert und ein dichter und harter Koks in großen Stücken gebildet.

Neutralkoks, wie die Erfinder den nach ihrem Verfahren hergestellten Koks nennen, soll etwa 25% dichter sein als normaler Koks aus derselben Kohle.

Der Grad der Entschwefelung des Kokses nach dem Diehl-Faber-Prozeß geht aus den nachstehenden Versuchsresultaten hervor, die im großen auf der Kokerei der U. St. Steel Corporation in Cary, Ind., 1912 durchgeführt wurden[1].

Die zu den Versuchen verwendete Kohle hatte folgende Zusammensetzung (bezogen auf trockene Kohle):

Flüchtige Bestandteile	39,05%
Kohlenstoff	52,34%
Asche	8,61%
Schwefel	2,19%
der Wassergehalt betrug . . .	10,19%

[1] Vgl. Simmersbach, O.: Berg- u. Hüttenm. Rdsch. 1913, H. 128 nach J. R. Campbell.

Die Aschenanalyse stellte sich wie folgt:

SiO_2	47,85%
Fe_2O_3	15,84%
Al_2O_3	23,93%
CaO	4,41%
MgO	1,66%
S	1,11%

Außerdem zeigte die Asche noch etwa 4% K_2O und 0,5% MnO, bei einem Gesamteisengehalt der Kohle von 0,93%.

Der verwendete Kalkstein enthielt

$SiO_2 + Fe_2O_3$	1,33%
Al_2O_3	0,63%
CaO	54,12%
MgO	1,25%
CO_3 usw.	42,67%

Versuch	Versuch I ohne Kalkstein		Versuch II mit $12^1/_2$% Kalkstein	
	feucht	trocken	naß	trocken
Kohle:			Kohle:	
Gewicht der Kohle in t je 1000 kg . .	11,102	9,898	10,886	10,015
% H_2O der Kohle	10,2	—	8,0	—
Koks:			Koks:	
Gesamtes Gewicht des Kokses . . .	9,344	6,345	7,893	6,590
% H_2O im Koks	32,1	—	16,5	—
Kleinkoks in t je 1000 kg	0,263	0,174	0,186	0,149
% H_2O im Kleinkoks	34,0	—	20,5	—
% Koksausbeute (ohne Kleinkoks) .	—	64,2	—	65,8
Garungszeit	19 Std.	20 Min.	24 Std.	46 Min.
% Siedeprobe (über 2″)	—	70,5	—	38,0
% Porosität	—	38,8	—	45,2
scheinbares spezifisches Gewicht . .	—	0,900	—	0,957
wirkliches spezifisches Gewicht . .	—	1,470	—	1,748
% flüchtige Bestandteile	—	0,90	—	2,34
% fester Kohlenstoff	—	85,51	—	72,70
% Asche	—	13,59	—	24,96
% Gesamtschwefel	—	1,62	—	1,76
% Schwefel als CaS	—	Spur	—	0,53
% Schwefel als $CaSO_4$	—	0,22	—	0,33
% freier Kalk	—	—	—	1,65

Auch an Versuchen, den Koks mittels Wasserdampf zu entschwefeln, hat es nicht gefehlt. Der Hauptnachteil dieser Dampfprozesse besteht darin, daß durch die Wassergasbildung eine nicht unbeträchtliche Koksmenge für die Entschwefelung verbraucht wird, und daß die Gefahr besteht, daß die Festigkeit des Kokses unter einer solchen Behandlung leidet. Scheerer[1] hat bei der Behandlung des Kokses mit Wasserdampf

[1] Vgl. hierzu Schellenberg, A.: Über den Schwefel in der Steinkohle und die Entschwefelung des Kokses. Br. Chem. 1921, S. 369.

eine Verminderung des Schwefelgehaltes um 0,4% erreicht. Wolterеck[1] ließ sich ein Verfahren schützen, wonach bei nicht über 400° der Koks mit einem Gemisch von Luft und Wasserdampf behandelt wird, wobei der Schwefel als SO_2 entweicht. Von Philippart[1] wurde die Behandlung des rotglühenden Kokses mit Luft vorgeschlagen; auch hier wird der Schwefel als SO_2 entfernt, wobei allerdings ebenfalls erhebliche Mengen der Kokssubstanz verbraucht werden. Chlor oder chlorhaltige Gase will Stoner[1] auf den Koks einwirken lassen und die dabei entstehenden Chloride alsdann mit Wasser auswaschen, während Fingerland[1] den heißen Koks, unter Zuhilfenahme von Katalysatoren, mit Chlor behandeln will, wobei der Schwefel in das flüchtige Schwefeldichlorid übergeführt werden soll. Es ist klar, daß Experimente wie die beiden letztgenannten kaum Aussicht haben, jemals in die großtechnische Praxis einzugehen.

Dagegen haben neuere Versuche von A. R. Powell[2] und seinen Mitarbeitern gezeigt, daß es sehr wohl möglich ist, unter geeigneten Versuchsbedingungen den Koks bis zu einem gewissen Grad zu entschwefeln. Schon Otekas[3] hat beobachtet, daß durch Wasserstoff in statu nascendi der Koksschwefel in Schwefelwasserstoff übergeführt werden kann. Powell erreichte nun durch zweistündiges Erhitzen von Pittsburgh-Kohle auf 1000° C unter gleichzeitigem Einleiten von Wasserstoff, daß der Schwefelgehalt des Kokses von 1,90% auf 1,55% sank. Die Ergebnisse des Versuches sind hier zusammengestellt:

	ohne Wasserstoff	mit Wasserstoff	
Gesamtschwefel	1,72	1,72	% S berechnet auf lufttrockene Kohle
Schwefel als Schwefelwasserstoff	0,53	0,74	
Schwefel im Koks	1,14	0,93	
Schwefel im Koks	1,90	1,55	% S berechnet auf lufttrockenen Koks

Während bei diesem Versuch der Wasserstoff erst auf den bereits gebildeten Koks zur Einwirkung gelangte, wurde bei einem anderen Versuch schon während der Verschwelung bei 500° Wasserstoff durch das Versuchsrohr geschickt; die Temperatur wurde dann nach und nach auf 1000° gesteigert. Nach zwei Stunden wurde der Versuch abgebrochen, wonach folgendes Ergebnis festgestellt wurde:

---

[1] Vgl. hierzu Schellenberg: Über den Schwefel in der Steinkohle und die Entschwefelung des Kokses, Br. Chem. 1921, S. 369.

[2] Vgl. z. B. J. Eng. Ind Bd 12, S. 1077, C. Bd 2, S. 422 (1921); ferner C. Bd 4, S. 537 u. 606 (1921).

[3] Z. angew. Chem. 1897, S. 330.

	ohne Wasserstoff	mit Wasserstoff	
Gesamtschwefel der Kohle .	1,72	1,72	% S berechnet auf lufttrockene Kohle
Schwefel als H_2S	0,53	1,15	
Sulfidschwefel im Koks . . .	0,16	0,08	
Gesamtschwefel im Koks . .	1,14	0,52	
Gesamtschwefel im Koks . .	1,90	0,86	% S berechnet auf lufttrockenen Koks

Bei der Behandlung von Upper-Freeport-Kohle mit Wasserstoff gelang es Powell sogar 90% des Kohlenschwefels zu entfernen, wie aus folgender Zusammenstellung hervorgeht:

Zeit Stdn.	Temperatur	$FeS_2 \rightarrow$ $FeS + H_2S$	$MSO_4 \rightarrow MS$	Organ. S $\rightarrow HS_2$	Organ. S $\rightarrow$ Teer S	$MS \rightarrow$ Organ. S
		ohne Wasserstoff				
2	0—500	0,14	0,06	0,10	0,03	0,04
2	500—1000	0,33	0,01	0,06	0,00	0,14
		mit feuchtem Wasserstoff				
1	0—500	0,46	0,06	0,13	0,03	0,12
1	500—1000	0,01	0,01	0,88	2,00	0,18
		% S berechnet auf lufttrockene Kohle				

Nach Powell beginnt die Umsetzung des Pyritschwefels in Schwefelwasserstoff bei 300° C; sie verläuft am stärksten bei 400—500° C und erreicht ihr Ende bei 600° C. Bei 600° C werden die Sulfate in Sulfide reduziert; ein Teil des gebundenen Schwefels geht bei 500° in Schwefelwasserstoff über. Die entschwefelnde Wirkung des Wasserstoffs kommt hauptsächlich bei der über 500° C stattfindenden Umwandlung des Sulfidschwefels in organischen Schwefel und bei der Überführung dieses in Schwefelwasserstoff zur Geltung.

Bei der Verwendung eines Schwelgases mit 50% Wasserstoff, 25% Methan, 25% Kohlenoxyd und 10% Luft zur Entschwefelung des Kokses wurden weniger zuverlässige Resultate gezeitigt als bei der Anwendung reinen Wasserstoffs. Zum Vergleich diene nachstehende Gegenüberstellung:

	H_2S als % S berechnet auf lufttrockene Kohle nach				% S in Koks
	$^1/_2$ Std.	1 Std.	2 Std.	3 Std.	
Gewöhnliche Destillation .	0,17	—	0,40	—	1,20
Schwelgas	0,40	—	0,86	0,96	0,34
Reiner Wasserstoff	0,72	1,02	1,11	—	0,11

Da hiernach die entschwefelnde Wirkung des Schwelgases immerhin sehr beträchtlich war, der Schwefelgehalt sank von 1,20% auf 0,34%, so verdient dieses Verfahren zweifellos Beachtung. Allerdings hat

Powell beobachtet, daß bei der Umwandlung des Sulfidschwefels in organischen Schwefel der Eisengehalt des Kokses eine gewisse Rolle spielt, so daß die Annahme nahe liegt, daß die Einwirkung des Wasserstoffs bzw. des Schwelgases bei verschiedenen Kohlensorten verschieden günstige Resultate ergeben wird.

Auch A. Lissner[1] gibt an, daß die Wirkung des Wasserstoffs auf den Koksschwefel in erhöhtem Maße eintritt, wenn metallisches Eisen vorhanden ist; er erreichte durch Zusatz von 5—10% Eisenteile zur Kokskohle und nachherigem Behandeln des Kokses mit Wasserstoff gute Resultate. Seine Angaben wurden von W. Gluud und G. Schneider[2] in einem Koksofen auf der Gutehoffnungshütte nachgeprüft. Sie benutzten allerdings keinen reinen Wasserstoff, sondern Koksofengas, wobei der an und für sich nicht hohe Schwefelgehalt des auf normale Weise erzeugten Kokses nur unbedeutend abnahm.

Dagegen gelang es Monkhouse und Cobb[3] beim Einleiten von Wasserstoff zur Kohle bzw. zum Koks während des Verkokungsvorganges, zwischen 500—1000° C, vom Koksschwefel 93% auszutreiben.

Übrigens versuchte Powell[4] die Koksentschwefelung auch mit Luft; jedoch machte die Entfernung des dabei entstandenen elementaren Schwefels erhebliche Schwierigkeiten, so daß diesem Verfahren keine praktische Bedeutung zukommt.

Bei der Behandlung des Kokses mit Wasserdampf ist es A.R. Powell und J. H. Thompson[5] gelungen, 20—25% des Gesamtschwefels zu entfernen; die Temperatur betrug 750° und die Dauer des Versuches 2—4 Stunden. Nach A. Thau[6] soll durch mehrstündiges Einblasen von Wasserdampf in den glühenden Koks ein beträchtlicher Teil des Koksschwefels entfernt werden können; dieses Verfahren soll das bisher wirtschaftlichste sein.

Trotzdem müssen die schon geäußerten Bedenken gegen die mit Wasserdampf arbeitenden Entschwefelungsverfahren aufrechterhalten bleiben. Vor allen Dingen ist in vielen Fällen eine erhebliche Verschlechterung der Koksqualität zu befürchten. Da nämlich bei der unvermeidlichen Wassergasbildung ein Teil des Kokskohlenstoffs verbrennt, so erhöht sich naturgemäß der Aschegehalt des Kokses, was sehr unerwünscht ist. Überdies werden aber bei der Wassergasbildung zunächst diejenigen Koksgefügeteile mit der relativ größten Oberfläche, also die feinsten Koksteilchen verzehrt, wodurch die Festigkeit, die Porosität und auch die Leichtverbrennlichkeit des Kokses leiden.

---

[1] Br. Chem. 1923, S. 305 u. 329; sowie Stahl und Eisen 1923, S. 1585.
[2] Handbuch der Kokerei, Bd 1, S. 93 (1927); Bd 2, S. 11 (1928). Halle/S.
[3] Br. Chem. 1923, S. 218.
[4] Vgl. Br. Chem. 1926, S. 269. Ref. v. W. Melzer.
[5] Stahl und Eisen 1926, S. 226; C. Bd 1, S. 2759 (1926).
[6] Glückauf 1924, S. 1242.

Da bei den deutschen Kokskohlen der Schwefelgehalt sich in mäßigen Grenzen bewegt, so kommt den genannten Verfahren bei uns nicht so große Bedeutung zu, wie dies in Ländern der Fall ist, wo Kokskohlen mit hohem Schwefelgehalt verarbeitet werden müssen.

Die größte Aussicht, einen schwefelarmen Koks zu erzeugen, hat man immer noch durch sorgfältige Auswahl einer schwefelarmen Kokskohle und durch geeignete Aufbereitung derselben.

Der Schwefelgehalt der Steinkohlen stammt zum Teil aus den Pflanzen, aus welchen sie gebildet wurden. Nach Dieulafait[1] war der Gehalt der während der Steinkohlenflora lebenden Pflanzen an Schwefel wesentlich höher als es bei den heute lebenden Pflanzen der Fall ist. In hohem Maße kann der Schwefel ferner vom Schwefelkies herstammen, der in die Steinkohle nach ihrer Ablagerung eingedrungen ist.

Die Grundwasser des Carbons enthielten gelöste Sulfatsalze von Natrium, Calcium, Magnesium und Eisen[2]. Diese Wasser waren in beständiger Unruhe, stiegen und sanken infolge verschiedener Einflüsse, z. B. Barometerstand, Gezeiten, Erdbeben usw. In ihrem Auf- und Niedersteigen durchdrangen sie die Kohlenflöze und fanden hier chemische Kräfte vor, welche ihre ursprünglichen Salze in andere Verbindungen überzuführen trachteten. Reine Kohle enthält einen hohen Prozentsatz von Kohlenstoff, der unter gewissen Umständen eines der stärksten Reduktionsmittel ist. Er hat Neigung, bei Gegenwart sauerstoffhaltiger Körper diesen ihren Sauerstoff zu entziehen und sich selbst damit zu sättigen, wobei er den Rest der Verbindung sich selbst überläßt, der dann andere Verbindungen eingeht, die von den gerade vorhandenen Einflüssen abhängen.

Solche Umsetzungen sind möglich und können nachgeahmt werden, bei allerdings hoher Temperatur und in kurzen Zeiträumen. Dabei muß vorausgesetzt werden, daß Reaktionen, die bei hoher Temperatur in kurzer Zeit zu Ende kommen, ebenso in langer Zeit bei niedriger Temperatur vor sich gehen können.

Diese chemischen Umsetzungen gingen allmählich und wahrscheinlich mit Komplikationen vor sich, so daß man sie mit einer chemischen Formel nicht kennzeichnen kann. Auf das Endresultat jedoch kann ohne weiteres geschlossen werden für den Fall, daß Eisensulfat im Wasser in Berührung mit Kohle kam. Kohle und Eisen wird vielleicht übergehen in Kohlendioxyd und Eisensulfid, entweder in Pyrit oder ein diesem nahestehendes Sulfid. Das Calciumsulfat würde Sauerstoff unter Kohlensäurebildung an die Kohle abgeben, unter Zurücklassung einer unbeständigen Sulfidverbindung, in welcher Eisenverbindungen leicht den

[1] C. r. 1885; Berg- u. Hüttenm. Ztg 1886, S. 276; vgl. Kokschemie, 2. Aufl., S. 162.

[2] Vgl. Haas, F.: West Virg. Geol. Survey, Bd 2, S. 325 (1911).

Schwefel angreifen können, wobei dann Calciumoxyd übrig bleibt, welches unter Kohlensäurebindung beständiges Calciumcarbonat bildet. Eine ähnliche Reaktion würde mit dem Magnesiumsulfat vor sich gehen. Das Natriumsulfat würde ebenso seines Sauerstoffes durch die Kohle und seines Schwefels durch das Eisen verlustig gehen und mit Kohlensäure Soda bilden, welche wegen ihrer Leichtlöslichkeit ungehindert versickern würde. Die kohlensauren Salze des Wassers würden ohne Veränderung oder Reduzierung fortgehen.

Die durch diese Reduktion gebildeten, unlöslichen und festen Salze würden hauptsächlich bestehen aus Pyrit, Calciumcarbonat und Magnesiumcarbonat. Während dieser Vorgänge würde aller Schwefel von dem Eisen in Form von Sulfaten und Sulfiden gebunden werden. Nach dem Gesetze der Krystallisation würden sich die Sulfide um einen Krystallisationskern sammeln und so allmählich pyritische Einschlüsse in den Spalten der Kohle oder endlich gar die Pyritknollen bilden. Das lösliche Eisensalz, welche diese Konzentrierung möglich machte, war wahrscheinlich Ferrosulfat; wegen seiner Unbeständigkeit wird es in den Kohlenflözen nicht krystallisiert gefunden.

Am wenigsten enthält die Kohle den Schwefel in Form von schwefelsauren Salzen, von denen bisher nur geringe Mengen vorgefunden wurden, und zwar meist in etwas verwitterter Kohle. Calciumsulfat ist in allen Kohlenaschen allerdings vorhanden, aber das Vorkommen wird erklärt durch die Absorption der SO_2-Dämpfe der Pyrite durch das Calciumoxyd während der Veraschung.

Der Schwefel tritt in dreierlei Form in der Kohle auf, und zwar:

1. als Schwefelkies, ferner
2. als Sulfat (Gips) und
3. als organischer, d. h. an Kohlenstoff, Wasserstoff und Sauerstoff gebundener Schwefel.

Die Anwesenheit von organischem Schwefel in der Kohle[1] hat man lange bezweifelt, obwohl bereits Percy darauf hinwies, daß in einigen Kohlenarten Schwefel in organischer Bindung vorhanden sein müsse und ebenso Wormley[2] und W. Wallace[3] und vor allem F. Muck[4] den analytischen Beweis hierfür erbrachten.

Die nachfolgende Tabelle zeigt nach W. Wallace den Gesamtschwefel einiger schottischer Kohlen, sowie den als FeS_2 gebundenen Teil, wobei angenommen ist, daß alles Eisen als Pyrit gebunden ist.

---

[1] Der S-Gehalt der Braunkohlen, der sich vielfach auf 3 und mehr Prozent stellt, findet sich ebenfalls vorwiegend in organischer Form.

[2] Report of the Ohio Geol. Survey 1870, S. 412.

[3] Chem. News, Bd 41, S. 201 (1880).

[4] Muck: Stahl und Eisen, Bd 2, S. 471 (1886).

Herkunft der Kohle	Ges. S %	S als Pyrit %	Differenz %
Ell coal (Lanarkshire)	0,91	0,11	0,80
Main coal	0,60	0,42	0,18
Splint coal	0,46	0,14	0,32
Pyotshan coal	0,68	0,17	0,51
Soft coal (Fife)	0.93	0,49	0,44

Muck setzte chemisch reines Eisenoxyd einer gepulverten Kohle mit 67,72% Koksausbeute, 2,48% Asche, und 0,92% S zu; die Kohlenasche enthielt:

SiO_2	64,53
Al_2O_3	42,90
Fe_2O_3	9,70 = 6,28 Fe
CaO	0,0
MgO	0,0

(Alkalien, Schwefelsäure und Phosphorsäure n. b.)

Der Eisengehalt der Kohle berechnet sich zu 0,1557%, denen eine Schwefelbindung (zu FeS_2) von 0,1771 S entsprechen würde. Da die Kohle keine Sulfate enthielt, müssen 0,7429% organischer S vorhanden sein. Der Tiegelkoks enthielt 0,86% S und hätte, wenn kein organischer S vorhanden wäre, bei dem obigen Koksausbringen 1,358% aufweisen müssen.

Bei 3% Fe_2O_3 Zusatz zur Kohle enthielt der Koks 0,962 S und bei 11% Fe_2O_3 Zusatz 1,2% S.

Der Schwefel muß also in der Kohle zum Teil in organischer Form vorhanden sein.

Bei der Aufbereitung der Kokskohle wird die Kohle wegen des geringen spezifischen Gewichtes von dem schwereren Schwefelkies abgeschwemmt; eine nicht unbedeutende Menge Schwefelkies bleibt aber stets in der Kohle zurück.

Der in der Steinkohle vorhandene Schwefelkies wird im Koksofen infolge der hohen Temperatur und der immerhin langen Chargendauer zersetzt, wobei nach der Gleichung $2\,FeS_2 = Fe_2S_3 + S$ ein Viertel des Schwefelgehaltes entweichen würde. Bei einem Koksausbringen von 75% von einer Kohle mit 1,5% Schwefel würde demnach der Koks $\frac{1{,}5 \cdot 0{,}75}{0{,}75} = 1{,}5\%$ S, d. h. ebensoviel Schwefel enthalten wie die Kohle. Stellt sich die Koksausbeute niedriger, so würde der Schwefelgehalt des Kokses größer werden als der in der Steinkohle, z. B. bei 70% Ausbringen $\frac{1{,}5 \cdot 0{,}75}{0{,}70} = 1{,}6\%$ S. Verringert sich hingegen der Zähler 0,75, d. h. geht die Entschwefelung beim Glühen des Schwefelkieses etwa nach der Gleichung $FeS_2 = FeS + S$ vor sich, so würde das eine Erniedrigung des Schwefelgehaltes im Koks nach sich ziehen, z. B. würde im letzteren

Falle der Schwefel des Kokses nur $\frac{1{,}5 \cdot 0{,}5}{0{,}75} = 1{,}0\%$ betragen. Je höher die Koksausbeute, desto mehr Schwefel wird also bei der Zersetzung des Schwefelkieses unter sonst gleichen Verhältnissen frei.

Sulfate, welche die Steinkohlenasche aufweist, werden meistens während des Verkokungsprozesses reduziert, namentlich $CaSO_4$ zu CaS. Von dem organisch gebundenen Schwefel wird ferner ein mehr oder minder großer Teil frei, der ebenso wie der bei der Schwefelkieszersetzung frei gewordene Schwefel, sich insgesamt verflüchtigen könnte, wenn dabei nicht die Beziehungen zur chemischen Zusammensetzung der Steinkohlenasche in Frage kämen.

Die Asche der Steinkohle enthält als Eisenverbindungen Eisenoxyde, Eisencarbonat und Eisensilicat und ferner Calcium- und Magnesiumverbindungen. Die Eisenverbindungen werden im Koksofen schon bei geringer Temperatur durch Kohlenstoffverbindungen zu metallischem Eisen reduziert, welches dann infolge seiner starken Verwandtschaft zum Schwefel auf den frei gewordenen S einwirkt und ihn in FeS überführt. Je mehr Eisenoxyde usw. die Steinkohle besitzt, desto mehr freier Schwefel kann natürlich gebunden werden. Ähnlichen Einfluß zeigen Kalk und Magnesia, indem sie mit den aus freiem Schwefel entstandenen schwefelhaltigen Kohlenstoffverbindungen Sulfide bilden, z. B. erzeugt Kalk mit Schwefelkohlenstoff Schwefelcalcium nach der Gleichung $2\,CaO + CS_2 = 2\,CaS + CO_2$. Wenn also auch im Koksofen bedeutende Schwefelmengen frei geworden sind, also die Möglichkeit zur Erlangung eines schwefelarmen Kokses gegeben ist, so wird doch der Schwefelgehalt sich sehr hoch im Koks stellen, sofern die Steinkohlenasche große Mengen von Calcium-, Magnesium- und Eisenverbindungen aufweist. Aus demselben Grunde erklärt sich auch, weshalb man aus einer schwefelarmen Steinkohle nicht immer einen schwefelarmen Koks erhält, vielmehr sogar der Fall eintreten kann, daß der resultierende Koks mehr Schwefel zeigen wird als die Kohle, trotzdem auch beim Löschen des frischgezogenen, glühenden Kokskuchens mit Wasser noch eine weitere Entschwefelung eintritt dadurch, daß ein Teil des Sulfidschwefels als Schwefelwasserstoff entfernt wird.

Der Beweis für die Behauptung, daß ein höherer Schwefelgehalt im Koks als in der Steinkohle nicht zu den Unmöglichkeiten gehört, ergibt sich aus der umstehenden Analysentafel, welche C. von John[1] veröffentlichte.

Im allgemeinen verlieren die Kohlen der Carbonformation im Koksofen weniger Schwefel als die jüngeren Kohlen, von denen die verschie-

[1] Simmersbach, O.: Über den Schwefelgehalt des Kokses. Stahl und Eisen 1898, Nr 1.

Nr. des Versuches	Fundort der Kohle	Wasser %	Asche %	Wärmeeinheiten in der Bombe bestimmt %	Gesamtschwefel %	S in der Asche %	Verbrennlicher (schädlicher) S %	Koksausbringen aus 100 Teile Kohle %	Asche im Koks %	Gesamtschwefel im Koks %	S in Koksasche %	Verbrennlicher (schädlicher) S im Koks %	Gesamtschwefel im Koks aus 100 Teilen Kohle %	S in der Asche im Koks von 100 Teilen Kohle %	Verbrennlicher (schädlicher) S im Koks von 100 Teilen Kohle %	Prozentsatz des verbrennlichen S, der im Koks zurückbleibt %	Prozentsatz des verbrennl. S, der bei Verkokung proz. entweicht %
1.	Englische Kohle	0,90	4,80	76,13	1,17	0,12	1,05	84,31	7,49	1,07	0,11	0,96	0,90	0,09	0,81	77,14	22,86
2.	Kladnoer Kohle	7,40	8,45	61,62	0,53	0,02	0,51	61,00	15,45	0,60	0,02	0,58	0,36	0,01	0,35	68,63	31,37
3.	Ostrauer Gruben	1,85	4,04	65,09	0,85	0,03	0,82	64,82	7,62	0,92	0,07	0,85	0,60	0,55	0,55	67,07	32,93
4.	Nürschan (Zieglerschacht)	8,45	10,45	53,52	1,06	0,04	1,02	57,60	18,78	1,18	0,04	1,14	0,68	0,02	0,66	64,71	35,29
5.	Tremosna (gew. Kohle)	14,70	4,45	56,58	0,76	0,01	0,75	58,80	7,59	0,83	0,01	0,82	0,49	0,01	0,48	64,00	36,00
6.	Rossitz, Segen Gottes	0,65	3,80	68,31	4,00	0,10	3,90	73,76	5,93	3,37	0,12	3,25	2,48	0,09	2,39	61,31	38,69
7.	Widenstein, Segengrube	2,20	3,35	66,24	0,98	0,24	0,74	63,20	3,89	1,00	0,31	0,69	0,63	0,19	0,44	59,46	40,54
8.	Rossitz, aschenr. Kohle	0,60	16,25	60,26	4,14	0,90	3,24	73,56	25,49	3,96	1,37	2,59	2,91	1,01	1,90	58,64	41,36
9.	Ostrau, Gräfl. Wilczeksche Gruben	1,95	6,22	64,86	0,84	0,27	0,57	65,22	9,28	0,79	0,29	0,50	0,52	0,19	0,33	57,89	41,11
10.	Lupeny (Sziltbal)	1,80	6,70	63,14	4,66	0,49	4,17	71,40	11,85	3,90	0,64	3,26	2,79	0,46	2,33	55,88	44,12
11.	Krapnia	15,10	12,55	48,30	7,86	0,79	7,07	53,79	22,18	7,25	1,15	6,10	3,90	0,61	3,28	46,39	53,61
12.	Tokod (bei Gran)	13,81	5,10	48,02	7,63	0,50	7,13	51,36	11,03	6,40	0,92	5,48	3,28	0,47	2,81	39,41	60,59
13.	Torf v. Dadostin b. D.-Brod	14,50	1,45	39,82	0,19	0,04	0,15	30,30	4,73	0,26	0,11	0,15	0,08	0,03	0,05	33,33	66,67
14.	Rumän. Braunkohle	25,90	14,30	30,25	3,14	1,49	1,65	39,22	36,75	3,85	2,53	1,32	1,51	0,99	0,52	31,52	68,48

denen Braunkohlen am meisten verflüchtigen. Hierbei bleibt jedoch zu berücksichtigen, daß von John in den untersuchten Kohlen Schwefelkies direkt als solchen nicht nachweisen konnte, sondern der Schwefel in den meisten Fällen, insbesondere bei den jüngeren Kohlen, in organischer Bindung vorhanden war.

Der Koks enthält also den Schwefel außer in Verbindung mit Eisen, Kalk und Magnesia auch noch in organischer Form. Letztere muß man sich in ähnlicher Weise vorstellen, wie die Bindung des sogenannten Kohlenstickstoffs im Koks. Die Annahme von dem Vorhandensein okkludierten Schwefels ist nicht statthaft, da freier Schwefel bislang sich nicht nachweisen ließ. Die verschiedenartige Menge des organischen Schwefels in der Kohle erklärt sich mit Rücksicht auf die verschiedenen Lebensbedingungen der Pflanzen, welche bei der Bildung der Kohle mitwirkten, indem der zu ihrer Ernährung dienende Boden ebenfalls verschieden große Mengen organischer Schwefelverbindungen aufzuweisen hat[1].

Gewöhnlich nimmt man soviel des Gesamtschwefels als Zweifachschwefeleisen (Pyrit) in der Kohle an, daß alles in der Asche bestimmbare Eisen als Zweifachschwefeleisen gebunden ist. Diesen Schwefel nennt man anorganischen Schwefel. Die Differenz gegen den Gesamtschwefel ergibt dann den organischen Schwefel. Manche Analytiker hielten sogar im Koks noch die Anwesenheit von Zweifachschwefeleisen für möglich, wenn auch die Mehrzahl wohl das Eisen im Koks als Schwefeleisen voraussetzt, was richtiger, aber nicht völlig richtig ist, wie sich aus den folgenden Untersuchungen von O. Simmersbach[2] ergibt, bei denen westfälische Kohle, die bei 2—8 mm Korngröße ein spez. Gewicht von 1,317 aufwies, mit einer Chlorcalciumlösung vom spez. Gewicht 1,354 behandelt wurde.

Schon wenn man in der unbehandelten Kohle alles Eisen als Zweifachschwefeleisen annehmen will, findet man, daß die dazu nötige Schwefelmenge mit 1,191% die überhaupt vorhandene Schwefelmenge um 0,023% übersteigt. Es könnte demnach in dieser Kohle überhaupt kein organischer Schwefel vorhanden sein. Verkokt man diese Kohle und nimmt man im Koks den anorganischen Schwefel als Schwefeleisen an, so erhält man Schwefel im Überschuß und deshalb 0,117% als „organischen Schwefel", obwohl 35,62% des in der Kohle gefundenen Gesamtschwefels durch den Verkokungsprozeß verflüchtigt sind. Fraktion 1, welche

1	2	3	4	5	6	7	8	9	10	11	12	13	14
		Gewichtsprozente bezogen auf trockene Kohle							Gewichtsprozente bezogen auf trockenen Koks				
Nr. der Fraktion	Spez. Gewicht der $CaCl_2$ Lösung	Spez. Gew. der untersinkenden Kohle	Asche	Eisen	Anorg. S als FeS_2 gebunden	Organ. S	Ges. S	Koksausbeute	Asche	Eisen	Anorg. S als FeS gebunden	Organ. S	Ges. S
Rohkohle		1,317	6,58	1,037	1,191	— 0,023	1,168	78,83	7,99	1,358	0,778	0,176	0,954
1	1,354	1,690	34,38	5,075	5,828	— 3,588	2,240	83,44	41,05	6,502	3,733	— 1,723	2,010
2	1,334	1,370	8,02	1,497	1,719	— 0,353	1,366	79,66	10,46	2,154	1,237	— 0,050	1,187
3	1,314	1,357	4,52	0,948	1,089	+ 0,216	1,305	78,68	6,02	1,279	0,734	+ 0,371	1,105
4	1,304	1,335	3,54	0,652	0,749	+ 0,369	1,118	78,31	4,62	0,896	0,514	0,441	0,955
5	1,294	1,313	2,08	0,434	0,498	0,472	0,970	78,10	2,75	0,576	0,330	0,483	0,813
6	1,284	1,293	1,24	0,295	0,339	0,563	0,902	77,76	1,63	0,427	0,246	0,545	0,791
7	1,274	1,281	0,74	0,233	0,268	0,614	0,887	77,58	1,10	0,352	0,202	0,505	0,707
8	1,264	1,274	0,50	0,119	0,137	0,701	0,838	75,78	0,68	0,194	0,112	0,587	0,699

[1] Schaefer: Preuß. Z. 1910, S. 282.
[2] Kokschemie, 2. Aufl., S. 168.

viel Gangart und viel Asche aufweist, in der man deshalb von vornherein viel anorganischen Schwefel annehmen darf, zeigt zwar eine hohe Zahl für Gesamtschwefel, aber dieser Schwefel reicht nicht einmal aus, auch nur die Hälfte des Eisens als Zweifachschwefeleisen zu binden. Zum Binden der 5,075% Eisen sind 5,823% Schwefel erforderlich, vorhanden ist nicht einmal die Hälfte: 2,240%, so daß 3,588% fehlen und wieder kein „organischer Schwefel" zugegen sein kann. Durch den Verkokungsprozeß wird nun ein absolut großer, aber prozentual kleiner Teil Schwefel ausgetrieben. Die im Koks zurückgebliebenen 1,678% genügen gerade, um die Hälfte des vorhandenen Eisens als Schwefeleisen zu binden. Demnach hätte auch dieser Koks keinen organischen Schwefel.

Ähnlich liegen die Verhältnisse bei Fraktion 3. Bei den weiteren Fraktionen 4—8 gibt diese Berechnungsart anscheinend brauchbare Zahlen. Man erhält bei der Kohle mit dem fallenden Asche- und Eisengehalt abnehmende Gehalte an anorganischem, und steigende Gehalte an organischem Schwefel. Aber schon beim Koks sieht es anders aus. Die Gehalte an Gesamtschwefel nehmen ab, aber die Reihe des zunehmenden organischen Schwefels zeigt bei Fraktion 7 eine Störung, indem diese weniger organischen Schwefel hat als 6, und der Unterschied zwischen 6 und 8 stellt sich auch reichlich klein. Gleichzeitig liegt bei Fraktion 7 das Maximum im „flüchtigen Schwefel", also in dem durch den Verkokungsprozeß ausgetriebenen Schwefel. Die Zahlen für „flüchtigen Schwefel" weisen mit keiner Reihe irgendwelche Gesetzmäßigkeit auf. Selbst die Fraktionen, deren Kohlesubstanz ähnlich zusammengesetzt zu sein schien, Fraktion 3—7, zeigen kein gleiches oder ähnliches Verhalten.

Koks auf angewandte trockene Kohle umgerechnet.

Fraktion	Asche i. Koks gefund. u. umgerechnet	Eisen i. Koks gefund. u. umgerechnet	Anorgan. Schwefel berechnet als FeS	Organ. Schwefel	Gesamt-Schwefel	Flüchtiger Schwefel gleich Differenz v. Ges.-S in Kohle und Koks	Flüchtiger Schwefel in % des ursprünglich vorhandenen
Rohkohle	6,30	1,105	0,635	0,117	0,752	0,416	35,62
1	34,25	5,425	3,115	0,437	1,678	0,562	25,02
2	8,33	1,716	0,985	1,039	0,946	0,420	30,75
3	4,74	1,006	0,578	0,291	0,869	0,436	33,41
4	3,70	0,702	0,403	0,345	0,748	0,370	33,10
5	2,15	0,450	0,258	0,377	0,635	0,335	34,54
6	1,27	0,332	0,191	0,427	0,618	0,284	31,49
7	0,85	0,273	0,157	0,392	0,549	0,338	38,11
8	0,52	0,147	0,084	0,446	0,530	0,308	36,75

Aus alledem geht hervor, daß die früher übliche Berechnungsart des sogenannten anorganischen und organischen Schwefels keine brauchbaren Resultate ergibt, und wenn man dies nicht beachtete, so lag das wohl daran, daß Schwefelbestimmungen und eine Verteilung von Schwefel auf anorganischen, organischen und Sulfatschwefel ausschließlich vom Koks gemacht wurden, wo der Fehler nicht besonders in die Erscheinung tritt. Von Kohlen, bei denen der Fehler vielleicht auffiele, von Waschbergen, wo der Fehler der Methode sicher aufgefunden werden müßte, werden selten Bestimmungen gemacht. Eine weitere Tatsache, die die Berechnung des anorganischen Schwefels aus dem Eisengehalt hinfällig macht, ersieht man aus folgender Zahlentafel:

Fraktion	Fe in der Kohle %	Fe im Koks % umgerechnet auf Kohle	Differenz	Überschuß im Koks in % des Fe der Kohle
Rohkohle	1,037	1,105	0,068	6,56
1	5,075	5,425	0,350	6,89
2	1,497	1,716	0,219	14,63
3	0,948	1,006	0,058	6,12
4	0,652	0,702	0,050	7,12
5	0,434	0,450	0,016	3,69
6	0,295	0,332	0,037	12,54
7	0,233	0,273	0,040	17,17
8	0,119	0,147	0,028	23,53

Vergleicht man die Zahlen für Eisen in der Kohle und in dem daraus gewonnenen Koks, so müßten diese Zahlen gleich sein. Die Zahlen für Eisen im Koks stellen sich nun aber bedeutend höher als die für Eisen in der zugehörigen Kohle.

Der Eisenüberschuß zeigt in den leichteren Fraktionen die Tendenz, mit fallendem Eisengehalt, also bei Überschuß an Kohlenstoff, zu steigen. Es scheint, als ob beim Verbrennen der Kohle flüchtige Eisenverbindungen entstehen, welche sich beim Verbrennen von Koks nicht mehr oder doch in weit geringerem Maße bilden. Vermutlich werden durch den Verkokungsprozeß die in der Kohle vorhandenen, dieser Bildung fähigen Eisenverbindungen zersetzt, so daß beim Verbrennen des Kokses keine flüchtigen Eisenverbindungen in verhältnismäßig größerer Menge auftreten können.

Daß eine Bildung von Eisencarbonyl oder ähnlichen Verbindungen im Koksofen tatsächlich stattfindet, schließt O. Simmersbach[1] daraus, daß bei Koksofensteinen sich der anfänglich gleichmäßig verteilte Eisengehalt nach längerer Betriebsdauer verändert und z. B. nach der Heizwandseite zu erheblich anwachsen kann[2]. Er erklärt eine derartige Wanderung des Eisens dadurch, daß flüchtige Eisenverbindungen den Gasdruckverhältnissen des Ofens entsprechend durch die Poren der Schamotte von der Kammerseite nach der Heizraumseite gewandert

[1] Kokschemie, 2. Aufl., S. 171.
[2] Vgl. Schreiber, F., u. O. Simmersbach: Stahl und Eisen 1913, Nr 51.

sind, wo sie verbrannten und ihr Eisen zurückließen. Bei größerem, aber zur schnellen Verbrennung nicht völlig ausreichendem Luftzutritt, wie es bei der Veraschung der Kohlenprobe in der Gasmuffel der Fall ist, kann sich daher Eisencarbonyl in größerem, Maßstabe sehr wohl bilden.

Dieser Anschauungsweise von O. Simmersbach kann man nicht beipflichten, denn abgesehen davon, daß bei den hohen Temperaturen, welche im Koksofen herrschen, die Bildung von Eisencarbonyl während der Verkokung sehr wenig wahrscheinlich ist, so ist es unmöglich, daß Eisencarbonyl unzersetzt durch glühende Ofensteine wandert, um sich dann erst auf der Heizwandseite zu spalten. Wenn aber die Beobachtung, daß die Ofensteine nach der Heizwandseite hin einen höheren Eisengehalt aufweisen richtig ist, so läßt sich das ungezwungen erklären. Weil nämlich immer, wenn Kohlenoxyd oder kohlenoxydhaltige Gase bei niedriger Temperatur mit Eisen in Berührung kommen, sich Eisencarbonyl bildet, so wird also auch das Koksofengas nach dem Durchströmen der Leitungen und Apparate, die aus Eisen aufgebaut sind, einen gewissen Gehalt an Eisencarbonyl aufzuweisen haben. Wenn dieses eisencarbonylhaltige Gas nun in den Heizkammern der Koksöfen verbrannt wird, so ist es natürlich, daß dabei Eisen abgeschieden wird, welches sich auf den Ofensteinen niederschlagen kann.

Allgemeingültige Beziehungen zwischen dem Schwefelgehalt der Steinkohle und dem des Kokses haben sich, abgesehen von dem bereits erwähnten Einfluß der Aschenzusammensetzung, nicht feststellen lassen. Untersuchungen mit westfälischer Kohle bei viel und wenig flüchtigen Bestandteilen ergaben nachstehendes Ergebnis[1]:

	1 %	2 %	3 %	4 %	5 %	6 %	7 %	8 %	9 %
Koks:									
Asche	11,00	7,75	7,60	8,15	8,10	8,92	8,52	9,54	10,62
Gesamtschwefel	1,25	1,13	1,09	1,20	1,33	0,95	1,18	1,17	1,42
Kokskohle:									
Flücht. Bestandteile .	17,80	18,30	18,40	18,40	19,50	21,90	23,00	23,40	25,80
Asche	8,52	6,35	6,12	6,72	7,00	6,36	7,74	6,72	6,78
Gesamtschwefel	1,44	1,23	1,17	1,38	1,78	1,32	1,20	1,23	1,61
Gebundener Schwefel .	1,18	0,92	0,955	1,13	1,43	1,03	0,93	0,94	1,20
Flüchtiger Schwefel . .	0,26	0,31	0,215	0,25	0,35	0,29	0,27	0,29	0,41
Vom Gesamtschwefel sind flüchtig	18,00	25,20	18,50	22,20	19,70	22,00	22,50	23,50	25,50

In einzelnen Kohlenrevieren scheinen jedoch bestimmte Beziehungen zwischen dem während der Verkokung sich verflüchtigenden Schwefel und dem Eisengehalt vorzuliegen, wie z. B. in Westvirginia, woselbst

[1] Simmersbach, O.: Neuere Untersuchungen über den Schwefelgehalt in Kohle und Koks. Stahl und Eisen 1913, Nr 49/50.

F. Haas[1] trotz verschieden hohen Eisen- und Schwefelgehaltes stets dieselbe prozentuale Schwefelverflüchtigung während der Verkokung feststellte und stets im Koks fast dieselbe Menge FeS fand, wie die folgende Übersicht erkennen läßt.

Nr.	Feuchtigkeit %	Flücht. Bestandteile %	Kohlenstoff %	Asche %	Ges. Schwefel %	während d. Verkokung verfl. Schwefel %	Eisen %	FeS %
1.	1,94	34,68	57,66	5,72	0,80	43,76	0,452	0,565
2.	1,76	35,06	56,54	6,64	1,63	43,55	0,922	0,566
3.	1,58	35,56	55,44	7,42	2,03	43,35	1,070	0,527
4.	1,32	37,06	54,40	7,22	2,49	43,78	1,307	0,525
5.	1,52	37,80	54,26	6,42	2,52	54,63	1,239	1,495
6.	1,72	38,34	53,90	6,04	2,56	48,82	1,142	0,446
7.	1,28	38,12	52,46	8,14	3,14	46,49	1,569	0,499
8.	1,45	38,91	52,42	7,22	3,26	41,72	1,788	0,548
9.	1,21	39,78	51,90	7,11	3,54	44,63	1,948	0,550
10.	1,40	39,30	51,80	7,50	3,68	46,47	1,849	0,503

Die Asche der obigen Kohle hatte die nachstehende Zusammensetzung:

Nr.	SiO_2 %	Al_2O_3 %	Fe_2O_3 %	P_2O_5 %	CaO %	MgO %	Na_2O %	K_2O %	SO_3 %	Summa %
1	44,15	28,02	11,29	1,24	7,02	1,32	1,19	1,23	4,57	100,03
2	37,47	22,69	19,89	0,34	8,92	1,22	1,13	0,63	8,23	100,52
3	36,30	20,58	20,61	0,29	9,09	1,60	2,17	0,92	8,50	100,06
4	34,68	19,96	25,86	0,42	8,37	1,06	1,99	1,27	6,40	100,01
5	36,50	23,35	27,58	0,33	4,91	0,98	1,44	1,03	3,92	100,04
6	33,62	22,67	27,10	0,50	7,29	1,04	1,11	0,89	6,35	100,58
7	27,10	17,88	27,57	0,29	11,51	0,97	1,30	0,75	12,84	100,21
8	29,11	19,95	35,38	0,96	5,92	1,13	1,19	0,84	5,52	100,00
9	29,94	19,71	39,21	0,23	5,23	1,09	1,10	0,96	2,93	100,40
10	29,65	18,11	35,37	0,15	7,11	0,94	1,35	0,95	6,99	100,52

Beim Löschen des frischgezogenen Kokskuchens mit Wasser wird noch ein Teil des Schwefels als Schwefelwasserstoff entfernt, nach der Gleichung: $FeS + H_2O = FeO + H_2S$. Doch geht schon aus der Struktur des Kokses, besonders der dichteren Sorten, hervor, daß die Entschwefelung durch Wasserdampf keine erschöpfende sein kann, zumal der Koks sich verhältnismäßig rasch abkühlt. Außerdem sind meist nur wenig Schwefelmetalle da, auf die der Wasserdampf einwirken kann.

Auf demselben Grundsatz beruht auch die Entschwefelung beim Löschen im Bienenkorbkoksofen selbst; es entwickelt sich ebenfalls H_2S, aber der Wasserdampf wird auch vom Kohlenstoff unter Wegührung brennbarer Gase zerlegt ($H_2O + C = CO + H$. So fand z. B.

[1] Simmersbach, O.: Berg- u. Hüttenm. Rdsch. 1913, Nr 14.

Frankland[1] in den aus Derbyshirekoks und Dampf entwickelten Gasen:

H und CH_4 . . .	56,9
CO_2 . . .	19,3
CO . . .	13,8
	100,0

Nach einer Ausführungsform des Trockenlöschverfahrens der Firma F. J. Collin AG.[2] für Abhitzeöfen wird zur Nutzbarmachung der Wärme des garen Kokses Generatorgas benutzt, welches dem Koks einen großen Teil seiner Wärme entzieht und vorerwärmt zur Beheizung von Abhitzekoksöfen dient. Durch diese Behandlungsweise soll der trocken gelöschte Koks weitgehend entschwefelt werden.

Bei der Auswertung vergleichender Versuche über das Naß- und Trockenlöschen von Koks stellte F. Müller[3] fest, daß die verschiedenen Löschverfahren auf den Schwefelgehalt des Kokses keinen erheblichen Einfluß haben.

Von neueren Arbeiten, die sich mit dem Verhalten des Schwefels in der Kohle und im Koks befassen, sind noch die Arbeiten von Förster und Geisler[4] zu erwähnen. Sie stellten fest, daß bei der trockenen Destillation der Steinkohle zunächst der Pyritschwefel entweicht; bei 500° ist er vollständig verschwunden. Bis zu dieser Temperatur war eine Verringerung des organisch gebundenen Schwefels nicht zu beobachten. Dieser wird erst auf dem Weg über Schwefelwasserstoff frei. Mit zunehmendem, geologischem Alter der Kohle sinkt der Pyritschwefel und steigt derjenige an organisch gebundenem Schwefel.

Bei vierstündigem Erhitzen einer Kohle auf mindestens 1000° erhielten sie eine Koksausbeute von 63,5%; der Gehalt und die Verteilung des Schwefels in der Kohle und im Koks waren folgende:

	in der Kohle:	im Koks:
Gesamtschwefel	1,78	1,58
Pyritschwefel	0,92	0,03
Sulfidschwefel	—	0,46
Sulfatschwefel	0,10	0,02
Organischer Schwefel	0,76	1,07

Der in organischen Verbindungen vorhandene Schwefel wird also bei der Verkokung in hohem Maße umgewandelt, während der organisch gebundene Schwefel fast unverändert bleibt. Der Sulfatschwefel war in Sulfidschwefel übergegangen; ebenso jedenfalls ein großer Teil des Pyritschwefels. Das Vorhandensein einer nur geringen Menge Sulfidschwefel wird dadurch erklärt, daß dieser während der Verkokung größtenteils in organisch gebundenen Schwefel umgewandelt wurde.

---

[1] Percy: Bd 1. [2] Vgl. Handbuch der Kokerei, Bd 1, S. 273.
[3] Glückauf 1926, S. 1128. [4] Z. angew. Chem. 1922, S. 193.

Hierzu im Gegensatz stellten J. W. Wibaut und Stoffel[1] fest, daß 50% des organischen Schwefels während der Verkokung entweichen; der hohe Gehalt des Kokses an organisch gebundenem wird dadurch erklärt, daß der Pyritschwefel in organisch gebundenen Schwefel übergeht.

Nach Powell[2] ist der Schwefel im Koks in vier verschiedenen Modifikationen enthalten, nämlich als Pyrit, als Sulfat, als freier Schwefel und als Schwefel in fester Lösung.

Westfälischer Koks enthält meist 0,8—1,5% Schwefel; höhere Gehalte sind selten. Von 62 Schwefelanalysen westfälischer Kokse zeigten 11 unter 1% S (Minimum 0,83%) und 51 über 1%. Von letzteren wiesen 43 zwischen 1% und 1,20% auf (Mittel also 1,10%); 8 Analysen ergaben 1,20—1,47% S (letztere Zahl als Maximum). Man geht mithin nicht fehl, wenn man für westfälischen Koks im Mittel 1,06% Schwefel annimmt.

Über den Schwefelgehalt einzelner Ruhrkoksmarken gibt die nachstehende Tabelle von G. Ott[3] Auskunft:

Ruhrkoks.

Kokerei	% S	Kokerei	% S
Prosper	0,73	Luise Tiefbau	1,05
Fröhliche Morgensonne	0,77	Harpen	1,07
Centrum	0,78	Deutsch-Luxemburg	1,10
König Wilhelm	0,85	Julius Philipp	1,14
Concordia	0,89	Wirtz	1,19
Holland	0,90	Tremonia	1,23
Neumühl	0,93	Courl	1,28
Bulmcke	0,94	Maßener Tiefbau	1,32
Dannenbaum	0,96	Präsident	1,37
Mansfeld	0,97	Victor	1,50
Lothringen	0,99	Gneisenau	1,58
Dahlbusch	1,00		

Geringere Schwefelgehalte als 0,8% finden sich beim Ruhrkoks selten, doch kommen sie sowohl bei Koks aus bester Fettkohle, wie aus leichter Fettkohle und auch bei Koks aus Eßkohle vor.

	I	II	III	IV	V
Ruhrkoks:					
Koks aus bester Fettkohle	0,46	0,72	0,89	0,89	0,92
„ „ leichter „	0,66	1,11	1,165	1,198	1,33
„ „ Eßkohle	0,55	0,72	0,80	0,84	1,33
Niederschlesien	0,80	0,94	—	—	—
Saarrevier	0,71	0,90	0,97	0,98	1,00
Aachener Bezirk	0,71	0,84	0,86	0,89	0,96
Sächsischer Koks	0,12	0,15	0,20	—	—
Oberschlesien	0,83	0,89	0,96	1,15	1,33
Obernkirchen	1,27	—	—	—	—

[1] Br. Chem. 1922, S. 273. [2] Br. Chem. 1926, S. 269. [3] Ott, G.: l. c.

Über die einzelnen Formen, in denen der Schwefel in den Hauptkoksmarken aus den verschiedenen deutschen Koksrevieren vorkommt, gibt die folgende Tabelle[1] Auskunft:

	Westfalen		N.-Schlesien		O.-Schlesien		Saar	
	I	II	I	II	I	II	I	II
Sulfid-S	0,139	0,124	0,103	0,112	0,136	0,120	0,094	0,096
Sulfat-S	0,027	0,023	0,169	0,169	0,178	0,178	0,044	0,041
Org. S	0,902	0,972	0,693	0,766	0,417	0,446	0,492	0,493
Ges. S.n. Eschka	1,068	1,119	0,965	1,047	0,731	0,742	0,630	0,630

Schwefelgehalte im Ostrau-Karwiner Koks[2] bei durchschnittlich 10,5% Asche stellen sich wie folgt:

% S	% S	% S
0,72	0,75	0,60
0,73	0,74	0,78
0,77	0,96	0,81
0,72	0,70	

Bei Durhamkoks[3] schwankt der Schwefelgehalt ähnlich wie im Ruhrbezirk:

Zeche Hamsteels	0,81% S
„ Consett	0,84% S
„ Withworth	1,21% S
„ Sourth Bancepeth . .	0,91% S

Das gleiche gilt vom belgischen Koks[4]:

Koks von Lüttich	1,08	1,12	1,24% S
„ „ Fontaine l'évèque	1,12	1,15	1,20% S
„ „ La Louvière	0,94	1,08	1,14% S
„ „ Ghlin-Lez-Mons	0,84	0,94	0,99% S

Südrussischer Koks wechselt im Schwefelgehalt zwischen 1,25 und 3,0%. In Frankreich zeichnet sich der Koks von St. Etienne durch besondere Schwefelarmut aus, 0,4% S, er kommt damit dem besten amerikanischen Koks aus Westvirginia gleich[5].

Poccahontas-Koks	0,39% S	Poccahontas-Koks	0,49% S
„	0,43% S	New-River-Koks	0,45% S
„	0,44% S	„	0,46% S
„	0,48% S	„	0,48% S

Durch Schwefelreinheit zeichnet sich ferner besonders australischer Koks von Neusüdwales aus, der selbst aus ungewaschener Kohle im Mittel nur 0,4—0,5% Schwefel aufweist, z. B.

---

[1] Simmersbach, O.: Stahl und Eisen 1913, Nr 50.

[2] Simmersbach, O.: Die Ostrau-Karwiner Koksindustrie. Stahl und Eisen Bd 2, S. 1037 (1904).

[3] Nach Weeks: l. c. [4] Grünwald, R.: l. c.

[5] West.Virg. Geol. Survey 1903, Vol. 2

Koks vom nördlichen Kohlenfeld.

Singleton Coal and Coke Co.	0,48% S	und	10,14% Asche
" " " " "	0,44% S	"	8,86% "
Cooperative Coal and Coke Co.	0,46% S	"	9,79% "
Minnis Colliery	0,38% S	"	11,84% "

Koks vom südlichen Kohlenfeld.

Great Austria Cokemaking Co.	0,40% S	und	13,60% Asche
Bulli Colliery Kokswerke	0,53% S	"	15,82% "
Mount Pleasant Kokswerke	0,45% S	"	13,08% "
Gill und Johnson Kokswerke	0,45% S	"	14,68% "

Nach Fulton[1] zeigt Connelsville-Koks von ein und demselben Kohlenflöze einen sehr wechselnden Schwefelgehalt, nämlich:

Unterbank	0,558% S
Mittelbank	0,690% S
Oberbank	0,973% S

Ähnlich liegen die Verhältnisse auch in anderen Kohlenrevieren[2], so daß es schwierig ist, eine Garantie hinsichtlich der Höhe des Schwefelgehaltes bei Kokslieferungen zu übernehmen bzw. sie innezuhalten.

Schwefelreicher Koks zeigt schon nach kurzem Lagern an der Luft braune Flecken, deren Rand mehr oder minder in den Regenbogenfarben angelaufen erscheint. Manchmal sieht der Koks an solchen Stellen wie Schwefelkies aus. O. Simmersbach fand bei solchen fleckigen Koksstücken stets einen bedeutend höheren Eisengehalt und etwa 0,30% S mehr, als bei hellem Koks derselben Kokerei.

Mit einem hohen Schwefelgehalt geht meist auch eine hohe Zerreiblichkeit Hand in Hand. Harter Koks aus guter Fettkohle wurde sehr weich und zerreiblich durch künstliche Schwefelerhöhung, indem der Kohle 5% Schwefel zugesetzt wurde. Die H_2S-Zunahme bei der Destillation stellte sich auf 3,35% = 3,20% S, so daß 1,80% anderweitig vorliegen mußten; die Koksausbeute stieg andererseits von 75,65% auf 77,48%, d. h. um 1,83%, also entsprechend der restierenden Schwefelmenge. Ein Teil des zugesetzten Schwefels ging demnach in den Koks über, der größte Teil jedoch als H_2S in das Gas.

Der Schwefelgehalt des Stückkokses stellt sich vielfach niedriger als der des Feinkokses und des Koksabriebs, wie nebenstehende Tabelle, die sich auf Bienenkorbofenkoks bezieht, erkennen läßt:

Stückkoks % S	abgesiebter Feinkoks (7%) % S
0,75	0,90
0,74	0,89
0,79	0,90
0,79	0,87
0,87	1,01
0,82	0,99
0,77	1,04
0,84	1,02
0,76	0,80

Es rührt dies einerseits daher, daß der Feinkoks noch unverkokte oder halbgare Kohleteilchen, die noch fast den gesamten Schwefel der Kohle aufweisen, enthält, andererseits aber

[1] Fulton: l. c.

[2] Vgl. Simmersbach, O.: Berg- u. Hüttenm. Rdsch. 1913, S. 169.

steht der höhere Schwefelgehalt des Feinkokses vor allem mit seinem höheren Aschengehalt in Verbindung. Befindet sich der Schwefel hauptsächlich in der Asche, so ist der Feinkoks mit seinem höheren Aschengehalt natürlich auch schwefelreicher; ist der Schwefel aber vorwiegend als organischer im Koks, so ergibt sich kein wesentlicher Unterschied im Schwefelgehalt des Stück- und Feinkokses. Eine Verringerung des Schwefelgehaltes läßt sich dann auch durch Absieben des Feinkokses nicht erreichen, wie die folgenden Untersuchungen mit westfälischen Kohlen vor Augen führen:

	Kokskohle I			Feinkoks I		
Siebgröße mm	Absiebung %	Asche %	Schwefel %	Absiebung %	Asche %	Schwefel %
über 2	—	—	—	18,6	11,26	1,42
„ 4	29,2	10,93	1,57	24,0	13,34	1,36
„ 1	35,2	8,90	1,53	37,4	14,66	1,48
„ 0,5. . . .	12,0	6,94	1,45	9,4	14,00	1,59
„ 0,3. . . .	11,23	7,66	1,54	6,8	13,40	1,41
unter 0,3 . . .	12,37	10,99	1,65	3,8	23,80	1,43
Originalsubstanz	—	9,38	1,58	—	13,92	1,44
	Kokskohle II			Feinkoks II		
über 7.	—	—	—	20,14	12,87	1,18
„ 4.	29,0	8,21	1,30	20,0	12,10	1,09
„ 1.	30,3	5,55	1,04	33,5	11,86	1,18
„ 0,5	13,0	5,73	0,98	9,7	11,10	1,18
„ 0,3	12,8	7,14	1,10	7,3	12,44	1,11
unter 0,3	14,9	11,66	1,16	9,1	32,36	1,01
Originalsubstanz	—	7,46	1,14	—	13,95	1,13

Der Stückkoks enthielt aus Kohle I 11,81% Asche und 1,43% Schwefel und aus Kohle II 9,09% Asche und 1,07% Schwefel.

Kleinkoks (nicht abgesiebter Feinkoks) von anderen Zechen des Ruhrreviers zeigte ebenfalls trotz höheren Aschengehaltes keine besondere Zunahme an Schwefel:

	Asche %	Schwefel %
Kleinkoks I . .	18,00	0,99
„ II . .	17,00	1,09
„ III . .	15,00	1,41

Im Gegensatz zum Schwefel, der das Eisen brüchig macht, hat der **Phosphor** keinen merklichen Einfluß auf die Schmiedbarkeit des Eisens, ebenso wird auch seine Schweißbarkeit durch den Phosphor nicht beeinträchtigt[1]. Dagegen wird durch den Phosphor die Widerstandskraft des Eisens gegen stoßweise Beanspruchung vermindert, es wird spröde, obgleich seine Festigkeit selbst erhöht wird. Auch das Rosten des Eisens wird durch Phosphor, ebenso wie durch Schwefel und durch hohen Gehalt an Kohlenstoff begünstigt.

Um den Phosphor aus dem Roheisen zu entfernen, haben sich die

[1] Vgl. Gemeinfaßliche Darstellung des Eisenhüttenwesens, 11. Aufl., S. 7 u. 193.

Vereinigten Stahlwerke AG.[1] ein Verfahren schützen lassen, wonach zum flüssigen Eisen Kalk gegeben wird, unter gleichzeitigem Einblasen von Kohlenoxyd oder kohlenoxydhaltigen Gasen; dabei wird der Phosphor durch das Kohlenoxyd im Eisen zu $Fe(PO_3)$ oxydiert, und daneben wird Eisencarbid gebildet.

Der Phosphor des Kokses wird im Hochofen infolge der hohen Temperatur und unter Einwirkung der vorhandenen Kieselsäure in seiner gesamten Menge vom Eisen aufgenommen. Infolgedessen wird von den Hüttenwerken viel Wert auf niedrigen Phosphorgehalt des Kokses gelegt; insbesondere beim Erblasen von Bessemerroheisen und Hämatit.

Zur Darstellung des Hämatitgusses, z. B. für Stahlwerkskokillen, ist natürlich ebenfalls ein niedriger Phosphorgehalt im Koks erforderlich, dagegen spielt bei anderen Gußwaren in den Eisengießereien selbst ein hoher Prozentsatz an Phosphor im Koks keine Rolle.

Die hauptsächlichsten Träger des Phosphorgehaltes sind nach M. Carnot[2] die Sporen und Pollenkörner, welche in den Anhäufungen zersetzter vegetabilischer Massen unter dem Mikroskop leicht wahrzunehmen sind. Die Gefäßkryptogamen, d. h. Farne, Schachtelhalme, Bärlappgewächse (Schuppen- und Siegelbäume) mit einigen Zapfenbäumen (Cordaites), welche die Hauptmasse der Carbonflora bilden, enthalten sämtlich mehr oder weniger Phosphor. Carnot versuchte eine Beziehung zwischen dem Phosphorgehalt der Kohle und der Natur der Pflanzen, aus denen sie entstanden, herzuleiten. Bei derselben Lagerstätte fand er keine bedeutenden Unterschiede, jedoch zeigten die Kohlen, welche eine große Anzahl Sporen aufwiesen, wie die Cannelkohle, sich am reichsten hinsichtlich des Phosphorgehaltes. Die gefundenen Mengen wechselten von 0,00572—0,06275 P in 100 Teilen, während als Mittelwert 0,02 anzusehen sein dürfte.

Auch Überbleibsel von Fischen können den Phosphor geliefert oder organische Säuren ihn aus Apatit gelöst und in der Kohle abgeschieden haben. Jedenfalls muß das Tricalciumphosphat der Kohlenasche zur Gruppe der später eingedrungenen Verunreinigungen der Kohle gezählt werden.

Bei der Untersuchung des „Big Seam", eines Flözes, welches einige Meilen westlich von Columbia Ala. zutage ausgeht, fand Ch. Catlett[3] eine harzähnliche Substanz, die in kleinen Adern und Nestern auftrat und als Evansit, $Al_6P_2O_{14}18\,H_2O$, bestimmt wurde.

Eine von Gangart befreite kleine Probe 0,39 ergab nach J. Porter[4] folgende Zusammensetzung:

Glühverlust 47,43% P_2O_5 . . . 10,33% Al 36,33%

[1] Vgl. Chem. Zbl., Bd 1, S. 1455 (1928). [2] C. r., Bd 99, S. 154.
[3] Transaction of the amer. Inst. Min. Eng. 1912, S. 902.
[4] Kokschemie, 2. Aufl., S. 152.

Außerdem waren Kieselsäure in Spuren und beträchtliche Mengen von Kalk und Magnesia zugegen. Porter hält die Substanz für ein Gemisch verschiedener Aluminiumphosphate mit Kalk und Magnesia als Verunreinigung. Die kleine Substanzmenge gestattete keine Bestimmung der anderen Bestandteile.

Jedenfalls aber dürfte zu beachten sein, daß der Phosphor in der Kohle als Aluminiumphosphat vorkommen kann, und daß jede Kohle, die einen hellen, harzähnlichen Anflug zeigt, als verhältnismäßig stark phosphorhaltig angesehen werden kann.

Auf dem Hüttenwerk Denain verglich man nach Rossigneux[1] verschiedene Kohlen des dortigen Beckens bezüglich des Gehaltes an flüchtigen Bestandteilen und des Phosphorgehaltes, ohne aber zu einem greifbaren Ergebnis zu kommen. Zu Anzin wechselte der Gehalt an Phosphor bei verschiedenen Flözen im Verhältnis 1 : 6, und die halbfetten Kohlen enthielten die Hälfte weniger Phosphor als Fettkohlen. Im allgemeinen ist der Phosphorgehalt sehr verschieden.

Bei westfälischem Koks schwankt der Phosphorgehalt zwischen mehreren Tausendsteln bis wenigen Hundertsteln:

4 Proben	unter . .	0,01% P	10 Proben	zwischen	0,02—0,03% P
41 „	zwischen.	0,01—0,02% P	6 „	über . .	0,03% P

Annäherndes Mittel 0,016% P.

G. Ott[2] stellte folgende Phosphorgehalte bei Ruhrkoks fest:

Zeche	P	Zeche	P
Zollverein	0,013	Neumühl	0,030
Harpen	0,014	Germania	0,032
Concordia	0,015	Consolidation	0,037
Fröhliche Morgensonne	0,017	Holland	0,039
Holland	0,019	Courl	0,040
Centrum	0,020	Kaier Friedrich	0,042
Luise Tiefbau	0,022	Königin Elisabeth	0,047
Eintracht Tiefbau	0,024	Prosper	0,047
Präsident	0,028		

Ähnlich wie der Eisengehalt nimmt auch der Gehalt an Phosphor im Ruhrgebiet von der Fettkohle bis zur Magerkohle zu, wie aus nachstehender Übersicht hervorgeht:

a) Koks aus dem Gelsenkirchener Bezirk (beste Fettkohle) . . . 0,0145% P; 0,0154% P; 0,0185% P; 0,0129% P

b) Aus dem Langendreer Bezirk (Eßkohle) . . . . 0,0110% P; 0,0120% P; 0,0125% P; 0,018 % P

[1] Kokschemie, 2. Aufl., S. 153. [2] l. c.

c) Aus den Bezirken Hoerde, Witten und Sprockhövel (Eß- und Magerkohle)	0,0248% P 0,0210% P 0,0230% P

Der höhere Phosphorgehalt erklärt sich wahrscheinlich aus dem stärkeren Niederschlag von phosphorsaurem Eisen, welches in dem Kohlenflöz der untersten, dem meisten Druck ausgesetzten Flözetage sich abgesetzt hat.

Was Aachener Koks anbetrifft, so enthält Koks von

Eschweiler Bergwerksverein (Anna)	0,0205% P
Vereinigungsgesellsch. (Maria) Hauptschacht	0,0208% P
„ „ Schacht I	0,0140% P

Oberschlesischer Koks zeigte einen Phosphorgehalt von 0,014 bis 0,018%, südrussischer von 0,005—0,01%. Belgischer Koks weist nach Grünewald bedeutend höhere Phosphorgehalte auf, die sogar den des westfälischen Kokses übersteigen, wie nachstehende Übersicht ergibt.

	% P	% P	% P
Koks von Lüttich	0,04	0,055	—
„ „ Fontaine l'évèque	0,045	0,055	—
„ „ La Louvière	0,035	0,04	0,05
„ „ Ghlin-lez-Mons	0,030	0,035	0,045

Amerikanischer Koks besitzt den höchsten Phosphorgehalt. Nach Fulton[1] erreicht der Phosphorgehalt in Pittsburghkohle eine Höhe von 0,1667% entsprechend einem Phosphorgehalt von 0,2818% im Koks.

Nachstehend eine Zusammenstellung des Phosphorgehaltes amerikanischer Kokse[2]:

Herkunft	% P	Herkunft	% P	Herhunft	% P
Alabama	0,070	Westvirginia	0,022	Pennsylvania	0,058
„	0,051	Colorado	0,133	Washington	0,058
„	0,038	„	0,125	„	0,048
Arkansas	0,033	„	0,163	„	0,112
„	0,029	„	0,122	„	0,119
Illinois	0,016	„	0,133	„	0,1201
„	0,021	Washington	0,046	Kansas	0,040
Indiana	0,042	„	0,048	„	0,035
„	0,030	Maryland	0,028	„	0,033
Kentucky	0,044	Neu-Mexiko	0,035	„	0,038
Tennessee	0,083	„	0,100	„	0,035
„	0,047	„	0,095	Colorado	0,174
„	0,097	Pennsylvania	0,024	„	0,182
„	0,039	„	0,023	„	0,191
„	0,068	„	0,037	„	0,190
Washington	0,085	„	0,037		
Westvirginia	0,023	„	0,054		

[1] Fulton: l. c.

[2] Nach Bull. 336 u. 5 des Bureaux of Mines, sowie Bull. 368 der Geol. Survey, U. S. A., 1909.

Der Phosphorgehalt beim Connelsville-Flöz wechselt nach Fulton wie folgt, und zwar steigt er von unten nach oben an:

Unterbank		Mittelbank		Oberbank	
0,009	0,002	0,010	0,008	0,023	0,019
0,001	0,003	0,010	0,044	0,027	0,082
0,001	0,006	0,007	0,009	0,034	0,029
0,001	0,011	0,004	0,034	0,009	0,032
0,008	0,004	0,007	0,043	0,018	0,035
0,007	0,005	0,016	0,006	0,005	0,069
0,002	0,035	0,030	0,035	0,174	0,006
0,047		0,016		0,028	
Mittel: 0,0094		0,0186		0,0393	

Connelsvillekohle erhält bei der Verkokung daher auch je nach der Herkunft einen verschieden hohen Phosphorgehalt im Koks:

	C	Flücht. Bestandteile	Asche	P	S
Aus Kohle von der Unterbank des Flözes	91,09	1,36	7,55	0,10	0,558
„ „ „ „ Mittelbank „ „	88,78	3,08	8,14	0,016	0,690
„ „ „ „ Oberbank „ „	81,28	1,70	17,02	0,028	0,973

Koks aus Japan zeigt 0,02% P, solcher aus China nachfolgende Gehalte:

Mangan-Shan	Honau	Hunau	Kaiping
0,03%	0,07%	0,01%	0,05%

Der im Koks enthaltene Stickstoff ist in Form außerordentlich hitzebeständiger Verbindungen vorhanden, über deren Eigenschaften nichts Genaues bekannt ist. Auf den Hochofenbetrieb hat dieser Koksstickstoff im Gegensatz zum Koksschwefel und Koksphosphor keinen Einfluß.

Der Stickstoff der Steinkohle rührt von den pflanzlichen und tierischen Eiweißverbindungen her, deren Abbauprodukte äußerst komplizierter Natur zu sein scheinen; aus dem chemischen Charakter der Abbauprodukte kann man nach M. G. Christie[1] schließen, daß sie drei Hauptgruppen enthalten:

1. die tyrosin- oder phenolhaltige Gruppe,
2. die Biuretgruppe, etwa wie

$$NH\begin{matrix} CO{-}NH_2 \\ CO{-}NH_2 \end{matrix}$$

Biuret

3. einen Kohlenhydratzweig.

[1] Studien über das Verhalten der Steinkohlen-Stickstoffverbindungen bei höherer Temperatur in bezug auf deren Konstitution. Diss. Aachen 1908.

O. Rau[1] nimmt an, daß der Stickstoff der Steinkohle zum größten Teil den Pflanzen selbst und nur zum geringsten Teil der damals im Verhältnis zur Flora schwach entwickelten Fauna entstammt.

Der Stickstoff ist in der Steinkohle nach älteren Bestimmungen im Betrage von 0,84—2,49% vorhanden.

Kohle aus	Westfalen	zeigt	0,84—1,77%	N
„ „	Oberschlesien	„	bis 2,49%	N
„ „	Ostrau	„	0,90—1,76%	N
„ „	England	„	1,14—2,37%	N
„ „	Schottland	„	1,93—2,11%	N
„ „	Nordamerika	„	1,20—2,15%	N
„ „	Bengalen	„	2,12—2,48%	N

O. Simmersbach und Sommer[2] waren schon vor Jahren der Meinung, daß die Methode von Kjeldahl, nach welcher früher allgemein der Stickstoff im Koks bestimmt wurde, zu niedrige Werte ergäbe. Diese Vermutung wurde durch E. Terres[3] und seine Mitarbeiter bestätigt, welche die verschiedenen Methoden der Stickstoffbestimmung in zahlreichen Brennstoffen verglichen und starke Abweichungen in den Resultaten feststellten. Die nachstehende Zusammenstellung zeigt diese Abweichungen und ermöglicht es, ältere Analysenzahlen überschlägig zu korrigieren. Die Untersuchungen wurden nach dem abgeänderten Verfahren von Dumas durchgeführt; die Analysenmethoden selbst werden im analytischen Teil dieses Buches beschrieben.

	Aufschl.-Temp. °C	Torfkoks % N	Braunkohlenkoks % N	Saarkoks % N	Ruhrkoks % N	Anthrazitkoks % N
Nach Kjeldahl	275	0,82	0,55	1,11	1,53	1,49
	300	0,73	0,52	1,01	1,46	1,27
	325	0,71	0,44	0,98	1,34	1,22
Nach Dumas mit Nachverbrenng.	—	0,89	0,62	1,43	1,59	1,79
Kjeldahl plus elementar entweich. Stickstoff	—	0,95	0,73	1,48	1,68	1,85

	Torfkoks	Braunkohlenkoks	Saarkoks	Ruhrkoks	Anthrazitkoks
	Unterschied in % gegen die Dumaswerte:				
Höchster Kjeldahlwert....	— 7,9	— 11,3	— 22,4	— 3,8	— 16,8
Niedrigster „	— 20,2	— 29,0	— 31,5	— 15,7	— 31,9

Die englischen und schottischen Kokskohlen haben im allgemeinen einen höheren Stickstoffgehalt als die des Kontinents. Die erheblichsten

[1] Über die Fortschritte in der Gewinnung der Nebenprodukte beim Kokereibetriebe. Stahl und Eisen 1910, S. 1235 u. 1282.
[2] Stahl und Eisen 1915, S. 601. [3] G. u. W.-F. 1919, S. 173 u. 192.

Stickstoffmengen wiesen einige japanische Kohlen auf; bei denen Anderson und Henderson[1] nachstehende Gehalte fanden; der Koks aus diesen Kohlen war fest und hart und von metallischem Aussehen:

Miikekohle (Kiushu) . .	2,85% N	(bezogen auf trockene aschefreie Kohle)
Ohtsujikohle „	3,00% N	
Takukohle „	3,10% N	
Kanadakohle „ . .	3,10% N	
Yamonokohle „ . .	3,53% N	
Yubarikohle (Hokkaido)	3,62% N	

Die Kohle enthält in der Regel um so mehr Stickstoff, je mehr flüchtige Bestandteile und besonders Sauerstoff sie enthält.

Im französisch-belgischen Bezirk sinkt nach Rossigneux[2] bei halbfetten Kohlen und namentlich bei mageren der Stickstoffgehalt bis auf 0,7% und selbst bis auf 0,4%; in England verhält es sich anders, dort enthält z. B. die Magerkohle von Wolverhampton 1,84% N.

Beim Stickstoff der Kohle unterscheidet man zwischen dem Koks- und dem Ammoniakstickstoff; ersterer bleibt im Koks zurück, letzterer beteiligt sich an der Ammoniakbildung.

Was den sogenannten „Koksstickstoff" anbelangt, so ergibt sich bei langsamer Destillation eine enge Beziehung zur Koksausbeute der Kohle insofern, als mit steigender Koksausbeute proportional auch der in Prozenten des Gesamtstickstoffs ausgedrückte, im Koks zurückbleibende Koksstickstoff zunimmt. Je jünger also eine Kohle, desto weniger Stickstoff wird der Koks aufweisen. Die Ursache liegt nach O. Rau teils in veränderter Bindung des Stickstoffs, teils im Sauerstoffgehalt der Kohle, bzw. in der davon abhängigen Wasserbildung.

Koksstickstoffuntersuchungen von M. G. Christie bei langsamer Destillation[3].

Brennstoffart	N-Gehalt d. aschen- u. wasser-fr. Kohle	Koksausbeute v. aschenfr. u. trockener Kohle	N-Gehalt d. aschen- u. wasser-fr. Kokses	Koks-stickstoff in % des Gesamt-N	Koks-stickstoff % Koks-ausbeute
Torf	1,14	31,74	0,86	24,02	0,756
Englische Gaskohle . . .	1,65	64,68	1,09	42,63	0,661
Westfälische Gaskohle . .	1,82	68,57	1,16	43,60	0,636
Aachener Fettkohle . . .	1,66	77,32	1,16	54,03	0,699
Anthrazit	1,41	94,80	0,95	63,64	0,671

Es kondensieren sich mit der Bildung des koksliefernden Kohlenkerns auch die Stickstoffverbindungen der Kohle allmählich zu hitzebeständigen Produkten, welche während des Destillationsprozesses keinen Stickstoffverlust erleiden, sondern höchstens eine Umlagerung.

[1] Anderson, W. C., and Henderson: Ir. Soc. Chem. Ind. 1902, S. 240.
[2] Über Koksfabrikation. Bull. de la Soc. de l'Ind. minérale 1891, S. 387.
[3] 88,5 Stunden im elektrischen Ofen (860—880°).

Wenn nun auch im allgemeinen wohl die Beziehungen zwischen dem Alter der Kohle und dem Stickstoffgehalt des Kokses, besonders bei langsamer Destillation, Gültigkeit besitzen, so bleibt doch zu berücksichtigen, daß der Verkokungsprozeß anders verläuft; zudem geht der Stickstoff aus einigen Kohlengattungen eine Verbindung mit dem Wasserstoff leichter ein, aus anderen wieder weniger leicht[1]. Nach H. Biltz[2] ist die Kohlenstickstoffverbindung um so fester, je mehr die basische Natur des Stickstoffs und die saure Natur des Kohlenstoffs verstärkt ist. Biltz vergleicht die Affinität zwischen Kohlenstoff und Stickstoff mit der zwischen Metallen und Metalloiden.

Koksstickstoffuntersuchungen von Knublauch[3].

N in der Kohle (westfälische) %	Koks-ausbeute %	N in Koks	N auf das entsprechende Gewicht der Kohle %	Von N der Kohle im Koks %
1,612	68,88	0,737	0,508	31,5
1,555	70,85	0,677	0,480	30,9
1,479	68,50	0,774	0,532	36,0

Koksstickstoff-Untersuchungen von Mc. Load[4].

Britische Koks-kohle	N in der Kohle	N im Koks	Vom N d. Kohle % im Koks	Britische Koks-kohle	N in der Kohle	N im Koks	Vom N d. Kohle % im Koks
Nr. 1	1,66	1,736	72,1	Nr. 12	1,141	0,952	50,6
2	1,335	1,379	72,3	13	1,145	1,292	72,7
3	1,246	1,606	89,0	14	1,383	1,544	68,3
4	1,218	1,442	72,6	15	1,075	0,858	48,4
5	1,647	1,680	66,2	16	1,299	1,439	64,2
6	1,176	1,509	89,6	17	1,300	1,059	48,5
7	1,867	1,803	56,9	18	1,526	1,341	54,7
8	1,484	1,484	62,1	19	1,610	1,474	58,8
9	1,008	1,519	70,8	20	1,279	1,052	51,0
10	1,400	1,425	55,2	21	1,464	1,789	67,9
11	1,498	1,162	42,0	22	1,540	1,561	65,8

J. von Braun[5] hat gefunden, daß eine mehrfache Bindung zwischen Kohlenstoff und Stickstoff leichter gelöst werden kann als eine einfache Kohlenstickstoffbindung, und daß letztere nur dann gelockert wird, wenn das Kohlenstoffatom mit einem anderen Kohlenstoffatom bzw. anderen Element durch eine mehrfache Bindung verbunden ist. Keineswegs ist daher der Stickstoffgehalt der Kohle proportional dem Stickstoffgehalt des Kokses; die vorstehenden Untersuchungen von Knublauch und Mc. Load lassen dies des näheren erkennen.

[1] Vgl. Jicinsky: Österr. Z. Berg- u. Hüttenw. 1888, S. 529.
[2] Biltz, H.: Ber. d. Dtsch. chem. Ges., Bd 43, S. 1632 (1910).
[3] Knublauch: J. Gasbel. 1883, Nr 13.
[4] Mc. Load: J. Soc. Chem. Ind. Bd 28/II, S. 139 (1907).
[5] Braun, J. von: Wallach-Festschrift, S. 303, Göttingen 1909. Vgl. auch Runne, E.: Kohlenstickstoffbindung usw. Diss. Braunschweig 1910.

Foster[1] fand Stickstoff im Koks aus

1. Durhamkohle . . . . 48,7% = 0,842% des N in d. Kohle (1,730%)
2. Yorkshirekohle. . . . . 62,8% = 1,099% „ „ „ „ „ (1,750%)
3. „ . . . . 65,9% = 1,101% „ „ „ „ „ (1,670%)
4. Englische Cannelkohle . . . . 52,7% = 0,875% „ „ „ „ „ (1,660%)
5. Schottischer Cannelkohle . . . 51,6% = 0,661% „ „ „ „ „ (1,280%)

Es bleiben hiernach also 48—66% des Stickstoffgehaltes der Kohle im Koks.

Wie sehr die Menge des im Koks zurückbehaltenen Stickstoffs wechselt, zeigt auch die nachstehende Tabelle von W. Heckel[2], welche einen Überblick über das Verhalten des Stickstoffs bei der Verkokung verschiedener Kohlen bringt:

Kohle	Westfälische	Böhmische	Englische	Sächsische	Saar	Schlesische	Böhm.-Platten	Böhm. Braunkohle
Gesamtstickstoff . %	1,50	1,06	1,20	1,37	1,45	1,36	1,49	0,52
Davon im Koks . . %	0,96	0,85	0,86	0,95	1,02	0,77	0,56	0,23
Davon verflüchtigt %	0,54	0,21	0,34	0,42	0,43	0,59	0,93	0,29
Von 100 Teilen Stickstoff sind im Koks Tle.	80	57	64	70	72	69	44	38
Von 100 Teilen Stickstoff verflüchtigt Tle.	20	43	36	30	28	31	56	63

Die Erklärung für dieses verschiedenartige Verhalten des Stickstoffs der Kohle liegt im besonderen in der Destillationsart begründet. Schon 1884 stellte W. Smith[3] folgende interessante Tatsache bei ein und derselben Kohle fest:

1. 80 Zentner Kohle, 40 Stunden im Koksofen verkokt, ergaben im Koks einen Stickstoffgehalt von 0,38% der Kohle.

2. 2—3 Zentner Kohle, 6 Stunden in der Gasretorte verkokt, ergeben im Koks einen Stickstoffgehalt von 1,37% der Kohle.

Die Dauer der Destillation bei normaler Temperatur gemäß folgenden Untersuchungen Christies[4] hat keinen besonderen Einfluß; die Anheizungsart übt dagegen den größten Einfluß auf den Stickstoffgehalt des Kokses aus.

a) Einfluß der Destillationsdauer auf den Koksstickstoff.

	Destillationsdauer	Endtemperatur	Koksausbeute %	N im Koks
10 g westfälische Gaskohle mit 1,87% N in wasser- und aschenfreiem Zustande	12 Min.	865° C	6,757 g	1,76
	30 „	865° C	6,702 g	1,77
	7 Std.	865° C	6,136 g	1,73

[1] Stahl und Eisen 1885, S. 362. [2] Stahl und Eisen 1913, S. 1.

[3] J. Chem. Soc. 1884, S. 144.

[4] Die Temperatursteigerung gestaltete sich bei den Versuchen wie folgt:

Nach	1 Min.	70° C	Nach	8 Min.	820° C
„	3 „	360° C	„	10 „	860° C
„	6 „	650° C	„	11 „	865° C

b) Einfluß der Anheizungsart auf den Koksstickstoff.

Art der Anheizung	End-tempe-ratur	Endtempe-ratur erreicht nach	N im Koks in % der Ges.-N.	Flüchtiger N in % der Ges.-N.
1. Sehr langsam im elektrischen Ofen	865 °C	170 Std.	37,35	62,65
2. Beschleunigt im Kryptolofen	865 °C	80 Min.	56,92	43,08
3. Rasch im Griffinofen	865 °C	12 „	66,42	33,58

c) Koksstickstoff-Untersuchungen von Christie bei schneller Destillation[1].

Brennstoffart	N-Gehalt der aschen- und wasserfreien Kohle	Koksausbeute v. aschen- und wasserfreier Kohle	N-Gehalt d. aschen- u. wasserfreien Kokses	Koksstickstoff in % des Ges.-N	% Koksstickstoff Koksausbeute
Bremer Torf	1,10	33,87	1,21	37,40	1,104
Englische Gaskohle	1,71	66,55	1,97	74,95	1,126
Westfäl. Gaskohle	1,87	67,58	1,83	66,42	0,986
Aachener Fettkohle	1,66	78,42	1,82	85,97	1,096
Anthrazit	1,44	92,83	1,21	76,21	0,821

Demgemäß wirkt also die Art der Verkokung bestimmend auf die Menge des im Koks enthaltenen Stickstoffs ein. So erhielt W. Smith[2], der drei Arten Koks auf ihren Stickstoffgehalt untersuchte, folgende Resultate:

Kokssorte	% N
Gewöhnlicher Gasretortenkoks	1,375
Ofenkoks aus Bienenkorböfen	0,511
Ofenkoks aus Simon-Carves-Öfen	0,384

Hieraus folgt, daß starke Hitze von kurzer Dauer bei schneller Anheizung in den Gasretorten für die Zersetzung gewisser, sehr stabiler Stickstoffverbindungen der Kohle weniger wirksam ist als bei langsamerer Anheizung die etwa gleich hohe, aber lang anhaltende Temperatur des Simon-Carves-Ofens. Nach J. Parry[3] enthält harter Koks stets mehr Stickstoff als weicher.

Je rascher die Kohle im Koksofen angeheizt wird, desto mehr Stickstoff bleibt also im Koks zurück; dabei sind gesetzmäßige Beziehungen zwischen Koksausbeute und Koksstickstoff, wie bei langsamer Verkokung nicht mehr festzustellen. Nach Christie werden infolge der Überhitzung der Kohle diejenigen Kohlenstickstoffverbindungen, welche bei langsamer Destillation quantitativ sich verflüchtigen, bei höherer Temperatur, etwa über 750°, einer ganz anderen Zersetzung unterliegen, und zwar derart, daß die Abspaltungsreaktion von NH_3 im umgekehrten Sinne beschleunigt wird, d. h. zwischen den Kohlenstoff- und Stickstoff-

[1] 12 Min. im Griffinofen (865° C).
[2] Smith, W.: J. Chem. Soc. Bd 257, S. 144; auch Chem. Ztg Bd 36, S. 635.
[3] Parry, J.: l. c.

atomen dieser Verbindungen tritt eine Reaktion auf, welche zur Bildung von stark hitzebeständigen C_xH_y-Komplexen unter Befreiung des Wasserstoffs führt. Die Natur der Verbindungen, an die der Stickstoff gebunden ist, ist verschieden, so daß bei gleicher Überhitzung nicht stets proportionale Mengen des gesamten flüchtigen Stickstoffs in diese fixen Komplexe übergeführt werden.

Von den beiden Hauptgruppen der Stickstoffverbindungen in der Steinkohle liefert nach Christie die eine bei jeder Anheizgeschwindigkeit stets nur fixe Koksstickstoffverbindungen, während die andere je nach der Destillationsart mehr oder weniger auch in flüchtige stickstoffhaltige Komplexe übergeht. Erstere Verbindungen bezeichnet Christie als „Kohlenstoffnitrite". Die Umwandlung der Kohlenstickstoffverbindungen in Kohlenstoffnitrite beginnt gegen 750° und ist bei etwa 800° beendet; bis 920° ist dann der Einfluß der Wärmebehandlung auf die Zerlegung der Kohlenstoffnitrite gering, während mit weiterer Temperaturerhöhung gemäß folgender Tabelle Christies die Stickstoffaustreibung aus dem Koks wieder beschleunigt wird.

Dauer der Wärmebehandlung	Temperatur °	N im Koks vor der Erhitzung %	N im Koks nach der Erhitzung %	N-Verlust in % des Ges.-N	Stündlicher N-Verlust in % des Ges.-N
12 Std.	850	1,58	1,61	—	—
15 „	950	1,76	1,41	15	1
34 „	1380	1,67	0,33	80	2
7 „	1450	1,32	0,48	63	9
$2^1/_2$ „	1800—1900	1,67	0,21	87	35

Auch beim einzelnen Koksstück zeigt sich der Einfluß der Wärmebehandlung während der Verkokung, insofern der Koks direkt an der Heizwand der Öfen, der also rascher angeheizt wird, mehr Stickstoff aufweist als der langsamer angeheizte. So fand Christie bei direkt an der Heizwand liegendem Koks 1,69% N und bei 14 cm von ihr entfernt liegendem 1,58% N.

Gewöhnlich ist der Stickstoff nur in Mengen von 0,4—1,5% im Koks vorhanden, wenn auch höhere Gehalte als 1,5% nicht zu den Seltenheiten gehören. Je schärfer der Koks gebrannt ist, desto geringer stellt sich sein Stickstoffgehalt. Hilgenstock[1] fand in silberhellem, festem Koks nur:

0,087% N in Probe I	0,287% N in Probe III
0,088% N in Probe II	0,227% N in Probe IV.

Aber selbst der bestgebrannte Koks enthält noch Stickstoff, wie die Ammoniakentwicklung beweist, welche durch Einleiten von Wasserdampf in eine mit Koks gefüllte Verbrennungsröhre leicht nachgewiesen werden kann.

[1] Stahl und Eisen 1885, S. 420.

Ob der Stickstoff des Kokses zum Teil von den anorganischen Bestandteilen der Asche gebunden sei, etwa als Mg_3N_2 oder $Mg(CN)_2$, steht nicht fest, wenigstens liegt ein exakter Nachweis nicht vor; auch der Nachweis des Vorhandenseins von KCN oder $Fe(CN_2)$ im Koks ist noch nicht erbracht.

Wenn man Kokskohle nach dem spezifischen Gewicht mittels einer Lösung von Calciumchlorid fraktioniert, so tritt gemäß nachstehenden Untersuchungen von O. Simmersbach ein Sinken des Stickstoffgehaltes mit fallendem spezifischen Gewicht hervor. Auffällig erscheint aber auch, daß die Fraktionen mit hohem Aschengehalt verhältnismäßig mehr Stickstoff enthalten als die aschenärmeren Fraktionen. Beim Verkoken wird wahrscheinlich dieser Stickstoff nicht als Ammoniak erhalten werden, weil diese Kohlepartikelchen gleichzeitig einen hohen Eisengehalt haben und Eisenoxyd das Ammoniakausbringen erniedrigt.

Fraktion	Rohkohle	1	2	3	4	5	6	7	8
% reine Kohlesubstanz (100-Asche)	93,42	65,62	91,89	95,48	97,46	97,92	98,76	99,26	99,50
% N in der Kohle (+ Asche)	1,224	0,856	1,001	1,216	1,212	1,238	1,209	1,205	1,210
% N in der reinen Kohlesubstanz	1,310	1,304	1,288	1,274	1,244	1,264	1,225	1,212	1,206
Asche in der Kohle	6,58	34,38	8,02	4,52	3,54	2,08	1,24	0,74	0,50
Fe in der Kohle	1,037	5,075	1,497	0,948	0,652	0,434	0,95	0,233	0,119
Spez. Gewicht der Kohle	1,317	1,690	1,370	1,357	1,335	1,313	1,293	1,281	1,274

Hinsichtlich des Ammoniakstickstoffs, d. h. des gebundenen, aber während des Verkokungsprozesses vertreibbaren Stickstoffs der Steinkohle nimmt Christie[1] an, daß der allergrößte Teil dieses Stickstoffs fünfwertig gebunden in der Kohle vorkommt, und daß die bei der Verkokung bis etwa 800° sich zersetzenden Stickstoffverbindungen der Kohle zumeist aus substituierten Ammoniumsalzen hervorgegangen sind.

Proportionale Beziehungen zwischen dem Stickstoffgehalt der Kohle und der Ammoniakausbeute existieren nicht; so ergibt z. B. in nachstehender Untersuchung von Knublauch[2] die westfälische Kohle mit dem höchsten Stickstoffgehalt (1,55%) die geringste Ammoniakausbeute:

	N auf Kohle bezogen			Vom N in %		
	Westfälische Kohle		Saarkohle	Westfälische Kohle		Saarkohle
	I	II		I	II	
im Koks	0,4660	0,5260	0,7510	30,0	35,6	63,9
im Gas	0,8560	0,6964	0,1896	55,0	47,1	16,1
im Ammoniak	0,1850	0,2086	0,1874	11,9	14,1	15,9
im Cyan	0,0268	0,0268	0,0480	1,8	1,8	4,1
im Teer	0,0212	0,0212	—	1,3	1,4	—
Sa. N	1,5500	1,4790	1,1760	100,0	100,0	100,0

[1] Christie: l. c. [2] Stahl und Eisen, Bd 1, S. 314 (1896).

Untersuchungen von W. Jicinsky[1] bestätigen die Angaben Knublauchs, wie dies aus der folgenden Tabelle ersichtlich ist.

Grube oder Flöz		Gesamtstickstoffgehalt in % der lufttrockenen Kohle	Hiervon zur Ammoniakgewinnung verwendbarer Stickstoff		Gibt Ammoniak in % der Kohle	Umgerechnet auf Ammoniumsulfat	Gewinnbarer Teer in %
			vom Gesamtstickstoffgehalt	in % der Kohle			
Zeche Kaiserstuhl	Westfalen	1,39	0,144	0,200	0,244	0,94	
Zeche Pluto	Westfalen	1,45	0,146	0,212	0,258	1,00	3,4
Zeche Wilhelmine	Westfalen	1,77	0,142	0,252	0,306	1,18	
Flöz Johann	Ostrau	1,31	0,140	0,184	0,244	0,94	1,7
Flöz Adolf	Ostrau	1,76	0,126	0,222	0,270	1,04	1,7
Flöz Günther	Ostrau	1,43	0,120	0,172	0,210	0,81	1,3
Flöz Franziska ..	Ostrau	1,52	0,089	0,135	0,165	0,64	2,6
Flöz Juliana	Ostrau	1,30	0,134	0,175	0,213	0,82	1,8
Oberschlesien Durchschnitt		2,49	0,188	0,296	0,360	1,40	3.6
Zeche Friedenshoffnung ...	Niederschlesien	unbek.	unbek.	0,168	0,204	0,79	3,0
Zeche Karl, Georg u. Victor	Niederschlesien	„	„	0,148	0,180	1,69	2,5
England, Durchschnitt...		1,40	0,167	0,235	0,286	1,11	3,12

Foster und Short[2] haben bei der Verkokung zweier Durham-Kokskohlen, welche 1,70 bzw. 1,52% Stickstoff enthielten, folgende Verteilung desselben (in Gewichtsprozenten) nach der Verkokung nachgewiesen:

	Foster	Short
Im Koks	48,68	43,31
Als Ammoniak	14,50	15,26
Als Cyan	1,56	1,43
Im Teer	—	2,98
Als freier Stickstoff bzw. als Verlust	35,26	37,12

Der Prozentsatz an Stickstoff, der unter gleichen Verkokungsbedingungen im Koks zurückbleibt, wird durch Einwirkung der Luft beim Lagern der Kohle mehr oder weniger beeinflußt; es ändert sich die Zusammensetzung der Kohlenstoff-Stickstoff-Verbindungen in der Kohle. Nach Anderson und Roberts[3] erhöhte sich der Stickstoffgehalt beim Koks aus schottischer Kokskohle nach zehnmonatigem Lagern an atmosphärischer Luft derart, daß ein Ammoniakverlust von über 25% bei der Verkokung eintrat. Es enthielt:

	N ursprünglich	N nach 10 Monaten
Koks aus Bamock burn Main coal	1,80%	2,10%
Koks aus Kilsyth coking coal	1,79%	2,244%

[1] Jicinsky, W.: l. c.
[2] J. Gaslight 1882, S. 1081: 1907, S. 97. — Lunge-Köhler: Steinkohlenteer und Ammoniak, Bd 2, S. 122 u. 124. Braunschweig 1912.
[3] Simmersbach, O.: Stahl und Eisen 1901, Bd 2, S. 1075.

Zur Verringerung des Koksstickstoffgehaltes und Erhöhung der Ammoniakausbeute sind verschiedentlich Vorschläge gemacht worden[1]. Es sei nur auf den Einfluß von Kalk und Wasserdampf hingewiesen. Kalk erhöht zwar die Ammoniakausbeute, aber beeinflußt nicht den Koksstickstoff, weil er nur auf die flüchtigen Stickstoffverbindungen, z. B. Teerbasen, ammoniakabspaltend wirkt. Durch Behandlung mit Wasserdampf erhielten Dr. C. Otto & Co. G. m. b. H. bei 600° eine Ammoniakzunahme von 23—33%, bei 700° von 51—71%, bei 800° von 63—75% und bei 900° von 52—63%.

Was die Abspaltungstemperatur des Ammoniakstickstoffs anbelangt, so fanden Anderson und Roberts[2], daß der Anfangspunkt der Ammoniakentwicklung bei den Kokskohlen höher liegt als bei den Gaskohlen, nämlich bei 400—500° C, während bei den Gaskohlen schon von 333° C an sich alkalische Dämpfe entwickeln. Bei westfälischer Kohle mit 1,34% N stellten Dr. C. Otto & Co. G. m. b. H. auch bei noch niedriger Temperatur Ammoniakbildung fest, wie die folgende Zusammenstellung ergibt:

	Auf Kohle berechnet:							
N im Koks .... %	1,340	1,322	1,320	1,318	1,180	0,995	1,006	0,930
N im Ammoniak .. %	0,007	0,009	0,012	0,021	0,073	0,278	0,284	0,282
Sa.	1,347	1,331	1,332	1,339	1,253	1,273	1,290	1,212
Gegen den N-Gehalt der Kohle	+0,007	−0,009	−0,008	−0,001	−0,087	−0,067	−0,050	−0,128
N im Koks in % des Ges.-N der Kohle .	100,00	98,66	98,51	98,36	88,06	74,25	75,08	69,40
N im Ammoniak in % des Ges.-N d. Kohle	0,52	0,67	0,90	1,57	5,45	20,75	21,19	21,05

O. Simmersbach[3] untersuchte die Stickstoffverteilung bei der Destillation unter gleichen Verhältnissen für oberschlesische, westfälische und niederschlesische Kohle mit den auf S. 214 und 215 folgenden Ergebnissen:

Das Maximum des Ammoniakausbringens der Oberschlesischen Kokskohle liegt bei 900°. Die Korngröße der Kohle hat weder auf die Temperaturlage des Maximums noch auf seine Höhe Einfluß. Bei noch höherer Temperatur scheint das grobe Korn den Ammoniakzerfall zu beschleunigen. Bei 1000° erfolgt ein stärkeres Zurückgehen des Ammoniakausbringens.

Der Blausäuregehalt steigt mit der Temperatur; sein Maximum ist bei 1200° anscheinend noch nicht erreicht. Die grobstückige Kohle

[1] Vgl. Rau, O.: l. c.
[2] Simmersbach, O.: Stahl und Eisen 1901, Bd 2, S. 1075.
[3] Simmersbach, O.: Vortrag vor der Kokereikommission des Vereins Deutscher Eisenhüttenleute, Dez. 1913.

Gewichtsprozente Stickstoff bezogen auf aschefreie, trockene Kohle.

A. Oberschlesische Kohle

mit 6,63% Asche und 1,396 Stickstoff (bezogen auf trockene, aschenfreie Kohle).

Temperatur	Als Ammoniak	Als Blausäure	Im Teer	Frei im Gas (Diff. gegen 1,396)	Im Koks
		a) Korngröße 2—2,5 mm			
600°	0,1091	0,0035	0,0296	0,2530	1,008
700°	0,2531	0,0092	0,0509	0,1694	0,9134
800°	0,2971	0,0122	0,0485	0,1496	0,8886
850°	0,3306	0,0155	0,0520	0,1446	0,8533
900°	0,3367	0,0166	0,0579	0,1695	0,8153
1000°	0,3232	0,0171	0,0573	0,3007	0,6977
1100°	0,3223	0,0183	0,0517	0,4259	0,5778
1200°	0,3189	0,0198	0,0588	0,6295	0,3690
		b) Korngröße 6—10 mm			
850°	0,3316	0,0155	0,0491	0,2188	0,7810
900°	0,3377	0,0172	0,0485	0,2345	0,7581
1000°	0,3168	0,0176	0,0473	0,3320	0,6823

B. Westfälische Kohle

mit 5,70% Asche und 1,391 N (bezogen auf trockene, aschenfreie Kohle).

Korngröße 2—2,5 mm

800°	0,2709	0,0106	0,0266	0,0819	1,0018
850°	0,3081	0,0153	0,0247	0,0686	0,9751
900°	0,2775	0,0154	0,0224	0,1391	0,9374
1000°	0,2731	0,0174	0,0260	0,2997	0,7756

C. Niederschlesische Kohle

mit 6,21% Asche und 0,965 N (bezogen auf trockene, aschenfreie Kohle).

Korngröße 2—2,5 mm

850°	0,2388	0,0144	0,0254	0,0340	0,6428
900°	0,2602	0,0155	0,0264	0,0486	0,6147
1000°	0,2461	0,0180	0,0251	0,1517	0,5245

Stickstoffgehalt der aschefreien, trockenen Kohle = 100%.

A. Oberschlesische Kohle.

(1,396% N = 100).

Temperatur	Als Ammoniak	Als Blausäure	Im Teer	Als fr. Stickstoff im Gas	Im Koks
		a) Korngröße 2—2,5 mm			
600°	7,81	0,25	2,12	18,13	71,69
700°	18,13	0,66	3,65	12,13	65,43
800°	21,28	0,87	3,47	10,73	63,65
850°	23,68	1,11	3,72	10,37	61,12
900°	24,12	1,19	4,15	12,14	58,40
1000°	23,15	1,23	4,11	21,53	49,98
1100°	23,09	1,31	3,70	30,51	41,39
1200°	22,84	1,42	4,21	45,10	26,43

Temperatur	Als Ammoniak	Als Blausäure	Im Teer	Als fr. Stickstoff im Gas	Im Koks
		b) Korngröße 6—10 mm			
850°	23,75	1,11	3,52	15,67	55,95
900°	24,19	1,23	3,47	16,81	54,30
1000°	22,69	1,26	3,39	23,79	48,87
		B. Westfälische Kohle (1,391% N = 100) Korngröße 2—2,5 mm			
800°	19,46	0,76	1,92	5,88	71,98
850°	22,14	1,10	1,77	4,93	70,06
900°	19,94	1,11	1,61	9,99	67,35
1000°	19,61	1,25	1,87	21,54	55,73
		C. Niederschlesische Kohle (0,965% N = 100). Korngröße 2—2,5 mm			
850°	24,74	1,49	2,63	4,56	66,58
900°	26,95	1,61	2,73	5,04	63,67
1000°	25,45	1,87	2,60	35,71	54,33

Stickstoffgehalt des Kokses und Sulfatausbeute.

Temperatur	Stickstoffgehalt des aschenhaltigen Kokses in Gew. %	Stickstoffgehalt der aschenfreien Kokssubstanz in Gew. %	Ausbeute an $(NH_4)_2SO_4$ in Gewichtsprozenten der trockenen, aschenfreien Kohle
	A. Oberschlesische Kohle a) Korngröße 2—2,5 mm		
600°	1,273	1,399	0,515
700°	1,218	1,345	1,194
800°	1,205	1,334	1,405
850°	1,187	1,317	1,562
900°	1,139	1,265	1,588
1000°	0,997	1,109	1,525
1100°	0,830	0,924	1,520
1200°	0,529	0,593	1,504
	b) Korngröße 6—10 mm		
850°	1,096	1,216	1,564
900°	1,076	1,209	1,592
1000°	1,015	1,118	1,494
	B. Westfälische Kohle Korngröße 2—2,5 mm		
800°	1,275	1,389	1,277
850°	1,243	1,340	1,453
900°	1,204	1,311	1,309
1000°	1,091	1,007	1,288
	C. Niederschlesische Kohle Korngröße 2—2,5 mm		
850°	0,849	0,927	1,126
900°	0,805	0,892	1,127
1000°	0,700	0,745	1,161

bringt bei 900° und 1000° eine kleine Erhöhung der Blausäurebildung, während bei 850° noch kein Unterschied vorliegt. Die Zahlen für Stickstoff im Teer schwanken etwas, was sowohl auf die wechselnde Teerzersetzung als auch auf die Schwierigkeiten der restlosen Gewinnung des Teers zurückzuführen ist. Das Maximum liegt bei rund 4% des Gesamtstickstoffs bei der feinkörnigen Kohle, während die gröbere Kohle einen Teer mit nur 3,5% gibt. Die feinkörnige Kohle hält mehr Stickstoff im Koks zurück und läßt bis 900° weniger in elementarer Form in das Gas übergehen als die grobstückige; bei 1000° nähern sich die Werte.

Die Stickstoffgehalte des Kokses aus der groben Kohle, bezogen auf trockenen, aschenfreien Koks, stellen sich bedeutend niedriger als die betreffenden Zahlen für feinkörnige Kohle.

Bei der westfälischen und der niederschlesischen Kohle liegt das Maximum des Ammoniakausbringens niedriger als bei der oberschlesischen, nämlich bei 850°. Der Blausäuregehalt steigt auch hier mit zunehmender Temperatur.

Für Saarkohle haben Mayer und Altmayer die Entwicklung von Ammoniak und Cyan während der Entgasung studiert; sie erhielten aus einer Kohle mit 1,13% N folgende Stickstoffverteilung[1]:

Temperatur	Anheizdauer i. Min.	N in % des Gesamtstickstoffs				N im Koks %
		als NH_3	als HCN u. im Teer	als Element	im Koks	
600°	30	10,6	11,87	5,13	72,4	1,18
700°	40	19,6	2,32	7,98	70,1	1,16
800°	54	21,7	3,67	9,43	65,2	1,125
900°	75	20,8	1,49	15,61	62,1	1,08

Bei der Saarkohle zeigt sich also der Höhepunkt der Ammoniakentwicklung noch niedriger wie bei der westfälischen, nämlich bei 800°.

Nach Foxwell[2] ist die Temperatur der Ammoniakbildung nicht bei allen Kohlen gleich und liegt zwischen 500 und 700° C bzw. zwischen 500 und 800° C. Bei gewissen Kohlen liegt die Ammoniakbildung noch höher, diese ergeben dann im praktischen Betrieb manchmal nur eine verhältnismäßig geringe Ausbeute, weil das neu gebildete Ammoniak sich bei solch hohen Temperaturen und an den heißen Ofenwänden zum großen Teil sogleich wieder zersetzt.

Aus allem geht hervor, daß der Anteil des Kohlenstickstoffs, den man als Ammoniak gewinnt, noch recht niedrig ist, und daß der größte Teil davon entweder im Koks verbleibt oder verloren geht: während nämlich etwa nur ein Fünftel des Gesamtstickstoffs der Kohle als Ammoniak wiedererhalten wird, verbleiben reichlich zwei Fünftel davon

[1] Vgl. Bertelsmann: Lehrbuch der Leuchtgasindustrie, Bad 1, S. 47; sowie G.- u. W.-F. 1907, S. 25 u. 41.

[2] Fuel 1924, S. 122; Glückauf 1925, S. 400; Brennstoffchemie 1924, S. 195, 228, 271, 289, 324, 358 u. 389.

im Koks und der Rest geht als elementarer Stickstoff in das Gas. Die Kokereien rechnen praktisch mit einer durchschnittlichen Ammoniakausbeute von etwa $3^1/_3$ kg pro Tonne eingesetzter Kokskohle; das Koksofengas enthält nach der Kühlung und Teerscheidung ungefähr 5—7 g NH_3 pro Kubikmeter, während etwa die gleiche Menge in das Kondensat übergegangen ist.

Der Blausäuregehalt des Gases ist auf diesem Wege vom Koksofen durch die Apparate zur Kühlung und Nebenproduktengewinnung großen Schwankungen unterworfen. Direkt hinter den Koksöfen sind 2 g Blausäure und darüber im Koksofengas des Ruhrbezirks keine Seltenheit. Hinter dem Schlußkühler, also vor der Ammoniakgewinnung ist dieser Gehalt durch Niederschlag in den Kondensaten meistens auf 0,5—1 g gesunken. Volkmann[1] fand im ungekühlten Gas einer Gasanstalt bis zu 3,5 g Blausäure im Kubikmeter und gab als Mittelwert etwa 0,3 Volumenprozent pro Kubikmeter an. Dagegen fanden W. Gluud und W. Klempt[2] im gekühlten Rohgas von fünf Kokereien des Ruhrbezirks nur 0,5—1,3 g Blausäure im Kubikmeter. Bertelsmann[3] fand im Kokereigas als Maximum 1,5 g Blausäure pro Kubikmeter, während der Verfasser als Maximum direkt hinter neuzeitlichen Koksöfen 3,6 g Blausäure im Kubikmeter Koksofengas feststellen konnte. Auf den Stickstoffgehalt der Kohle gerechnet beträgt die erhaltene Blausäuremenge also nur etwa 2%, auf die verkokte Kohle bezogen sogar nur etwa 0,03%.

O. Rau[4] erinnert daran, daß die Cyangewinnung schon auf den Gasanstalten nur geringen Gewinn abwirft, und daß daher auf den Kokereien, deren Gas noch weniger Blausäure enthält, die Gewinnung dieser Mengen noch weniger ins Gewicht fällt.

Beim Überleiten von Ammoniakgas über Koks stellte O. Simmersbach[5] folgende Zersetzung des Ammoniaks bei 700—1200° fest.

	Temperatur der 10 cm langen Koksschicht in °C	Dauer des Versuchs in Min.	Dauer der Einwirkung des heißen Kokses in Sek.	Angewendetes trockenes NH_3-Gas in ccm	Im Wasserstoff und Stickstoff wurden zersetzt ccm NH_3-Gas	In Blausäure wurden umgewandelt ccm NH_3	Unzersetzt blieben ccm	Unzersetztes NH_3-Gas in % der angewendeten Menge	Zersetztes NH_3-Gas in % (die Blausäure wurde als zersetzt in Rechnung gestellt.)
1.	700	27 Min u. 21 Sek.	0,66	14889	3541	9	11339	76,16	23,84
2.	700	60	1,68	10991	4725	7	6259	56,95	43,05
3.	700	60	3,44	4691	2915	5	1771	37,75	62,25
4.	700	60	3,75	5118	1918	2	3198	62,48[6]	37,52
5.	750	60	1,05	17598	6412	14	11172	63,48	36,52
6.	750	60	1,70	9734	4988	16	4730	48,59	51,41

[1] Chemische Technologie des Leuchtgases, S. 163. Leipzig 1915.
[2] Handbuch der Kokerei, Bd 2, S. 66.
[3] Die Technologie der Cyanverbindungen, S. 12. München 1906.
[4] Stahl und Eisen 1910, S. 1241. [5] Kokschemie, 2. Aufl., S. 201.
[6] NH_3-Gas feucht.

	Temperatur der 10 cm langen Kokschicht in °C	Dauer des Versuchs in Min.	Dauer der Einwirkung des heißen Kokses in Sek.	Angewendetes trockenes NH_3-Gas in ccm	Im Wasserstoff und Stickstoff wurden zersetzt ccm NH_3-Gas	In Blausäure wurden umgewandelt ccm NH_3	Unzersetzt und unverändert blieben ccm	Unzersetztes NH_3-Gas in % der angewendeten Menge	Zersetztes NH_3-Gas in % der angewendeten Menge (HCN = zersetzt angenommen)
1.	700	60	1,68	10991	4725	7	6259	56,95	43,05
2.	750	60	1,70	9734	4988	16	4730	48,59	51,41
3.	800	60	1,57	7968	7188	34	746	9,36	90,64
4.	850	60	1,24	9479	8737	45	697	7,35	92,65
5.	900	60	1,31	8645	8102	69	474	5,48	94,52
6.	1000	60	0,84	9534	9433	30	71	0,75	99,25
7.	1100	45	0,80	8791	8754	17	20	0,23	99,77
8.	1200	30	0,70	6210	6199	7	4	0,06	99,94

Das Ammoniak ist also schon bei der Verkokungstemperatur weitgehendem Zerfall ausgesetzt. Nach Haber u. a. verläuft das Gleichgewicht $N_2 + 3H_2 \rightleftarrows 2NH_3$ schon von 300° ab merklich von rechts nach links. Bei den im Koksofen herrschenden Temperaturen können nur folgende Ammoniakmengen, in Volumprozenten ausgedrückt, beständig sein:

Temperatur	Vol. % NH_3	Temperatur	Vol. % NH_3
500°	1,5	900°	0,02
600°	0,2	1000°	0,01
700°	0,14	1100°	0,001
800°	0,08	1200°	0,0001

Diese geringen Konzentrationen des Ammoniaks weist das Koksofengas tatsächlich auf, daß überhaupt bei den hohen Temperaturen im Koksofen noch Ammoniak unzersetzt vorhanden ist, kann man lediglich auf die große Verdünnung mit anderen Gasen zurückführen; konzentriertes Ammoniak ist schon bei bedeutend niedrigeren Temperaturen nicht mehr beständig.

Ramsay und Joung[1] haben bewiesen, daß unverdünntes Ammoniakgas, das durch ein mit Porzellanscherben gefülltes Porzellanrohr geleitet wird, bereits bei 690° zu 47,71% und bei 810—830° zu 69,50% zersetzt wird; in einem mit Porzellanscherben gefüllten Eisenrohr beobachteten sie schon bei 780° den vollständigen Zerfall des Ammoniaks.

Nach A. Thau[2] ging das Ammoniakausbringen zurück, wenn die Kokskammern nicht voll beschickt waren und dadurch die heißen Wandoberflächen, durch welche die Ammoniakzersetzung gefördert wird, vergrößert wurden.

Daß der in dem Kokereigas enthaltene Wasserdampf das Ammoniak bis zu einem gewissen Grade schützt, ist schon vor langem beobachtet

[1] Lewes: Carbonisation of Coal, S. 193; vgl. Strache-Lant: Kohlenchemie 1924, S. 411.

[2] Br. Chem. 1920, S. 52.

worden; die Kokereien, die mit Kohle arbeiten, welche mehrere Prozente Wasser enthalten, haben eine wesentlich höhere Ammoniakausbeute als die Gaswerke, die trockene Kohle einsetzen.

Den Einfluß des Wasserdampfs auf die Überführung des Koksstickstoffs im Ammoniak kennzeichnen die folgenden Untersuchungen mit Saarkohle[1]:

	Dauer der Versuche	Ammoniakausbeute in Prozenten des Gesamtstickstoffs bei Temperaturen von			
	Stunden	600°	700°	800°	900°
Entgasung	3	10,83	19,17	21,38	20,57
Wasserdampf	6	13,04	20,85	23,12	23,84
	9	3,17	8,53	9,64	5,35
	12	1,84	5,10	6,12	2,21
	15	0,17	3,17	3,71.	—
	18	—	1,50	2,14	—
	21	—	—	1,12	—
Gesamtammoniak in % des N in der Kohle		20,05	58,32	67,23	51,97

Die Hauptmengen an Ammoniak entstehen hiernach in den ersten 6 Stunden der Wasserdampfdestillation; sie stellen sich auf Gesamtammoniakausbeute bezogen wie folgt:

bei 600° = 56% bei 800° = 49%
„ 700° = 54% „ 900° = 56%

Die nach dreistündiger Destillation einschließlich sechsstündiger Wasserdampfbehandlung erhaltenen Ammoniakmengen betragen in Prozenten des Gesamtstickstoffs:

bei 600° = 27,04% bei 800° = 54,14%
„ 700° = 48,55% „ 900° = 49,76%

Bei Kohle von der Ilseder-Hütte wurden in den ersten 6 Stunden des Einführens von Wasserdampf ebenfalls gemäß folgender Tabelle über 50% Ammoniak gefunden, auf Prozente der Ammoniakausbeute bezogen:

	Dauer der Versuche	Ammoniakausbeute in Prozenten des Gesamtstickstoffs bei Temperaturen von			
	Stunden	600°	700°	800°	900°
		I			
Entgasung	2	5,59	12,31	15,61	15,13
Wasserdampfzusatz	6	11,15	16,50	19,53	23,45
	9	3,72	11,04	11,42	18,15
	12	1,75	6,54	7,51	4,36
	15	0,43	3,05	3,22	1,62
	18	—	1,42	2,46	—
	21	—	0,59	1,35	—
	24	—	—	0,88	—
	27	—	—	0,71	—
		22,64	51,45	62,69	62,71

[1] Mayer, M., u. V. Altmayer: J. Gasbel. 1907, S. 52.

	Dauer der Versuche Stunden	Ammoniakausbeute in Prozenten des Gesamtstickstoffs bei Temperaturen von 600°	700°	800°	900°
		II			
Entgasung	3	6,47	14,47	15,31	17,14
Durch Wasserdampfzusatz (wie oben)		26,43	55,52	59,34	54,44
Sa. Ammoniak		23,90	70,99	74,65	71,58
		III			
Entgasung	3	12,04	13,81	19,80	17.19
Durch Wasserdampfzusatz (wie oben)		27,86	57,44	53,38	44.66
Sa. Ammoniak		30,90	71,25	73,18	61.85

Hilgenstock[1] fand, daß das Innere einer Koksofenfüllung erst nach 18 Stunden eine Temperatur von 100° erreicht, während nach den Wänden zu bereits eine Temperatur von 750° herrschte. Demnach werden noch größere Wasserdampfmengen entwickelt, wenn schon ein Teil der Beschickung fertig verkokt ist.

O. Simmersbach[2] zieht folgende Schlüsse:

1. Die Ammoniakbildung erfolgt in der Hauptsache erst bei einer Temperatur, bei der das Backen der Kokskohle schon beendet ist.

2. Die Ammoniakbildung erreicht ihren Höhepunkt nicht bei einer für alle Kohlen gleich hohen Temperatur.

3. Diese Temperaturhöhe hängt ab von der Natur der Stickstoffverbindungen in der Kohle und wechselt zwischen 800 und 900°.

4. Der Zerfall des Ammoniaks, der an sich, d. h. bei konzentriertem Ammoniak schon bei 750° wesentlich und bei 800° fast ganz erfolgt, tritt infolge der bei der Steinkohlenvergasung stattfindenden Verdünnung merklich erst bei 900° in die Erscheinung und wächst mit steigender Temperatur.

5. Die Bildung von Cyanwasserstoff wächst mit der Ammoniakmenge und der Zunahme der Temperatur.

6. Die Menge des Cyanwasserstoffs macht bei der Steinkohlenverkokung etwa 1,2% des Gesamtstickstoffs der Kohle aus und etwa 5% des Ammoniaks.

7. Wasserdampf wirkt schädlich auf die Cyanbildung, dagegen günstig auf die Ammoniakausbeute.

8. Die Gasgeschwindigkeit hemmt die Ammoniakzersetzung und fördert die Cyanbildung.

9. Die Korngröße der Kohle hat weder auf die Temperaturlage des Maximums der Ammoniakausbeute noch auf seine Höhe Einfluß.

Auch Mott und Hodsmann[3] haben eingehende Versuche über den

[1] Stahl u. Eisen 1885, S. 420. [2] Kokschemie II. Aufl., S. 204.
[3] J. Soc. Chem. Ind. 1923, S. 4; Chem. Zbl., Bd 1, S. 39 (1923), Bd 2, S. 1094.

schützenden Einfluß des Wasserdampfes auf Ammoniak gemacht und dabei festgestellt, daß bei einer Temperatur von 750° C und gleichen Versuchsbedingungen 29,5% des Ammoniaks zersetzt wurden, wenn die Gase trocken waren, daß die Zersetzung des Ammoniaks aber nur 13,5% betrug, wenn das Gas nur 3,2% Wasserdampf beigemischt enthielt. Die bei 885° C erhaltenen Versuchsergebnisse waren die folgenden:

Wasserdampfgehalt des Gases . .	5,4%	17,5%	25,0%
Ammoniakzersetzung	85,0%	20,5%	0,0%

Schon vor langer Zeit hat Beilby[1] in stehende Retorten von oben einen Wasserdampfstrom, der überhitzt und mit etwas Luft gemischt war, eingeleitet und gewann 60—70% des Gesamtstickstoffs in Form von Ammoniak.

In neuerer Zeit hat die Koksofenbaugesellschaft Hinselmann m. b. H.[2] sich einen Koksofen mit Wasserdampfzuführung schützen lassen. Bei diesem Koksofen tritt der hochüberhitzte Wasserdampf in feiner Verteilung von unten in die Koksöfen ein; das Ammoniakausbringen soll dabei nicht unerheblich größer werden.

Um möglichst viel Stickstoff aus dem Koks als Ammoniak zu gewinnen, haben Monkhouse und Cobb[3] Koks je 40 Stunden lang im Wasserstoffstrom auf 600°, 700° 800°, 900° und 1000° C erhitzt und erhielten so insgesamt 68,2% des Stickstoffs als Ammoniak.

Bei Versuchen an Generatoren sättigten Bone und Wheeler[4] die Luft bei verschiedenen Temperaturen mit Wasserdampf, wobei sie zu folgenden Ammoniakausbeuten gelangten:

Sättigungstemperatur des Dampfes	kg Dampf pro 1 kg vergaste Kohle		% Stickstoff als NH_3 gewonnen
	zugeführt	zersetzt	
60°	0,45	0,39	26
65°	0,55	0,44	30
70°	0,80	0,49	35
75°	1,10	0,57	44
80°	1,55	0,62	49

Bei seinen klassischen Vergasungsversuchen in Generatoren hat schon Mond[5] beobachtet, daß man bei Zusatz großer Wassermengen, nämlich bis zu 2 cbm pro Tonne Kohle, bis zur Hälfte des Kohlenstickstoffs als Ammoniak gewinnen kann, wobei nur ein Drittel des Wasserdampfes umgesetzt wird.

Trenkler[6], der die Versuchsergebnisse von Bone und Wheeler bestätigt, glaubt, daß die Schutzwirkung des Wasserdampfes auf

[1] J. Soc Chem. Ind. 1884, S. 216; vgl. Lunge-Köhler, S. 147, Braunschweig 1912.
[2] Vgl. Handbuch der Kokerei, Bd 1, S. 224.
[3] Br. Chem. 1923, S. 218.
[4] Vgl. Handbuch der Kokerei, Bd 1, S. 84.
[5] G.- u. W.-F. 1897, S. 427.
[6] Die Chemie der Brennstoffe vom Standpunkt der Feuerungstechnik 1919, S. 34.

das Ammoniak auf die Bildung von Ammoniumhydroxyd zurückzuführen sei.

Einen nachteiligen Einfluß auf die Güte des Kokses übt die in ihm enthaltene Kieselsäure aus, indem mit steigendem Kieselsäuregehalt die Härte des Kokses und seine Festigkeit abnimmt, wodurch seine Eignung für den Hochofen verringert wird.

Die Kieselsäure stammt von den mineralischen Bestandteilen der Holzfaser, von zersetztem Feldspat und hauptsächlich aus dem Kohlenschiefer. Das Vorwiegen der Kieselsäure in der Kohlenasche, sowie der Umstand, daß die Alkalien darin als Kieselsäureverbindungen sich vorfinden, weisen darauf hin, daß der Brandschiefer teilweise in die Kohlenmasse eingedrungen ist.

Nachstehende Analysen zeigen nach Dürre[1] den Kieselsäuregehalt verschiedener Kokse aus gewaschenen Kokskohlen des Ruhrbeckens:

Koks von	Asche %	mit SiO_2 %
Zeche Präsident . . .	10,19	30,86
„ Carolinenglück .	12,15	43,93
„ Centrum . . .	10,93	38,56
„ „ . . .	12,65	41,48
„ Graf Schwerin .	11,08	34,60
„ „ „ .	9,08	33,78
„ „ „ .	9,71	53,91
„ Westhausen . .	13,21	37,33
„ „ . .	11,01	39,33

H. Lierg[2] nimmt an, daß der Aschengehalt der Kohlen und damit auch ihre Kieselsäure zum Teil von den organischen Substanzen der Pflanzen herrührt, aus denen die Kohlen sich gebildet haben, und zwar in Form siliciumorganischer Verbindungen. Infolge der feinen Verteilung der Kieselsäure durch die ganze Kohlenmasse soll dann bei den hohen Temperaturen im Koksofen die Reduktion der Kieselsäure zu Silicium vor sich gehen, wie aus nachstehenden Untersuchungen sich ergibt:

Koks	II Ruhrgebiet	III USA.
C	93,32%	87,52%
H	0,83%	0,63%
hygr. H_2O	0,06%	0,12%
N	0,75%	1,31%
Asche	5,70%	11,31%
S	0,56 %	0,82%
	101,22%	101,71%
Die Koksasche enthielt	2,04 SiO_2	4,94 SiO_2
(bezogen auf Koks) . .	2,60 Fe_2O_3	5,13 Fe_2O.

[1] Kokschemie, 2. Aufl. S. 156. [2] Lierg, H.: l. c.

Die Kokszusammensetzung stellt sich rechnungsmäßig daher wie folgt:

C	93,32%	87,52%
H	0,83%	0,63%
hygr. H_2O	0,06%	0,12%
N	0,75%	1,31%
Fe	1,82%	3,60%
Si	0,39%	0,16%
Asche	2,27%	5,84%
S	0,56%	0,82%
	100,00%	100,00%

Die Gewichtszunahme des Kokses bei der Berechnung der Verbrennungssumme seiner Bestandteile führt H. Lierg auf die Sauerstoffaufnahme des Si und Fe zurück, indem er letzteres im Koks als metallisches Eisen oder gebunden als Ferrosilicium oder Schwefeleisen annimmt.

Die obigen Analysen zeigen, daß im Koksofen eine Reduktion der Silicate zu Silicium vor sich geht, daß also Koks nicht oxydiertes Silicium enthalten kann; nach H. Lierg liegt das Silicium möglicherweise elementar oder als Ferrosilicium vor.

Fr. Schreiber[1] hat bei gleichartiger Untersuchung verschiedener metallglänzender fester Koksproben, die nach Lierg Silicid enthalten, nicht dieselben Ergebnisse erzielt wie dieser; es stellte sich im Gegenteil die Gesamtsumme stets unter 100%, wobei die Differenz auf den im Koks vorhandenen Sauerstoff zurückzuführen ist.

Allgemeine Schlüsse auf die Gegenwart von Silicid im Koks können daher nicht gezogen werden, am wenigsten aber bezüglich der metallglänzenden Farbe und Festigkeit des Kokses, wenn es auch nicht ausgeschlossen erscheint, daß dem Grade nach, bei entsprechender Zusammensetzung der Koksasche durch im Koks vorhandenes nicht oxydiertes Silicium, eine Beeinflussung stattfinden kann.

Auf die Möglichkeit der Bildung von Siliciumcarbid bei der Verkokung hat E. Donath[2] bereits hingewiesen.

Nach Lierg erscheint es bei der Schwerverbrennlichkeit des Carborundums[3] unwahrscheinlich, daß etwa reduziertes Silicium an Kohlenstoff gebunden ist, es dürfte vielmehr elementar oder als Ferrosilicium vorliegen, das ja ebenfalls sehr hart, aber leichter verbrennlich als Carborundum ist.

Das Eisen im Koks bzw. in der Koksasche wirkt sehr störend bei der Schlackenbildung auf dem Rost, indem es mit den anderen Aschebestandteilen zu einem leichtflüssigen Silicat zusammentritt. Auch bei der Gewinnung von Kohlensäure im Kalkofen macht es sich insofern

[1] Stahl und Eisen, Bd 1, S. 409 (1913).
[2] Österr. Z. Berg- u. Hüttenw. 1894; vgl. auch Z. angew. Chem. 1913, Nr 15.
[3] Carborundum oder Siliciumcarbid SiC enthält 30% C; Dichte 3,12; es wird bei Rotglut von Alkalicarbonaten angegriffen; auch Kalk oxydiert es bei hoher Temperatur.

unangenehm bemerkbar, als bei zu hohem Eisengehalt leicht ein Verglasen des Kalkes eintritt.

Das Eisen kommt im Koks als Schwefeleisen, Siliciumeisen, und als Eisencarbid vor. Der Eisengehalt des Kokses ist sehr verschieden. Er nimmt in der Regel zu, wenn der Tonerdegehalt der Asche sinkt und umgekehrt. Unter 40 Analysen westfälischer Kokse ergaben:

3 Proben	unter	0,5% Fe
5 „	zwischen	0,06—0,7% Fe
8 „	„	0,0—0,9% Fe
6 „	„	0,9—1,0% Fe
5 „	„	1% Fe
7 „	unter	1,2% Fe
3 „	über	1,2% Fe
2 „	„	1,3% Fe
1 Probe	„	1,4% Fe

Also annäherndes Mittel 0,90% Fe.

Im westfälischen Kohlengebiet zeigt sich im allgemeinen die Erscheinung, daß der Eisengehalt je nach der Flözetage verschieden ausfällt, und daß insbesondere von oben nach unten, d. h. von der Fettkohle zur Magerkohle der Gehalt an Eisen in der Kohle — und damit auch im Koks — zunimmt. Koks des Ruhrkohlenbeckens enthielt:

	% Fe
a) aus dem Gelsenkirchener Bezirk (beste Fettkohle)	0,722 0,913 0,944 0,984
b) aus dem Langendreer Bezirk (Eßkohle)	0,853 1,070 1,099
c) aus den Bezirken Witten und Sprockhövel (Eß- und Magerkohle)	1,3000 1,414 1,590

Der höhere Eisengehalt des Kokses mag mit dem Vorkommen von Spateisensteinflözen in der mageren Kohlenpartie der Ruhr im Zusammenhang stehen.

Einen geringen Eisengehalt besitzt der Koks aus dem Aachener Becken mit etwa 0,6%. Es zeigt:

	% Fe
Koks des Eschweiler Bergwerks-Vereins, Grube Anna	0,628
Koks der Vereinigungsges., Grube Maria, Hauptschacht	0,559
Koks der Vereinigungsges., Grube Maria, Schacht I	0,610

Über den Eisengehalt des Kokses aus anderen Revieren und Ländern gibt die nebenstehende Tabelle Auskunft:

Außer Schwefel, Eisen, Phosphor und Kieselsäure zeigen sich in der Kohlen- und Koksasche noch weitere Verunreinigungen, und obwohl deren Menge so gering ist, daß sie in der Praxis vollständig unberücksichtigt werden können, wird es doch zweckmäßig sein, sie anzuführen.

	% Asche im Koks	Fe im Koks	Fe in der Asche
1. Oberschlesien	9,13	0,665	13,77
	8,68	0,665	13,07
2. Saar	12,00	1,208	9,94
3. Sachsen	12,00	0,612	19,60
	7,00	0,525	13,35
	13,00	1,028	12,64
4. Südrußland	13,40	1,79	7,49
	11,60	2,488	4,86
	15,94	1,692	9,43
	13,56	0,59	23,00
5. Belgien	12,00	0,845	14,20
	18,00	2,48	7,26
	16,00	3,716	4,31
	14,00	1,64	8,54
6. Connelsville	9,5	2,66	3,57
7. Westvirginia (Pittbsurgh-Koks)	11,45	0,583	19,65
	12,29	0,592	20,76
	13,41	0,621	—

Ruhrkohlenkoks enthält nach B. Platz[1] Kupfer, und zwar zeigten 12 Proben 0,017—0,046%, im Durchschnitt 0,032% Kupfer. Höhere Kupfergehalte kommen nur selten vor, meistens bei sehr schwefelkiesreichen Kohlen, deren Asche, mit Salzsäure befeuchtet, die Kupferreaktion zeigt. Da alles Kupfer, welches Möller und Brennmaterial enthalten, sich im Roheisen wiederfindet, so würde bei einem Verbrauch von einer Tonne Koks auf eine Tonne Roheisen und bei 10% Asche im Koks der Kupfergehalt des Eisens um 0,004% erhöht werden. Ein nachteiliger Einfluß auf die Qualität des Eisens bleibt bei solch geringen Mengen nicht zu befürchten.

Die blaue Flamme, welche beim Aufstreuen von Salz auf glühenden Koks erscheint, wurde von Smith[2] der Salzsäure zugeschrieben; sie erwies sich jedoch später nach G. Salet[3] als von einem geringen Kupfergehalt herrührend.

Ostrauer Koks zeigte in der Asche 0,05—0,08% Cu. Daubrée[4] fand in Kohle von New Castle Arsenik und Antimon, in Saarbrücker Kohle 0,003% Arsenik und in einer Sorte Kohlen von Villé (Bas Rhin) neben Spuren von Antimon und Kupfer 0,0415% Arsenik. Ebenso enthielt die Kohle von Nottinghamshire deutliche Spuren von Arsenik.

M. Gowan[5] fand bei je vier englischen Hütten- und Gaskohlensorten folgende Arsenikgehalte:

---

[1] Platz, B.: Stahl und Eisen 1886. [2] Smith: Chem. News, Bd 39, S. 141.
[3] Salet, G.: C. r. Bd 110, S. 280—283. [4] Kokschemie, 2. Aufl., S. 160.
[5] Simmersbach-Anderson: Chem. of coke, S. 123.

Anzahl Teile Arsenik (As_2O_3) in 1 Million Teilen Koks	Hüttenkoks (Midland)	Gaskoks (Yorkshire)
5—10 Teile	2	—
10—20 „	1	—
20—30 „	1	—
30—40 „	—	1
über 40 „	—	3
Untersuchte Proben	4	4

Schinz[1] fand in belgischer Koksasche 0,2% Arsenik bei 26,91% Gesamtaschengehalt und 0,81% Arsenik bei 21,92% Asche im Saarkoks.

Nach F. J. Smith[2] enthielt Yorkshire Koks 0,015% Selen.

Bleioxyd und Zinkoxyd sind ebenfalls häufig vorhanden, wie die weißen bis gelben Beschläge oberhalb der Koksofentüren, ja auch auf Koksstücken, beweisen.

Platz[3] untersuchte zwei Arten von Flugstaub, die sich aus Koksofengasen in den damit geheizten Kesseln abgesetzt hatten. An den heißeren Teilen hatte sich gelber und an dem kälteren Teil weißer Staub abgelagert. Die Zusammensetzung war folgende:

Weiß		Gelb	
63,01%	$ZnSO_4$	58,43%	ZnO
11,23%	$PbSO_4$	4,24	$PbSO_4$
4,82%	Na_2SO_4	1,12%	CaO
12,22%	$Fe_2(SO_4)_3$	0,75%	MgO
1,62%	unlöslicher Rückstand	8,40%	Al_2O_3
		5,49%	Fe_2O_3
		15,78	SiO_2

Sehr unangenehm kann der Chlorgehalt der Kokskohlen wirken, welche sowohl unlösliches Chlor enthalten können, das dann durch Auswaschen nicht vermindert wird, als auch vom Wasser der Wäsche herrührendes. Kokskohle von Präsident (Bochum) enthielt 0,017% Cl = 0,028% NaCl.

Der Gehalt an Natronsalzen in den Kokskohlen zeigt große Verschiedenheit. So fand F. Schreiber[4] in 1 kg Kohle (ungewaschen)

	I	II	III
NaCl	0,6928 g	0,2810 g	0,1404 g
Na_2SO_4	0,4004 g	0,2744 g	0,1642 g
	1,0932 g	0,5554 g	0,3046 g

Das Wasser der in den Koksofen mit 12% Feuchtigkeit eingesetzten Kohlen enthielt nach Schreiber folgende in Wasser löslichen Salze:

[1] Schinz: Dokumente betreffend den Hochofen. Berlin 1868.
[2] J. Soc. Chem. Ind., Bd 28/II, S. 201 (1903).
[3] Muck: Steinkohlenchemie, 2. Aufl., 1891.
[4] Schreiber, F.: Stahl und Eisen 1910, S. 1839.

In 1 Liter	I	II
NaCl	0,1919 g	0,0292 g
Na_2SO_4	1,2364 g	0,2795 g
$MgSO_4$	0,4732 g	0,2602 g
$CaSO_4$	0,2837 g	0,3884 g
$Ca(CO_3H)_2$	0,4227 g	0,2457 g

Im Koksofen entweicht ein Teil des Chlors mit dem Gas, mit zunehmender Garungszeit nimmt der Chlorgehalt des Gases ab. Ein Teil des Chlors findet sich ferner im Teer, der stets Chlorammonium aufweist. Die in die Koksasche übergehenden Alkalichloride sind zwar bei der Roheisen- und Gußeisenerzeugung ohne direkten Einfluß, aber sie können die Lebensdauer des Ofenmauerwerks wesentlich beeinflussen, indem sie sich zersetzen und mit dem Mauerwerk sehr leicht schmelzbare Verbindungen bilden, welche die feuerfesten Steine mehr oder weniger rasch abnutzen.

3. Physikalische Eigenschaften und physikalisches Verhalten des Kokses.

Wenn von den physikalischen Eigenschaften des Kokses gesprochen wird, so sind damit in erster Linie seine Festigkeit, seine Porosität und sein spezifisches Gewicht gemeint.

Da die alten Holzkohlenhochöfen nur eine geringe Höhe besaßen und mit kalter oder nur mäßig erwärmter Luft gespeist wurden, so suchte man einen leichten und porösen Koks darzustellen, dessen physikalische Eigenschaften von denen pflanzlicher Brennstoffe nicht sehr verschieden waren.

Die geringe Widerstandsfähigkeit dieser Kokse schränkte den Betrieb sehr ein; sobald man denselben energischer führte, mußte jenem Nachteil abgeholfen werden. Bei den heutigen großen Hochöfen, welche unter hohem Druck mit Luft von 700—800° angeblasen werden und in 24 Stunden bis zu 600 t Roheisen produzieren, muß dann auch der Koks vor allem fest sein.

Man war früher vielfach der Meinung, daß Hochofenkoks sehr hart sein müsse, um die Last der Beschickungssäule des Hochofens auszuhalten.

O. Simmersbach[1] hat die Unhaltbarkeit dieser Meinung nachgewiesen.

Setzt man 1 cbm Koks = 500 kg und
1 cbm Erz + Zuschlag = 2000 kg,

[1] Die Fortschritte der Koksfabrikation im Saargebiet. Stahl und Eisen 1905, Nr 23.

so beanspruchen bei 3 Gewichtsteilen Möller auf 1 Gewichtsteil Koks

500 kg Koks	= 1 cbm Raum
1500 kg Möller	= 0,75 cbm Raum
2000 kg	= 1,75 cbm Raum;

es wiegt also

$$1 \text{ cbm Möller} = \frac{2000}{1,75} = 1143 \text{ kg},$$

d. h. bei einem Hochofen von 25 m Höhe kommen demnach bei einer Beschickungssäule von der Höhe des Ofens auf 1 qm Grundfläche 25 · 1143 kg = 28575 kg, entsprechend einem Druck von nicht einmal 3 kg pro qcm, d. h. viel weniger, als selbst die geringste Druckfähigkeit des Kokses zuläßt, wie nachfolgende Tabelle erkennen läßt:

Ruhrkoks von	Festigkeit kg/qcm
Zeche Zollverein	158
„ Schlägel und Eisen	200
„ Mansfeld	140
„ Holland	119
„ Minister Achenbach	89
„ Berneck	158
„ Achenbach	237
„ Heinitz — ungestampft	60
„ Heinitz — gestampft	120—140

Oberschlesischer Gaskoks zeigte folgende Festigkeitswerte[1], die zum Teil gutem Hochofenkoks entsprechen:

101 kg/qcm 118 kg/qcm 135 kg/qcm 151 kg/qcm 154 kg/qcm

Holzkohle	33,2 kg
Holzkohle	49,2 kg
Torfkohle	63,6 kg
Torfkoks	298,0 kg

Durch das Stampfen erhöht sich also die Festigkeit um etwa 100%, auch erhält man bei Saarkoks 2—3% mehr Großkoks.

Über die Festigkeit von amerikanischem Koks gibt die nebenstehende Tabelle nähere Auskunft.

Nicht die Zerdrückbarkeit, sondern die Zerreiblichkeit ist von Einfluß auf die Höhe des Hochofens.

Die Zerreiblichkeit des Kokses liegt zunächst in der Beschaffenheit der Porenwände des Kokses begründet. Koks erscheint mehr oder weniger porig in seiner Struktur; die Poren sind nichts anderes als die Kanäle, durch welche die beim Verkoken gleichzeitig mit dem Koks entstehenden flüchtigen Produkte entweichen. Sind die Wände der Porenräume hart, so nennt man den Koks „hart", sind dieselben weich, so heißt der Koks „weich".

Andererseits hängt die Zerreiblichkeit von der Dichtigkeit des Kokses

[1] Kokschemie, 2. Aufl., S. 205.

	Connelsville Hüssener Koks	Connelsville, Otto Hoffmann-Koks	Semet Solvay Syracuse N. Y.	Connelsville Standard-Koks	Blocton Ala.	Pineville Ky	Big Stone Cap. Va, 48 Std.	Big Stone Cap. Va, 72 Std.	Monongah W. Va	Poccahontas, Va	Cumberland Tenn.
Physikalische Beschaffenheit:											
In 1 Kubikzoll sind Gramm: trocken	14,99	17,57	15,43	12,51	14,32	13,31	11,89	12,20	12,63	15,67	14,88
naß	23,73	22,62	24,18	21,62	22,52	19,19	21,18	21,02	22,05	23,53	22,31
In 1 Kubikzoll sind Pfund: trocken	57,13	66,93	58,12	47,69	54,56	50,71	45,31	46,49	48,11	59,68	56,78
naß	89,45	68,18	91,92	82,20	85,80	75,82	80,70	80,09	84,02	89,64	85,00
Kokssubstanz-Vol. %	48,24	69,17	49,49	43,93	49,47	59,80	43,34	46,22	42,33	52,07	90,39
Porenraum-Vol. %	51,76	30,83	50,51	56,07	50,03	40,20	56,66	53,78	57,67	47,93	49,61
Druckfestigkeit pro Kubikzoll in Pfund	1548	2808	1480	1160	1636	9610	980	1304	1224	944	1724
Härte	3,1	3,3	3,0	3,0	2,6	2,5	2,5	2,7	3,2	2,5	2,9
Spezifisches Gewicht	1,89	1,90	1,80	1,80	1,75	1,37	1,67	1,61	1,82	1,83	1,81
Chemische Zusammensetzung:											
Kohlenstoff	86,38	85,60	86,66	86,88	92,76	91,50	92,05	93,81	89,77	92,69	87,15
Feuchtigkeit	0,03	0,12	1,25	0,79	0,15	0,43	0,29	0,63	0,23	0,35	0,91
Asche	13,08	12,26	10,48	11,54	6,94	6,36	5,60	3,63	9,80	5,88	10,32
Schwefel	0,630	0,520	0,77	0,695	0,74	0,61	0,74	1,01	0,97	0,74	0,97
Phosphor	0,015	0,006	0,018	0,005	0,007	0,013	0,009	0,005	0,029	0,006	0,014
Flüchtige Bestandteile	0,51	2,02	1,61	1,31	0,81	1,04	1,32	1,93	0,80	0,34	1,62

ab, d. h. von der Größe der Porenräume, indem bei gleicher Härte der Porenwände ein dichter Koks weniger zerreiblich ist als ein poröser Koks — falls nicht bei letzterem die nachteilige Einwirkung der großen Porenräume durch größere Dicke der Porenwandungen wieder ausgeglichen wird.

Gemäß nachstehender Tabelle stellt sich die Festigkeit des Ruhrkokses wie folgt:

Berücksichtigung der Porosität[1].

Durchschnittsporosität 48—56%	Durchschnittsfestigkeit 124 kg/qcm
und zwar bei	
Porosität unter 46%	Festigkeit = 155
„ „ 46 —48%	„ = 155
„ „ 48 —50%	„ = 129
„ „ 50 —52½%	„ = 137
„ „ 52½—54⅓%	„ = 150
„ „ 54⅓—55⅔%	„ = 117
„ „ 52⅔—58½%	„ = 114
„ „ 59 —65¹⁄₁₀%	„ = 97

Im allgemeinen zeigt daher der dichteste Koks die größte mittlere Festigkeit und der poröseste die niedrigste; doch gibt es auch Ausnahmen, so zeigte

dichter Koks mit nur 37,88 % Porenraum 68 kg Festigkeit und
poröser Koks mit nur 61,47 % „ 156 kg „

Die Druckfestigkeit von verschiedenen Holzkohlen[2] stellt sich wie folgt:

	Längs der Faserrichtung	Senkrecht zur Faserrichtung
Borkenkohle	204,0 kg/qcm	24,8 kg/qcm
Fichtenkohle	81,1 „	11,3 „
Tannenkohle	52,3 „	8,1 „

Dieser große Unterschied in der Druckfestigkeit der Holzkohlen erklärt sich durch die Form ihrer langgestreckten und durchlässigen Porenkanäle; beim Koks macht sich kein derartiger Unterschied bemerkbar, weil dort die Poren abgeschlossene Räume mit undurchlässigen Wänden darstellen.

Je dichter der Koks ist, desto größere Stücke können angewandt werden, während poröser Koks unter gleichen Verhältnissen eine geringere Stückgröße verlangt.

Den bestimmenden Einfluß auf die Reibungswiderstandsfähigkeit besitzt die Härte der Porenwände des Kokses. Es kann harter Koks eine sehr geringe Zerreiblichkeit zeigen, ohne im geringsten dicht zu

[1] Nach Ott: l. c. [2] Juon, E.: Stahl und Eisen 1904, S. 1230.

sein, dagegen muß dichter Koks auch stets hart sein, falls er brauchbar sein soll.

Der Nachteil der Zerreiblichkeit des Kokses zeigt sich schon beim Transport, wobei infolge des Umladens und Rangierens der Züge ein nicht unbeträchtlicher Teil des Kokses als Lösche verlorengeht. Gewöhnlich werden 6% Staub am Empfangsort noch zugestanden.

Im Hochofen drehen sich nun die Koksstücke und reiben sich mit dem Eisenerz und den Kalkstücken sowie an den Ofenwandungen. Es scheidet sich hierbei nicht nur sämtlicher, an der Außenseite der Koksstücke durch die Feuchtigkeit anhaftender Kohlenstaub ab, sondern es lockern sich auch die Risse im Koksstück unter erneuter Bildung von Koksstaub, und es bröckeln auch kleine Teilchen ab; diese können dann mit einem Teil der Beschickung dichte Massen bilden, welche die Ofengase nicht durchlassen und so unvermeidliche Störungen des Ofenganges, unter Umständen ein Hängen der Gichten nach sich ziehen. Je länger der Weg ist, dem der zerreibliche Koks im Hochofen ausgesetzt ist, desto schärfer treten diese Erscheinungen auf.

Ein weiterer Nachteil der Zerreiblichkeit — speziell in der Weichheit der Porenwände begründet — bezieht sich auf die Art der Verbrennung im Inneren des Hochofens. Die Kokse werden bei ihrer niedergehenden Bewegung von einer heißen Schicht von Kohlensäure eingehüllt. Dieses Gas besitzt die Fähigkeit, den Kohlenstoff von etwa 600° C an zu oxydieren; jedoch wird der Kohlenstoff nicht in jeder Form von der Kohlensäure in gleichem Maße angegriffen; harter Koks widersteht der zerstörenden Einwirkung derselben in höherem Grade als weicher.

J. L Bell[1] fand bei weichem Koks einen um sechsmal höheren Gewichtsverlust durch Oxydation als bei hartem Koks.

J. Fulton[2] stellte bei amerikanischem Koks folgende Verluste fest:

Koks von	Ofensystem	Druckfestigkeit Kubikzoll	Gew.-Verlust d. heißen CO_2
Connesville	Teerofen	2260	5,5%
,, ...	Beehive	1204	9,0%
Moris Run	Teerofen	1300	11,2%
Bennington	Beehive	848	13,9%

Auch nach Versuchen Otts belief sich im allgemeinen die Festigkeit um so niedriger, je größer der Glühverlust ist, d. h. je mehr er von CO_2 angegriffen wird. Mürber Koks mit geringer Festigkeit zeigt stets auch höhere Glühverslutziffern als fester Koks. Für Ruhrkoks gelten folgende Werte:

---

[1] Berg- u. Hüttenm. Ztg 1884, S. 551. [2] Fulton: l. c.

Mittlere Festigkeit	Mittlerer Glühverlust (b. 1000°)
57 kg/qcm (weicher Koks)	6,92
74 „ „ „	5,76
91 „ „ „	4,61
128 „ „ „	4,12
150 „ „ „	3,62
172 „ (harter Koks)	3,13

Im einzelnen waren recht große Unterschiede vorhanden, die zeigen, daß erstens bei gleicher Druckfestigkeit der Glühverlust verschieden sein kann und zweitens bei gleichem Glühverlust wiederum die Druckfestigkeit wechseln kann, daß also die Festigkeit außer vom Glühverlust auch noch von anderen Momenten abhängt.

I		II.	
Druckfestigkeit kg/qcm	Glühverlust %	Druckfestigkeit kg/qcm	Glühverlust %
108	4,44	120	4,00
108	5,48	133	4,00
107	3,22	141	4,00
107	6,35	200	4,05
103	2,52	121	4,06
103	5,01	98	4,09

Man bestimmt in der Praxis die Zerreiblichkeit des Kokses meistens mittels einer Trommel nebst Rüttelsieb. M. Boecker[1] benutzte eine Trommel von 2000 mm Durchmesser und 700 mm Breite. Die Bolzenstärke betrug 20 mm und der freie Durchgang zwischen den Bolzen 40 mm. Die Trommel machte in der Minute zehn Umdrehungen und wurde bei jeder Probe nach 75 Umdrehungen durch eine elektrisch betriebene Schaltvorrichtung stillgesetzt. In die Trommel wurden 400 kg gegabelter Stückkoks eingebracht. Unter der Trommel war ein Rüttelsieb mit vier Sieben aufgestellt. Die Maschenweite der Siebe war:

für Stückkoks 40 × 40 mm, für Nußkoks 16 × 16 mm,
für Würfelkoks 24 × 24 mm, für Zunder 5 × 100 mm.

Das durch die Maschenweite 5 × 100 mm durchfallende Material ist die Kokslösche.

Bei den Versuchen mit oberschlesischem und Ostrauer Koks ergab sich folgendes Resultat, das den Nachteil des oberschlesischen Kokses gegenüber dem Ostrauer Koks erkennen läßt:

Zerreiblichkeit von	Siebmaschenweite	Ostrauer Koks %	Oberschles. Koks %
Stückkoks	40	82	53
Würfelkoks	24	4	9
Nußkoks	16	6	28
Zunder	5 ×10	2	3
Lösche	—	6	7

[1] Kokschemie, 2. Aufl., S. 209.

O. Simmersbach stellte bei westfälischem Koks (50 kg) mittels einer Trommel von 1 m Durchmesser und 0,5 m Breite bei 100 Touren in 4 Minuten nachstehende Werte fest:

43,4	89,2%	größer als Sieb	I,	Maschenweite	100 mm
18,4		" " "	II,	"	80 "
27,4		" " "	III,	"	40 "
2,2	10,8%	" " "	IV,	"	25 "
1,2		" " "	V,	"	10 "
7,4		Rückstand.			

Die Bestimmung der Festigkeit des Kokses erfolgt in Rheinland-Westfalen heute fast allgemein in der sogenannten Micum-Trommel[1], die während der Besetzung des Ruhrgebietes eingeführt wurde und anfänglich speziell für die Reparationslieferungen an Koks in Gebrauch war. Die Beschreibung derselben sowie anderer Verfahren zur Bestimmung der Koksfestigkeit geschieht im analytischen Teil dieses Buches.

In der Hochofenabteilung des Eisen- und Stahlwerkes Hoesch[2] wird seit einigen Jahren die Festigkeit des Kokses nach einer Methode bestimmt, die von den Trommelproben wesentlich abweicht und später noch genauer beschrieben wird. Danach wird möglichst die Beanspruchung nachgeahmt, welcher der Koks bei seinem Niedergang im Hochofen ausgesetzt ist, indem der Koks durch eine Profilverengung durchgedrückt wird. Die Druckabriebwerte unterscheiden sich dabei so stark, daß der Koks nach seiner Festigkeit klassifiziert werden kann. Um einen Vergleich mit dem Trommelverfahren zu gewinnen, wurden aus dem gleichen Kübel zwei Proben genommen und davon eine dem Trommelverfahren und die andere dem Druckabriebverfahren unterworfen. Die gemachten Gegenproben stimmten unter sich gut überein. Wenn man von den erhaltenen Bestwerten ausgehend das Maß der gefundenen Festigkeitswerte vergleicht, so sieht man, daß sich der Druckabrieb um das Fünffache vergrößert hat, während der Trommelabrieb nur etwa dreifache Verschlechterung zeigt, daher gestattet das Druckabriebverfahren eine bessere Unterscheidung. (Siehe Tabelle auf Seite 234 oben.)

Nasser Koks ist im allgemeinen weniger fest als trockener Koks. Es rührt dies daher, daß das Wasser die im Koksstück enthaltenen Salze auslaugt und dadurch die Koksmasse lockert. A. Wagner[3] fand als Einfluß des Wassergehaltes eine Festigkeitsabnahme von 14%.

Will man den diesbezüglichen Wert verschiedener Kokssorten bestimmen, so reibt man die einzelnen Koksstücke einfach aneinander; diejenige Sorte ist die beste, welche durch Abreiben am wenigsten verliert, wobei natürlich gleiche Reinheit des Kokses Voraussetzung ist.

---

[1] Dörflinger, G.: Stahl und Eisen 1927, S. 1867.
[2] Vgl. Stahl und Eisen 1928, S. 33. [3] Wagner, A.: Ferrum 1913.

Druckabrieb %	Trommelabrieb %	Druckabrieb %	Trommelabrieb %	Druckabrieb %	Trommelabrieb %
Batterie III (Kammerbreite 350 mm		Batterie IV (Kammerbreite 500 mm)		Batterie II (Kammerbreite 500 mm)	
3,3	22,0	3,4	11,8	3,2	15,8
3,3	19,5	3,7	16,7	3,5	14,2
3,7	17,8	3,8	16,7	3,7	15,9
4,5	17,3	4,1	13,5	4,1	15,2
4,9	20,7	4,4	16,0	4,4	14,0
4,9	19,7	4,6	12,2	4,8	12,7
5,5	20,7	4,9	13,7	5,0	13,7
5,6	18,9	5,0	13,7	5,0	14,4
5,7	19,8	6,4	11,6	5,3	17,7
6,4	19,5	6,8	19,0	5,4	16,3
6,9	19,4	7,2	14,8	6,6	12,9
7,1	18,4				
7,8	20,6				
Batterie I (Kammerbreite 400 mm)		Zeche B Schacht b			
2,1	13,5	9,2	21,6		
2,1	16,7	10,1	29,9		
3,4	14,0	10,2	28,7		
4,0	17,4				
4,4	13,9				
5,5	14,9				
6,4	18,9				
6,8	15,9				

Sonst bestimmt man in der Praxis die Zerreiblichkeit des Kokses auf indirekte Weise, indem man die Härte der Porenwände d. h. die Druckfestigkeit des Kokses untersucht und aus den erhaltenen Tragfähigkeitsdifferenzen Schlüsse auf die Zerreiblichkeit zieht. Den Einfluß des Wassergehaltes auf die Festigkeit des Kokses zeigen nachfolgende Zahlen[1].

Nr.	Scheinbares spez. Gewicht	Wirkliches spez. Gewicht	Poren	Kokssubstanz in 100 ccm	Asche %	Wasser %	Verbleib im Wasser	Festigkeit p. 1 qcm
				Trockener Koks				
1	0,86	1,99	56,78	43,22	10,26	—	—	140
2	0,86	1,95	55,90	44,10	10,10	—	—	180
3	0,83	1,93	56,99	43,01	9,88	—	—	133
4	0,86	1,99	56,78	43,22	10,08	—	—	95
5	0,86	1,97	56,35	43,65	10,50	—	—	81
6	0,83	1,94	57,22	42,78	10,08	—	—	161
7	0,85	1,92	55,73	44,27	9,80	—	—	108
8	0,85	1,90	55,28	44,72	9,90	—	—	72
9	0,85	1,89	55,03	44,97	10,86	—	—	120
10	0,87	1,94	55,15	44,85	10,64	—	—	163
11	0,88	1,90	53,68	46,32	10,66	—	—	118
12	0,83	1,88	55,85	44,15	10,76	—	—	105
	0,85	1,93	55,90	44,10	10,39			130

[1] Wagner, A.: Ferrum 1913.

Nr.	Scheinbares spez. Gewicht	Wirkliches spez. Gewicht	Poren	Koks-substanz in 100 ccm	Asche %	Wasser %	Verbleib im Wasser	Festigkeit p. 1 qcm
				Nasser Koks				
13	0,84	1,93	56,48	43,52	11,22	22,4	46 Tage	142
14	0,83	1,92	56,77	43,23	10,44	21,6	46 „	135
15	0,86	1,93	55,44	44,56	10,80	21,7	46 „	140
16	0,82	1,89	56,61	43,39	11,30	23,6	46 „	66
17	0,84	1,93	56,48	43,52	10,48	19,7	46 „	175
18	0,80	1,92	58,33	41,67	10,62	24,7	46 „	78
19	0,91	1,89	51,85	48,15	10,92	23,9	62 „	80
20	0,93	1,90	51,05	48,95	11,24	20,9	62 „	117
21	0,81	1,89	57,14	42,86	11,66	24,6	62 „	64
22	0,80	1,89	57,67	42,33	10,26	23,2	62 „	87
23	0,85	1,89	55,03	44,97	11,00	22,7	62 „	80
24	0,83	1,90	56,32	43,68	10,68	22,6	62 „	99
	0,84	1,91	55,77	44,23	10,78	22,4		112

Festigkeitsabnahme 14%

Geht man auf die Härte der Porenwände des Kokses ein, d. h. auf seine Druckfestigkeit, so findet man, daß dieselbe abhängt von der Beschaffenheit der Kohle, dem Aschengehalt des Kokses, insbesondere dem Gehalt an Kieselsäure, von der bei der Verkokung angewandten Temperatur, von der Ofenbreite und von der Garungszeit.

Natürlich bleibt der Qualität der Kohle die größte Bedeutung beizumessen, da es unmöglich ist, guten Koks aus schlechter Kohle zu gewinnen. Backende Sinterkohlen oder gar Sinterkohlen sind kaum imstande, Koks zu liefern. Auch bei den eigentlichen Kokskohlen zeigen sich mehr oder minder große Unterschiede in der Festigkeit.

O. Simmersbach untersuchte Koks aus Kohlen der beiden geognostischen Stufen des westfälischen Kohlengebirges — Eß- und Fettkohlen, letztere wieder getrennt in leichte Kokskohle und hohe, gasreiche Fettkohle. Es ergaben:

Koks aus	Eßkohle	80—115 kg	Tragfähigkeiten	pro	1 qcm
„ „	leichter Fettkohle	120—160 „	„	„	1 „
„ „	bester Fettkohle	bis 175 „	„	„	1 „

Die Festigkeit des Kokses steht also in einem bestimmten Verhältnis zur Backfähigkeit der Kohle, denn die Eßkohle, welche an die magere Flözpartie grenzt, erbringt einen Koks von nur 115 kg Festigkeit pro 1 qcm. In einem Falle, wo eine bessere Eßkohle zur Verkokung gelangte, ging die Festigkeit des betreffenden Kokses auf 143 kg herauf; während Koks, aus bester Fettkohle hergestellt, eine weit höhere Festigkeit besitzt, ziemlich übereinstimmend 170 kg bei mittlerem Aschengehalt unter 9%. Koks mit 115—170 kg Tragfähigkeit stellt die größte Masse der westfälischen Produktion dar, so zwar, daß 120 kg als Regel für den Koks aus leichter Kokskohle anzusehen bleibt. Auch für Durhamer Koks scheint diese Zahl zu gelten.

Hoher Aschengehalt wirkt auf die Härte des Kokses naturgemäß ein, jedoch kommt es vor allem auf den Kieselsäuregehalt in der Koksasche an, wie aus nachstehendem Versuche von O. Simmersbach ersichtlich ist.

Ofensystem	Ofenbreite	Garungszeit Std.	Aschengehalt %	SiO_2 %	Festigkeit pro 1 qcm kg	Bemerkungen
1. Dr. Otto . . .	600	48	10,14	66,00	98	Mittel aus 4 Versuchen
2. Dr. Otto . . .	600	48	9,17	60,25	115	„ „ 4 „
3. Dr. Otto . . .	500	36	9,97	25,7	160	„ „ 6 „
4. Brunck (Teerof.)	500	36	8,11	28,36	170	„ „ 6 „
5. Dr. Otto „	525	48	9,2	28,59	175	„ „ 4 „
6. Dr. Otto . . .	600	48	7,79	25,28	175	„ „ 7 „

In ähnlicher Weise gehen die Beziehungen der Festigkeit zum Kieselsäuregehalt des Kokses auch aus folgenden Untersuchungen mit Koks verschiedener Herkunft hervor:

Koksherkunft	Asche %	SiO_2 in der Asche %	SiO_2 im Koks %	Festigkeit kg/qcm	Spez. Gewicht scheinbares	Spez. Gewicht wirkliches	Porosität Kokssubst. %	Porosität Porenraum %
Niederschlesien . . .	8,32	30,96	2,58	180	0,93	1,84	50,50	49,50
Oberschlesien	7,94	37,64	3,03	üb. 170	0,87	1,81	48,07	51,93
Westfalen	8,48	38,56	3,28	143	0,73	1,73	42,20	57,80
Saarrevier	9,66	43,66	4,21	150	0,83	1,83	45,45	54,55
Aachen	11,20	42,71	4,90	100	0,74	1,90	38,95	61,05
Sachsen	16,24	57,68	9,37	105	0,70	1,85	37,84	62,16

Der vorherrschende Einfluß der Kieselsäure auf die Festigkeit des Kokses zeigt sich auch bei den einzelnen Koksstücken gemäß nachstehenden Untersuchungen, ebenfalls von O. Simmersbach[1].

Probestück	Entnahmestelle der Probe	Festigkeit kg/qcm	Kieselsäure in der Asche %	Kieselsäure im Koks %	Spez. Gewicht scheinbares	Spez. Gewicht wirkliches	Porenraum %	Kokssubstanz %
1	Fuß	170	40,0	3,28	0,95	1,80	47,3	52,7
	Mitte	160	40,2	3,11	0,78	1,58	50,7	49,3
	Kopf	150	41,3	4,57	0,96	1,70	43,3	56,7
2	Fuß	163	34,6	3,18	1,08	1,70	36,5	63,5
	Mitte	155	43,8	3,56	1,13	1,60	29,4	70,6
	Kopf	149	42,6	3,87	1,00	1,45	30,9	69,1
3	Fuß	145	42,9	4,08	1,02	1,86	54,2	54,8
	Mitte	128	43,9	4,28	0,9	1,81	50,3	49,7
	Kopf	123	44,0	4,35	1,12	1,87	40,7	59,3
4	Fuß	170	37,0	3,45	0,98	1,65	40,7	59,3
	Mitte	156	39,0	3,52	0,83	1,69	50,9	49,1
	Kopf	144	39,8	4,80	0,91	1,50	39,4	60,6
5	Fuß	160	40,8	3,71	1,05	1,70	38,3	61,7
	Mitte	138	42,1	3,17	1,09	1,65	33,5	66,5
	Kopf	126	44,5	3,51	1,12	1,80	37,8	62,2

[1] Vgl. Kokschemie, 2. Aufl., S. 214.

Hiernach spielt der Kieselsäuregehalt der Asche insofern eine maßgebende Rolle, indem mit steigendem Gehalt die Festigkeitszahl fällt und umgekehrt. Ferner besitzt nicht immer die aschenreinere Koksmarke die größere Festigkeit, wenn auch im allgemeinen wohl Aschengehalt und Kieselsäuregehalt sich proportional verhalten.

Nach H. Lierg soll, wie schon bemerkt, die Festigkeit des Kokses auf das Vorhandensein von Silicid, d. h. von im Koks vorhandenem nicht oxydiertem Silcium zurückzuführen sein, während sie nach F. Schreiber[1] abhängt von der Anwesenheit mehr oder minder großer Mengen leichtflüssiger Silicate, Natron- bzw. Kalisilicate, die am Ende der Garungszeit aus den mineralischen Bestandteilen entstehen und den Koks schmelzartig durchziehen. Daß letztere den Grad der Kokshärte beeinflussen können, dürfte wohl zutreffen.

Vorschläge zur Erhöhung der Koksfestigkeit sind häufig gemacht worden. So kann angeblich durch Zusatz von Gichtstaub die Festigkeit des Kokses erhöht werden, wie aus folgenden Untersuchungen[2] hervorgeht:

Koks mit Gichtstaubzusatz	229 kg/qcm,	d. h. + 17%.
„ ohne „	115 „	

Dieser Erfolg tritt auch ein, wenn man Kokskohle mit Magerkohle mischt und dann Gichtstaub zusetzt, nicht aber bei Magerkohle allein. Der Gichtstaubzusatz beträgt zweckmäßig etwa 7%

Vorteile des Gichtstaubzusatzes sind danach:

1. höhere Festigkeit,
2. Fortfallen des Treibens bei treibender Kohle,
3. Erhöhung des Fe-Gehaltes um 5—6%.

Nachteile des Gichtstaubzusatzes sind:

1. geringere Nebenproduktenausbeute besonders an Ammoniak;
2. Erhöhung des Aschengehaltes um etwa 2%, wobei das Eisen nicht mitgerechnet ist.

Die Ursache des Zerfalls von Ammoniak beruht nach W. Heckel[3] auf der katalytischen Zersetzung desselben durch Eisensauerstoffverbindungen. Eisenoxyd verringert zwar den Stickstoffgehalt im Koks, beschleunigt aber gleichzeitig den Zerfall des Ammoniaks; an der Zersetzung dürfte auch das bei den Gichtstaubbriketts vorhandene Eisenoxydul und metallische Eisen sich beteiligen.

Auch Purple ore wurde nach F. Werndl[4] schon vor vielen Jahren auf dem Phoenix bei Ruhrort statt Gichtstaub der Kokskohle vor dem Verkoken zugesetzt, und zwar in Höhe von 7—20%, doch wurden die besten Resultate mit 7—10% Zusatz erzielt.

Die Festigkeit des Kokses wird ferner erhöht, wenn man ihn nicht

[1] Stahl u. Eisen, Bd 1, S. 409 (1913).
[2] Stahl u. Eisen, Bd 1, S. 475 (1906).
[3] Stahl u. Eisen, Bd 1, S. 402 (1913).
[4] Stahl u. Eisen, Bd 1, S. 664 (1906).

von Hand löscht, sondern nach dem Untertauchungssystem behandelt, d. h. durch plötzliches Abschrecken in einem Wasserbad löscht[1].

Ferner ist bekannt, daß Koks härter wird, wenn er noch einige Zeit nach seiner Bildung erhitzt wird. Aber auch die Art und Weise, wie der Verkokungsprozeß eingeleitet und durchgeführt wird, ob eine gleichmäßige Erhitzung stattfindet oder nicht, läßt erhebliche Festigkeitsunterschiede zu.

Der Koks wird im allgemeinen um so fester, je höher sich die Verkokungstemperatur stellt. Die günstige Einwirkung der Hitze zeigt sich bei den verschiedenen Ofenbreiten in der Garungszeit.

Nach früheren Versuchen[2] betrug die Widerstandsfähigkeit gegen Druck pro Quadratzentimeter bei Kokssorten aus Carves-Öfen:

von	700	Breite	66,40 kg
„	660	„	79,72 „
„	500	„	92,32 „

Danach nimmt also die Festigkeit mit Abnahme der Ofenbreite zu. Diese Erkenntnis hat mit dazu geführt, daß bei neueren Ofensystemen die Breite des Ofens soweit als möglich verringert wird.

Bezüglich der Garungszeit gilt, daß im allgemeinen längere Dauer der Garung härteren Koks erzeugt, weil der Koks von der Hitze länger beeinflußt wird.

Im Connelsvillebezirk ließ man früher, um Hochofenkoks zu erzielen, die Kohle 48 Stunden verkoken, während man Kokereikoks in 72stündigem Betriebe herstellte, weil durch die längere Verkokungszeit der Koks härter wird und zugleich in größeren Stücken fällt.

Die Gewinnung der Nebenprodukte aus Kohle übt auf die Tragfähigkeit des Kokses keinerlei nachteiligen Einfluß aus. Koksöfen mit Nebenprodukten- und Ammoniakgewinnung erzeugen ebenso harten Koks als Öfen ohne diese.

Ofenbreite und Garungszeit treten aber gegen die Art der Kokskohle und deren Kieselsäuregehalt zurück. Denn es läßt sich aus minderwertiger Kokskohle bei noch so geringer Ofenbreite und bei der größten Garungszeit niemals festerer Koks erzeugen, als aus bester Fettkohle mit geringem SiO_2-Gehalt, wenn auch die Ofenbreite größer und die Garungszeit geringer ist.

Nach F. Häusser[3] wird durch längere Beheizung eines Koksbrandes bei Öfen von gleicher Breite die Festigkeit des Kokses erheblich verringert, womit er sich in einem gewissen Gegensatz zu O. Simmersbach befindet. Durch Verringerung der Kammerbreite nimmt nach Häusser die Sturzfestigkeit eines Kokses ab. Einen besonders großen Einfluß auf die Koksfestigkeit mißt Häusser aber der Korngröße der eingesetzten

[1] Stahl u. Eisen, Bd 2, S. 1389 (1911). [2] Vgl. Kokschemie, 2. Aufl., S. 217.
[3] Glückauf 1925, S. 693.

Kokskohle bei. Nach seinen Versuchen ergibt nämlich eine Kokskohle von feinerem Korn einen bedeutend festeren Koks als eine Kohle mit gröberem Korn, und er hält deshalb eine geeignete Mahlung der Kokskohle für das beste Mittel zur Verbesserung der Festigkeit des daraus erzeugten Kokses. Eisenhaltige Zusätze, also auch Gichtstaub, vermindern nach Häusser die Festigkeit des Kokses. Was die verschiedene Art des Löschens betrifft, so konnte er hinsichtlich der Festigkeit kaum einen Unterschied zwischen naß und trocken gelöschtem Koks feststellen; der naßgelöschte Koks war dabei jedoch sehr vorsichtig behandelt worden, so daß er weniger als 1% Wasser enthielt und man annehmen kann, daß er beim Löschen mit höherem Wasserverbrauch oder bei Anwendung des Tauchverfahrens eine geringere Festigkeit als trocken gekühlter Koks haben wird.

H. Koppers[1] und A. Thau[2] schreiben der Kohleaufbereitung überragenden Einfluß zur Erlangung eines guten Hochofenkokses zu.

Über das Problem, die Festigkeit des Kokses zu erhöhen, ist schon viel gearbeitet worden[3], wobei besonders viele Vorschläge darauf abzielen, die Kokskohle mit Substanzen, wie Kalk, Holzteer, Chlormagnesiumlauge usw. zu mischen, welche die Festigkeit des entstehenden Kokses günstig beeinflussen sollen.

Lierg[4] gewann durch Extraktion von heiß verblasenem Pech einen Körper, der imstande war, beim Zumischen zu einer nicht backenden Kohle dieser die Fähigkeit zu verleihen, nach dem Verkoken einen festen Koks zu bilden. Sogar aus Braunkohle konnte Lierg einen gut gebackenen Koks gewinnen, wenn er dieser vor dem Verkoken 25—30% von der extrahierten Pechsubstanz zumischte. Verfasser konnte durch eigene Versuche die Beobachtungen Liergs im wesentlichen bestätigen. Da durch die Zugabe von einigen Prozenten Steinkohlenteerpech zu schlecht backender Kohle ebenfalls eine Verbesserung des Backvermögens eintritt, so erscheint das Verfahren von Lierg zu teuer, um im großen angewandt zu werden.

Cobb[5] berichtet über Versuche, die Koksqualität durch Zuschläge von Kalk, Eisenoxyd oder Soda zur Kokskohle zu verbessern. Im Laboratorium wurden 5% eines der genannten Stoffe zugesetzt, wodurch dann der erzeugte Koks „feinkörniger, homogener und fester" war als der nach dem sonst üblichen Verfahren erzeugte. Im großen Maßstabe konnten dieser Ergebnisse allerdings nicht erhalten werden, was man dadurch erklärt, daß in diesem Fall die Erhitzung der Kohle nicht gleich-

[1] Aus Koppers Mitteilungen. [2] Stahl und Eisen 1923, S. 1127.
[3] Vgl. hierzu Handbuch der Kokerei, Bd 2, S. 17.
[4] Z. angew. Chem. 1922, H. 44; Teer und Bitumen 1922, S. 86; vgl. auch Handbuch der Kokerei, Bd 1, S. 55.
[5] V. D. I.-Nachrichten Nr 44 vom 22. Nov. 1927.

mäßig erfolgen konnte. Dagegen soll die Gasausbeute durch die genannten Zusätze größer geworden sein, ebenso die Reduktionsfähigkeit des so dargestellten Kokses. Wie dem auch sei, grundsätzlich wird man einer „Koksverbesserung", die mit einer erheblichen Erhöhung des Aschengehaltes verbunden ist, einstweilen ablehnend gegenüberstehen müssen.

Eine Verbesserung des Kokses durch stufenweises Erhitzen der Kokskohle ist von verschiedenen Seiten vorgeschlagen worden. So soll z. B. nach Baille-Barelle[1] aus Saarkohle (Gasflammkohle) ein hochwertiger Koks dadurch erzeugt werden, daß die Kohle in einem unter 320° C gehaltenen Ofen eingebracht wird und bei dieser Temperatur stehen bleibt, bis die Differenz der Temperatur in der Mitte und außen ein bestimmtes Maß nicht mehr überschreitet, worauf dann unter Einhaltung einer bestimmten Geschwindigkeit die Temperatur bis auf 750° gesteigert wird. Auch dieses Rezept ist in der Praxis wohl kaum durchführbar.

Wirkliche Verbesserung der Koksqualität läßt sich dagegen durch geeignetes Mischen von Kohlen erreichen, dir für sich allein keinen einwandfreien Koks ergeben können.

Über den Stand der Koksverbesserung durch Mischung mehrerer Kohlensorten berichtete Brownlie[2]. Nach ihm enthält eine zur Koksbildung ungeeignete Kohle entweder zu geringe Mengen Bitumenbestandteile, um die Kohleteilchen zu Koks zu binden, oder sie enthält davon zu viel, so daß eine schwammige Koksmasse entsteht. Aber auch der Schmelzpunkt des Bitumens ist maßgebend, er soll zwischen 350 und 450° C liegen. Ehe die Kohlen in die Kokskammer gelangen, müssen sie klassiert, gemahlen, gewaschen und getrocknet werden, hierzu kann noch, um die Koksbeschaffenheit zu verbessern, in den meisten Fällen das Mischen verschiedener Kokssorten treten. In Amerika werden die Kohlen fast ausnahmslos gemischt, auf dem europäischen Festland in den meisten Fällen auf englischen Kokereien nur im Ausnahmefall. Brownlie stellte fest, daß schon 1850 die Herstellung von Koks aus einem Gemisch von backender und nicht backender Kohle durch ein Patent geschützt wurde und daß Kokskohle eine Zumischung bis zu 30% nicht backender Kohle verträgt, ohne daß die Güte des so hergestellten Kokses darunter leidet. Aus 60% einer stark blähenden und 40% einer nicht backenden englischen Kohle konnte man einen dichten, harten, leicht schrumpfenden Schwelkoks herstellen. Auch die Entgasungstemperatur ist von Einfluß auf die Eigenschaften des Kokses, der aus Kohlenmischungen hergestellt wurde. In einem Koksofen mit Silicawänden wurde aus einem Gemisch von 55% guter Kokskohle und 45% nicht backender Kohle bei den höchstmöglichen Temperaturen

---

[1] C. r. Bd 172, S. 1580; C. Bd 4, S. 670 (1921).
[2] Gas World Coking Section 1926, S. 95; vgl. G.- u. W.-F. 1926, S. 970, 1927, S. 144; Ref, v. A. Thau.

ein erstklassiger Koks erzeugt, während dieselbe Mischung bei niedrigeren Temperaturen in Schamotteöfen keinen brauchbaren Koks gab. Lecocq erhielt unter geeigneten Bedingungen aus 80% stark blähender Saarkohle und 20% nicht backender Magerkohle einen guten Koks. Zur Verkokung stark blähender Kohle mischt man dieselbe vorteilhaft mit feingemahlenem Koksklein, welches den Bitumenüberschuß der blähenden Kohle aufzunehmen imstande ist.

Strafford und Pick[1] arbeiteten zunächst ein Verfahren aus, um aus Anthrazit oder Koks im Gemisch mit Teer einen leicht brennbaren flüchtigen Brennstoff herzustellen; durch einen Zusatz von Barium-

Abb. 40. Koks aus Kohlen des Reden- und Heinitzflözes.

carbonat und Holzkohle soll die Verkokung günstig beeinflußt werden. Nach dem Strafford-Fuelite-Verfahren werden backende und nicht backende Kohlen im Verhältnis 80—90% zu 20—10% feingemahlen und unter Zusatz einer Emulsion, die aus Wasser und Schmierseife oder Kresol besteht, innig vermischt; die Verkokung erfolgt bei hoher Temperatur.

F. Bönnemann[2] unternahm Versuche zur Verbesserung von oberschlesischem Hüttenkoks. Dabei wurden gasreiche Kohlen des Reden- und Heinitzflözes, die allein keinen brauchbaren Hochofenkoks liefern, gut aufbereitet und fein gemahlen und mit einer geschwelten, nicht backenden Schuckmannkohle gemischt, dann ohne Zusatz einer fremden Kohle verkokt. Da ein brauchbarer Hochofenkoks gewonnen wurde, so bedeutete dieser Erfolg eine Ersparnis an guten Kokskohlen des Pochhammerflözes; zu gleicher Zeit konnte die Hochofenleistung um 6% (!) gesteigert werden, auch wurde die Qualität des Roheisens besser. Die Abb. 40—47 geben einige Kokse wieder, die aus diesen Versuchen gewonnen wurden.

[1] Vgl. G.- u. W.-F. 1927, S. 144. [2] Glückauf 1926, S. 1551.

Abb. 40 zeigt einen stengeligen, zerreiblichen Koks, der ohne Verbesserung aus Kohlen des Reden- und Heinitzflözes hergestellt wurde.

Abb. 41. Kohle aus einem Gemisch von 60% Pochhammer-, 25% Reden- und 15% geschwelter Schuckmannkohle.

Abb. 41 gibt eine Koksprobe wieder, die aus einem Gemisch von 60% Pochhammer-, 25% Reden- und 15% geschwelter Schuckmann-Kohle

Abb. 42. Koksbrand; Mischung wie auf Abb. 41.

erzeugt wurde, während Abb. 42 einen ganzen Koksbrand aus dieser Mischung zeigt. Einen bei ungleichmäßigen Wandtemperaturen hergestellten Koks zeigt Abb. 43. Die Abb. 44—47 zeigen vier Dünnschliffe in vierfacher Vergrößerung. Abb. 44 gibt einen Koks wieder, der aus

Abb. 43. Koks, bei ungleichmäßiger Wandtemperatur hergestellt.

85% Gleiwitzer Kohle und 15% Magerkohle von Gottesberg herrührt. Abb. 45 zeigt Koks aus normaler Kokskohle der Borsig-Werke Gruben.

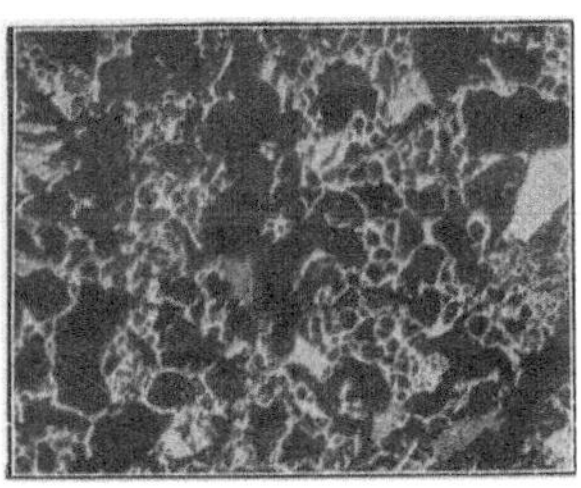

Abb. 44. Koks aus 85% Gleiwitzer Kohle und 15% Magerkohle von Gottesberg.

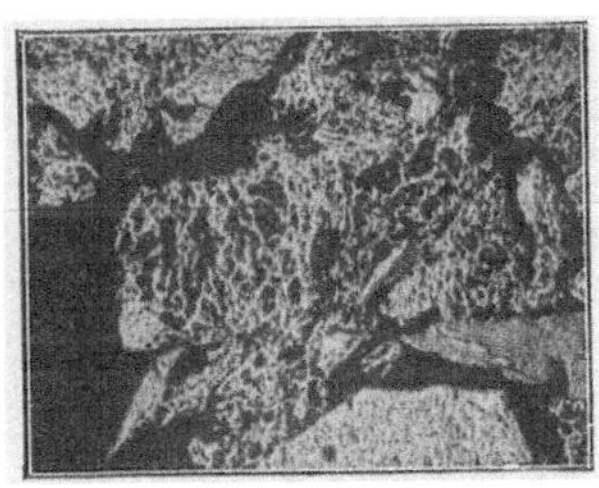

Abb. 45. Koks aus normaler Kokskohle der Borsigwerk-Gruben.

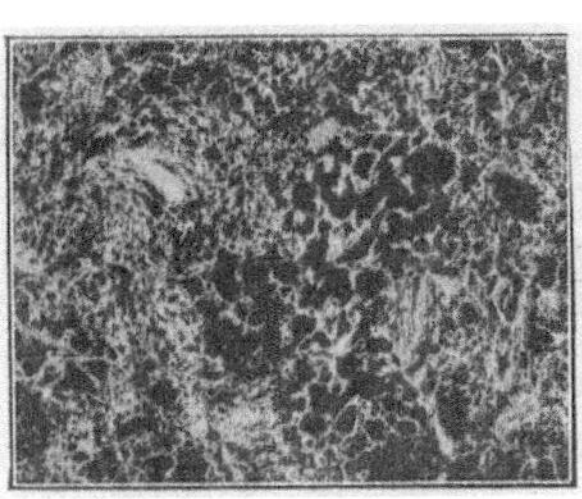

Abb. 46. Koks, aus dem Gemisch wie auf Abb. 41.

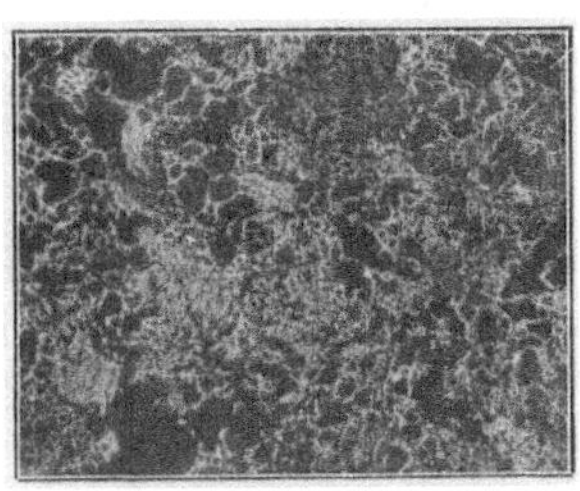

Abb. 47. Koks, aus aufbereitetem Gemisch von 85% Pochhammer u. 15% geschwelter Schuckmannkohle.

Abb. 46 stellt den Koks aus dem Gemisch wie Abb. 41 vor und Abb. 47 ist das Aussehen eines Kokses aus einer Mischung von 85% Pochhammer- und 15% geschwelter Schuckmann-Kohle. Sämtliche aus den aufbereiteten Kohlenmischungen hervorgegangenen Kokse zeigen ein gleichmäßiges Gefüge; der Schwelkohlenzusatz ist vollständig in die anderen Bestandteile eingegangen. Im Koks aus normaler Kokskohle sind Fremdkörper deutlich erkennbar, er ist ungleichmäßig und von zahlreichen Rissen durchzogen. Der Koks aus Gleiwitzer Kohle ist ziemlich gleichmäßig; doch zeigt er dickere Porenwände und größere Poren als die Koksproben aus aufbereiteten Kohlenmischungen.

Auch G. Dörflinger[1] hat Großbetriebsversuche zur Verbesserung von oberschlesischem Koks unternommen und dabei ebenfalls auf die überragende Bedeutung hingewiesen, welche die geeignete Mischung verschiedener Kohlen dabei hat. Als günstigste Breite der Ofenkammern nennt er 400 mm. Ein Zusatz von gemahlenem Halbkoks erhöht die Festigkeit des zu gewinnenden Kokses, Eisenerz als Beimischung hält er für unzulässig.

Bei Festigkeitsversuchen darf man sich keineswegs mit einer Probe begnügen, sondern es ist unerläßlich, eine größere Anzahl Versuche zu machen und den Durchschnitt zu nehmen. Von großem Belang bleibt es, gute und vor allem gleichmäßige Proben zu nehmen.

Auf Grund der so erhaltenen mittleren Festigkeit kann man jedoch nur annähernde Schlüsse auf das Verhalten des Kokses ziehen, weil ein Koks in großen dichten Stücken von 20—30 cm Breite ohne Risse bedeutend bessere Ergebnisse nach sich ziehen wird als ein anderer Koks von gleicher Festigkeit, aber in kleineren Stücken; besonders aber auch deshalb, weil die Versuche nicht bei den hohen Temperaturen gemacht werden, die der Koks im Betriebe aushalten muß.

Vergleichende Festigkeitsversuche bei Kälte und Hitze machte T. Holtzer-Rossigneux[2] für metallurgischen Koks mit 14% Asche, welcher aus Kohlen von St. Etienne hergestellt war. Die Festigkeit betrug in der Kälte 95 kg und sank bei Rotglut auf 87,8 kg.

Unter Porosität des Kokses ist derjenige Porenhohlraum zu verstehen, der auf ein Koksstück von bestimmter Größe kommt. Die Porosität des Kokses hängt nicht mit der Beschaffenheit der Porenwände zusammen, sondern liegt in der Ausdehnung der Porenräume begründet — ist also unabhängig von der Festigkeit. Je nachdem die Porenräume groß oder klein sind, nennt man den Koks porös oder dicht. Koks kann porös und doch hart sein, wenn die Porenräume weit, aber die Wände der Poren hart sind; umgekehrt kann er dicht sein ohne Härte zu besitzen, d. h. seine Porenräume sind zwar klein, aber die Porenwände weich.

Von Einfluß auf die Porosität des Kokses ist das Kokskohlenkorn. Je feiner und gleichmäßiger das Korn der Kohle, desto dichter der

---

[1] Stahl und Eisen 1927, S. 1097. [2] Kokschemie, 2. Aufl., S. 217.

Koks, und umgekehrt. Des weiteren stehen Art der Kohle, Dauer und Gang der Verkokung in engster Beziehung zur Porosität des Kokses.

Je mehr flüchtige Bestandteile die Kohle enthält, d. h. je mehr Gase sie beim Verkoken entwickelt und je schneller ein und dieselbe Kohle erhitzt wird, um so poröser wird der Koks. Nach Thörner[1] schwankt bei Anwendung von schwächer geheizten Systemen die Summe der Porenräume zwischen 29 und 35%, während energischer kokende Öfen 40—50% Poren hervorbringen können; bei Meilern und bei offenen Öfen oder Stadeln ist sie am kleinsten, bis zu 15%.

Je höher der Druck, um so dichter wird der Koks und um so schwieriger gestaltet sich unter Umständen sein Herausdrücken. Ebenso wächst die Dichtigkeit mit der Höhe der Temperatur, weil dann die teerigen Destillationsprodukte zum großen Teil noch innerhalb des Kokses sich zersetzen.

Die einzelnen Teile eines Ofens erzielen eine verschiedenartige Koksdichte; es ergibt der obere Teil des Ofens stets poröseren Koks als der untere Teil.

Bei ein und derselben Charge treten ebenfalls an verschiedenen Stellen verschiedene Dichten auf. Kopf- und Fußschicht sind fast immer poröser als die Mittelschicht.

Interessante mikroskopische Untersuchungen über Form, Größe der Poren und Stärke der Porenwandungen in Koks- und Holzkohlen machte Thörner, indem er von den zu vergleichenden Proben entsprechende Dünnschliffe herstellte.

Bei Holzkohlen zeigte sich die vegetabilische Struktur erhalten, langgestreckte Porenkanäle, keine in sich abgeschlossene Poren- oder Zellgruppen.

Koks enthielt kleinere und größere, einzelne und zusammenhängende Poren von den verschiedenartigsten Formen; alle sind durcheinander geworfen und von einer Struktur ist keine Rede. Die Kokssubstanz der Porenwandungen war stets zu einer dichten glasigen Masse von bald höherem, bald niedrigerem spezifischen Gewicht zusammengeschmolzen.

Was die einzelnen Kokssorten betrifft, so war beim Meilerkoks die Struktur noch etwas erhalten, desgleichen zeigte dort die Kokssubstanz am wenigsten Schmelzung. Ofenkoks besaß ein regelloses poröses Gefüge und war zusammengeschmolzen. In der Struktur am meisten entfernt von den Holzkohlen standen die Gasretortenkokse, in denselben wechselten massige Porenwandungen mit großen Zellen, die Kokssubstanz war zu einer dichten, undurchlässigen glasigen Masse geworden.

Folgende Tabelle gibt eine Übersicht über die Thörnerschen Untersuchungen.

---

[1] Thörner: l. c.

Nr.	Koks- und Kohlensorten	in 100 g Koks Asche	Porenraum ccm	Substanzraum ccm	Volumen v. 100 g in ccm	Mikroskopischer Befund
1	Retortenkoks, Zeche Pluto	3,8	61,6	54,8	116,4	—
2	Retortenkoks, Zeche Friedr. d. Große	7,5	60,0	55,2	115,2	große Porenhöhlen u. mass. Porenwdg.
3	Gepreßter Koks, Köln-Müsen	7,7	47,6	54,0	101,6	viele meist kleinere Poren
4	Gepreßter Koks, Köln-Müsen	6,9	47,2	56,0	103,2	
5	Gew. Coppée Koks	7,99	54,8	53,2	108,0	weniger kleinere und größere Poren
6	Carlsglück u. Planetenfeld	7,8	55,2	54,8	110,0	
7	Massener Tiefbau	7,3	58,4	54,0	112,4	
8	Westhausen ab Bodelschwingh	10,6	54,8	54,0	108,8	
9	Neu-Iserlohn abLangendreer	8,8	60,4	54,0	114,4	zahlreiche kleinere u. viel größere Poren
10	Dannenbaum ab Bochum	8,45	59,6	52,8	112,4	kleinere und größere Poren
11	Germaniahütte bei Grevenbrück	7,6	58,4	52,4	110,8	meistens größere Poren
12	Aktiengesellschaft Heinrichshütte	7,6	49,0	53,0	102,0	
13	Meilerkoks	2,9	28,4	67,2	95,6	zahlreiche kleine Poren mit deutlich erkennb. Längsrichtung, zahllose mikroskop. kleine regelmäßig geordnete Zellen, bei Längsschliff röhrenartig
14	Fichtenkohle	2,9	200,4	61,4	262,0	
15	Eichenkohle	2,45	96,2	74,2	170,4	weniger größere Zellen, do.
16	Buchenkohle	2,10	100,8	67,6	168,4	wie bei Nr. 14, aber größere Zellen
17	Birkenkohle	1,65	132,5	74,0	206,5	wie bei Nr. 14 aber größere u. scheinbar unregelmäßiger geordnete Zellen
18	Anthrazit, Piesberg	9,3	3,6	60,0	63,6	—
19	Steinkohle, Borgloh	8,3	1,4	75,6	77,0	—

Den größten Porengehalt besitzt hiernach Retortenkoks mit 61,6 ccm, den geringsten Meilerkoks mit 28,4 ccm; dazwischen liegt Ofenkoks, während die Porosität der Holzkohlen zwischen 96,2 ccm und 200,4 ccm in 100 g Kohle schwankt. Rundofenkoks ist im allgemeinen poröser als Coppée-Koks. Was ersteren anbelangt, so ist West-Virginia-Koks erheblich poröser als pensylvanischer Rundofenkoks, bei gleicher Unzerreiblichkeit.

Gepreßter Koks zeigt die meisten, aber auch die kleinsten Porenräume. Der Druck, welchem der Koks bei der Verkokung ausgesetzt wird, wirkt also nicht auf die Dichte ein, vielmehr findet bei der Pressung eine Zusammendrückung der Poren statt.

Die Dichte der Kokssubstanz schwankt innerhalb enger Grenzen, nämlich zwischen 52,4 und 56,0 ccm in 100 g Koks; bei Holzkohlen zeigt Fichtenkohle mit 61,6 ccm den geringsten und Eichenkohle mit 74,2 ccm den größten Substanzraum.

Ruhrkoks zeigt nach Ott[1] meist eine Porosität zwischen 48 und 56%; sie sinkt jedoch bis 38% und steigt bis auf über 65%.

Westfälischer Koks

Nr.	Porosität Kokssubstanz %	Porosität Porenraum %	Nr.	Porosität Kokssubstanz %	Porosität Porenraum %
1	32,70	67,30	10	48,30	51,70
2	37,25	62,75	11	49,03	50,97
3	40,57	59,43	12	50,45	49,55
4	42,99	57,01	13	50,90	49,10
5	43,81	56,19	14	51,97	48,03
6	45,12	54,88	15	52,19	47,81
7	45,84	54,16	16	53,27	46,73
8	46,10	53,60	17	53,96	46,04
9	47,45	52,25	18	55,40	44,60

Der Aschengehalt des Kokses bleibt ohne merklichen Einfluß auf seine Porosität, jedenfalls lassen sich allgemeine Beziehungen nicht aufstellen, wie aus den folgenden Porositätsuntersuchungen von O. Simmersbach[2] für oberschlesischen und sächsischen Koks hervorgeht:

Oberschlesischer Koks

Asche %	Porenraum %	Kokssubstanz %
10,88	40,44	59,56
11,76	43,76	56,04
10,51	44,63	55,37
10,85	37,37	62,63
8,90	34,54	65,46
10,63	38,96	61,04
8,23	41,18	58,82
8,42	44,65	55,35
8,17	38,56	61,44
9,35	39,19	60,81
8,11	31,65	68,35
9,28	38,47	61,53

Sächsischer Koks

Asche %	Porenraum %	Kokssubstanz %
15,61	51,03	47,97
14,36	49,18	50,82
15,89	57,52	42,48
10,45	54,90	45,10
12,51	55,25	44,75
12,22	54,10	45,90
12,07	58,54	41,46
18,38	57,71	42,29
19,93	57,15	42,85
9,00	51,05	47,95
7,05	59,39	40,61
8,10	56,27	43,73

[1] l. c. [2] Kokschemie, 2. Aufl., S. 220.

Vergleichsweise stellt sich die Porosität von Holzkohle nach P. Gubanof[1] wie folgt:

	Kokssubstanz	Porenraum
Birkenkohle	25,18	74,82
Fichtenkohle	20,58	79,42
Tannenkohle	16,35	83,65

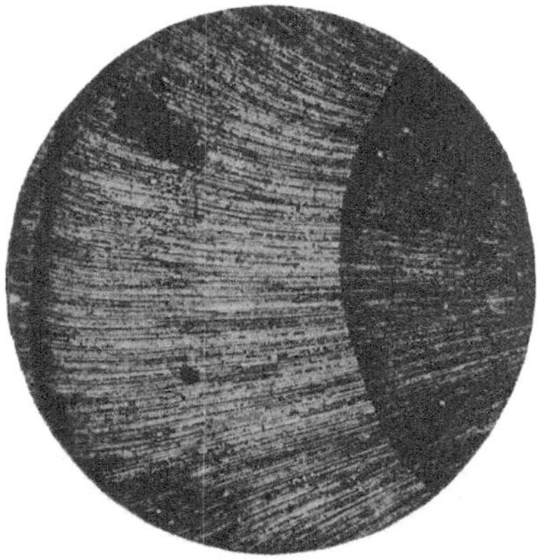

Abb. 48. Holzkohle.

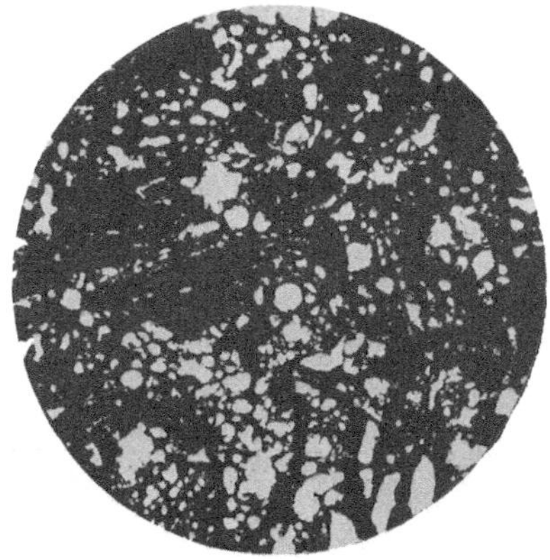

Abb. 49. Oberschlesischer Koks, gestampft.

In den beigefügten Abbildungen 48—55 führt O. Simmersbach in 30facher Vergrößerung die Porosität des Kokses aus verschiedenen

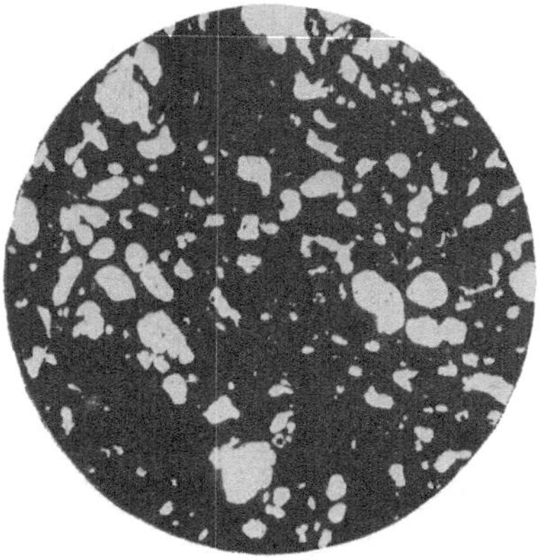

Abb. 50. Niederschlesischer Koks, gestampft.

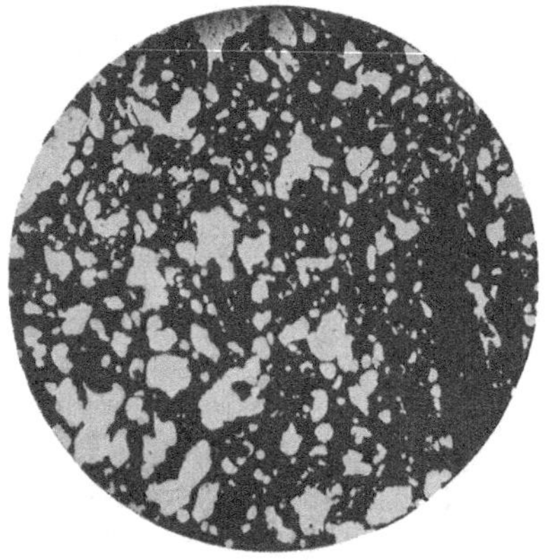

Abb. 51. Saarkoks, gestampft.

deutschen Revieren vor Augen. Man sieht aus den Abbildungen deutlich den Einfluß des Stampfens der Kohle, indem die Zahl der Poren sich erheblich vergrößert, die Porenräume aber kleiner werden, während ungestampfter Koks und besonders Gaskoks wenige aber große Poren auf-

[1] Stahl und Eisen, Bd 2, S. 1233 (1904).

weisen. Ob man die Schliffe aus dem Querschnitt oder dem Längsschnitt des Kokses anfertigt, macht keinerlei Unterschied.

Holzkohle besteht aus langgestreckten, mehr oder weniger in Verbindung stehenden Porenkanälen, deren Wände dünn und porös sowie

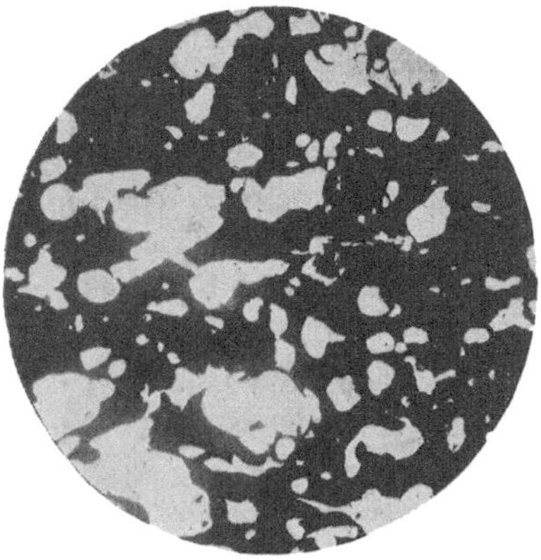

Abb. 52. Ruhrkoks, Längsschnitt.

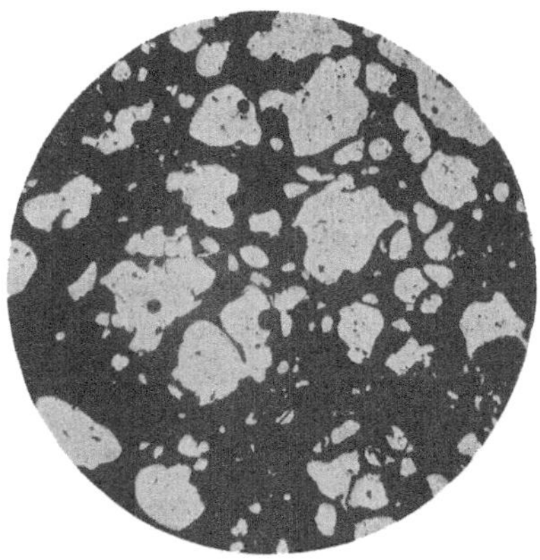

Abb. 53. Ruhrkoks, Querschnitt.

für Gas leicht durchdringlich sind und die außerordentlich leicht oxydiert werden. Der Koks besteht dagegen aus abgeschlossenen Poren oder

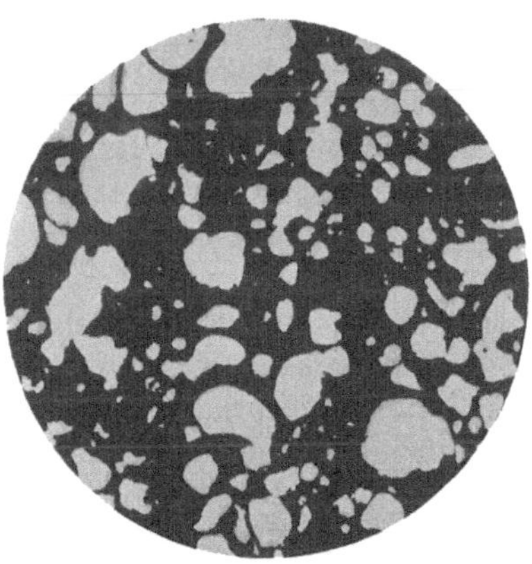

Abb. 54. Aachener Koks.

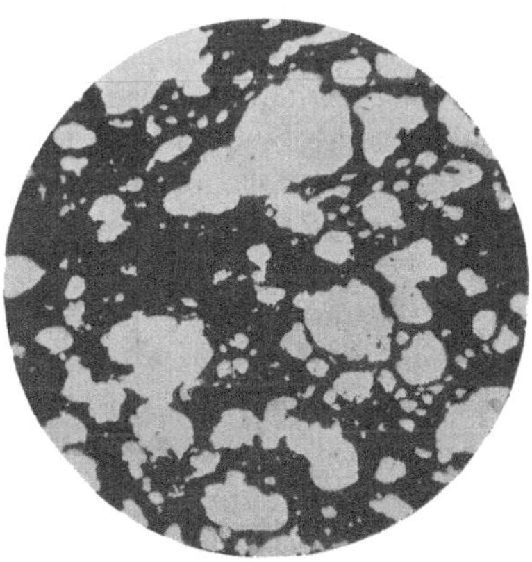

Abb. 55. Gaskoks.

Porengruppen, deren Wände eine dichte, glasige Masse darstellen, die für Gase undurchdringlich und verhältnismäßig schwer oxydierbar ist.

Während bei der Holzkohle durch die Verkohlung die organische bzw. die vegetabilische Struktur des Holzes nicht zerstört ist, weil den gasförmigen Zersetzungsprodukten ein rasches Entweichen von innen nach außen durch die langgestreckten Porenkanäle ermöglicht wurde, ist beim

Koks von der ursprünglichen Steinkohlenform nichts mehr erhalten geblieben; die Kokssubstanz ist geschmolzen und die Porenwandungen sind vollständig dicht und undurchlässig.

Umgekehrt können natürlich im Hochofen die Gichtgase rasch von außen nach innen in die Holzkohle eindringen und so ihre reduzierende Wirkung nicht nur von außen, sondern auch von innen auf die Holzkohle ausüben, im Gegensatz zum Koks, zumal die Koksmasse auch weniger angreifbar ist als die Substanz der Holzkohlenporenwände. Durch diese beiden Faktoren erklärt sich die günstige Wirkung der Holzkohle beim Hochofenprozeß und des Kokses beim Kupolofenschmelzen[1]. Der Unterschied zwischen porösem und dichtem Koks stellt sich nach dieser Richtung nicht so groß als wie der zwischen Koks und Holzkohle.

Die Anwendung eines hinsichtlich seiner chemischen Zusammensetzung auch noch so vorzüglichen Kokses ist für den Hochofen oder Gießereibetrieb vorteilhaft oder nicht, je nachdem der Koks dicht oder porös ist.

Beim spezifischen Gewicht des Kokses unterscheidet man zwischen dem „scheinbaren" und dem „wirklichen spezifischen Gewicht." Unter letzterem versteht man das spezifische Gewicht des porenfreien Kokses, d. h. der Kokssubstanz + Porenraum.

Das wirkliche spezifische Gewicht hängt vom Aschengehalte des Kokses und von der Dichte der Kokssubstanz ab, auf das scheinbare spezifische Gewicht wirkt sowohl die Anzahl als auch die Größe der Poren ein. Je mehr Poren der Koks aufweist, und je größer dieselben sind, desto geringer ist das scheinbare spezifische Gewicht.

Das scheinbare spezifische Gewicht wechselt nach Ott[2] im Ruhrkoks zwischen 0,70—1,23, während das wirkliche spezifische Gewicht 1,72 bis 2,12 beträgt. Bestimmte Beziehungen liegen nicht vor, so z. B. zeigten nach Ott 10 Proben das gleiche scheinbare spezifische Gewicht von 0,90, wogegen das wirkliche zwischen 1,74 und 2,12 sich bewegte, je nach der Größe der Poren und der Dichtigkeit der Kokssubstanz.

Die Verhältnisse der spezifischen Gewichte für Ruhrkoks sowie für oberschlesischen und sächsischen Koks gehen aus den nachstehenden Zahlen hervor:

Nr.	Spezifisches Gewicht scheinbares	Spezifisches Gewicht wirkliches	Nr.	Spezifisches Gewicht scheinbares	Spezifisches Gewicht wirkliches
		Westfälischer Koks			
1	0,96	1,87	7	0,88	1,88
2	0,69	1,92	8	0,90	1,95
3	0,83	2,02	9	0,90	1,89
4	0,88	1,87	10	0,92	1,89
5	0,87	1,97	11	0,98	2,00
6	0,89	1,99	12	0,88	1,82

[1] Vgl. Thörner: Stahl und Eisen 1886, S. 73. [2] l. c.

Nr.	Spezifisches Gewicht scheinbares	Spezifisches Gewicht wirkliches	Nr.	Spezifisches Gewicht scheinbares	Spezifisches Gewicht wirkliches
		Oberschlesischer Koks			
1	1,12	1,88	7	0,90	1,53
2	1,02	1,82	8	0,93	1,68
3	1,03	1,86	9	1,02	1,66
4	1,14	1,82	10	1,04	1,71
5	1,08	1,65	11	1,08	1,58
6	1,05	1,72	12	1,12	1,82
		Sächsischer Koks			
1	0,83	1,73	7	0,68	1,64
2	0,92	1,81	8	0,74	1,75
3	0,86	1,79	9	0,72	1,68
4	0,83	1,84	10	0,82	1,71
5	0,81	1,81	11	0,76	1,78
6	0,76	1,83	12	0,74	1,69

Oberschlesischer Gaskoks wies 0,83 bzw. 0,87 scheinbares und 1,74 bzw. 1,65 wirkliches spezifisches Gewicht auf.

Belgischer Koks zeigt nach R. Grünewald[1] folgendes spezifisches Gewicht:

Koks von Lüttich	1,48	1,50	1,65
„ „ Fontaine l'évêque	1,17	1,22	1,39
„ „ Couillet	1,30	1,38	1,50
„ „ Ghlin-lez-Mons	1,45	1,58	1,72

Französische Kokse zeigten nach L. Lévêque[1] als Durchschnitt von 25 Proben verschiedener Herkunft 1,98 wirkliches spezifisches Gewicht und 0,83 scheinbares spezifisches Gewicht. Das geringste wirkliche spezifische Gewicht stellte sich dabei auf 1,71 und das höchste auf 2,27, während das geringste scheinbare spezifische Gewicht 0,71 betrug und das höchste 0,95.

Wenn amerikanischer Koks im allgemeinen ein etwas geringeres spezifisches Gewicht aufweist als europäische Koksmarken, so liegt dies an den in Amerika teilweise noch arbeitenden Bienenkorböfen, deren Erzeugnis im Vergleich mit unserem Teerofenkoks meist leichter ist.

Australischer Koks zeigt hohes spezifisches Gewicht infolge seines hohen Aschengehaltes bzw. der Zusammensetzung seiner Asche[2].

	Spez. Gewicht %	Asche %	Kohlenstoff %	Schwefel %
Neusüdwales:				
Koks der Oakley Park Collierys Kokswerke	2,711	14,67	78,41	0,70
Koks der Mount Lyell Min. & Railway Co.	2,278	15,98	82,48	0,47
Koks der Mount Lyell Min. & Railway Co.	2,134	14,30	82,48	0,50

[1] l. c. [2] Stahl und Eisen 1902, S. 346.

Vergleichsweise stellt sich das spezifische Gewicht der Steinkohle auf 1,25—1,75, und zwar für Ruhr-Kokskohle auf 1,3—1,4 gemäß folgender Übersicht:

Kokskohle von Zeche Helene und Amalie	1,328
„ „ „ Carolus Magnus	1,337
„ „ „ Graf Moltke	1,315
„ „ „ Rheinpreußen	1,318
„ „ „ Graf Bismarck	1,412

Über Holzkohle gibt die nachstehende Tabelle Auskunft:

	Ofenkohle Spezifisches Gewicht		Meilerkohle Spezifisches Gewicht	
	scheinbares	wirkliches	scheinbares	wirkliches
Birkenkohle	0,40	1,46	0,41	1,52
Fichtenkohle	0,27	1,40	0,28	1,51
Tannenkohle	0,215	1,38	0,215	1,49

1 cbm stückförmiger Koks wiegt im Mittel 500 kg. Koks aus gestampfter Kohle hat ein höheres Gewicht, wie die folgende Zusammenstellung ergibt:

Herkunft des Kokses	Nässe %	Asche %	Gewicht eines Raummeters kg
Westfalen:			
Zeche Viktoria Mathias	4,00	9,72	191
„ Dorstfeld	6,00	9,44	530
„ Monopol	8,03	8,47	500
„ Kaiser Friedrich	7,44	8,19	532
„ König Ludwig	8,44	8,27	517
„ Borussia	6,50	8,22	517
„ Graf Schwerin	10,33	8,14	512
„ Fröhliche Morgensonne	6,00	8,64	505
„ Sieben Planeten	4,28	8,93	497
„ Blumenthal	7,50	9,44	490
„ Neu-Iserlohn	3,20	9,08	500
„ Massener Tiefbau	6,05	7,85	504
Oberschlesien:			
Stückkoks gestampft	12,00		545
„ „	12,00		525

Gaskoks ist wesentlich leichter als Hüttenkoks[1].

Es wiegt z. B.:

Gaskoks aus Ruhrkohle	von Zeche Graf Moltke	328 kg pro cbm
„ „ „	„ „ Mathias Stinnes	339 „ „ „
„ „ „	„ „ Graf Bismarck	344 „ „ „
„ „ „	„ „ Unser Fritz	348 „ „ „
„ „ „	„ „ Mont Cenis	356 „ „ „
„ „ „	„ „ Rheinelbe u. Alma	364 „ „ „
„ „ „	„ „ Nordstern	369 „ „ „
„ „ „	„ „ Dahlbusch	376 „ „ „

[1] Kokschemie, 2. Aufl., S. 226.

Gaskoks aus Ruhrkohle	von Zeche	Rheinbaben	377 kg	pro cbm
„ „ Saarkohle	„ „	Reden-Bildstock	368 „	„ „
„ „ „	„ „	Dudweiler	385 „	„ „
„ „ „	„ „	Kamphausen	398 „	„ „
„ „ „	„ „	Maybach	398 „	„ „
„ „ schles. Kohlen	„ „	Königin Luise	356 „	„ „
„ „ „	„ „	Donnersmark	378 „	„ „
„ „ „	„ „	Dubensko	406 „	„ „
„ „ „	„ „	Hedwig Wunsch	414 „	„ „

Vergleichsweise wiegt Kohle rund 700—900 kg pro Kubikmeter, im Mittel etwa 800 kg und Holzkohle 190 kg pro Kubikmeter.

Nach Beobachtungen von F. Häusser[1] besitzt übergestandener Koks ein etwas höheres spezifisches Gewicht als Koks, der normal abgegart wurde. Zwei Proben ergaben folgende Werte:

	Normaler Koks		Übergestand. Koks	
	I	II	I	II
Scheinbar. spez. Gewicht	1,018	1,012	1,079	1,087

4. Verhalten des Kokses bei der Entzündung und Verbrennung.

a) Ursachen und Wirkungen leichter und schwerer Entzündlichkeit und Verbrennlichkeit.

Unter Entzündungstemperatur oder Zündpunkt des Kokses versteht man die Temperatur, bei der das Vereinigungsbestreben des Luftsauerstoffs mit der brennbaren Kokssubstanz so groß ist, daß eine Verbrennung einsetzt. Dieser Punkt liegt bei Koks ungefähr bei 700° C.

Der Zündpunkt hängt in erster Linie von dem chemischen Aufbau und der Zersetzungsfähigkeit der Brennstoffe ab, insofern diejenigen die geringste Entzündungstemperatur haben, die im chemischen Aufbau am kompliziertesten sind und am leichtesten einer Zersetzung unterliegen. Während z. B. bei den gasförmigen Brennstoffen eine geringe Energie, aber eine hohe Temperatur zur Einleitung und schnellen Fortpflanzung des Ionen- bzw. Elektronenzustandes erforderlich ist, benötigen die festen Brennstoffe zur Entzündung an der Luft einer niedrigeren Temperatur, aber einer stärkeren Energie zu raschem Zerfall und zur Flammenbildung.

Entsprechend der chemischen Zusammensetzung und leichteren Zersetzungsfähigkeit der Steinkohle ist diese natürlich leichter entzündlich als Koks. Insbesondere spielt hierbei der Wasserstoffgehalt eine die Entzündlichkeit fördernde Rolle im Gegensatz zum Kohlenstoff. Der schwer verbrennliche Kohlenstoff des Kokses wird durch den leichter brennbaren Wasserstoff selbst verbrennlicher. Es wächst daher die Ent-

[1] Vgl. Handbuch der Kokerei, Bd 2, S. 19.

zündlichkeit des Kokses mit der Zunahme an Wasserstoff, d. h. der sogenannte Halbkoks, aus dem erst ein kleiner Teil des wasserstoffreichen Gasgehaltes der Kohle ausgetrieben wurde, hat einen noch verhältnismäßig niedrigen Zündpunkt, Gaskoks mit seinem höheren Wasserstoffgehalt ist leichter entzündlich als Hüttenkoks — ein Umstand, der für die Verwendung des Gaskokses bei Zentralheizungen spricht. Der Einfluß des Wasserstoffs auf die Entzündlichkeit kennzeichnet sich durch folgende Reihenfolge der festen Brennstoffe.

Reihenfolge der Entzündlichkeit fester Brennstoffe.

1. Weiches (harzreiches) Holz.
2. Lockerer Torf.
3. Hartes (harzfreies) Holz
4. Holzkohle (bei 270° hergestellt).
5. Lignit.
6. Bituminöse Braunkohle
7. Kokskohle.
8. Gemeine Braunkohle.
9. Dichter Torf.
10. Sand- und Sinterkohle.
11. Anthrazit.
12. Halbkoks.
13. Gaskoks.
14. Hüttenkoks.
15. Gestampfter Hüttenkoks.

Holzkohle und Kokse aus verschiedenen Kohlensorten und nach verschiedenen Verfahren hergestellt, zeigen folgende Entzündungstemperaturen[1]:

Holzkohle	252° C
Halbkoks aus Gasflammkohle . . .	395° C
Gaskoks aus Ruhrkohle	505° C
Gaskoks aus oberschl. Kohle . . .	530° C
Zechenkoks	640° C

Die Entzündungstemperatur wird ferner durch das spezifische Gewicht und das Gefüge des Kokses beeinflußt. Da Kohlenstoff spezifisch schwerer ist als Wasserstoff, so wird im allgemeinen Koks von geringerem spezifischem Gewicht, also mit höherem Wasserstoffgehalt sich leichter entzünden als solcher von größerem spezifischen Gewicht. Je dichter ferner der Koks, desto mehr wird die Entzündlichkeit erschwert, weil mit der Dichte auch zugleich das Wärmeleitungsvermögen steigt, so daß dann die durch Verbrennung der Koksoberfläche erzeugte Wärme rasch in das Koksinnere weitergeleitet wird und somit sich die Koksoberfläche rasch abkühlt und wiederum mit hohem Wärmeaufwand auf die Verbrennungstemperatur erhitzt werden muß. Poröser Koks ist also infolge seines geringeren Wärmeleitungsvermögens leichter entzündbar als dichter Koks. Am leichtesten entzündbar ist die Holzkohle, dann folgen Halbkoks, Gaskoks und poröser Hochofenkoks und schließlich der dichte Gießereikoks. Gestampfter Koks zeigt einen höher liegenden Zündpunkt als nicht gestampfter Koks.

Endlich hängt die Entzündlichkeit auch von der Verkokungstemperatur ab, je höher diese, desto höher liegt auch der Zündpunkt, wie dies Violette[2] bei Holzkohle, die bei verschieden hohen Temperaturen hergestellt war, nachgewiesen hat:

[1] Dolch, M.: Halbkoks, S. 59. Halle 1924. [2] Nach Jüptner: l. c.

Verkokungstemperatur der Holzkohle	Entzündungspunkt
260—280° C	340—360° C
290—350° C	360—370° C
432° C	400° C
1000—1500° C	600—800° C
1750° C	1250° C

Bei Koks kommt allerdings ein derartiger Unterschied in der Herstellungstemperatur, wie bei Holzkohle, nicht in Frage, immerhin wird aber auch hier unter sonst gleichen Verhältnissen der bei hoher Verkokungstemperatur gebrannte Koks schwerer entzündlich sein als der bei niederer Ofenhitze.

Mit abnehmender spezifischer Wärme ist eine Erniedrigung des Zündpunktes verbunden.

Auch die Art des Kokslöschens übt nach F. Häusser[1] einen erheblichen Einfluß auf den Zündpunkt des Kokses aus, es gelang ihm nicht, einen trocken gekühlten Koks ebenso leicht zu entzünden wie einen naß gelöschten Koks, und er fand, daß der Zündpunkt des gekühlten Kokses wesentlich höher lag als derjenige des gelöschten Kokses. Häusser erklärt sich dies dadurch, daß ein durch inerte Gase gekühlter Koks weniger brennbare Gase enthält, vor allem weniger Wasserstoff, als mit Wasser gelöschter Koks, bei dem überdies der aus graphitähnlichem Material bestehende Überzug teilweise abgesprungen ist, wodurch die Entzündung ebenfalls erleichtert ist.

Nach Beobachtungen von W. Melzer[1] tritt beim Löschen des glühenden Kokses eine Spaltung des Löschwassers in Wasserstoff und Sauerstoff ein, dabei wird die an sich schwer entzündliche Oberfläche des Kokses oxydiert und die Entzündlichkeit erhöht.

Nachstehend eine Übersicht über die Zündpunkte verschiedener Brennstoffe:

Entzündungspunkt fester Brennstoffe.

Torf[2]	225° C	Böhmische Steinkohle	390° C
Hartes Holz[2]	295° C	Gemischte Braunkohle[3]	450° C
Holzkohle	350° C	Welsh Steamcoal[3]	477° C
Cannelkohle[3]	370° C	Koks[4]	700° C

Entzündungstemperatur gasförmiger Brennstoffe[5].

Acetylen	406—440° C	Wasserstoff	580—590° C
Äthan	520—630° C	Methan	650—750° C
Äthylen	542—547° C	Kohlenoxyd[6]	651° C

[1] Handbuch der Kokerei, Bd 2 S. 20.
[2] Lewes, V. B.: J. Soc. Chem. Ind., Vol. 9.
[3] Schnabel: Metallhüttenkunde, Bd 1.
[4] Geiger, C.: Handbuch der Eisengießerei, Bd 1, S. 315.
[5] Holm, H.: Z. angew. Chem. 1913, S. 273.
[6] Geiger, C.: Handbuch der Eisengießerei, Bd 1, S. 315.

Entzündungstemperatur flüssiger Brennstoffe[1].

Gasöl	350° C	Xylol	500° C
Petroleum	380° C	Benzol	520° C
Benzin	415° C	Teeröl	580° C

Die Flammbarkeit, d. h. die Eigenschaft mit Flamme zu verbrennen, fehlt dem Koks, wie allen verkohlten Brennstoffen. Nur dann, wenn bei nicht genügendem Luftzutritt zuerst CO entsteht, das durch weiteren Luftzutritt zu CO_2 verbrennt, oder wenn die gebildete CO_2 durch Berührung mit dem glühenden Koks wieder zu CO reduziert wird, tritt Flammenbildung ein.

Die Flamme entsteht dadurch, daß die brennbaren Gase bis zur vollständigen Verbrennung eine mehr oder minder große Wegstrecke durchlaufen, also eine gewisse räumliche und zeitliche Ausdehnung annehmen.

Zwischen dem Flammpunkt, d. h. der Temperatur, bei der zuerst ein Aufflammen des Brennstoffs beim Nähern einer Zündflamme beobachtet wird, und dem Zündpunkt gibt es keine Regelmäßigkeit, doch steht der Flammpunkt im allgemeinen im umgekehrten Verhältnis zum Zündpunkt. Die gasförmigen Brennstoffe haben sehr niedrig liegende Flammpunkte und hoch liegende Zündpunkte, die festen Brennstoffe dagegen niedrig liegende Zündpunkte und hochliegende (meist nicht bestimmbare) Flammpunkte.

Der Brennpunkt des Kokses, d. h. die Temperatur, bei welcher der Koks nach dem Entzünden weiterbrennt, liegt relativ sehr hoch, nämlich über 900° C. Koks bedarf nach der Erhitzung auf die Entzündungstemperatur zum Fortbrennen eines sehr lebhaften Luftzuges und einer starken Schichtenhöhe. Ein einzeln aus dem Feuer genommenes Koksstück erkaltet schnell an der Luft, wie man beim Drücken des Koksofens an einzeln liegenden Koksstücken bemerken kann; sie verlieren ihre Rotglut und werden schwarz, weil die Wärme rasch durch Strahlung und Leitung entweicht und die Temperatur unter die Entzündungstemperatur sinkt. Bei starker Koksschicht brennt der Koks weiter, was beim Heizen von Zimmeröfen und Zentralheizungen zu beachten ist.

Halbkoks, der ja noch eine größere Menge flüchtiger Bestandteile enthält, hat einen verhältnismäßig niedrigen Brennpunkt, der bei etwa 550° liegt.

Torfkoks, dessen spezifisches Gewicht sehr gering ist (0,23—0,38), und der daher sehr porös und leicht entzündlich ist, glimmt selbst bei schwachem Luftzuge fort.

Bei Holzkohle von 300° liegen die Entzündungsverhältnisse mit Rücksicht auf ihren hohen Gehalt an Wasserstoff (4%) noch günstiger, sie findet daher auch zur Fabrikation des Schießpulvers Verwendung.

---

[1] Holm, H.: Z. angew. Chem. 1913, S. 273.

Das Verhalten des Kokses gegen Sauerstoff bzw. Luft, gegen Wasserdampf und Kohlenoxyd bezeichnet man als die Verbrennlichkeit des Kokses.

Bekanntlich verbrennt Koks in zwei Stufen, zunächst entsteht Kohlenmonoxyd und dann erst Kohlendioxyd.

$$C + O = CO + 29\,\text{Cal. pro Grammolekül,}$$
$$CO + O = CO_2 + 68\,\text{Cal. pro Grammolekül.}$$

Während also unter normalen Bedingungen die zweite Oxydationsstufe stärker exotherm ist als die erste, verhält es sich bei hohen Temperaturen, wie sie z. B. im Hochofen herrschen, umgekehrt, indem also die Bildung von Kohlenmonoxyd stärker exotherm verläuft. Demzufolge wird bei der Gegenwart von heißem Koks das Kohlendioxyd wieder zu Kohlenmonoxyd reduziert

$$CO_2 + C = 2CO.$$

Hieraus folgt, daß es möglich ist, die Verbrennung des Kokses so zu leiten, daß entweder fast nur Kohlendioxyd entsteht oder aber, daß beinahe ausschließlich Kohlenmonoxyd gebildet wird. Trotzdem diese Verbrennungsvorgänge, besonders auch im Hochofen mit großem Fleiß verfolgt wurden, so ist es doch noch nicht gelungen, dieselben bis ins einzelne aufzuklären.

Nach O. Simmersbach[1] erfolgt die Einwirkung von heißem Kohlendioxyd auf Koks unter Umsetzung des Kohlendioxyds in Kohlenoxyd erst bei 500—600° C, wie die folgenden Untersuchungen beim Überleiten von 10 l CO_2 über je 10 g Koks von 4 mm Größe in 2 Stunden zeigen. In der ersten halben Stunde sind die Gewichtsverluste größer als später, weil die Oberfläche, welche der Koks im Anfang dem heißen Gas darbietet, infolge der vielen vorspringenden Kanten und Ecken größer ist, als wenn diese Unebenheiten durch das heiße Kohlendioxyd verzehrt sind:

Temperatur °C	Herkunft des Kokses				
	Westfalen Gew.-Verlust g	Saarbezirk Gew.-Verlust g	Sachsen Gew.-Verlust g	Oberschles. Gew.-Verlust g	Niederschles. Gew.-Verlust g
300	0,027	0,012	0,014	0,020	0,027
350	0,059	0,033	0,034	0,035	0,037
375	0,048	0,032	0,031	0,032	0,033
400	0,046	0,029	0,030	0,042	0,030
500	0,046	0,185	0,473	0,216	0,394
600	0,392	0,402	0,671	0,368	0,409

Der relativ weiche sächsische Koks unterliegt hiernach schon früher und in höherem Maße dem oxydierenden Angriff des Kohlendioxyds als die anderen Kokssorten, besonders als der westfälische, der seinerseits

[1] Vgl. Kokschemie, 2. Aufl., S. 233.

erst bei 600° in dem Maße angegriffen wird, wie andere bei 500° C. Die einzelnen Teile eines Koksstückes werden mit oberschlesischem Koks ebenfalls verschiedenartig von heißem Kohlendioxyd angegriffen:

Temperatur °C	Mitte g	Fuß-Gewichts-verlust g	Kopf g
200	0,009	0,004	0,015
300	0,018	0,009	0,026
400	0,028	0,011	0,031
500	0,100	0,021	0,092
600	0,323	0,064	0,181

Die Einwirkung des Kohlendioxyds unterhalb der erwähnten untersten Temperaturgrenze für die Reaktion $CO_2 + C = 2CO$ erfolgt nicht auf den Kohlenstoff des Kokses, sondern auf die im Koks mehr oder weniger vorhandenen flüchtigen Bestandteile (Kohlenwasserstoffe), wie Untersuchungen von Thörner[1] zeigen. Dieser fand bei Behandlung von Koks in Linsenkorngröße mit heißem (beginnende Rotglut) Kohlendioxyd bei verschiedenen Kokssorten 0,2—0,86% Glühverlust in der ersten Stunde, in der zweiten dagegen keine weitere Gewichtsabnahme; Fichtenkohle verlor in der ersten Stunde 20,1%, in der folgenden nur noch 1,45 bzw. 1,20%. Wäre der Gewichtsverlust vorwiegend durch Zersetzung der CO_2 nach der Formel

$$CO_2 + C = 2CO$$

erfolgt, so hätte er in der zweiten und dritten Stunde der Einwirkung ein annähernd gleicher sein müssen.

Zur Vervollständigung seiner Untersuchungen bestimmte Thörner auch noch den Glühverlust in reinem getrockneten Wasserstoff beim Erhitzen auf Weißglut, um jede oxydierende Wirkung auszuschließen:

Westfälischer Koks	Verlust %
von Zeche Friedrich der Große	0,25
„ Köln-Müsener Bergwerksverein . . .	1,40
„ „ „ . . .	1,15
„ „ „ . . .	1,13
„ Karlsglück und Planetenfeld	1,55
„ Massen	1,70
„ Westhausen	1,70
„ Dannenbaum	0,75
Meilerkoks	29,70
Birkenkohle	13,20
Buchenkohle	11,80
Eichenkohle	13,20
Fichtenkohle	17,90

Diese Verluste erklärten sich durch das Vorhandensein von in Poren okkludierten Kohlenwasserstoffen, die trotz der im Koksofen herrschen-

[1] Stahl und Eisen, Bd 1, S. 77 (1886).

den hohen Temperatur nicht entwichen, weil ihre Spannung nicht genügt, um aus der zusammengebackenen glasigen Koksmasse sich einen Ausweg zu schaffen, was bei dem auf Linsengröße zerkleinerten Versuchsmaterial Thörners keine Schwierigkeiten mehr hatte.

Nach Versuchen von L. Bell[1] ergab englischer Koks Glühverluste von 3,27% und von 5,23%. Dieser Glühverlust bezog sich aber nur zu einem Drittel auf Kohlenstoff, während der übrige Teil das gesamte Wasser umfaßte, sowie die Hälfte der vorhandenen Wasserstoff-, Sauerstoff- und Stickstoffmenge.

Die Reaktion $CO_2 + C = 2CO$ verläuft bis 800° sehr langsam. O. Simmersbach erhielt beim Überleiten von 10 l CO_2 über je 10 g Koks in 2 Stunden

bei westfälischem Koks und	600° C	0,87 Vol. % CO
bei oberschlesischem Koks und	700° C	1,10 „ „
bei oberschlesischem Koks ...	800° C	6,25 „ „

Poröser Koks nimmt im Verhältnis zu seinem Gewicht einen größeren Raum ein als dichter Koks, bietet also dem Sauerstoff der Luft eine größere Oberfläche dar, es steht ihm also eine wesentlich größere Zahl Kohlenstoffmoleküle zur Verfügung, so daß desto leichter Kohlenoxydgas entsteht; zumal die Reaktionswirkung noch erhöht wird, indem die Gase rascher durchdringen und so von allen Seiten — nicht nur von außen, sondern zur selben Zeit auch im Innern — ihre oxydierende Wirkung ausüben können. Je rascher aber der freie Sauerstoff und das etwa entstandene Kohlendioxyd durch Kohle zu Kohlenoxyd übergeführt wird, desto günstiger verläuft der Hochofenprozeß.

Bei dichtem Koks läßt sich wegen des geringeren Raumes, den er ausfüllt, ein bedeutend weniger günstiges Oberflächenverhältnis für den Sauerstoff der Gebläseluft erreichen, der Sauerstoff kann also nur auf eine kleinere Anzahl Kohlenstoffmoleküle einwirken; desgleichen ist die Reaktionsfähigkeit eine wesentlich geringere, weil der Koks nur an der Oberfläche verbrennt, da die Gase nicht in das dichte Gefüge ein- oder gar durchzudringen vermögen; infolgedessen fördert die Dichtigkeit des Kokses beim Verbrennen die Kohlendioxydbildung in erhöhtem Maße. Gießereikoks muß demnach so dicht als möglich sein.

Wendet man im Hochofen dichten Koks an, so sieht man sich gezwungen, heißeren, oder stärker gepreßten Wind, also eine größere Betriebskraft zu benutzen. Der heißere Wind hat auf den gleichen Raumteil viel weniger Sauerstoff als kälterer, befördert somit das Überwiegen der Kohlenstoffteile, d. h. der Kohlenoxydbildung. Die stärkere Pressung hat zur Folge, daß die Gebläseluft so weit als möglich in die Poren des Kokses einzudringen sucht, wodurch wiederum die Kohlenstoffoberfläche vergrößert wird. Allerdings wird durch die höhere Pressung auch

[1] Bell, L.: l. c.

die Geschwindigkeit der Gebläseluft erhöht und so die Luft an der Oberfläche des Kokses rascher erneuert, so daß der Wirkung der stärkeren Pressung bezüglich Kohlenoxydgasbildung weniger Gewicht beizulegen bleibt als der Anwendung des heißen Windes.

Im Kupolofen wird andererseits poröser Koks den Übelstand der unvollständigen Ausnutzung nur noch vergrößern, und man wird um so mehr Koks verbrauchen müssen, je größere Kohlenoxydgasbildung im Kupolofen stattfindet.

Die Vorteile, welche ein dichter Koks im Kupolofen mit sich bringt, schlagen aber ins Gegenteil um, wenn die Windzufuhr nicht entsprechend geregelt wird.

Dem meisten Kohlenoxyd entspricht auch die größte Windmenge; es leuchtet daher ein, daß dichter Koks, welcher mehr Kohlendioxyd zu bilden vermag als poröser, auch mehr Wind zugeführt erhalten muß als dieser.

Bei Holzkohle stellt sich nach Boudouard[1] die Einwirkung des Kohlendioxyds vergleichsweise wie folgt:

Zeitdauer	Temperatur	
	650° C	800° C
8 Min.	18,2%	60,1%
1 Std. 4 „	28,3	90,1
6 „ 4 „	34,8	93,7
8 „	36,9	—
9 „	37,6	93,6
12 „	38,5	—

Bei Holzkohle vermag das Kohlendioxyd also stärker anzugreifen, weil das heiße Gas infolge der langen Porenkanäle der Holzkohle bis tief in das Innere der Holzkohle eindringt und von allen Seiten seinen oxydierenden Einfluß ausübt. Bei Koks spielt aber wegen der mehr abgeschlossenen Porenräume, in die das Gas nicht so leicht eindringen kann, die Porosität weniger eine Rolle. Zwischen Porosität und Glühverlust bestehen keine bestimmten Beziehungen; so betrug nach Ott der Glühverlust bei einer mittleren Porosität von 48,19% im Durchschnitt 5,07% und bei einer mittleren Porosität von 56,73% im Durchschnitt 4,99%.

Der Schwerpunkt hinsichtlich der Angreifbarkeit des Kokses durch CO_2 bei höherer Temperatur liegt in der Beschaffenheit der Kokssubstanz. So erhielt Lévêque bei Koks von Decazeville aus ein und derselben Kohle bei einem spezifischen Gewicht des Kokses von 0,88 einen Gewichtsverlust von 13,10% durch CO_2 und bei einem spezifischen Gewicht

[1] Principles of the manufacture of iron and steel. London 1884.

von 0,78 einen Verlust von nur 5,64%. Fulton[1] führt solchen Unterschied auf die Verschiedenartigkeit der Koksöfen zurück, insbesondere auf die verschiedenartige Höhe der Hitze und die Anheizgeschwindigkeit,

L. Bell[2] fand beim Überleiten von trockener CO_2 in heller Rotglut über Holzkohle, porösen und dichten Koks in dem entstehenden Gasgemenge nachstehendes Verhältnis zwischen CO_2 und CO, das den Oberflächeneinfluß treffend kennzeichnet:

Holzkohle	35,20% CO_2	und	64,80% CO
poröser Koks	69,81% „		30,19% „
dichter Koks	94,56% „		5,44% „

Erst über 900° verläuft die Reaktion $CO_2 + C = 2\,CO$ schnell.

So fand L. Lévêque bei 25 französischen Koksuntersuchungen durch Überleiten von je 60 l CO_2 über je 5 g erbsengroßen Koks während 3 Stunden von 600—950° C einen Gewichtsverlust von 4,58% und von 600—1000° einen solchen von 10,48%, d. h. von 950—1000° C stellte sich der Gewichtsverlust höher als von 600—950° C, nämlich 5,90% gegen 4,58%. Dabei stellte sich aber der Gewichtsverlust bei der Temperatur über 950° C nicht prozentual gleich hoch, vielmehr ergab z. B. Koks von Douchy, der bis 950° C fast am meisten oxydiert wurde, keine größere Gewichtsabnahme als Koks von Carmaux, der vorher die viertgeringste Abnahme gezeigt hatte; umgekehrt erlitt Koks von Molière-Bessèges fast dieselbe weitere Gewichtsabnahme wie Koks von Rochela-Molière, obwohl sie bis 950° C beinahe doppelt so groß war. Weder Aschengehalt noch die Menge der flüchtigen Bestandteile sind in bestimmten Beziehungen zur Angriffsfähigkeit durch CO_2 zu bringen. Die genauen Untersuchungsergebnisse von L. Lévêque[3] über die Oxydation des Kokses durch CO_2 bei hoher Temperatur gibt die Zusammenstellung auf Seite 262 oben.

Zu berücksichtigen bleibt auch, daß bei der Temperatur von über 900° C die Reaktion $CO_2 + C = 2\,CO$ überhaupt für Hochofenkoks keine Rolle mehr spielt, weil der Kohlenoxydgehalt des Gasgemisches im Hochofen bis zu 1000° stets größer ist als dem Gleichgewicht dieser Reaktion entspricht und weil dann die Bildung des Kohlendioxyds fast ganz aufhört, da die Erze schon reduziert sind oder mit Kieselsäure zu Eisensilicaten zu schmelzen anfangen, auf die dann das Kohlenoxyd der aufsteigenden Hochofengase nicht mehr einwirken kann. (Vgl. Zusammensetzung auf Seite 262 unten.)

---

[1] Fulton: l. c.
[2] Principles of the manufacture of iron and steel. London 1884.
[3] Bull. Soc. l'Ind. Min., 4. Serie, T. V. p. 441 (1906).

Herkunft des Kokses	Asche %	Flücht. Bestandteile %	Spez. Gewicht scheinbares %	Spez. Gewicht wirkliches %	Oxydation bei 600 bis 950° C %	Oxydation bei 600 bis 1000° C %	Zunahme des Gew.-Verlustes bei 950 bis 1000° C %
1. Decazeville, gestampft	15,00	0,90	0,90	1,78	0,40	1,82	1,42
2. Campagne, gestampft.	10,30	0,60	0,91	1,86	0,86	2,52	1,66
3. Aniche Hochofenkoks.	14,00	1,60	0,87	2,04	0,96	2,79	1,83
4. Carmaux	10,50	1,14	0,93	1,95	1,03	4,90	3,87
5. Campagnac	8,80	0,64	0,85	2,13	1,11	5,40	4,29
6. St. Étienne, Qualität I	9,00	1,40	0,80	1,95	2,28	5,18	2,90
7. St. Etienne, Qual. spec.	5,00	1,00	0,71	2,07	2,67	7,88	5,21
8. Albi, gestampft	10,00	0,66	0,95	2,27	3,40	11,04	7,64
9. Campagnac	11,70	2,16	0,85	1,78	3,42	11,80	8,38
10. Roche-la-Molière	12,80	1,00	0,89	1,95	3,84	12,30	8,46
11. Aniche, Gießereikoks.	9,50	1,40	0,88	2,01	4,13	7,52	3,39
12. Aniche, Hochofenkoks	12,00	1,00	0,90	2,10	4,13	6,24	2,11
13. Douchy, Gießereikoks	14,50	1,40	0,92	2,10	4,20	8,82	4,62
14. Decazeville	9,75	3,60	0,95	1,71	4,83	13,85	9,02
15. Albi, ungestampft	13,00	1,22	0,89	1,86	5,04	14,80	9,76
16. La Grand' Combe	17,00	1,40	0,88	2,07	5,19	12,20	7,01
17. Albi	11,00	0,50	0,87	2,09	5,22	15,19	9,97
18. Decazeville	16,00	0,70	0,78	1,81	5,64	16,00	10,36
19. Mines de la Loire	15,40	0,50	0,83	1,99	5,75	9,65	3,90
20. Aniche, Gießereikoks.	9,50	1,20	0,91	1,96	6,10	9,66	3,56
21. St. Etienne, Hochofenkoks	12,00	1,25	0,80	1,91	6,72	10,00	3,28
22. Molière-Bessèges	11,70	1,10	0,85	1,88	7,08	15,80	8,72
23. Albi, ungestampft	10,00	0,30	0,90	2,26	7,86	17,50	9,64
24. Douchy, Hochofenkoks	13,60	0,60	0,86	2,26	9,62	13,20	3,58
25. Decazeville, ungestampft	14,70	0,70	0,88	1,83	13,10	25,92	12,82

Bei den Versuchen mit Kohlendioxyd auf Hochofenkoks unter 900° bleibt die Verdünnung der Kohlensäure im Hochofengas ebenfalls zu berücksichtigen; die Angreifbarkeit von CO_2 kann infolgedessen auch bei diesen Temperaturen keine so umfangreiche sein wie bei den Labora-

Hochofengaszusammensetzung[1].

Höhe über de Formebene m	T°	P Atm.	N_2 %	CO %	CO_2 %	H_2 %	CH_4 %
Zentralrohr	160	0,0076	59,2	30,3	7,4	2,6	0,40
17,88	28	0,0085	60,3	29,4	7,6	2,25	0,40
15,625	540	0,022	60,0	31,2	5,9	1,95	0,40
13,945	660	0,038	61,3	34,0	3,0	1,15	0,40
12,125	710	0,065	61,8	34,5	2,1	1,15	0,40
10,025	738	0,082	62,3	34,6	2,00	1,00	0,45
8,19	770	0,100	62,2	34,8	1,55	1,05	0,40
6,54	796	0,120	62,5	34,8	1,25	1,05	0,40
4,66	860	0,150	62,8	34,9	1,05	0,95	0,40
2,54	1010	0,225	62,7	35,6	0,35	0,95	0,25
0,98	(1715)	0,250	64,5	34,0	0,25	0,85	0,20
Formenebene	600°	0,3500	79,0	—	—	—	—

[1] Niedt, H.: l. c.

toriumsversuchen. Andererseits aber enthält das Hochofengas auch Wasserstoff, der ebenfalls die Kokssubstanz angreift, so daß die Gewichtsabnahme doch bei 800° C fast 3½% ausmacht, allerdings bei Koks von 4 mm Größe. Die nachstehende Tabelle zeigt die Einwirkung von Hochofengas auf oberschlesischen Koks bei 300—800° C.

	Hochofengas %	Hochofengas %	Hochofengas %
CO_2	7,7	7,9	8,0
O_2	0,6	0,3	0,3
CO	30,7	31,0	30,8
H_2	2,6	1,8	2,8
N	58,4	59,0	58,1
CH_4	—	—	—

Temperatur ° C	Gewichtsabnahme von 10 g g	Gewichtsabnahme von 10 g g	Gewichtsabnahme von 10 g g
300	0,1190		
400	0,1513		
500		0,1583	
600		0,1600	
700			0,2031
800			0,3410

Über das Verhalten des Kokses gegen glühende Gebläseluft, bekanntlich verbinden sich Kohlenstoff und Sauerstoff zu Kohlendioxyd nicht bei gewöhnlicher Temperatur, sondern erst bei 300° C, gibt nachstehende Tabelle von O. Simmersbach[1] Auskunft.

Temperatur ° C	Koksmenge g	Zeit Std.	Luftmenge l	Abnahme g	CO_2 %	O_2 %	CO %	N %
401	10	2	10	0,1233	1,8	10,5	—	87,7
420	10	2	10	0,0998	1,9	11,5	0,6	86
450	10	2	10	0,1189	3,5	12,6	0,1	83,8
480	10	2	10	0,1390	15,1	—	1,4	83,5
495	10	2	10	0,1266	16,0	—	0,8	83,2
675	10	2	10	1,1176	17,0	—	0,9	81,8
700	10	2	10	1,1811	18,7	—	—	81,3
750	10	2	10	1,1306	18,3	—	—	81,7
800	10	2	10	1,1576	17,0	—	—	83,0
875	10	2	10	1,2345	17,6	—	0,2	82,2
900	10	2	10	1,3274	18,3	—	0,9	80,8
975	10	2	10	1,6532	17,9	—	1,2	80,9
1000	10	2	10	1,8294	18,2	—	2,8	79,0

Je nach der Qualität der Kokssubstanz und der Dauer der Sauerstoffeinwirkung fällt die Einwirkung verschieden aus:

[1] Stahl und Eisen 1913, S. 517.

Koks aus:	Oberschlesien	Niederschlesien	Sachsen	Saarbezirk	Ruhrbezirk
Temperatur	900° C	900° C	900° C	900° C	900° C
Koksmenge	10 g	10 g	10 g	10 g	10 g
Luftmenge in der Std.	5 l	5 l	5 l	5 l	5 l
Versuch a Zeitdauer	2 Std.	2 Std.	2 Std.	2 Std.	2 Std.
Versuch a Abnahme	1,367 g	1,564 g	1,517 g	1,327 g	1,327 g
Versuch b Zeitdauer	4 Std.	4 Std.	4 Std.	4 Std.	4 Std.
Versuch b Abnahme	3,692 g	1,949 g	1,541 g	1,632 g	1,845 g
Gaszusammensetzung in Vol. %:					
Kohlendioxyd	9,8	13,0	15,4	12,6	16,5
Sauerstoff	0,8	—	0,6	—	0,1
Kohlenoxyd	26,6	12,0	10,8	7,2	6,0
Stickstoff	62,8	75,0	73,2	77,2	77,4

Man sieht, als Folge der längeren Versuchsdauer, bei allen Kokssorten eine gesteigerte Gewichtsabnahme besonders bei dem oberschlesischen Koks, der auch die stärkste Kohlendioxydabnahme und die stärkste Kohlenoxydbildung zeigt, was auf die Qualität der Kokssubstanz, insbesondere die Dichte, zurückzuführen ist.

Wie sehr die Art der Kokssubstanz auf die Verbrennlichkeit des Kokses von Einfluß ist, zeigen die in der folgenden Tabelle zusammengestellten Versuche mit hartem Koks von Connesville und weichem Koks von Poccahontas in Amerika. Die Verbrennung erfolgte in stehenden Öfen bei gleicher Luftzufuhr. Das Ergebnis war, daß der harte Koks mehr als doppelt so lange Zeit im Feuer stand als der weiche Koks.

Probe	Koksqualität	Gewicht kg	Verbrennungszeit Std.	Verbrennungszeit Min.	Asche %	Stückgröße
1	hart	75	17	—	12	mittel
	weich	75	8	15	10	
2	hart	50	11	15	11	mittel
	weich	50	6	—	9	
3	hart	50	13	45	11,75	großstückig
	weich	50	6	—	10,00	mittel
4	hart	50	11	15	10	mittel
	weich	50	4	40	8	
5	hart	50	12	15	11	großstückig
	weich	50	6	—	10	mittel
6	hart	50	10	40	11,5	klein
	weich	50	4	25	9,0	
	Durchschnitt:					
	harter Koks	—	11	38	11,04	
	weicher Koks	—	5	36	9,30	

Nach Thörner[1] ist das Verbrennungsverhältnis:

von gewöhnlichem Koks zu Birkenkohle = 1 : 1,97
„ „ „ „ Fichtenkohle = 1 : 1,97
„ „ „ „ Meilerkoks = 1 : 1,72

[1] Stahl u. Eisen 1886, S. 71.

von gewöhnlichem Koks zu	Buchenkohle	=	1 : 1,58
„ „ „ „	Eichenkohle	=	1 : 1,55
„ „ „ „	Steinkohle	=	1 : 1,45
„ „ „ „	Anthrazit	=	1 : 0,89

Die Einführung der Koppers Koksöfen in den USA. gaben der Frage nach dem Grund der Verbrennlichkeit des Kokses einen neuen Anstoß. Es wurde nämlich beobachtet, daß ein Koks, der bei sehr kurzer Garungszeit in Nebenproduktenöfen hergestellt wurde, gegenüber dem Bienenkorbofenkoks eine bedeutende Ersparnis an Koks ermöglichte und gleichzeitig eine Produktionssteigerung der mit solchem Koks betriebenen Hochöfen im Gefolge hatte. Nach H. Koppers[1] ist zur Feststellung des Koksverbrauches pro Tonne Roheisen die Leichtverbrennlichkeit des Kokses seine wichtigste Eigenschaft, und auch F. Lange[2] hält dieselbe für den Hochofenbetrieb von hervorragender Bedeutung. H. Koppers fordert, daß der Koks so leicht verbrennlich sein muß, daß seine Verbrennung zu Kohlenoxyd im Gestell des Hochofens so rasch stattfindet, daß eine oxydierende Atmosphäre vollständig vermieden wird. Es ist darauf zu achten, daß der Koks geeignete Korngröße besitzt, diese soll zwischen 25 bis zu 120 mm Kantenlänge liegen, und daß die Gichten in parallelen Schichten so liegen, daß Wind und Gas gleichmäßig durch die Beschickung ziehen können. Koppers[3] nimmt an, daß ein Koks, der bei keiner höheren Temperatur als 800° hersgestellt wurde, bei einer neuerlichen Erhitzung von 700—750° an aufwärts von neuem beginnen muß, Destillationsprodukte abzugeben. Auf diese Annahme gründet er eine Methode, um aus dem Wasserstoff- und Sauerstoffgehalt des Kokses die Höchsttemperatur zu bestimmen, welcher der Koks bei seiner Herstellung ausgesetzt war; ferner schließt er aus diesem Gehalt auf die Verbrennlichkeit, die sich übrigens aus der Flammenlänge beurteilen lassen soll, welche die bei der trockenen Destillation des Kokses entweichenden und entzündeten Gase zeigen. Korrevaar[4] ändert das Koppersche Verfahren zur Bestimmung der Koksverbrennlichkeit dahin ab, daß er die Schichthöhe des Kokses gerade so wählt, um eben auszureichen, daß die Kohlensäure vollständig zu Kohlenoxyd reduziert wird. Bei dieser Versuchsanordnung geben die verschiedenen Schichthöhen das Maß für die Verbrennlichkeit, während die Flammenlängen des entzündeten Kohlenoxyds gleich sind.

H. Koppers[5] mißt dem Gehalt des Kokses an flüchtigen Bestandteilen eine überragende Bedeutung für seine Verbrennlichkeit zu und behauptet, daß leichtverbrennlicher Koks mehr Wasserstoff enthalte, als schwerverbrennlicher Koks. Ferner stellt er fest, daß Koks aus ge-

[1] Stahl und Eisen 1921, S. 1173 u. 1254; Koppers Mitteilungen, 1921, H. 5, S. 129.
[2] Stahl u. Eisen 1918, S. 307. [3] Koppers Mitteilungen, 1922, H. 1, S. 21.
[4] Stahl und Eisen 1923, S. 431. [5] l. c.

stampfter Kohle weniger reaktionsfähig ist als aus ungestampfter Kohle[1]; nach ihm wird die Reaktionsfähigkeit des Kokses bestimmt durch die Art der verkohlten Kohle, durch die Entgasungstemperatur und den Entgasungsgrad; Koks, der in schmalen Koksöfen hergestellt ist, soll viel reaktionsfähiger sein als solcher aus breiten Öfen. Nach Koppers muß also ein Koks vor Überhitzung im Koksofen bewahrt bleiben, jedoch ist die Verbrennlichkeit des Kokses nicht allein eine Funktion seiner Herstellungsart, sondern wird, wie gesagt, von der Natur der Kokskohle bestimmend beeinflußt. So liefern z. B. Gas- und Gasflammkohlen Kokse, die viel reaktionsfähiger sind als der Koks aus den eigentlichen Kokskohlen. Gasarme Kohlen geben in der Regel einen schwer verbrennlichen Koks. H. Koppers verlangt für Hochofenkoks eine Zerkleinerung vor dem Absieben durch Stürzen aus einer einstellbaren Füllhöhe, wodurch die nachträgliche Zerstückelung des Kokses auf seinem Transport zum Hochofen vermieden werden soll. Übrigens bestimmt Koppers die Verbrennlichkeit neuerdings, wie auch andere, dadurch, daß er über den glühenden Koks Kohlensäure leitet und die Menge des entstehenden Kohlenoxydes mißt. Während Koppers Leichtverbrennlichkeit für Hochofenkoks als Haupteigenschaft fordert, soll im Gegensatz dazu[2] Gießereikoks dicht und schwer verbrennlich sein, es soll dies dadurch erzielt werden, daß man denselben längere Zeit auf 1000° C erhitzt.

Der Hochofen ist bekanntlich Schmelzofen und Reduktionsofen zugleich, während beim Kupolofen die Aufgabe der Reduktionswirkung fortfällt. Demgemäß dient Hochofenkoks zur Wärmeerzeugung und zur Reduktion, d. h. zur Kohlenoxydgasbildung, wogegen Gießereikoks nur zur Erzeugung hoher Temperaturen durch möglichst vollständige Verbrennung verwandt wird, d. h. zur Kohlendioxydbildung.

Im Kupolofen soll möglichst kein Kohlenoxyd gebildet werden, weil der zu Kohlensäure verbrannte Kohlenstoff pro Kilogramm 3240 WE mehr erzeugt als bei der Bildung von Kohlenoxyd.

Auch W. Hollings[3] ist der Ansicht, daß ein leicht verbrennlicher Koks zwischen 650—800°, also bei verhältnismäßig niedriger Temperatur hergestellt werden muß; während Gießereikoks bei hoher Temperatur erzeugt werden und überdies nach dem Abgasen noch längere Zeit im Ofen stehenbleiben soll.

Hierzu im Gegensatz befindet sich F. F. Marquard[4], welcher mitteilte, daß ein bei außergewöhnlich hoher Temperatur hergestellter Koks

[1] Z. V. d. I. 1925, S. 531; sowie Koppers Mitteilungen, 1925, H. 2, S. 45.
[2] Koppers Mitteilungen, 1922 H. 1, S. 11.
[3] Brennstofftechnik u. Wärmewirtschaft 1927, S. 117.
[4] Brennstofftechnik u. Wärmewirtschaft 1926, S. 147; sowie Koppers Mitteilungen, 1922, H. 1, S. 11.

sich als sehr vorteilhaft für den Hochofenbetrieb erwiesen habe, indem der Brennstoffverbrauch niedrig und das Eisenausbringen hoch waren.

Da bei der Kohlenoxydbildung die doppelte Menge Kohlenstoff durch die gleiche Menge Sauerstoff verbrannt wird, wie bei Kohlendioxydbildung, so erscheint das physikalische Gefüge des Kokses, d. h. die von ihm dargebotene Oberfläche, von wesentlichem Einfluß auf seine Verwendung als Hochofen- oder als Gießereikoks.

Tatsächlich halten auch die meisten Forscher, die sich mit der Verbrennlichkeit des Kokses beschäftigt haben, die Oberflächenentwicklung des Kokses für den wichtigsten Faktor für seine Verbrennlichkeit.

Daß die Leichtverbrennlichkeit des Kokses lediglich von seiner Porosität abhängt, wird von Beyer[1] behauptet, und auch Korrevaar[2] hält die Porosität des Kokses in Beziehung auf seine Verbrennlichkeit für wichtig, meint aber, daß dieselbe nichts mit der Oberflächenentwicklung zu tun habe.

H. Koppers[3] mißt der Oberflächenentwicklung ebenfalls große Bedeutung für die Verbrennlichkeit des Kokses bei.

C. Holthaus[4] unterscheidet zwischen Nacherhitzen von nicht garem Koks, wobei die Reaktionsfähigkeit leidet, und zwischen Überhitzen von vollständig garem Koks, das ohne Einfluß auf die Verbrennlichkeit sei.

Wegen der Schwierigkeit, eine richtige Durchschnittsprobe zu ziehen, hält er die Bestimmung der Koksoberfläche für ziemlich aussichtslos. Daß die Leichtverbrennlichkeit des Kokses von seinem Gehalt an flüchtigen Bestandteilen abhängig sei, wird von Sutcliffe und Evans[5] bestritten: auch sie sind der Ansicht, daß dieselbe lediglich eine Funktion des Koksgefüges ist. Nach A. Thau[6] ist es bei hohen als auch bei niedrigen Temperaturen möglich, einen leichtverbrennlichen Koks zu erhalten, die Zellen eines solchen Kokses sind fein und sehr porös, er ist hart und hat ein hohes, scheinbares spezifisches Gewicht. F. Fischer[7] stellt den Satz auf, daß die Verbrennlichkeit des Kokses in geradem Verhältnis zu seiner Oberflächenentwicklung steht. Die Verbrennlichkeit wird durch Überhitzung vermindert, kohlensäurehaltige Gase wirken auf-

---

[1] Gas- u. Wasserfach 1924, S. 424.

[2] Gas- u. Wasserfach 1923, S. 338; sowie Stahl und Eisen 1923, S. 431.

[3] Koppers Mitteilungen 1923, H. 1, S. 37.

[4] Stahl und Eisen 1925, S. 1131 u. 1926, S. 34.

[5] J. Soc. Chem. Ind. 1922, S. 196; ferner Blast-furnace 1922, S. 427; vgl. dazu Ref. v. Thau, A.: Glückauf 1922, S. 1010; vgl. weiter Sutcliffe u. Cobb: Engl. Gas J., Bd 182, S. 496; C. Bd 2, S. 511 (1928), und Deut u. Cobb: Engl. Gas J., Bd 182, S. 948; C. Bd 2, S. 511 (1928).

[6] Glückauf 1922, S. 1010.

[7] Brennstoffchemie 1923, S. 33; s. auch Broche: Brennstoffchemie 1923, S. 343; ferner Fischer, Broche u. Strauch: Brennstoffchemie 1925, S. 33.

lockernd auf das Koksgefüge. K. Bunte und W. Fitz[1] sprechen von der Feinheit der Auflösung des Kohlenstoffes an Stelle der Koksoberfläche und messen der relativen Porenoberfläche die erste Stelle hinsichtlich der Verbrennlichkeit ein. K. Bunte[2] glaubt die Reaktionsfähigkeit eines Kokses aus seinem Zündpunkt voraussagen zu können; nach ihm beginnt die Kohlensäurereaktion bei 350—400° C. Die Untersuchungen von R. Metzger und F. Pistor[3] führen zu dem Ergebnis, daß die Reaktionsfähigkeit des Kokses von dem Gehalt der Ausgangskohle an Ölbitumen abhängt und daß der Zersetzungsgrad dieses Ölbitumens eine Funktion der Temperatur sei. Auch G. Agde und H. Schmitt[4] halten die leichtere oder schwerere Zugänglichkeit des Kohlenstoffes als maßgebend für die Reaktionsfähigkeit des Kokses.

Nach ihnen[5] besteht Koks aus mehreren Substanzen von jeweils verschiedenen Reaktionsgeschwindigkeiten mit Reaktionsgasen. Die Reduktionsfähigkeit von Koksen ist, nach ihrer Theorie[6], abhängig von der Kohlenstoffart und der Kohlenstoffmenge, die dem Kohlensäurestrom ohne längere Diffusion zugänglich ist. Als Ursache für die Gestaltung einer großen Koksoberfläche betrachten sie den amorphen Kohlenstoff, der in erster Linie aus dem Anteil der Kohle entsteht, welcher beim Extrahieren derselben mit Lösungsmitteln zurückbleibt. Der reine Brennstoff eines normalen Hüttenkokses, der nicht über 900° erhitzt wurde, setzt sich nach ihrer Meinung aus einem Gemisch von amorphem Kohlenstoff und Teerkoks zusammen. Die Reaktion zwischen dem amorphen Kohlenstoff und der Kohlensäure setzt bei 385° C ein, Sauerstoff beginnt dagegen schon bei 170° C mit dem amorphen Kohlenstoff zu reagieren. Über 1100° C lagert sich der amorphe Kohlenstoff in Graphit um, diese Umwandlung geht von 1600° C aufwärts rasch von statten. Durch die Zersetzung von Teer wird der Teerkoks gebildet; dieser zersetzt sich über 800° unter Wasserstoffabgabe und geht in Graphit über. Mit Kohlensäure reagiert der Teerkoks erst von 800° an und mit Sauerstoff über 370° C. Da verschiedene Kokse mit Sauerstoff und mit Kohlensäure unterschiedlich reagieren, setzt G. Agde[7] an Stelle der Bezeichnungen Verbrennlichkeit und Reduktionsfähigkeit als zweckmäßig die einzige Bezeichnung Reaktionsfähigkeit. Maßgebend für diese ist nach G. Agde und W. Schmitt[8] der Grad der Zugänglichkeit des Kohlenstoffs.

Während also die Mehrzahl derjenigen, die sich mit der Reaktionsfähigkeit des Kokses befaßten, die Oberflächenentwicklung des Kokses

---

[1] Gas- u. Wasserfach 1924, S. 241.
[2] Gas- u. Wasserfach 1926, S. 192 u. 217; sowie Gas- u. Wasserfach 1922, S. 592.
[3] Die Reaktionsfähigkeit des Kokses. Halle 1927.
[4] Brennstoffchemie 1927, S. 121. [5] Gas- u. Wasserfach 1927, S. 1000.
[6] Theorie der Reduktionsfähigkeit von Steinkohlenkoks. Halle/S. 1928.
[7] Glückauf 1927, S. 1267. [8] Brennstoffchemie 1927, S. 121.

als den ausschlaggebenden Faktor für seine Verbrennlichkeit ansehen, glauben andere Forscher, die größere Reaktionsfähigkeit verschiedener Kokse auf katalytische Einflüsse zurückführen zu können.

So mißt z. B. Heyd[1] den in der Koksasche zurückbleibenden anorganischen Substanzen einen maßgebenden Einfluß auf die Reaktionsfähigkeit des Kokses zu. Daß die Reaktionsfähigkeit des Kokses bei höherem Kieselsäuregehalt etwas höher sei als bei aschearmem Koks, beobachteten H. Bähr und F. Fallböhmer[2]. Bähr behauptet sogar, daß man durch Eisenzusätze aus jeder Kokskohle, auch bei höherer Temperatur, einen reaktionsfähigen Koks herstellen könne. Wenn keine katalytisch wirkenden Körper anwesend sind, stehe die Reaktionsfähigkeit in einem gewissen Verhältnis zur Entzündlichkeit und zur Reaktionstemperatur. Aus dem Zündpunkt des Kokses kann man auf die Verkokungstemperatur schließen, ebenso aus der Reaktionstemperatur, welche auch Aufschluß über den Beginn der Kohlensäurereduktion gibt. Bähr und Fallböhmer behaupten, daß der Gehalt des Kokses an flüchtigen Bestandteilen keine Rolle bei der Reaktionsfähigkeit spielt, von katalytischen Einflüssen abgesehen, sei hier nur die Kohlenstoffmodifikation des Kokses maßgebend, die ihrerseits eine Funktion der Verkokungstemperatur sei. Bähr ist der Ansicht, daß die Stückgröße des Kokses mindestens 60 mm sein müsse und daß großstückiger Hochofenkoks bei gegebener Kammerbreite eine entsprechende Koksofentemperatur zu seiner Erzeugung bedarf, dagegen erzeugt man kleinstückigen Koks bei hoher Temperatur und schmalen Koksofenkammern. Soll ein Koks reaktionsfähig sein, so muß er nach Bähr bei relativ kaltem Ofengang hergestellt sein.

L. Nettlenbusch[3] fällt über die Wirkung eines Eisengehaltes im Koks noch kein endgültiges Urteil, dagegen haben Häusser und Bestehorn[4] gezeigt, daß ein Eisenzusatz zum Koks keinerlei Einfluß auf seine größere oder geringere Reaktionsfähigkeit hat. Häusser und Bestehorn[5] führten ihre Versuche in technischem Maßstabe durch, sie benutzten einen Schachtofen von 600 mm ∅, dessen Unterteil als wassergekühlter Eisenmantel ausgebildet war. Der obere Teil des Ofens war mit Schamotte ausgekleidet und war von einem gasdichten, eisernen Gehäuse umgeben. Der Gasabzug war seitlich angeordnet, und der Füllaufsatz war mit einem Schüttrichter und einem drehbaren Deckel versehen und so eingerichtet, daß die volle Schichthöhe wirksam erhalten blieb. Durch eine zweckentsprechende Verbindung mit dem

[1] Stahl und Eisen 1922, S. 298; Brennstoffchemie 1922, S. 198.

[2] Stahl und Eisen 1924, S. 1 u. 39; Brennstoffchemie 1924, S. 365 u. 384, sowie 1927, S. 64 ferner Gas- u. Wasserfach 1926, S. 909, 929 u. 943.

[3] Stahl u. Eisen 1927, S. 669.

[4] Vgl. Handbuch der Kokerei, Bd 2, S. 25.

[5] Vgl. Ges. Untersuchungen über die Verbrennlichkeit von Hüttenkoks in technischen Körnungen. Halle/S. 1926.

Schlußdeckel des Aschenraumes konnte der Rost zur Entleerung abgesenkt werden. Es wurde festgestellt, daß bei gleicher Ofenbreite eine höhere Ofentemperatur die Verbrennlichkeit des Kokses nicht vermindert, wenn die Garungszeit verkürzt wird. Im Gegensatz zu der Meinung von H. Koppers, daß schmale Öfen einen reaktionsfähigeren Koks ergeben als breite Öfen, wurde beobachtet, daß die Ofenbreite hierauf keinen Einfluß hat. Ein sehr langes Garen und ein langes Überstehen der garen Koksbrände wirkt nachteilig auf die Verbrennlichkeit. Die besonderen Eigenschaften verschiedener Kokskohlen waren ohne erhebliche Wirkung auf die Reaktionsfähigkeit des daraus hergestellten Kokses. Trocken gelöschter Koks war, wie schon früher erwähnt, etwas schwerer entzündlich als naß gelöschter, eine Beobachtung, die übrigens von W. Melzer[1] bestätigt wurde. Den weitaus größten Einfluß auf die Verbrennlichkeit des Kokses hat nach Häusser und Bestehorn die Stückgröße des zur Verwendung kommenden Kokses. Diesen Ergebnissen kommt deshalb besondere Bedeutung zu, weil sie von technischen Versuchen herrühren.

Mit kleinen Koksproben, die überdies gepulvert waren, sind schon viele Versuche gemacht worden, um die Verbrennlichkeit des Kokses zu bestimmen.

Wüst und Ott[2] bestimmen den Glühverlust, welchen die verschiedenen Kokse in Kohlensäurestrom erleiden und schließen hieraus direkt auf ihre Verbrennlichkeit.

F. Fischer, K. P. Breuer und H. Broche lassen einen luftfreien Kohlensäurestrom von gleicher Geschwindigkeit über feingepulverten Koks streichen und gründen hierauf ein Verfahren, um die Reaktionsfähigkeit des Kokses zu bestimmen, indem die Kohlensäure in Kalilauge aufgefangen und die Temperatur gleichmäßig langsam gesteigert wird bis die erste Kohlenoxydbildung beobachtet werden kann. Dieser Augenblick ist die „Temperatur der beginnenden Koksverbrennlichkeit“.

W. A. Haven[3] behandelt Koks im elektrischen Ofen mit Sauerstoff und bestimmt den Gewichtsverlust in bestimmten Zeitabschnitten.

Sutcliffe und Evans[4] beurteilen die Koksverbrennlichkeit nach Verdampfungsversuchen, die sie mit den Koksen anstellen. Shermann und Blizard[5] prüften die Verbrennlichkeit größerer Koksmengen in einem Schachtofen, indem sie von Zeit zu Zeit, in verschiedenen Abständen vom Rost die Temperatur messen und die Verbrennungsgase analysieren.

Es führte zu weit, wenn hier sämtliche Versuche zur Bestimmung der Reaktionsfähigkeit von Koks aufgezählt werden sollten, soweit die-

[1] Stahl und Eisen 1927, S. 759. [2] Stahl und Eisen 1906, S. 841.
[3] Vgl. Stahl und Eisen 1926, S. 1442.
[4] J. Soc. Chem. Ind. 1922, S. 196. [5] Vgl. Stahl und Eisen 1923, S. 1351.

selben praktische Bedeutung haben, werden sie im analytischen Teil dieses Buches näher beschrieben. Eine Zusammenstellung der auf diesem Gebiet gemachten Arbeiten gaben R. Metzger und F. Pistor[1], worauf hingewiesen sei. Nach ihrem Vorschlag wird in einem elektrisch geheizten Ofen eine bestimmte Koksmenge in gemessenem Luftstrom verbrannt; aus den Glühverlusten, die in gewissen Zeitabschnitten bestimmt werden, ergibt sich die Verbrennlichkeit des Kokses.

D. J. Kreulen[2] stellte eine neue Heiztheorie auf, welche dem Verständnis der Vorgänge im Hochofen dient; auch stellt er Untersuchungen über die Reaktionsfähigkeit des Kokses an, wobei er die maßgebenden Faktoren einzeln untersuchte.

Über die Verbrennlichkeit des Kokses und deren Bedeutung für den Generator- und Kupolofenbetrieb hat J. Follmann[3] eine Arbeit geliefert, auf die aufmerksam gemacht sei.

Unterscheidungsmerkmale und Nachweismethoden der Kohlenstoffarten im Koks haben G. Agde und F. Schimmel[4] gegeben.

Die Frage nach der Reaktionsfähigkeit des Kokses hat eine lebhafte Diskussion hervorgerufen[5], worin sich die sehr auseinandergehenden Meinungen über die Ursachen und die Wirkungen der Leichtverbrennlichkeit des Kokses erkennen lassen. Obwohl man im allgemeinen die Leichtverbrennlichkeit des Kokses für eine wünschenswerte Eigenschaft desselben hält, so hat es doch nicht an Stimmen aus den Kreisen der Hochöfner gefehlt[6], die der Leichtverbrennlichkeit des Kokses keine, oder doch nur untergeordnete Bedeutung beimessen.

G. Agde und H. Schmitt[7] haben eine übersichtliche Zusammenstellung der einschlägigen Arbeiten und eine klare Herausschälung des Problems gegeben, worauf ebenfalls hingewiesen sei.

b) Spezifische Wärme und Wärmeleitfähigkeit des Kokses.

1. Die (wahre) spezifische Wärme bei Temperatur t stellt den Grenzwert dar, welchem die mittlere spezifische Wärme zustrebt, wenn das Temperaturintervall sich Null nähert.

2. Mittlere spezifische Wärme zwischen den Temperaturen t_0 und t_1 ist der Quotient der Erhitzungswärme durch die Temperaturdifferenz und

3. Erhitzungswärme zwischen den Temperaturen t_0 und t_1 ist gleich der Wärmemenge, welche man einem Körper zuführen muß, um ihn von der ersten auf die zweite Temperatur zu erwärmen.

[1] Die Reaktionsfähigkeit des Kokses. Halle/S. 1927.
[2] Brennstoffchemie 1926, S. 54; 1929, S. 128, 148 u. 168.
[3] Feuerungstechnik 1927, S. 205. [4] Feuerungstechnik 1929, S. 97.
[5] Vgl. z. B. Stahl und Eisen 1921, S. 1173 u. 1254; 1922, S. 297, 382 u. 1284.
[6] Vgl. z. B. Bansen, A.: Stahl und Eisen 1926, S. 1018.
[7] Theorie der Reduktionsfähigkeit von Steinkohlenkoks. Halle/S. 1928.

Die spezifische Wärme des Kokses wächst wie bei allen festen Körpern mit der Temperatur; sie stellt sich bei 100° geringer als die der Holzkohle, bei 600° stellt sie sich fast gleich hoch; bei höheren Temperaturen wird sie aber beinahe doppelt so groß, wie die folgende Tabelle von C. Schinz[1] ergibt:

Temperatur	Saarkoks	Buchen-holzkohle	Temperatur	Saarkoks	Buchen-holzkohle
100° C	0,157139	0,24150	1100° C	0,350869	0,26748
200° C	0,176511	0,24410	1200° C	0,370241	0,27009
300° C	0,195884	0,24669	1300° C	0,389613	0,27268
400° C	0,215228	0,24929	1400° C	0,408985	0,27528
500° C	0,234632	0,25189	1500° C	0,428357	0,27788
600° C	0,254006	0,25449	1600° C	0,447729	0,28048
700° C	0,273380	0,25709	1700° C	0,467101	0,28308
800° C	0,292753	0,25968	1800° C	0,486473	0,28567
900° C	0,312125	0,26228	1900° C	0,505845	0,28827
1000° C	0,331497	0,26488	2000° C	0,525217	0,29087

Untersuchungen von C. Otto[2] ergaben für Ruhrkoks folgende Ergebnisse:

bei 750° C	0,377	bei 950° C	0,394
„ 840° C	0,390	1050° C	0,400

Für Holzkohle fand L. Kunz[3]

bei 435° C	0,243
„ 561° C	0,289
„ 728° C	0,329
„ 925° C	0,356
„ 1059° C	0,368
„ 1197° C	0,376
„ 1297° C	0,382

Die spezifische Wärme von Graphit und Diamant stellt sich nach Weber[4] vergleichsweise wie folgt:

Temperatur	Graphit	Diamant
— 50° C	0,114	0,063
— 11° C	0,144	0,095
+ 11° C	0,160	0,113
+ 58° C	0,199	0,153
+ 140° C	0,254	0,222
+ 606° C	0,445	0,441
+ 985° C	0,467	0,459

Für die wahre spezifische Wärme von Retortenkohle fand der Pariser Gasingenieur Euchène[5] folgende Interpolationsformeln, von denen

[1] Kokschemie, 2. Aufl., S. 231.
[2] Dissertation der Breslauer Technischen Hochschule 1913.
[3] Diss. Bonn 1904, S. 28. [4] l. c.
[5] Le Chatelier: Vom Kohlenstoff, S. 51/52.

die erste zwischen 0 und 300 und die zweite zwischen 300 und 1000° Gültigkeit besitzt:

$$0-300°\,C \qquad c = 0{,}16 + 0{,}64\,t\,\frac{t}{1000}$$

$$300-1000°\,C \qquad c = 0{,}3 + 0{,}2\,t\,\frac{t}{1000}.$$

Neuere Untersuchungen über die spezifischen Wärmen von Graphit und Koksen im Temperaturbereich von 400—1300° C haben E. Terres und A. Schaller[1] durchgeführt. Sie fanden für die spezifische Wärme von Graphit folgende mittleren Werte:

22° C bis 549° C = 0,325
22° C „ 735° C = 0,356
22° C „ 909° C = 0,376
22° C „ 1047° C = 0,388

Zu den Bestimmungen diente ein sehr reiner Acheson-Graphit mit nur 0,05% Verunreinigungen. Als Material für die Koksuntersuchungen dienten 2—1000° C vollständig ausgegarte Kokse, von denen der eine rund 15%, der andere rund 30% Asche enthielt, die zufällig fast gleiche Zusammensetzung hatte.

Zusammensetzung	Koks I	Koks II
Kohlenstoff	83,25%	66,88%
Wasserstoff	1,11%	0,61%
Schwefel	0,48%	0,58%
Sauerstoff und Stickstoff	—	2,26%
Asche	15,18%	29,60%
Oberer Heizwert	6720 WE	5360 WE

Zusammensetzung	Asche von Koks I	Asche von Koks II
SiO_2	44,54%	45,46%
Al_2O_3	23,08%	23,03%
Fe_2O_3	19,15%	18,76%
CaO	4,55%	6,05%
MgO	6,10%	5,00%
Rest	nicht bestimmt	

Je aschenreicher ein Koks ist, desto kleiner wird seine spezifische Wärme. Für den untersuchten Graphit und die beiden Kokse ergeben sich folgende mittleren spezifischen Wärmen bei 400° und bei 1300°:

	400°		1300°	
Graphit	0,265		0,403	
		0,06		0,20
Koks I (15% Asche)	0,259		0,383	
		0,06		0,20
Koks II (30% Asche)	0,253		0,363	

[1] Gas- u. Wasserfach 1922, S. 761, 780, 800, 818 u. 832.

Neuere Messungen der mittleren spezifischen Wärmen von Koksen und Halbkoksen der Kohle „Präsident“ rühren von E. Terres und H. Wolter[1] her, die Ergebnisse sind in folgender Zusammenstellung wiedergegeben:

Koks, hergestellt bei der Entgasungstemperatur v.	Bestimmungen von Cpm für das Temperaturbereich von	Wärmeinhalt von 1kg Trokkenkoks kcal	Cpm Rohkoks	Cpm Reinkoks	Koksausbeute vH Reinkoks / Reinkohle
650°	22 —600°	199,20	0,3320	0,3383	80,5
	22 —649°	220,15	0,3387	0,3455	
801°	22 —600°	195,00	0,3252	0,3308	78,7
	22 —800°	276,75	0,3455	0,3528	
916°	21,5—600°	189,90	0,3165	0,3220	77,3
	21.5—916°	321,24	0,3507	0,3578	
983°	20,5—600°	186,12	0,3102	0,3151	77,0
	20,5—981°	345,99	0,3527	0,3599	

Poröser Koks ist weniger wärmeleitungsfähig als dichter Koks und besonders als solcher aus gestampfter Kohle, weil die Leitungsfähigkeit fast annähernd mit dem spezifischen Gewicht proportional zunimmt.

Die große Wärmeleitungsfähigkeit, welche Hochofenkoks gemäß nachfolgender Zusammenstellung gegenüber Holzkohle besitzt, ist von nicht zu unterschätzender Bedeutung, da die Erwärmung der Beschickung des Hochofens zu einem gewissen Teil durch Wärmeleitung erfolgt. Auch bei Füllöfen zur Zimmerheizung usw. erweist sich diese verhältnismäßig große Wärmeleitungsfähigkeit des Kokses als vorteilhaft[2].

1. Koks, gepulvert	(0—100°)	0,00044
2. Holzkohle, gepulvert	(0—100°)	0,00022
3. Retortenkohle, gepulvert	(20—100°)	0,00040
4. Retortenkohle, kompakt	(0—100°)	0,01477
5. Schamottesteine	(0—500°)	0,00140
6. Schamottesteine	(0—1300°)	0,00310
7. Magnesiasteine	(0—1300°)	0,00620

Die mittlere Wärmeleitfähigkeit von Graphit wurde an zwei Sorten mit 0,017 bestimmt[3].

Genaue Bestimmungen über die Wärmeleitfähigkeit des Kokses liegen nicht vor, obwohl ihre Kenntnis für die Übertragung der Wärme von den Heizwänden der Koksöfen sehr wünschenswert erscheint.

W. A. Roth[4] berichtet über Fortschritte auf dem Gebiet der Thermochemie. Hoffentlich gelingt es bald, die Lücken in der Kenntnis der Kokseigenschaften auszufüllen.

---

[1] Über die Verkokungswärmen von Gas- und Kokskohlen. Gas- u. Wasserfach, 1927, S. 53.
[2] Richards, J. W.: Metallurgische Berechnungen 1913, S. 176.
[3] Landolt-Börnstein: Erster Ergänzungsband, S. 715. Berlin 1927.
[4] Z. angew. Chem. 1928, S. 397.

c) Der Heizwert des Kokses.

Beim Heizwert des Kokses unterscheidet man zwischen „absolutem“ und „pyrometrischem“ Heizeffekt. Beim absoluten Heizeffekt handelt es sich um die Menge der Wärmeeinheiten, welche bei der Verbrennung entstehen; eine Wärmeeinheit (WE) oder Calorie ist diejenige Wärmemenge, die erforderlich ist um 1 kg Wasser von 15° auf 16° C zu erwärmen.

Der absolute Heizeffekt läßt sich aus der chemischen Zusammensetzung der Brennstoffe mit für die Praxis hinlänglicher Genauigkeit berechnen.

Nachstehend eine vergleichende Zusammenstellung des absoluten Heizwertes verschiedener Kokssorten nach Streit[1].

Koksart	Brennbare Substanz %	Heizwert WE
Hochofenkoks	92,17	7315
	91,13	7237
	89,49	7063
Gießereikoks	94,32	7434
	92,67	7368
	92,25	7237
	89,92	7146
Brechkoks	92,14	7346
	91,03	7207
	89,56	7070
Nußkoks	90,92	7178
Knabbelkoks	91,84	7377
Gaskoks	93,67	7491
	91,88	7305
	90,34	7178
	89,34	7152
	86,90	6852
	85,33	6736
Holzkohle	—	7000
Torfkoks	6500	7000
Braunkohlenkoks	—	6700

W. A. Roth[2] hat über die Verbrennungswärmen von Hüttenkoks und anderen Kohlenstoffarten Untersuchungen angestellt. Während man bisher eine obere Verbrennungswärme von 7950 WE je 1 g Koks angenommen hat, beträgt diese nach Roth 7973 gcal. Die Verbrennungswärme von nicht graphitischem Kohlenstoff kann bis 8150 gcal steigen; dieser Wert ist das Minimum für den amorphen Kohlenstoff. Nach Roth stellt sich die Verbrennungswärme verschiedener Kokssorten wie folgt:

[1] l. c. [2] Arch. Eisenhüttenw. 1928, H. 4, S. 245.

Koksart	Verbrennungswärme des aschefreien Kokses gcal	Asche %	S %	H_2O %	Verbrennungswärme d. asche- und wasserfreien Kokses gcal
Zeche Hannibal . .	7919	9,50	0,840	0,356	
	7922	10,06	1,049		
	7921 ± 2	9,78	0,945	0,356	7949
Dortmund	7919	10,72	1,172	0,348	
	7944	9,91	0,861		
	7937	11,27	1,063		
	7933 ± 8	10,63	1,034	0,348	7961
Ostrau	7940	9,82	0,653	0,597	
	7968	11,88	0,654		
	7920	11,38	0,808		
	7943 ± 14	11,03	0,705	0,597	7991
Zeche Nordstern . .	7927	9,60	1,100	0,232	
	7961	9,85	1,080		
	7944	9,46	0,970		
	7944 ± 10	9,64	1,050	0,232	7962
Oberschlesien . . .	8033	9,11	0,759	0,139	
	8033	9,89	0,695		
	8033 ± 0	9,50	0,727	0,139	(8044)

Von großer Wichtigkeit für die Praxis ist der pyrometrische Heizeffekt des Kokses, d. h. die bei seinem Verbrennen entstehende Temperatur, da von ihr die Möglichkeit der Durchführung mancher metallurgischer Prozesse abhängt.

Je höher sich das spezifische Gewicht des Kokses stellt, je dichter also Koks ist, desto höher wird seine Verbrennungstemperatur, weil die Verbrennungsprodukte des Kokses infolge des geringen Raumes, den er einnimmt, im ersten Augenblick mit weniger wärmeaufnehmenden Materialien in Berührung kommen, so daß die Temperatur im Verbrennungsraume höher ausfällt, als wenn die Verbrennungsgase sofort mehr Wärme abgeben müssen.

Zur Erhöhung der Verbrennungstemperatur trägt ferner die Vorwärmung der Luft bei, weil damit dem Ofen eine gewisse Wärmemenge zugeführt wird, die nicht erst durch Verbrennen von Koks erzeugt zu werden braucht. Andererseits wirkt das im Koks enthaltene Wasser durch seine hohe Verbrennungstemperatur (spezifische Wärme des Wasserdampfes = 0,4750). Ebenso nimmt der pyrometrische Heizeffekt ab mit der Zunahme der zur Unterhaltung der Verbrennung zugeführten Luftmenge, weil der $^4/_5$ der Luft betragende Stickstoff nur Wärme verbraucht, wie die folgende Gegenüberstellung zeigt:

Koks mit der theoretisch benötigten Luftmenge verbrannt,
entwickelt etwa 2400° C,

Koks mit dem doppelten Luftvolumen verbrannt,
entwickelt etwa 1340° C.

5. Statistische Angaben.

Bekanntlich dient der auf den Kokereien gewonnene Koks in ganz überwiegender Menge für metallurgische Zwecke, vor allen Dingen zur Erzeugung von Roheisen im Hochofenprozeß. In zweiter Linie dient der Kokereikoks zur Beheizung von Glühöfen, für den Kupolofenbetrieb, als Gießereikoks. Alle anderen Verwendungszwecke, für Beheizung, in der chemischen Industrie usw. sind demgegenüber nur von untergeordneter Wichtigkeit[1].

Über die Koksgewinnung der wichtigsten Länder der Welt geben die Tabellen auf Seite 278 und 279 in je 1000 t Auskunft[2].

Hiernach hat also die Weltproduktion im Jahre 1927 rund 129000000 t betragen, Deutschland steht in dem gleichen Jahre mit 33242000 t an zweiter Stelle der kokserzeugenden Länder und stellt mit nahezu 26% mehr als ein Viertel der Weltproduktion.

Auch hinsichtlich der Roheisengewinnung der wichtigsten Länder der Welt steht Deutschland an zweiter Stelle, allerdings in weitem Abstand hinter den Vereinigten Staaten von Nordamerika und dicht gefolgt von Frankreich. Von den 86000000 t Roheisenerzeugung der ganzen Erde im Jahre 1927 erzeugte Deutschland mit 13103000 t etwas mehr als 15%.

Die Roheisenerzeugung nach den einzelnen Ländern gibt in 1000 t die Zusammenstellung[3] auf Seite 280.

Wenn man pro Tonne erblasenes Roheisen 0,9 t Hochofenkoks rechnet, so sind von der deutschen Kokserzeugung im Jahre 1927 11792700 t in die deutschen Hochöfen gewandert. Da der deutsche Koksexport 1927 etwa 8794000 t betrug, die wohl ziemlich restlos der Roheisenerzeugung dienten, so sind von der gesamten Kokserzeugung Deutschlands im Jahre 1927 etwa 20586700 oder beinahe 62% für die Herstellung von Roheisen verwendet worden.

Aus dieser Überlegung geht hervor, wie eng die Eisenindustrie und der Kokereibetrieb miteinander verbunden sind, und es ist erklärlich, daß die Kokereien ihr Hauptaugenmerk darauf richten, einen Koks zu erzeugen, der den Wünschen des Hochöfners entspricht.

Vergegenwärtigt man sich weiter, daß der Wert der gesamten Bergwerksgewinnung Deutschlands im Jahre 1927 sich auf etwa 2904916000

---

[1] Vgl. Die Ruhrkohle. Verlag d. Dtsch. Bergwerksztg; ferner Handbuch der Kokerei, Bd 2, S. 1.

[2] Statistisches Heft, S. 14. Essen, Mai 1929. [3] Ebenda, S. 23.

Koksgewinnung in den wichtigsten Ländern der Welt (in 1000 t).

Jahr	Preußen				Sachsen	Deutschland[2]	Saargebiet[3]	Vereinigte Staaten von Amerika	Großbritannien	Belgien	Rußland
	Ruhrbezirk	Schlesien[1]	Übrige Bezirke	Zusammen							
1901	8168	633	299	9100	63	9163		19773	—	1848	1917
1905	12277	2053	2094	16424	68	16491		29240	17732	2527	2301
1910	18028	2492	3017	23537	63	25706		37838	19642	3111	2748
1913	25512	3207	5146	33865	67	34630		42002	20961	3523	4437
1920	20733	3275	1733	25741	149	26103[4]	240	46508	21254	1835	10[5]
1921	23146	3311	2022	28479	186	28901	177	22941	11557	1403	104[5]
1922	25324	2431	2000	29755	198	30225	253	33679	20218	2850	112[5]
1923	9771	2454	1231	13456	192	14071	133	51689	25327	4180	262[5]
1924	20978	2014	1264	24256	204	24885	216	40161	25238	4217	462[5]
1925	22572	2000	3137	27709	197	28397	272	46509	23208	4112	500[6]
1926	22438	1944	2243	26625	177	27297	255	51588	16575	4917	—
1927	27416	2160	2007	31583	226	33242	262	46350	24590	5386	—
1928	28583	2406	2151	33140	229	33863	267	47701	—	5927	—
1929 1. V.-J.	7911	683	407	9001	55	9186	67	—	—	1500	—

[1] Seit 1922 ohne die polnisch gewordenen Gebietsteile.

[2] Ohne Gaskoks. Nach Umfragen bzw. Aufzeichnungen des Gaskokssyndikats hat die Gaskoksherstellung in Deutschland ohne Elsaß-Lothringen betragen: 1913 = 5356000 t; 1920 = 4075323 t; 1921 = 4787156 t; 1922 = 5042109 t; 1923 = 4418756 t; 1924 = 4300000 t; 1925 = 4505000 t; 1926 = 4498000 t.

[3] Nur Gewinnung auf Zechenkokereien.

[4] Seit 1920 ohne Elsaß-Lothringen und Saargebiet.

[5] Nur Erzeugung des Donezgebietes, das 80—90% des gesamten russischen Kokses herstellt.

[6] Geschätzt.

Koksgewinnung in den wichtigsten Ländern der Welt (in 1000 t).

Jahr	Frankreich	Österreich-Ungarn	Polen	Kanada[2]	Italien	Spanien	Japan	Holland	Australien (Neu-Südwales)	Britisch-Indien	Welt Mill. t
1901	1852	1287	—	332	25	456	—	—	131	—	—
1905	2315	1470	—	635	36	448	—	—	166	—	76
1910	2696	2155	—	819	397	521	—	—	287	—	97
1913	4027	2722	918	1376	498	596	—	—	304	—	116
1920	1761	T. Sl.	—	1185	96	281	905	708	577	365	108
1921	1861	1138	—	918	34	446	669	838	602	277	78
1922	2362	639	772	1084	168	383	721	1117	244	328	96
1923	4287	1475	1373	1485	275	744	658	1372	590	307	109
1924	5415	2219	949	1243	310	848	832	1726	573	372	115
1925	6016	1997	963	1403	512	878	851	1944	619	479	124
1926	6908	1950	1113	1839	592	832	1037	1999	607	554	118
1927	4046[1]	2477	1400	1797	496	714	—	2329	721	—	129
1928	4400[1]	2816	1669	—	—	—	—	—	529	—	—
1929 1. V.-J.	1168	—	—	—	—	—	—	—	—	—	—

[1] Nur Gewinnung auf Zechenkokereien. [2] Ab 1922 einschließlich Herstellung der Gasanstalten.

Roheisengewinnung in den wichtigsten Ländern der Welt (in 1000 t).

Jahr	Ver. Staaten von Amerika	Deutsches Reich	Saar-gebiet	Luxem-burg	Belgien	Groß-britannien	Frank-reich	Kanada	Rußland	Polen	Öster-reich-Ungarn	Schweden	Japan[2]	Welt Mill. t
1885	4109		3687		713	7534	1631	—	500	—	715	465	—	19,8
1890	9350		4658		788	8031	1962	20	900	—	965	456	—	27,9
1895	9598		5465		829	7827	2004	39	1452	—	1131	463	—	29,4
1900	14011		8521		1019	9103	2714	88	2934	—	1456	527	21	40,6
1905	23361		10875		1311	9762	3077	477	2733	—	1541	539	46	54,9
1910	27742		14793		1852	10173	4038	726	3042	—	2007	604	59	67,0
1913	31463		19312		2485	10425	5207	1024	4637	—[1]	2381	730	240	79,1
1920	37519	6388	644	693	1116	8164	3344	989	115	48	Tsch.-Sl.	471	721	62,8
1921	16956	7855	896	970	872	2658	3447	604	114	60	543	314	652	38,0
1922	27657	9195	1157	1679	1613	4981	5277	389	186	480	345	264	694	55,2
1923	41009	4941	929	1407	2148	7560	5468	894	382	516	750	283	797	69,5
1924	31910	7833	1345	2157	2844	7425	7693	629	754	336	1050	513	820	68,0
1925	37290	10089	1450	2363	2543	6362	8505	606	1547	312	1166	432	838	76,5
1926	40005	9636	1625	2559	3368	2498	9430	769	2350	327	1350	462	864	79,0
1927	37153	13103	1771	2732	3751	7410	9326	721	3032	615	1550	418	1219	86,0
1928	38768	11804	1936	2770	3905	6717	10099	1055	3373	683	—	393	—	87,0
1929														
1. V.-J.	10529	3141	491	688	987	1701	2564	—	—	170	—	124	—	—

[1] In dem heutigen Staatsgebiet Polens wurden 1913 1056000 t Roheisen gewonnen.

[2] Die über Japans Roheisengewinnung veröffentlichten Zahlen weichen stark voneinander ab. Amtliche Nachweisungen liegen nicht vor.

RM[1] belief, und daß der Durchschnittspreis für Hüttenkoks 21,45 RM. betrug[2], mithin die Jahreserzeugung Deutschlands an diesem einen Wert von 713040900 RM. hatte, so ergibt sich hieraus, daß der Wert des erzeugten Kokses nahezu ein Viertel des Gesamtwertes der Deutschen Bergwerkserzeugnisse ausmachte.

Diese Zahlen beweisen die große volkswirtschaftliche Bedeutung, welche dem Koks zukommt.

III. Die Untersuchung des Kokses.

1. Verkokbarkeitsprüfungen.

Die Brauchbarkeit einer Steinkohle zur Verkokung prüft man im Laboratorium durch Bestimmung der Backfähigkeit und der Koksausbeute.

Voraussetzung für ein brauchbares Ergebnis dieser Untersuchung ist eine einwandfreie Probenahme, da schon Unterschiede in der Stückgröße bei ein und derselben Kohlensorte wesentliche Unterschiede in ihrer Zusammensetzung und damit auch ihrer Eigenschaften bedingen. So wurde z. B. festgestellt[3], daß mittelgroße Kohlenstücke den größten Heizwert und infolgedessen den niedrigsten Aschengehalt aufweisen, wodurch selbstverständlich auch die Verkokungsfähigkeit günstig beeinflußt wird: Kleinkohle besitzt den höchsten Aschengehalt und damit den niedrigsten Heizwert und unaufgearbeitet mithin auch die geringste Verkokbarkeit. Demgemäß können also nur gute Durchschnittsproben[4] Aufschluß über die Backfähigkeit und Verkokbarkeit einer Kohle geben.

a) Bestimmung der Backfähigkeit der Steinkohle nach Campredon[5] und Dunn[6].

Der gepulverten Kohle wird reiner, trockener feinkörniger Sand beigemischt und das Maximalgewicht an Sand, mit welchem die Kohle noch zu backen vermag, bestimmt. Das Gewicht der Kohle wird als Einheit angenommen und die Backfähigkeit durch das Gewicht des Sandes ausgedrückt. Die Backfähigkeit ist gleich Null für sämtliche Kohlen, welche beim Verkoken feines Pulver ergeben und erreicht die Zahl 17 für die besten Kokskohlen und 20 für Pech.

Diese Methode eignet sich jedoch nicht für Kohlen mit hohem Aschengehalt, weil hierbei eine mehr oder minder große Verschmelzung der Asche mit dem Sand eintreten und so eine stärkere Verkokungsfähigkeit vorgetäuscht werden kann.

---

[1] Statistisches Heft, S. 60. Essen, Mai 1929. [2] Ebenda S. 63.
[3] Hinrichsen, W., u. S. Taczak: Die Chemie der Kohle, S. 295. Leipzig 1916.
[4] Vgl. Hinrichsen, W., u. S. Taczak: Wie vorher S. 291.
[5] C. r., 1895. S. 820. [6] The Gas World, 7. Juni 1913. S. 770.

J. T. Dunn ersetzt daher zur Vermeidung ihres Fehlens bei aschenreichen Kohlen den Sand als Verdünnungsmittel durch Anthrazit. Er zerreibt die Kohlen bis zu $^1/_2$ mm Korngröße, mischt sie mit wechselnden Mengen Anthrazit von $^1/_2$—1 mm Korngröße und verkokt dann 10 g jeder Mischung in der üblichen Weise. Als Maßstab für die Verkokungsfähigkeit der Kohle dient die Mischung, welche noch einen zusammenhängenden Koks liefert, der aber durch einen leichten Fingerdruck zu Pulver verrieben werden kann.

b) Bestimmung der Backfähigkeit nach Meurice[1].

Dieses Verfahren stellt eine Modifikation des vorigen dar. Die Einwaage beträgt 1 g Kohle und 17 g Sand, die innig miteinander vermischt werden. Die Kohle muß so fein gepulvert sein, daß sie durch das 860 Maschensieb geht. Als Sand wird ein mit 20 proz. Salzsäure gewaschener Quarzsand verwendet, der dann säurefrei gewaschen wird. Nur der durch das 225 Maschensieb gehende und der auf dem 335 Maschensieb zurückbleibende Teil wird gebraucht. Nach dem Vermischen von Kohle und Sand wird die Oberfläche glatt gedrückt. Die Verkokung geschieht in einem mit Deckel versehenen Porzellantiegel zwischen 950—1050°. Die Höhe des Porzellantiegels beträgt 40 mm, sein Durchmesser 35 mm und sein Inhalt 25 ccm. Der erkaltete Kokskuchen wird durch Umstülpen aus dem Tiegel gebracht und von den nicht verkokten Teilchen, deren Gewicht bestimmt wird, getrennt.

Zur Bestimmung seiner Festigkeit wird der Kokskuchen in der Druckvorrichtung von Meurice, die in Abb. 56 u. 57 wiedergegeben ist, zerdrückt.

Die Druckvorrichtung von Meurice ist eine Hebelpresse, bestehend aus einem mit zwei verschiebbaren Gewichten versehenen ungleich-

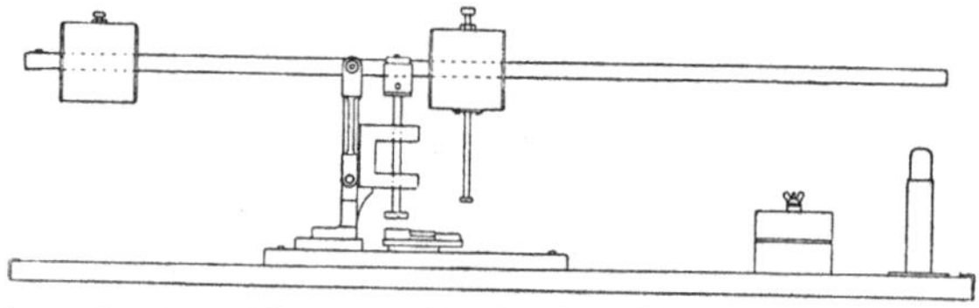

Abb. 56. Druckvorrichtung von Meurice. (Aus Glückauf 1926, S. 972.)

armigen Hebel, an dem rechts vom Unterstützungspunkt ein zwischen zwei Kolbenpaaren geführter Druckstempel angeordnet ist. Unterhalb des Druckstempels befinden sich auf einer drehbaren Platte vier Zylinder von verschiedener Höhe, auf welche die Kokskuchen mit der breiten Fläche nach unten aufgesetzt werden. Die Höchstbelastung der Presse beträgt 32 kg. Beim Arbeiten bis zu 13 kg herrscht Gleichgewicht,

[1] Vgl. Kattwinkel, R.: Glückauf 1926, S. 972.

wenn das Gegengewicht sich in A und das Arbeitsgewicht sich auf O befindet. Bei höherem Drücken wird das Gegengewicht nach B gebracht, das Arbeitsgewicht wird durch das auf dem Brett aufgeschraubte runde Gewichtsstück, durch Befestigen an der Arbeitsgewichtstange, beschwert und auf 14 gestellt.

Die Backfähigkeit errechnet sich nach folgender Formel

$$\text{Backfähigkeit} = \frac{\text{kg Druckfestigkeit} \times 17}{\text{g} \times \text{nicht verkoktem Gemischanteil.}}$$

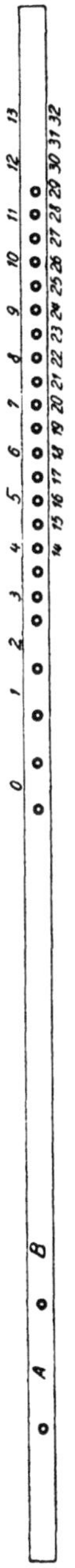

Abb. 57. Skala der Hebelpresse von Meurice (aus Glückauf 1926, S. 972)

c) Methode zur Bestimmung der Backfähigkeit von Kattwinkel[1].

Bei diesem vereinfachten Verfahren von Meurice besteht das Prüfgerät aus zwei Teilen (s. Abb. 58), nämlich aus der eigentlichen Presse und dem senkrecht darüber befindlichen Aufgabebehälter.

Die Presse setzt sich aus dem, als Unterlage für die Kokssandkuchen verwendeten, Stahlzylinder und dem in einer kurzen Hülse beweglichen Druckstempel, der in eine dünne Platte eingeschraubt ist, zusammen. Auf die Platte wird ein Zinkbecher von 2 l Inhalt gesetzt, der das Belastungsgewicht aus dem Aufgabebehälter aufnimmt. Dieser ist ein zylindrischer Zinktrichter von $2^1/_4$ l Inhalt mit einer engen Auslaufröhre aus Messing, welche durch einen Schieber oder einen Schlauch mit Quetschhahn verschlossen wird. Als Material zur Belastung dient Schrot von 1—1,25 mm Korngröße von dem 1 l 5,5 kg wiegt und zum Auslaufen durch eine 5 mm weite Düse 150 Sekunden gebraucht; mithin beträgt der Lastzuwachs pro Sekunde etwa 35 g. Die zu untersuchende Kohle muß durch ein 400 Maschensieb gehen, ist also gröber als bei dem Verfahren von Meurice. Das Erhitzen erfolgt mit Mékerbrenner Nr. 3, der Tiegeldeckel hat ein Loch von 2 mm Durchmesser und die Erhitzung dauert bis zum Verschwinden des Flämmchens der Deckelöffnung.

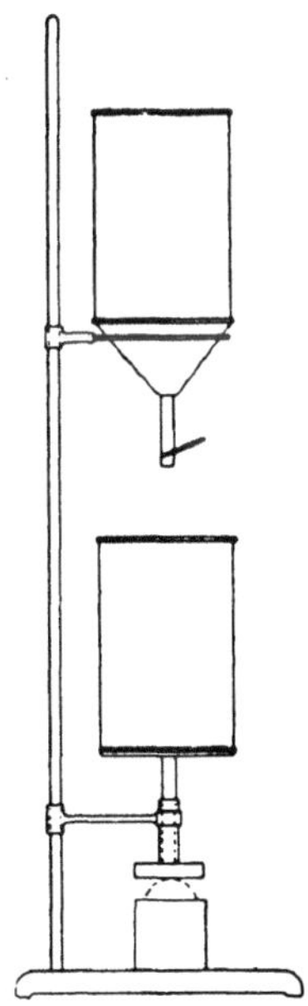

Abb. 58. Prüfgerät auf Backfähigkeit nach Kattwinkel. (Aus Glückauf 1926, S. 973.)

[1] Gas- u. Wasserfach 1926, S. 145.

Eine Gegenüberstellung von Ergebnissen der Backfähigkeitsbestimmung mit der Meuriceschen Presse und der Vorrichtung von Kattwinkel gibt folgende Zahlen:

Nr.	Kohle	Druckfestigkeit kg	Nicht verkokter Gemischanteil g	Backfähigkeit B	Druckfestigkeit kg	Nicht verkokter Gemischanteil g	Backfähigkeit B
		Meuricesche Presse			Vorrichtung v. Kattwinkel		
1	Kokskohle	5,0 6,0	0,1582 0,1839	537 555	5,612 7,105	0,1490 0,1810	640 667
2	Gasfeinkohle . . .	6,5 8,5	0,1819 0,2462	607 690	7,685 8,215	0,2058 0,2318	634 602
3	Kokskohle	6,0 5,5	0,1474 0,1479	692 632	6,585 6,565	0,1789 0,1831	656 609
4	Spitzbergenkohle .	6,5 5,0	0,1391 0,1100	794 772	5,625 5,995	0,1170 0,1388	817 734
5	Lagerkohle	3,5 2,5	1,0218 0,7413	58 57	3,075 3,215	1,0240 1,0320	51 53
6	Eßkohlenbrikett .	Pulver	—	0	Pulver	—	0

Es leuchtet ein, daß eine Bestimmung der Koksausbeute durch Laboratoriumsversuche nicht vollkommen sein kann, wie denn auch das theoretische Ausbringen an Koks im allgemeinen niedriger bleibt als das wirkliche Ofenausbringen im normalen Betriebe.

A. Bauer[1] setzt die Mehrausbeute im Koksofen gegen die Mucksche Tiegelprobe:

1.	für Anthrazit etwa				1%
2.	„ Backkohle von	83%	nach	Muck	1—2%
3.	„ „ „	80%	„	„	3%
4.	„ „ „	75%	„	„	4—6%
5.	„ „ „	70—65%	„	„	5—7%

Je mehr flüchtige Bestandteile die Steinkohle aufweist, desto größer stellt sich die Mehrausbeute beim Destillationsversuch gegen die Mucksche Probe. Bei einem Lignit fand A. Bauer aber das Gegenteil, er lieferte nach Muck 32,78% Koksausbeute und nur 26,18% beim Destillationsversuch. Da der Lignit viel hygroskopisches Wasser enthielt, so hat sich wahrscheinlich ein Teil des Koksrückstandes durch die Einwirkung von Wasserdampf in der Glühhitze verflüchtigt.

Jedenfalls geben die Tiegelverkokungsproben einen gewissen Anhalt, um auf die Höhe der Koksausbeute zu schließen. Die besten und sichersten Ergebnisse erhält man durch Versuche im Koksofen selbst.

Auf die Höhe der Koksausbeute wirkt natürlich auch die Ofenkonstruktion und die dadurch hervorgerufene Art der Verkokung ein.

---

[1] l. c.

Die Gründe des Unterschieds zwischen der theoretischen und praktischen Koksausbeute sind mannigfacher Natur. Zunächst ist es schwer, eine wirkliche Durchschnittsprobe zu erhalten. Weiterhin ist die Art der Erhitzung im Tiegel eine ganz andere als im Großbetriebe. Im Tiegel erfolgt die Erhitzung von unten, desgleichen die Gasentbindung, im Koksofen dagegen von den Seiten aus; ferner gelangt im Tiegel die Kohle rasch auf eine hohe Temperatur, die Schmelzung erfolgt ziemlich rasch und gleichmäßig durch die ganze Masse hindurch; die Gase können rasch entweichen, und der entstehende Koks erscheint so aufgebläht, wie es im Großbetriebe niemals der Fall sein kann; denn dort erfolgt die Entgasung unter dem Widerstande der immer dichter werdenden Schmelzkruste und unter dem Druck der Ofengase. Wenn ferner gegen Ende der Verkokung sich der letzte Anteil Kohle in der Mitte des Ofens zersetzt, während die Kohlenteilchen an den Wänden schon längst verkokt sind, so streichen die von der Mitte her aufsteigenden Gase und Dämpfe zum Teil über den schon gebildeten glühenden Koks und binden dabei mehr oder weniger Kohlenstoff.

Je nach der Intensität der Beheizung der Tiegel kann man nach A. Bauer vier verschiedene Stadien der Verkokung unterscheiden, die natürlich miteinander völlig kontinuierlich zusammenhängen:

Stadium I. Erhitzung entsprechend „Normalprobe". Der Rückstand ist mehr oder minder zusammenhängend, meist grau und gut gebacken oder schmelzflüssig gewesen und schwach aufgebläht. Sein Volumen ist nie mehr als höchstens das Fünffache des ursprünglichen Volumens des Kohlenpulvers, in der Regel das gleiche oder Doppelte. Die Koksausbeute ist geringer als bei III und II und meist von der Schnelligkeit der Erhitzung innerhalb gewisser Grenzen abhängig.

Stadium II. Erhitzung entsprechend „Blähprobe". Der Rückstand ist kaum zusammenhängend. Bei Backkohlen ist er dagegen grau oder schwarzglänzend, gebacken und hochaufgebläht. Sein Volumen kann bis zum 30fachen des ursprünglichen Pulvers anwachsen. Die Koksausbeute stellt sich kleiner als bei III und größer als bei I.

Stadium III. Erhitzung etwa beginnende Rotglut. Der Rückstand ist ebenfalls schwarz, pulverig-porös und so gut als nicht zusammenhängend, außer bei guten Backkohlen. Bei diesen ist er hochaufgebläht und zusammenhängend; jedoch kann sich auch lose Substanz im oberen Teil des Kuchens befinden. Sein Volumen ist kleiner als bei II, aber immerhin noch sehr hoch. Die Ausbeute ist ein Maximum, bei Back- und Gaskohlen etwa 5—7% über der Normalprobe, bei halbmageren Kohlen und Anthraziten etwa 3%.

Stadium IV. Erhitzung unterhalb deutlicher Rotglut (500—600°). Rückstand stets schwarz, pulverig, auch bei den besten Backkohlen. Sein Volumen ist viel geringer als bei II und III und auch bei Backkohle nicht auffallend größer als vorher. Die Koksausbeute ist kleiner als bei den vorhergehenden Stadien, bis unter die Ausbeute bei der Normalprobe herab.

Nach dem Aussehen des Tiegelkokses des Stadiums I der Normalprobe teilt A. Bauer die Kohlen in folgende Klassen ein:

Klasse I (Anthrazit): Das Pulver der Analysenprobe ist wenig verändert, immerhin ist es lose zusammenhängend, jedoch durch leisen Druck oder bloßes Aufschütteln wieder zu trennen.

Klasse II (halbmagere Kohle): Der Kuchen ist fest gebacken, oft recht hart, grau, zeigt aber in seiner Körnung die Gestalt der einzelnen Körnchen des ursprünglichen Pulvers deutlich. Es ist keine Spur von Volumenvermehrung eingetreten, beim Erkalten zerspringt der Kuchen.

Klasse III (Backkohle): Der Kuchen zeigt eine glänzend glatte Oberfläche. Es ist stets eine deutliche, wenn auch geringe Volumenvermehrung eingetreten, infolge des vollkommenen Schmelzflusses, der den Gasen keine Poren zum Entweichen mehr offen gelassen hatte. Man kann drei Unterabteilungen machen.

1. Die koksreichste Abteilung, etwa von 80—83% Ausbeute, zeigt auf der geschmolzen gewesenen Oberfläche noch die Körnung des ursprünglichen Pulvers. Sie blähen verhältnismäßig stark (bis auf etwa das fünffache Volumen), ein Zeichen, daß sie eine zähflüssige Schmelze bilden.

2. In der mittleren Abteilung ist die Oberfläche glatt, die Blähneigung ist geringer.

3. Die koksärmste Abteilung, gegen 70% Ausbeute hin, zeigt eine glatte Oberfläche, die von vertieften Riefen durchzogen ist, welche mattschwarz beschlagen sind und die glatte Fläche in einzelne Bäckchen teilen.

Klasse IV (Gaskohle): Gewöhnlich ist der Kuchen grau, fest und rissig gekörnt und gar nicht gebläht (wie bei Klsse II). Manche jedoch sind dem Kuchen der Klasse III 3 ähnlich, nur ist die Furchung bedeutend enger und die glatten Stellen kleiner. Die Oberfläche macht dann einen runzeligen Eindruck.

Klasse V („trockene Flammkohle"): Braunkohlen geben meist ein völlig loses Pulver. Cannelkohlen geben graue, geschmolzene Kuchen mit runzeliger Oberfläche, ähnlich wie IV. Die Vertiefungen sind wie bei IV und III 3 dunkler gefärbt.

Die Kokse der übrigen Stadien sind nur für Backkohle charakteristisch, sonst sind es porös-pulverige, leicht zerreibliche, lose Kuchen.

Daß durch langsames Erhitzen die Backfähigkeit verlorengeht, erklärt A. Bauer dadurch, daß schon vor Beginn der Schmelzung und Gasbildung in der dem Aussehen nach noch unveränderten Kohle Reaktionen vor sich gehen, welche die Steinkohlensubstanz in leichter und schwerer flüchtige Bestandteile spalten. Die Bildung dieser schwerflüchtigen koksbildenden Stoffe wächst mit der Dauer der Temperatureinwirkung, weshalb denn auch die Koksausbeute von Stadium IV nach III wächst. Dort erfolgt wiederum eine Umkehr, weil nunmehr die Gase die Verdampfung der schwerflüchtigen Stoffe, die nur einen geringen Dampfdruck haben, gestatten.

Zur Bestimmung der Koksausbeute verwendet man zweckmäßig lufttrockene Kohle mit etwa 1% Feuchtigkeit, weil getrocknete Kohle während des Abwiegens Wasser anzieht.

P. Damm[1] schildert in einer neueren Arbeit die verschiedenen Untersuchungsmethoden für Kokskohlen und gibt die Nutzanwendung der Untersuchungsergebnisse für den Kokereibetrieb.

d) Die Mucksche Probe.

Man erhitzt 1 g der fein gepulverten Kohle in einem nicht zu kleinen, mindestens 3 cm hohen, vorher gewogenen Platintiegel bei fest aufgelegtem Deckel über der nicht unter 18 cm hohen Flamme eines einfachen Bunsenbrenners solange, bis keine bemerkbaren Mengen brennbarer Gase zwischen Tiegelrand und Deckel mehr entweichen, läßt erkalten und wägt. Der ganze Versuch ist in wenigen Minuten beendigt, aber folgendes zu beachten:

1. Die angegebene Flammenhöhe darf wohl überschritten, aber nicht geringer gewählt werden.
2. Der Platintiegel muß von guter Oberflächenbeschaffenheit sein und während der Erhitzung von einem Dreieck aus dünnem Drahte getragen werden.
3. Der Boden des Tiegels darf höchstens 3 cm von der Brennermündung der Lampe entfernt stehen.

Manche stark blähenden Kohlen neigen leicht zur Verpuffung; man wendet daher zur Vermeidung von Fehlern nur $^1/_2$ g an.

Als Dreieck benutzt man zweckmäßig ein solches aus 2 mm starkem Nickeldraht, nicht ein solches mit Pfeifenröhren überzogen, da diese Wärme absorbieren und die Entfaltung der Flamme stören.

e) Die Bochumer Probe (Blähprobe).

Die Tiegel (mittelgroß, von 22—35 mm aufwärts) mit den Proben werden mit übergreifenden Deckeln versehen, die in ihrer Mitte eine Öffnung von 2 mm Durchmesser besitzen. Das Erhitzen der bedeckten Tiegel nebst Inhalt erfolgt so, daß der Tiegelboden bei einer totalen Flammenhöhe von 18 cm sich ungefähr 6 cm über der Brennerröhre,

[1] Glückauf 1928, S. 1073 und 1106.

der Tiegel selbst also sich in der obern Oxydationszone der Flamme befindet. Man hört mit dem Erhitzen der Probe auf, wenn sich über der Öffnung des Tiegeldeckels kein Flämmchen mehr zeigt.

f) Die amerikanische Probe[1].

1 g der frischen, ungetrockneten, gepulverten Kohle wird in einen 20—30 g wiegenden, mit gut schließendem Deckel versehenen gut polierten Platinkegel gegeben. Das ganze wird in der vollen Flamme eines Bunsenbrenners, die frei brennend 20 cm hoch sein soll, an einem zugfreien Orte 7 Minuten lang erhitzt, wobei der Tiegel durch ein Platindreieck getragen wird und sein Boden sich 6—8 cm über der Brennermündung befindet. Von der Oberseite des Tiegeldeckels soll ein allenfalls entstehender Beschlag abbrennen, die Innenseite soll mit Kohlenstoff bedeckt bleiben. Der Gewichtsverlust der Probe, nach Abzug ihrer Feuchtigkeit, gibt ihren Gehalt an flüchtigen Bestandteilen an.

g) Die Lessingsche Probe[2].

Hierzu verwendet man ein Rohr aus durchsichtigem Quarzglas, dessen Formgebung und Maße Abb. 59 zeigt. Dieses Rohr enthält einen eingeschliffenen Fortsatz zur Aufnahme des Dickteers und vermeidet das Ansetzen von Teer in dem zu wägenden Teile dadurch, daß der Schliff in seiner ganzen Länge und damit auch der untere Teil des Dickteerrohres vom Feuer berührt wird. Als Dichtungsmaterial für den Schliff benutzt man fein gepulverten Graphit, der nach dem Abkühlen ein leichtes Lösen der Schliffläche ermöglicht. Das Dickteerrohr wird durch einfaches Ausglühen in einer Gas- oder elektrischen Muffel vom abgeschiedenen Teer gereinigt. Das dünne eingeschmolzene Röhrchen dient zum Ausspülen des Rohres mit CO_2, wenn das Gas gewonnen und untersucht werden soll. Handelt es sich nur um die Bestimmung der Koksausbeute, so wird dieses Röhrchen oben mit etwas Watte, Kitt oder Kork verschlossen.

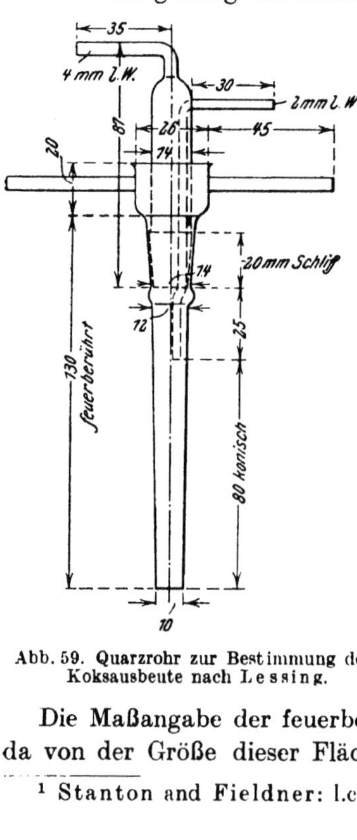

Abb. 59. Quarzrohr zur Bestimmung der Koksausbeute nach Lessing.

Die Maßangabe der feuerberührten Teile spielt eine wichtige Rolle, da von der Größe dieser Fläche die Menge des aus den Teerdämpfen

[1] Stanton and Fieldner: l. c. [2] Stahl und Eisen, Bd 2, S. 1325 (1913).

und den Gasen abgeschiedenen Kohlenstoffs abhängt. Die trichterförmige Erweiterung des Rohres ist für die Herstellung des Schliffes erforderlich und erleichtert das Einfüllen der Kohle. Zum Erhitzen des Rohres dient ein senkrecht angeordneter, in der Höhe verschiebbarer Röhrenofen mit 30 mm Weite und 300 mm Länge des Heizrohres, der mit Gleichstrom von 220 Volt und 8 Amp. eine Temperatur von 1200° C erreicht und gleichmäßig beibehält. Die Lötstelle des Thermoelementes befindet sich im Heizrohr des Ofens in der Höhe der zu verkokenden Kohle. Das Destillationsrohr wird an den seitlichen Röhren in senkrechter Lage frei pendelnd auf zwei am Gestell des Röhrenofens parallel angeordneten Winkeleisen aufgehängt und dann der auf 1200° C erhitzte Ofen gehoben; das Rohr tritt so in den heißen Ofenraum hinein. Das Heizrohr des Ofens ist mit einer starken Asbestscheibe bedeckt, welche eine Öffnung aufweist, deren Durchmesser dem des Destillationsrohres oberhalb des Schliffes entspricht. Durch diese Platte wird das Röhrchen zentriert und der Zutritt kalter Außenluft in das Heizrohr vermieden.

Die Bestimmung der Koksausbeute geschieht in folgender Weise: den Ofen regelt man so, daß er gleichbleibend eine Temperatur von 1200° C aufweist. Der Schliff des Teerrohres wird mit Graphit eingepulvert, der Graphit durch Drehen des Teerrohres verteilt und ein Überschuß abgeklopft. Der untere Teil des Apparates wird an einem geeignet gebogenen Draht aufgehängt und gewogen. Auf einem gläsernen Wägeschiffchen wiegt man nun 1,0020 g der feingepulverten Kohle ab. Das Schiffchen wird in das Destillationsrohr entleert und das Rohr mit Kohle gewogen, damit der Fehler, welcher durch Anhaften von Kohlenstäubchen am Wägeschiffchen entsteht, berücksichtigt wird. Das Röhrchen wird einige Male leicht aufgestoßen, damit an den Wänden haftengebliebene Kohleteilchen nach unten fallen und die Kohle sich gleichmäßig und dicht lagert, das Teerrohr eingeschoben und das Ganze über dem heißen Ofen aufgehängt. Dann hebt man den Asbestdeckel des Ofens ab, verstärkt den Strom um etwa 0,5 Amp. und hebt den Ofen. Nach etwa 2 Minuten stellt man die Stromstärke auf den normalen Betrag zurück, und nach genau 7 Minuten — vom Heben des Ofens ab gerechnet — senkt man den Ofen wieder und deckt ihn ab. Das Rohr wird abgenommen und in dem Prozellanring eines Filtriergestells zum Erkalten aufgehängt. Nach dem völligen Erkalten nimmt man sodann das Teerrohr ab und wiegt das Destillationsrohr zurück. Die am Teerrohr hängenden, durch Dissoziation abgeschiedenen Graphitteilchen werden nicht mitgewogen. Durch das Einbringen des kalten Rohres sinkt die Temperatur des Ofenraumes bis auf etwa 600° C. Sie steigt dann zunächst schnell bis auf etwa 1000° C und dann langsamer, bis sie am Ende der zweiten Minute sich wieder 1200° C nähert. Die Gasentwicklung beginnt sofort, wenn die Temperatur wieder von 600° an steigt. Die Entgasung ist meist nach $1^1/_2$, spätestens nach 2 Minuten beendet. Auf diese Weise sind die in der Tabelle mit nach „Lessing" bezeichneten Koksausbeuten unter Verwendung desselben Rohres und desselben Ofens erhalten.

Herkunft der Kohle	Nach Muck %	Bochumer Verfahren %	Amerik. Verfahren %	Nach Lessing %
Rheinische Kohle	77,76	76,89	75,81	75,78
Westfälische Kohle	76,89	76,04	75,23	75,11
Niederschlesische Kohle	68,68	68,25	65,98	66,84
Oberschlesische Kohle	63,10	62,26	59,78	61,49
Saarkohle	66,52	65,45	64,07	65,19

Abb. 60 vergleicht die Koksausbeuten der fünf untersuchten Kohlen nach den vier genannten Verfahren.

1.
2.
3.
4.

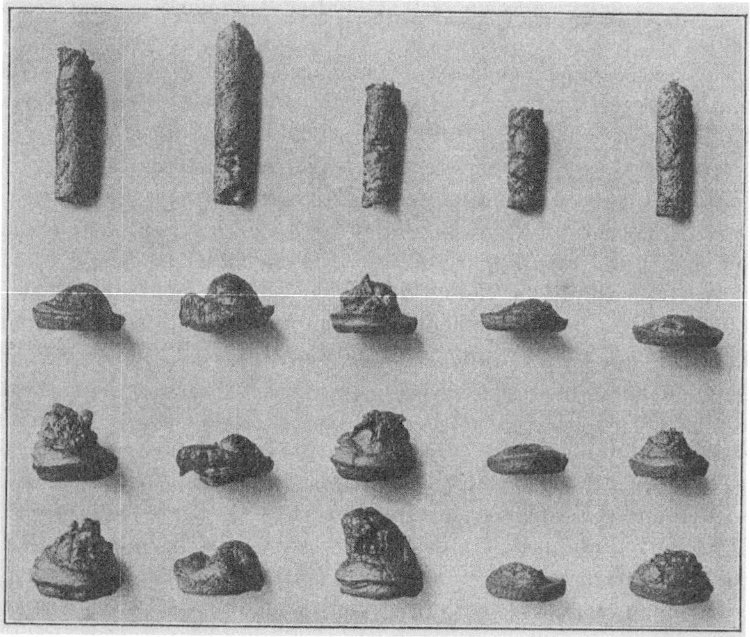

Abb. 60. 1. Verfahren nach Lessing. 2. Verfahren nach Muck. 3. Bochumer Probe. 4. Amerikanische Probe.

h) Bestimmung der Koksausbeute nach Finkener[1].

Etwa 4 g der feingepulverten Kohle werden in einem geräumigen Rosetiegel (Inhalt 40—50 ccm, Durchmesser des Bodens 20 mm, Höhe

[1] Glückauf 1908, S. 1327.

50 mm, oberer Durchmesser 50 mm) abgewogen. Man leitet zunächst mindestens 10 Minuten lang zur Verdrängung der Luft Wasserstoff hindurch, wärmt hierauf etwa 2 Minuten mit kleiner Flamme an und vergrößert diese dann allmählich, während gleichzeitig der Tiegel von zwei Seiten mit fächelnder Flamme erhitzt wird. Wenn die gelbe Flamme der destillierenden Gase verschwindet, wird der Tiegel an den Seiten stark erhitzt, um etwa gebildeten Ansatz flüchtiger Stoffe wegzuglühen. Über einen Dreibrenner führt man die Verkokung innerhalb weiterer 10 Minuten zu Ende, dann läßt man im Wasserstoffstrom erkalten und wägt. Die Werte sind im allgemeinen etwas höher als die nach den übrigen Verfahren erhaltenen. Durch das Arbeiten im Wasserstoffstrom, also in einer Atmosphäre, die jede Oxydation ausschließt, wird die teilweise Verbrennung der Kohle ausgeschaltet. Man muß demnach annehmen, daß die nach dem Wasserstoffverfahren ermittelten Ergebnisse die theoretisch sichersten Werte zur Ermittlung der Koksausbeute darstellen. An Stelle von Wasserstoff können auch andere indifferente Gase, z. B. Stickstoff, Verwendung finden.

Wird von dem in Prozenten ausgedrückten Wert für Koksausbeute der Gehalt an Asche abgezogen, so erhält man als Rest den fixen oder festen Kohlenstoff.

Eine Methode zur Ermittlung der Ausbeute der Kohle an Koks und Nebenprodukten im Laboratorium hat Schramm[1] ausgearbeitet; sie soll nach seinen Angaben gute Ergebnisse erzielt haben. K. Brüggemann[2] macht aber auf eine Reihe von Fehlerquellen aufmerksam, welche dieser Methode anhaften, so daß von ihrer Beschreibung Abstand genommen wird.

Die Umrechnung der Koksausbeute auf aschenfreie Kohle geschieht nach der Formel

$$C' = \frac{(C - A) \cdot 100}{100 - A},$$

wobei C' = Koksausbeute der aschenfreien Substanz,
C = Koksausbeute der aschenhaltigen Substanz,
A = Aschengehalt der Kohle ist.

i) Bestimmung der Koksausbeute nicht schmelzender Kohlen.

Da Kohlen, welche nicht schmelzen, durch die rasche Gasentbindung leicht Teilchen der losen pulverigen Kohlensubstanz mitreißen (kenntlich am Funkensprühen der Flamme), so hilft man sich durch Mischen derselben mit einer bestimmten Menge Backkohle, deren Koksausbeute

[1] Gas- u. Wasserfach 1913, S. 389; ferner Müschenborn, H.: Brennstoffchemie 1927, S. 138.
[2] Brennstoffchemie 1928, S. 59.

man kennt und berechnet dann daraus die Koksausbeute der ungemischten Probesubstanz wie folgt:

Es seien a Teile der Kohle I mit der Koksausbeute c mit b Teilen der Kohle II gemischt, deren Koksausbeute x gesucht wird. Das Gemisch zeigt die Ausbeute d: dann ist

$$\frac{a \cdot c + b \cdot x}{a + b} = d$$

oder

$$x = d + \frac{a}{b}(d - c).$$

k) Immediatanalyse[1].

Gewöhnlich wird mit der Koksausbeute einer Steinkohle auch deren Gehalt an „flüchtigen Bestandteilen" angegeben. Dieser errechnet sich nach der Formel

Flüchtige Bestandteile = 100 — (Koksausbeute + Wasser).

2. Chemische Untersuchung des Kokses.

a) Wasser- und Aschebestimmung.

Probenahme des Kokses. Vielfach werden bei der Probenahme von den äußeren oder inneren Teilen des Kokses Stücke von Walnußgröße abgehauen. Da die äußeren Koksteile mehr Asche und Wasser enthalten, so erhält man im ersteren Falle zu hohen Wasser- und Aschengehalt und im letzteren zu niedrige Resultate; außerdem können beim Abschlagen der Stücke Schieferteilchen abspringen und den Aschenbefund der Probe dadurch niedriger gestalten. Richtiger ist es daher, aus allen Hauptteilen eines Koksbrandes ganze Koksstücke herauszugreifen, die der halben Ofenbreite entsprechen, da der Kokskuchen beim Herausdrücken aus dem Ofen sich in zwei Hälften spaltet.

Wasserbestimmungen. Alte Methode I. Von den Koksbränden ist eine entsprechende Anzahl Stücke von verschiedenen Stellen des Brandes zu entnehmen. Bei der Probenahme von den Waggons, bei der die Anwendung der Gabel erschwert ist, sind in regelmäßigen Abständen von jedem Waggon ein genügende Anzahl große und kleine Stücke herauszugreifen. Die so entnommenen Stücke werden auf Hartgußplatten zunächst auf Faust- bis Eigröße zerkleinert, gut gemischt und die Probe gevierteilt. Zwei einander gegenüberliegende Teile werden ebenfalls auf Hartgußplatten bis zu Walnußgröße zerkleinert, gut gemischt und abermals gevierteilt. Zwei einander gegenüberliegende Teile werden dann entfernt und der Rest wird möglichst rasch auf eine Korngröße

---

[1] Vgl. z. B. Keller, K.: Laboratoriumsbuch für die Kokerei und Teerproduktenindustrie der Steinkohle, S. 14. Halle/S. 1923.

von etwa 10 mm gebracht. Die so zerkleinerte Menge wird gut gemischt und wiederum in vier Teile geteilt. Von diesen vier Teilen erhält zwei gegenüberliegende der Lieferant, einen Teil der Empfänger des Kokses. Der vierte Teil wird als Schiedsprobe versiegelt beiseite gestellt. Zur Feststellung des Wassergehalts wird das Probegut bei nicht über 150° C Wärme solange getrocknet, bis kein Gewichtsverlust mehr stattfindet.

Diese Methode ist ziemlich einwandfrei, doch bleibt zu beachten, daß nasse Koksstücke sich mit bloßem Auge durch ihre schwarze Farbe von trockenen hellen Stücken leicht unterscheiden, so daß es also leicht möglich ist, von nassem Koks doch eine relativ trockene Probe zu entnehmen.

Methode II (nach Wagener). Beim Zerkleinern des Kokses in einer Glockenmühle und darauffolgendem Sieben verlieren die einzelnen Stücke einen erheblichen Prozentsatz ihres Wassergehaltes, wie aus nachstehenden Untersuchungen A. Wageners[1] für gesättigte und ungesättigte Koksstücke desselben Brandes hervorgeht.

Gesättigter Koks.

H_2O des Koksstückes vor dem Mahlen %	Korngröße üb. 30 mm H_2O %	Korngröße 30—15mm H_2O %	Korngröße 15—4 mm H_2O %	Korngröße unter 4mm H_2O %	H_2O des Stückes nach dem Mahlen %	Abnahme %
20,4	15,9	14,8	11,8	12,3	14,6	5,5
20,0	17,0	11,5	11,5	11,4	13,8	6,2
19,5	15,6	13,4	11,9	12,7	15,6	3,9
16,0	14,5	13,0	11,1	12,3	12,9	4,0
20,0	17,8	15,9	14,3	14,0	18,1	1,9
19,4	16,9	16,3	15,0	16,6	16,4	3,0
17,6	12,0	11,3	10,2	12,7	11,6	6,0
18,6	15,4	15,1	15,3	16,5	15,7	2,9
16,3	14,7	12,0	10,5	11,6	12,6	2,1
16,2	12,8	10,8	9,0	11,3	11,1	5,1
18,49	15,3	13,4	12,0	13,1	14,27	4,06

Ungesättigter Koks.

13,4	11,4	9,8	9,9	12,5	10,8	2,6
10,8	9,2	10,1	10,4	13,4	10,0	0,8
12,2	11,4	11,9	7,8	12,7	11,1	1,1
7,8	6,7	5,8	5,1	10,1	6,6	1,2
7,4	6,7	6,9	6,9	10,1	7,3	0,1
8,0	6,5	7,7	8,0	10,0	7,3	0,8
9,9	8,65	8,7	8,0	11,5	8,86	1,1

Hiernach beträgt der Wasserverlust im Durchschnitt etwa 4% für gesättigte Koksstücke und etwa 1% für ungesättigte Stücke.

Wagener schlägt infolgedessen folgende Art der Koksprobenahme für die Wasserbestimmung vor:

Aus jedem Eisenbahnwagen nimmt ein Arbeiter der Zeche mit einer

[1] Kokschemie, 2. Aufl., S. 246.

im Betrieb gebräuchlichen Koksgabel von etwa 45 mm Zinkenweite zu verschiedenen Zeiten und in verschiedenem Stand der Ladung drei Proben, aus je einer Gabelfüllung bestehend. Die Proben werden während der Ladung an einer beliebigen Stelle der Koksoberfläche entnommen, und zwar vom ersten Wagen zwei Proben aus dem unteren, eine Probe aus dem oberen Teil der Ladung, beim folgenden Wagen umgekehrt, zwei Proben oben, eine Probe unten usw.

Die Probemenge aus jedem Eisenbahnwagen entspricht also dem vollen Inhalt von drei Gabeln.

Damit der Arbeiter die Probe völlig unparteiisch nimmt, setzt er nach dem Betreten des Wagens eine nach den Seiten hin dicht abschließende dunkelgefärbte Brille auf, deren Farbe jeden Tag wechselt.

Durch diese dunkelgefärbte Brille sieht man sämtliche Koksstücke in derselben Farbe und kann infolgedessen die hellen, trocknen, von den schwarzen, nassen Stücken nicht unterscheiden.

Die Zeit der Probenahme wird abwechselnd von der Zeche und von der abnehmenden Firma bestimmt und geschieht in deren Gegenwart. Der probenehmende Arbeiter entnimmt die beiden Proben an verschiedenen Stellen des Wagens derart, daß er die vor der angesetzten Gabel liegenden Stücke mit der Hand auf die Gabel legt.

Die entnommene Probemenge wird in einem abgeschlossenen, mit Eisenplatten belegten Raum auf einen Haufen geschüttet, auseinandergebreitet und die Koksstücke mit einem Hammer möglichst rasch auf Faustgröße zerkleinert, gemischt und gevierteilt. Zwei gegenüberliegende Segmente in ungefährem Gewicht von 60 kg werden in einem tarierten Eisenblechkasten abgewogen und in einem großen, mit überhitztem Dampf auf etwa 150° geheizten Trockenschrank 24 Stunden getrocknet. Die Gewichtsabnahme entspricht dem gesuchten Wassergehalt.

Der lufttrockene Koks enthält meistens 1—2% Feuchtigkeit; außerdem enthält der gelöschte Koks häufig noch beträchtliche Mengen grober Feuchtigkeit, so daß der gesamte Wassergehalt bis über 15% steigen kann.

Aschenbestimmungen. Alte Methode I. Das zur Wasserbestimmung entnommene und getrocknete Probegut wird auf Hartgußplatten weiter zerkleinert, bis es durch ein Sieb getrieben ist, das 15 Maschen auf 1 cm Länge besitzt und in gut verschlossene Flaschen gefüllt. Zur Aschenbestimmung wird das Kokspulver im Achatmörser weiter zerrieben, gemischt und gevierteilt. Zwei Teile werden in die Pulverflasche zurückgegeben, die beiden anderen in der beschriebenen Weise weiter behandelt bis zu einem staubfeinen Pulver, dessen Gewicht wenigstens noch 5 g sein soll. Alsdann werden zweimal je 1 g in Porzellanschälchen eingewogen und im Muffelofen so lange verascht, bis eine Gewichtsabnahme nicht mehr zu bemerken ist.

Methode II (nach Wagener). Beim Zerkleinern der Koksproben in einer Glockenmühle und darauf folgendem Sieben des Kokses zeigen die feineren Korngrößen meistens einen höheren Aschengehalt als die gröberen, weil der in der Kohle enthaltene Schiefer beim Verkoken mürber wird als die harte Kokssubstanz und daher beim Zerkleinern dem Drucke zuerst nachgibt und sich so unter die feineren Körnungen mischt; die folgenden Untersuchungen A. Wageners führen dies vor Augen.

Mit H_2O gesättigter Koks.

Korngröße über 30 mm Asche %	Korngröße 30—15 mm Asche %	Korngröße 15—4 mm Asche %	Korngröße unter 4 mm Asche %
11,00	11,6	11,48	13,34
10,88	11,64	12,22	13,14
10,44	11,10	11,34	12,38
11,14	11,32	12,06	12,80
10,66	11,06	11,72	13,36
10,40	10,76	11,16	12,90
10,98	11,40	11,56	12,76
10,94	10,64	11,70	12,24
10,74	11,08	11,90	12,94
10,79	11,07	11,70	12,87
	Ungesättigter Koks.		
10,56	10,62	11,42	12,56
10,18	14,14	11,88	11,92
10,62	10,78	11,74	12,36
10,40	10,52	11,22	12,06
11,10	11,14	11,66	12,34
11,68	11,96	13,12	14,12
10,76	11,03	11,84	12,56

Auch der beim Zerkleinern der Koksprobe im Brecher entwickelte Staub weist aus demselben Grunde meistens einen höheren Aschengehalt auf.

Bei der Veraschung des Kokses spielt ferner die Temperatur eine wesentliche Rolle; es genügt eine Temperatur von 750° im Muffelofen bei zweistündiger Glühdauer. Höhere Temperaturen verursachen eine erhebliche Gewichtsabnahme, vorwiegend durch Verflüchtigung des Schwefels der Asche. O. Simmersbach fand in westfälischem Koks bei 750° 11,24% Asche gegen 10,86% bei 900° und 10,68% bei 1100°, entsprechend einem Unterschied im Aschengehalte von 0,38% bzw. 0,56%. A. Wagener, der diese Frage eingehend behandelt, erhielt

als Mittel aus 23 Versuchen bei 750° C verascht 10,92% Asche im Koks
als Mittel aus 23 Versuchen bei 950° C verascht 10,71% Asche im Koks
Unterschied 0,21%

Wagener stellte im besonderen folgende Unterschiede in der Gesamtanalyse und im Schwefelgehalt einer Koksasche fest.

	bei 750° verascht %	bei 950° verascht %	auf 100 t Koks berechnet 750° %	950° %	Abnahme %
Kohlenstoff	0,42	0,49	0,0458	0,0525	
$K_2O + Na_2O$ . . .	3,81	3,65	0,4160	0,3909	0,0251
Mn_3O_4	0,08	0,08	0,0087	0,0086	
SO_3	4,11	2,50	0,4488	0,2677	0,1811
MgO	1,50	1,50	0,1638	0,1606	
TiO_2	0,03	0,03	0,0033	0,0032	
P_2O_5	0,12	0,07	0,0131	0,0075	
Fe_2O_3	8,55	8,91	0,9337	0,9543	
Al_2O_3	32,30	32,39	3,5272	3,4690	
CaO	4,32	4,22	0,4717	0,4520	
SiO_2	45,07	45,78	4,9216	4,9030	
	100,31	99,62	10,9537	10,6693	
S	1,645	1,00	0,1796	0,1071	$0{,}0725 \cdot \frac{SO_3}{S} = 0{,}1811$

	S in der Asche %	S in 100 t Koks verbleib. %	Flüchtiger S %	Fl. S in % des Gesamtschwefels	Fl. S. in % des Gesamtschwefels
Schwefel in d. Asche bei 750°	1,2871	0,1448	0,8452	85,37	82.17
„ 850°	0,8364	0,0930	0,8970	90,61	
„ 900°	0,7704	0,0855	0,9045	91,36	
„ 950°	0,7535	0,0790	0,9110	92,02	90.69

Wagener schlug daher folgende Veraschungsmethode vor:

Die beiden von der Wasserbestimmung zurückbleibenden Viertel werden bis Walnußgröße weiter zerkleinert, gemischt, geviertelt usw., bis noch 1—1,5 kg von höchstens 10 mm Korngröße übrig bleiben, die zur Aschenbestimmung im Laboratorium dienen.

Diese Probe von 1—1,5 kg wird auf einer glatten Chromstahlplatte ausgebreitet und mit destilliertem Wasser schwach angefeuchtet, damit beim weiteren Zerkleinern eine Staubentwicklung vermieden wird. Nach weiterer vorsichtiger Zerkleinerung mit einem breiten Hammer wird die Probe geviertelt und zwei gegenüberliegende Segmente mit einer etwa 30 kg schweren Stahlwalze feingemahlen und sorgfältig gemischt. Von dieser Probemenge werden mittels eines kleinen Löffels von verschiedenen Stellen etwa 30 g Pulver entnommen, im Trockenschrank bei 120° mehrere Stunden getrocknet, dann in einem Porzellanmörser pulverisiert und das ganze Pulver durch ein Florseidensieb (34 Teilungen auf 1 cm Länge) getrieben. Das Sieb ist zur Verhütung von Verlusten durch Fortfliegen des aschenreicheren, äußerst feinen Staubes oben und unten mit abnehmbaren Deckeln versehen.

Nachdem das ganze Quantum durchs Sieb getrieben ist, füllt man das Kokspulver in eine Blechdose, mischt und verteilt das Pulver in drei Schachteln, wovon eine zur Schiedsanalyse beiseite gestellt wird. Zur Aschenbestimmung trocknet man etwa 3 g Kokspulver auf einem bedeckten Uhrglas etwa $^1/_2$ Stunde im Trockenschrank und wägt nach vorherigem Erkalten im Exsikkator zweimal je 1 g im Platinschälchen ein. Die Schälchen werden in die kalte Gasmuffel eingesetzt und auf 750° erhitzt. Zur Temperaturmessung dient ein in die Muffel eingeführtes Le Chateliersches Pyrometer. Die Koksproben verbleiben im Muffelofen bis keine Gewichtsabnahme mehr eintritt. Die Luftzuführung geschieht durch eine zwischen der Türe und der Muffelöffnung gelassene Spalte.

b) Elementaranalyse des Kokses[1].

Die Elementaranalyse beruht auf der Eigenschaft der organischen Körper, zu denen auch der Koks zählt, im O-Strom in der Weise vollständig zu verbrennen, daß der H in H_2O und der C in CO_2 übergeführt wird. H_2O und CO_2 können analytisch sehr leicht bestimmt werden. Eine direkte Bestimmung des vorhandenen O läßt sich aber nicht ermöglichen, man kann ihn nur erhalten, wenn man die Summe aller anderen Bestandteile von 100% abzieht.

Die beim Verbrennen im O-Strom zurückbleibende Asche enthält die unorganischen Bestandteile des Kokses, vom S jedoch nur einen Teil, der andere, der sogenannte schädliche S verflüchtigt sich.

Man wendet zwei Methoden der Verbrennung im O-Strom an: 1. über CuO, 2. über Pt-Blech als Kontaktsubstanz.

1. Kupferoxydmethode. Die Apparatur besteht aus folgenden Teilen:

a) eine Sauerstoffbombe, versehen mit einem Reduzierventil, welches ermöglicht, den Gasstrom ganz genau zu regulieren. Ein in der Schlauchverbindung angebrachter Schraubenquetschhahn kann die Regulierung noch vervollkommnen.

b) Eine Pt-Kapillare, die durch einen Brenner auf Rotglut erhitzt wird, zur Verbrennung von vielleicht im O enthaltenen kleinen Mengen H.

c) Ein de Konnincksches Kugelrohr beschickt mit konzentrierter H_2SO_4.

d) Ein U-Rohr mit P_2O_5.

e) Ein Verbrennungsrohr von annähernd 100 ccm Länge und 15 mm lichtem Durchmesser. Dasselbe enthält, von dem der O-Flasche entgegengesetzten Ende an, zuerst eine Cu-Spirale, dann eine 10 cm lange Schicht von $PbCrO_4$ oder nach Muck von erbsengroßen Bimssteinstückchen, welche mit gepulvertem $PbCrO_4$ geschüttelt worden sind. Es folgt eine annähernd 40 cm lange Schicht von grobkörnigem CuO, das durch eine Cu-Spirale festgehalten wird. Ein Raum bleibt leer zur Aufnahme

---

[1] Nach Vita u. Massenez: Chemische Untersuchungsmethoden für Eisenhütten mit Nebenbetrieben 1913, S. 118.

des Pt-Schiffchens mit dem zu verbrennenden Koks. Zuletzt kommt eine Cu-Spirale von annähernd 7 cm Länge.

Dieses Verbrennungsrohr befindet sich derart in einem Verbrennungsofen, daß seine Enden herausragen. Das Rohr kann durch eine größere Zahl Brenner nach Belieben teilweise oder ganz erhitzt werden. Bequemer und sauberer ist ein elektrischer Verbrennungsofen.

f) Ein U-Rohr, zur ersten Hälfte mit $CaCl_2$ und zur zweiten Hälfte mit P_2O_5 gefüllt, zur Aufnahme des gebildeten H_2O.

g) Ein U-Rohr mit Natronkalk.

h) Ein U-Rohr, zur Hälfte mit Natronkalk, zur Hälfte mit P_2O_5 gefüllt, g und h dienen zur Aufnahme der CO_2, das P_2O_5 in h für etwa vom Gasstrom aus dem Natronkalk mitgenommene Feuchtigkeit.

i) Eine Waschflasche mit konzentrierter H_2SO_4.

k) Ein Waschfläschchen mit Palladiumchlorür, um festzustellen, ob die Verbrennung auch vollständig ist, da etwa auftretendes CO eine Schwärzung hervorrufen würde.

l) Eine Wasserstrahlpumpe oder eine Aspiratorflasche.

Vor Beginn des Versuches werden die Apparateteile c, d, e, i und l durch dickwandige Gummischläuche oder einfach durchbohrte Gummistopfen miteinander verbunden. Das Verbrennungsrohr wird zur vollständigen Trocknung erhitzt und ein schwacher Luftstrom auch während des darauffolgenden Erkaltens hindurchgesaugt.

Es ist ganz besonders darauf zu achten, daß vor und hinter dem Verbrennungsrohr dieselben Reagenzien zur Absorption des Wassers verwendet werden.

Die Substanzen, welche am häufigsten zum Trocknen von Gasen angewandt werden, sind:

1. Chlorcalcium,	4. Kaliumhydroxyd,
2. Calciumoxyd,	5. konzentrierte Schwefelsäure,
3. Natronkalk,	6. Phosphorpentoxyd.

Die Analyse selbst wird wie folgt ausgeführt:

Man wägt die Teile f, g und h und setzt das Schiffchen mit der Koksprobe von 0,3 g in das Verbrennungsrohr ein, dies muß zur Vermeidung von Feuchtigkeitsaufnahme möglichst schnell erfolgen. Das Schiffchen muß vor dem Einwägen ausgeglüht und erkaltet sein. Dann verbindet man alle Teile des Apparates miteinander und prüft durch Saugen den Apparat auf Dichte.

Jetzt beginnt man mit dem Durchleiten eines schwachen Stromes von O, erhitzt zuerst das CuO und dann das $PbCrO_4$. Sobald das CuO Rotglut erreicht hat, beginnt man vorsichtig mit dem Erhitzen des Kokses von der CuO-Seite an, schreitet langsam weiter und erhitzt, bis der Koks vollständig verbrannt und die zurückbleibende Asche gleichmäßig braun gefärbt ist. Sodann unterbricht man den O-Strom und saugt bis zum Erkalten Luft hindurch. Die vorher gewogenen Teile werden nach einer Stunde wieder gewogen.

Ist eine größere Reihe von Verbrennungen durchzuführen, so wägt man, um Zeit zu ersparen, in Sauerstoffatmosphäre. Es empfiehlt sich, dann mit zwei Garnituren von $CaCl_2$ und Natronkalkröhrchen zu arbeiten. Wenn eine Bestimmung beendet ist, nimmt man das Schiffchen mit der Asche heraus und beginnt gleich mit der nächsten Verbrennung.

Aus den erhaltenen Gewichtszahlen für H_2O und CO_2 läßt sich leicht der H und C berechnen.

Den O bekommt man aus der Differenz von 100 — (H + C + Asche + flüchtigen S + N).

2. Methode nach M. Dennstedt[1]. Dieses Verfahren gründet sich auf das Prinzip, die Verbrennung im O-Strom durch Pt als Kontaktsubstanz zu bewirken. Zu seiner Ausführung kann dieselbe Apparatur dienen wie bei dem früheren, nur nimmt man statt CuO Pt-Blech von etwa $^1/_{10}$ mm Stärke und 10 cm Länge, das zu einem sechsseitigen Stern zusammengeschweißt ist und den Namen „Kontaktstern" führt (Abb. 61). Die Verbrennung geschieht nach Dennstedt hauptsächlich an den vorderen, der Substanz zugewendeten scharf geschnittenen Kanten. Um nun auf der ganzen Länge mehrere solche Kanten zu haben, die dem O-Strom entgegenstehen, werden die Blechstreifen senkrecht zur Längsrichtung an mehreren Stellen eingeschnitten und beiseite gebogen (Abb. 62).

Abb. 61. „Kontaktstern" nach Dennstedt.

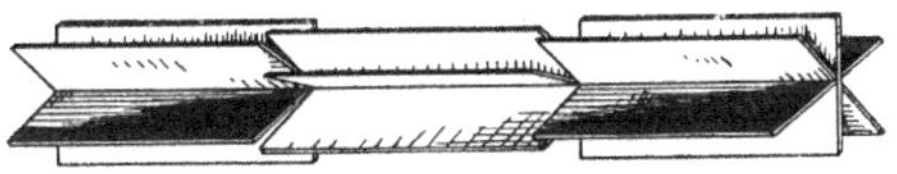

Abb. 62. „Kontaktstern" nach Dennstedt, mit Einschnitten.

Dieser Kontaktstern liegt fast in der Mitte des Verbrennungsrohres, etwas näher gegen das hintere Ende, wo sich das Schiffchen zur Aufnahme der Probe befindet. Vor dem Kontaktstern befinden sich zwei 14 cm lange Porzellanschiffchen mit Henkel, deren Rundung sich möglichst an die des Verbrennungsrohres anschmiegt. In diesen Schiffchen befindet sich zur Aufnahme des SO_2 und NO_2 mennigehaltiges Bleisuperoxyd, das ganz frei von organischen Bestandteilen sein muß. Die Schiffchen müssen mindestens 5 cm vom Kontaktstern entfernt sein, da dieser nicht mit dem Bleisuperoxyd in Berührung kommen darf.

Der Anfang des Verbrennungsrohres ist wie bei der ersten Methode mit den Absorptionsapparaten und der Wasserstrahlpumpe oder einem Doppelaspirator verbunden.

[1] Anleitung zur vereinfachten Elementaranalyse von M. Dennstedt. 3. Aufl. Hamburg 1910.

Zur Durchführung der Verbrennung reichen folgende Brenner aus: für die Erhitzung des Bleisuperoxyds ein Bunsenbrenner, welcher in ein horizontales Rohr mit 10 kleinen Öffnungen endet, ferner ein Teclubrenner mit einem Spaltaufsatz für die Erhitzung des Kontaktsternes und ein Brenner für die Erhitzung der Substanz.

Die Verbrennung geschieht in nachstehender Weise: Nachdem jede Spur von Feuchtigkeit aus dem Verbrennungsrohr entfernt worden ist, wird die Probe eingesetzt und der Apparat auf Dichte geprüft. Alsdann beginnt man mit dem Einleiten des O. Man erhitzt zuerst das Bleisuperoxyd auf eine Temperatur von etwa 320°. Dann bringt man den Kontaktstern zu heftigem Glühen. Sobald das eingetreten ist, beginnt man mit der Verbrennung des Kokses. Ist die Asche des Kokses vollständig durchgebrannt, so werden die Flammen kleiner gemacht und zum Schlusse abgedreht, Luft durchgeleitet, die Absorptionsgefäße abgenommen und gewogen. Um schneller zu verbrennen, führte Dennstedt eine doppelte O-Zufuhr ein. In dem Verbrennungsrohre liegt ein engeres, an einem Ende verjüngtes, ein sogenanntes Lanzettrohr: in dieses wird das Schiffchen mit der Probe eingeführt, wie dies aus der Zeichnung zu ersehen ist (Abb. 63).

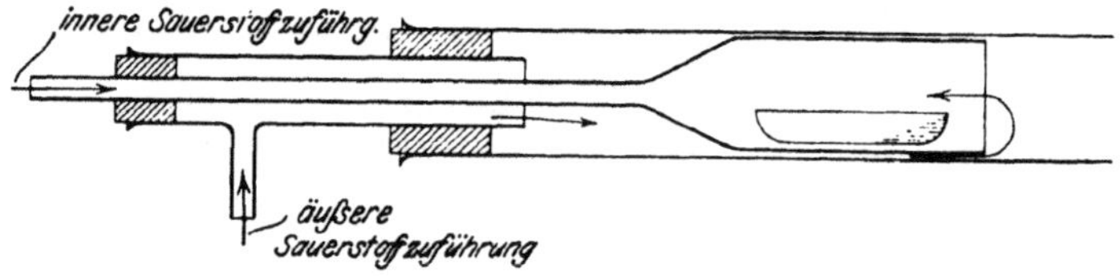

Abb. 63. Verbrennungsrohr nach Dennstedt.

Man hat also eine doppelte Zuführung von O, erstens durch das dünne Rohr direkt zu der zu verbrennenden Substanz und zweitens auch noch zu den Verbrennungsprodukten, so daß man auf diese Weise einen größeren Überschuß von O anwenden kann, ohne daß die Verbrennung selbst zu stürmisch verläuft.

Auch bei dem Dennstedtschen Verfahren können zur Beschleunigung der Analysen die $CaCl_2$- und Natronkalkröhrchen in einer Sauerstoffatmosphäre gewogen werden.

Sehr empfehlenswert sind zur Verbrennung nach Dennstedt die elektrischen Öfen. Der Ofen besteht aus drei Teilen: von diesen dient der erste zum Erhitzen der Substanz, die zweite erwärmt den Kontaktstern auf 700° und der dritte das Bleisuperoxyd auf 300°.

Bestimmung des Gesamtschwefels nach Eschka. Durch sorgfältiges Mischen von zwei Teilen feingepulvertem Magnesiumoxyd und einem Teil wasserfreiem Natriumcarbonat erhält man die Eschkamischung.

Da sowohl die Magnesia wie das Natriumcarbonat gewöhnlich Spuren von Schwefel enthalten, ist es erforderlich, daß man durch einen blinden

Versuch mit etwa 20 g Eschkamischung bestimmt, wieviel Gramm Bariumsulfat für je 1 g Mischung von dem bei jeder Bestimmung gefundenen Sulfat abzuziehen sind. Man vermerkt das vorteilhaft auf einem Zettel an der Flasche für das Gemisch, z. B. 1 g = 0,0018 $BaSO_4$.

1 g feingepulverter Koks wird in einem Platintiegel mit 2 g Eschkamischung innig vermengt und die Mischung mit 0,5 g Eschkamischung völlig bedeckt. Der Tiegel wird ohne Deckel dann 2—3 Stunden in einer Muffel, am besten einer elektrischen, bei Rotglut geglüht. Das Gemisch soll nicht schmelzen, sondern nur sintern, andernfalls geht Kieselsäure aus der Koksasche in Lösung, die erst mit großem Zeitverlust abgeschieden werden muß.

Zu beachten ist, daß in der Muffel gleichzeitig keine Veraschungen vorgenommen werden, weil das Gemisch begierig SO_2 anzieht. Bei Verwendung einer Gasmuffel ist es sehr wichtig, daß das verwendete Gas schwefelfrei ist, eine Bedingung, die namentlich bei Verwendung von Koksofengas auf Kokereien oft nicht erfüllt ist. Auch das Kochen der alkalischen Lösung mit schwefelhaltigem Gas auf dem Drahtnetz führt zu Irrtümern. Wenn kein schwefelfreies Gas zu erhalten ist, muß auf einem Spiritus- oder Benzingebläse geglüht werden.

Ob die Aufschließung vollständig ist, erkennt man daran, daß beim Umrühren des erkalteten Reaktionsgemisches im Tiegel mit einem Platinspatel keine grauen, unverbrannten Körnchen mehr vorhanden sind. Der Tiegelinhalt hat dann eine gelbliche bis gelbbraune Färbung angenommen. Man gibt nun den Tiegelinhalt in ein Becherglas, wäscht den Tiegel gut aus, füllt auf etwa 150 ccm mit Wasser auf und setzt 10 ccm 2—3%ige Wasserstoffsuperoxydlösung hinzu. Nun erhitzt man etwa 10 Minuten zum Sieden auf dem Drahtnetz.

Die Verwendung von Wasserstoffsuperoxyd zur Oxydation bei der Schwefelbestimmung wurde von O. Brunck[1] vorgeschlagen. Das Laboratorium bleibt frei von den übelriechenden und schädlichen Bromdämpfen, und die Flüssigkeit zeigt keinerlei Neigung zum Stoßen, weil die entwickelten Sauerstoffblasen den Niederschlag kräftig umherwirbeln. Die eintretende Schaumbildung wird höchstens 2 cm hoch. Vor allem wird gegenüber der Verwendung von Bromwasser viel Zeit gespart, weil das langwierige Fortkochen entfällt.

Man filtriert den Niederschlag ab und wäscht ihn gut aus. Das Filtrat säuert man mit Salzsäure an und fällt aus der siedenden Lösung die Schwefelsäure mit 10 ccm einer heißen 10%igen Chlorbariumlösung, die in einem Gusse zugesetzt werden müssen, weil der Niederschlag bei langsamer Fällung Alkalisalz einschließt. Die Flüssigkeit mit dem Niederschlage wird auf dem Wasserbade digeriert, bis sich der Niederschlag

[1] Z. angew. Chem. 1905, S. 1560.

klar abgesetzt hat, was beim Fällen aus heißer Lösung schnell vor sich geht. Der Niederschlag wird abfiltriert, mit heißem Wasser ausgewaschen und verascht.

Ausrechnungsbeispiel:

Angewendet	1,0000 g Koks	
Gefunden	0,0936 g $BaSO_4$	
	— 0,0045 g $BaSO_4$	als Korrektur für 2,5 g Eschka-Mischung,
	0,0891 g	von der 1,0 g 0,0018 $BaSO_4$ ergibt (siehe oben).

$$\frac{0{,}0891 \cdot 100 \cdot 0{,}1374}{1{,}0000} = 1{,}224\% \text{ S.}$$

Ist das Filtrat nach der Oxydation rötlich gefärbt, so deutet das auf Mangan in der Asche.

Bestimmung des Gesamtschwefels nach H. ter Meulen[1]. Um bei der Schwefelbestimmung nach Eschka auch den, mit sich entwickelnden Dämpfen, entweichenden Schwefel sicher zu erfassen, schlägt ter Meulen folgende Modifikation des Eschkaverfahrens vor.

In einem 2 cm weiten Quarzrohr befindet sich ein Porzellanschiffchen, das 0,5 g der Koksprobe enthält, gut gemischt mit 0,75 g Eschkamischung. Der verengerte Teil des Quarzrohres ist mit einem verdünnte Kalilauge enthaltenden Absorptionsgefäß verbunden. Ein im engeren Teil des Quarzrohres befindlicher Asbestpfropfen wird zum Glühen erhitzt. In die weite Quarzröhre leitet man Luft, die durch Kalilauge von schwefelhaltigen Gasen befreit ist. Das Schiffchen wird langsam erhitzt, so daß die Verbrennung nach 1 Stunde beendet ist. Im Rückstand und im Inhalt des Absorptionsgefäßes wird der Schwefel als $BaSO_4$ bestimmt. Diese Bestimmungsart empfiehlt sich besonders für Kohlen oder Koks mit hohem Schwefelgehalt.

Für die Bestimmung von Schwefel im Koks ist noch eine Reihe von Methoden, die eine Modifikation derjenigen von Eschka sind, vorgeschlagen worden, dieselben sind aber wenig im Gebrauch, weshalb nur darauf hingewiesen sei[2].

Bestimmung des Gesamtschwefels im Koks nach Holliger. Holliger[3] schließt auf und oxydiert nach Eschka, bestimmt aber den Gesamtschwefel titrimetrisch.

Bei dieser Methode, die zuerst von Andrews[4] angegeben wurde, wird die Schwefelsäure statt mit Bariumchlorid, mit Bariumchromat gefällt, wobei eine mit Bariumsulfat äquivalente Menge Alkalichromat gelöst bleibt. Das überschüssige Fällungsmittel kann durch Neutralisieren der Lösung ebenfalls gefällt werden. Alsdann kann man das der

[1] Chem. Weekbl., Bd 24, S. 205; C. Bd 2, S. 297 (1927).
[2] Vgl. z. B. Methoden von Brunck, Warnnis, Sauer u. Dennstedt, Kokschemie, 2. Aufl., S. 251 u. 252.
[3] Stahl und Eisen 1910, S. 1376.
[4] Amer. Chem. Journ., Bd 2, S. 567; vgl. Z. analyt. Chem. 1890, S. 684.

Schwefelsäure äquivalente, in der Lösung verbleibende Alkalichromat nach erfolgter Trennung vom Bariumsulfat und Bariumchromat im Filtrat jodometrisch bestimmen. Bei der Schwefelbestimmung in Kohlen und Koks wurde diese Methode zuerst von Pennock und Morton[1] angewendet. Die ursprüngliche Arbeitsweise liefert aber unrichtige Werte und Holliger ist nach eingehender Prüfung dieser Methode zum nachfolgenden Verfahren gelangt. Die dazu erforderlichen Lösungen sind die folgenden:

1. Bariumchromatlösung, 19,44 g neutrales Kaliumchromat und 24,44 g Bariumchlorid werden in je 400—500 ccm siedendem Wasser gelöst und die Lösungen vereinigt. Das ausfallende hellgelbe Bariumchromat wird einige Male mit heißem Wasser gewaschen. Nach dem dritten Auswaschen werden 100 ccm Waschwasser filtriert, abgekühlt, mit 20 ccm konzentrierter Salzsäure und 20 ccm 10%iger Jodkaliumlösung versetzt und nach einer halben Stunde mit $^1/_{10}$ n-Natriumthiosulfatlösung unter Anwendung von Stärke als Indikator titriert. Werden nicht mehr als 0,16 ccm Thiosulfatlösung verbraucht, so ist das Chromat genügend rein; im anderen Falle muß es nochmals gewaschen werden. Das gereinigte Bariumchromat braucht nicht filtriert zu werden, sondern man verdünnt auf 500 ccm und gibt die Emulsion in eine Stöpselflasche. Zum Abmessen der zum Fällen notwendigen Menge benutzt man eine kleine Pipette von 5 ccm Inhalt mit weiter Ausflußöffnung.

2. $^1/_{10}$ n-Thiosulfatlösung: Man löst 125 g krystallisiertes Natriumthiosulfat in 5 l destilliertem Wasser und läßt die Lösung mindestens 3 Wochen lang stehen, bevor man den Titer stellt[2]. Die Titerstellung geschieht nach Volhard[3] in folgender Weise: Man stellt durch Abwägen von 4,9083 g Kaliumbichromat eine $^1/_{10}$ Normallösung dar. Von dieser Lösung werden 20 ccm in einen Erlenmeyerkolben mit eingeschliffenem Stopfen abpipettiert, mit 20 ccm konz. Salzsäure und 20 ccm 10%iger Jodkaliumlösung versetzt, mit destilliertem Wasser auf 400 bis 500 ccm verdünnt und der Kolben darauf verschlossen. Nach halbstündigem Stehen im Dunkeln wird mit der Thiosulfatlösung bis zur schwachen Gelbfärbung titriert, hierauf mit einigen Tropfen Stärkelösung versetzt und zu Ende titriert, bis die Blaufärbung in eine schwach hellgrüne Farbe umschlägt. Parallelversuche sollen bis auf einige Hundertstel Kubikzentimeter stimmen. Der Faktor der Lösung wird am besten unmittelbar auf Gramm Schwefel berechnet:

Wenn *a* die angewandten Kubikzentimeter der $^1/_{10}$ n-Kaliumdichromatlösung und *b* die bei der Titration verbrauchten Kubikzentimeter

[1] J. amer. Chem. Society, Bd 25, S. 1263. [2] Z. analyt. Chem. 1910, S. 88.
[3] Treadwell: Lehrbuch der analytischen Chemie, 4. Aufl., 2. Teil, S. 450.

Thiosulfatlösung sind, so berechnet sich der Faktor der Thiosulfatlösung F = und der Faktor auf Gramm Schwefel F. = ·

$$F = \frac{a}{b} \text{ und der Faktor auf Gramm Schwefel } F_s = \frac{S}{30} \cdot \frac{a}{b}.$$

3. $^1/_{10}$ n-Jodlösung: Da es vorkommen kann, daß man übertitriert, so hält man noch eine $^1/_{10}$ n-Jodlösung vorrätig, die durch Lösen von 20—25 g Jodkalium und 12,7 g käuflichem Jod in 1 l destilliertem Wasser hergestellt werden kann. Die Lösung wird auf die $^1/_{10}$ n-Thiosulfatlösung eingestellt.

Die Bestimmung wird in folgender Weise ausgeführt: Die neutrale von Brom befreite Lösung wird mit 1 ccm konz. Salzsäure versetzt und zum Sieden erhitzt. Nun setzt man 10 ccm der vorher umgeschüttelten Bariumchromataufschlämmung zu und kocht einige Minuten. Hierauf setzt man ungefähr drei Tropfen einer annähernd normalen Eisenchloridlösung hinzu[1], versetzt mit Ammoniak, bis die Lösung deutlich danach riecht, und kocht den Überschuß des Ammoniaks weg. Den Niederschlag läßt man rasch absetzen und filtriert durch ein Filter in einen etwa 800 ccm fassenden Erlenmeyerkolben mit eingeschliffenem Stopfen. Der auf dem Filter befindliche Niederschlag wird dreimal mit heißem Wasser gewaschen, wobei die Gesamtmenge des Wassers nicht mehr als 100 ccm betragen soll. Das Filtrat wird rasch in fließendem Wasser gekühlt, mit 20 ccm konz. Salzsäure und 20 ccm 10%iger Jodkaliumlösung versetzt, dann auf 400—500 ccm mit destilliertem Wasser verdünnt und der Kolben verschlossen. Nach einer halben Stunde titriert man mit $^1/_{10}$ n-Thiosulfatlösung unter Anwendung von Stärke als Indikator. Hat man übertitriert, so setzt man eine gemessene Menge $^1/_{10}$ n-Jodlösung hinzu, bis wieder Blaufärbung eintritt, titriert nun mit Thiosulfatlösung sorgfältig zu Ende und zieht die zugesetzten Kubikzentimeter Jodlösung von den verbrauchten Kubikzentimeter Thiosulfatlösung ab, so beträgt der Schwefelgehalt

$$\frac{b \cdot F_s \cdot 100\%}{a}$$

Bestimmung von Sulfid-, Sulfat- und organischem Schwefel im Koks[2]. 5 g feingepulverter, trockener Koks werden nach dem Passieren eines Siebes mit 100 Maschen auf einen Zoll in einem Kolben, wie er zur Bestimmung des Schwefels im Stahl verwendet wird, mit 100 ccm Salzsäure von 10% Gehalt (d = 1,05) eine Stunde lang in gelindem Sieden erhalten. Dabei wird ein langsamer Kohlendioxydstrom durch den Apparat geleitet, welcher den frei gewordenen Schwefelwasserstoff durch vorgelegte Kadmiumacetatlösung leitet.

[1] Dies bewirkt, daß bei der Ausfällung des Bariumchromates dasselbe gut filtriert werden kann.
[2] Simmersbach, O.: Stahl und Eisen 1913, S. 2027.

Nach einer Stunde ist aller Schwefelwasserstoff in Kadmiumsulfid übergeführt und alles Sulfat gelöst. Die Kadmiumlösung wird zuerst mit 40,0 ccm $^1/_{100}$ n-Jodlösung, dann mit einigen Kubikzentimetern konz. Salzsäure versetzt und mit $^1/_{100}$ n-Thiosulfat und Stärke zurücktitriert.

$$\frac{\text{ccm verbrauchte } ^1/_{100} \text{ n-Jodlösung} \cdot 100 \cdot 0{,}00032}{5{,}0 \text{ (angew. Koks)}} = \text{Sulfidschwefel.}$$

Die salzsaure Lösung wird durch ein Filter in ein 0,5-l-Becherglas dekantiert, das Kokspulver im Kolben fünfmal mit je 50 ccm Wasser und 10 ccm 10%iger Salzsäure aufgekocht und die Lösung nach dem Absetzen ebenfalls durch das Filter gegeben. Der Koks auf dem Filter wird mit heißem Wasser ausgewaschen und die gesamten Filtrate auf dem Wasserbade etwas eingedampft. Die Lösung wird dann mit Ammoniak abgestumpft, bis eben ein bleibender Niederschlag entsteht, und der Niederschlag mit 20 ccm 10%iger Salzsäure gelöst. Dann wird in der siedenden Lösung mit siedender Chlorbariumlösung gefällt und auf dem Wasserbade digeriert. Der Bariumsulfatniederschlag wird abfiltriert und gewogen.

$$\frac{\text{Gef. } BaSO_4 \cdot 0{,}1374 \cdot 100}{5{,}0 \text{ (angew. Koks)}} = \% \text{ Sulfatschwefel.}$$

Im Filtrat kann noch der Phosphor nachgewiesen werden.

Wenn nun noch der Gesamtschwefel nach Eschka bestimmt wird, ergibt sich der Gehalt an organischem Schwefel aus der Differenz: Ges. S-(Sulfid — S + Sulfat — S) = % Org.-S.

Wenn man vom Gesamtschwefelgehalt den Schwefelgehalt der Asche abzieht, so erhält man den Gehalt an flüchtigem Schwefel, der bei der Verwendung des Kokses als Feuerungsmaterial, z. B. unter Kesseln, eine besondere Rolle spielt.

Direkte Bestimmung des flüchtigen oder verbrennlichen Schwefels nach Hempel[1]. In einer mit Sauerstoff gefüllten 7 l Flasche, die mit einem Gummistopfen verschlossen wird, durch den ein Kupferdraht und ein Tropftrichter geführt sind, verbrennt man etwa 1 g des zu untersuchenden Kokses in einem an dem Kupferdraht befestigten Platinschälchen. Die Entzündung erfolgt durch einen Zwirnfaden; während der Verbrennung bedeckt man die Flasche mit einem Drahtkorb. Nach beendeter Verbrennung werden durch den Tropftrichter etwa 20—30 ccm 10%ige, frische Natriumsuperoxydlösung gegeben und umgeschüttelt. Nach ungefähr einer Stunde wird die Lösung in ein Becherglas gespült, mit Salzsäure angesäuert, filtriert und wie üblich mit Chlorbarium gefällt.

[1] Gasanalytische Methoden, 4. Aufl., S. 390. Braunschweig 1913. Vgl. auch Laboratoriumsbuch von K. Keller, S. 7. Halle/S. 1923.

Bestimmung des Schwefels durch Verbrennen des Kokses in der Calorimeterbombe nach Langbein[1]. Im Anschluß an die Bestimmung des Heizwertes in der Calorimeterbombe (siehe diese) oder auch allein, durch die Verbrennung des Koksschwefels in der Calorimeterbombe zu Schwefelsäure, kann nach Langbein der „verbrennliche" Schwefel bestimmt werden. Zu diesem Zweck wird die in der Bombe entstandene verdünnte Schwefelsäure mit destilliertem Wasser herausgespült, wenn nötig filtriert, alsdann mit Salzsäure angesäuert und mit Bariumchlorid gefällt.

Eine Gegenüberstellung der drei am meisten angewandten Verfahren zur Bestimmung von Schwefel in Kohle und Koks geben W. A. Selvig und A. C. Fieldner[2], worauf aufmerksam gemacht sei.

Eine Schnellbestimmung des Schwefels in der Kohle auf aluminothermischem Wege geben H. Bahr und W. von der Heide[3] an, da dieselbe jedoch noch nicht für Koks nachgeprüft ist, soll derselben hier nur Erwähnung getan werden.

Bestimmung des Phosphors[2] 1. O. Simmersbach[4]. Etwa 5 g Koks werden vorsichtig verascht und die Asche mit der vierfachen Gewichtsmenge Alkaligemisch aufgeschlossen. Die Schmelze wird oxydierend gelöst, die Kieselsäure durch mehrmaliges Abrauchen mit konz. HCl abgeschieden und abfiltriert. Die Lösung wird mit Ammoniak im Überschuß versetzt, wobei Eisen und Tonerde ausfallen und wieder mit HNO_3 stark salpetersauer gemacht, wobei sich die entstandenen Niederschläge wieder auflösen. Die Lösung wird mit 40 ccm Molybdänlösung versetzt und nach dem Absetzen der gelbe Niederschlag abfiltriert. Der Niederschlag kann nun als solcher gewogen werden oder in Ammoniak gelöst, mit Magnesiagemisch gefällt und als Phyrophosphat zur Wägung gelangen oder aber am bequemsten mit $^1/_{10}$ n-KOH titriert werden.

Hierzu muß der Niederschlag sorgfältig mit einer kalten Lösung, welche 5 g Kalisalpeter im Liter enthält, ausgewaschen werden. Man wäscht auch die Außenseite, indem man einen Flüssigkeitsstrahl aus der Spritzflasche zwischen Filter und Glaswand hindurchlenkt. Das Waschen ist beendigt, wenn eine ganze Filterfüllung mit Phenolphthalein und 1 Tropfen $^1/_{10}$ n-KOH Rotfärbung gibt.

Man wirft das Filter in das Fällungsbecherglas, setzt einen Tropfen Phenolphthaleinlösung hinzu und läßt aus der Bürette $^1/_{10}$ n KOH- oder NaOH-Lösung bis zur bleibenden Rotfärbung hinzufließen. An den Wänden des Glases haftenden Molybdänniederschlag löst man durch

---

[1] Brunck: Z. angew. Chem. 1900, S. 1260.
[2] Ind. Eng. Chem., Juni 1927; ferner Fuel 1928, S. 83.
[3] Z. angew. Chem. 1924, S. 848; Brennstoffchemie 1924, S. 515, und 1926, S. 313.
[4] Kokschemie, 2. Aufl., S. 256.

Benetzen mit der Alkalilösung. Wenn sich alles gelöst hat, setzt man etwas Wasser hinzu und titriert mit $^1/_{10}$ n HNO_3 oder -H_2SO_4 bis zum Verschwinden der Rotfärbung zurück. Es tritt dabei ein violetter Schein bei Annäherung an den Umschlag auf, der mit 1 oder 2 Tropfen $^1/_{10}$ n-Säure verschwindet. Dieser Umschlag ist sehr deutlich. 1 ccm $^1/_{10}$ n KOH = 0,00013435 g P = 0,000377 g P_2O_5.

2. Lychenheim[1] hat durch Vergleichen verschiedener Methoden nachgewiesen, daß bei einer Aufschließung mit Alkali die Kieselsäure unbedingt abgeschieden werden muß, er verfährt nach folgender Vorschrift:

Die Asche von 5 g Koks wird in einer Kasserole mit 40 ccm konz. Salzsäure übergossen, auf 10 ccm eingedampft, mit 40 ccm Salpetersäure (d = 1,42) versetzt und bis auf 20 ccm eingedampft. Die Salpetersäure hat Neigung zum Stoßen; es muß daher sorgfältig gerührt werden. Die Lösung wird verdünnt, filtriert, mit NH_3 neutralisiert, mit Salpetersäure angesäuert und mit Molybdänlösung gefällt. Behandlung des Niederschlages wie bei 1.

3. Nach G. L. Norris[2] wird die Asche von 5 g Koks in einer Platinschale mit 25 ccm konz. Salzsäure und 5 ccm Flußsäure unter Erwärmen gelöst. Die Lösung wird mit Salpetersäure abgeraucht, mit verdünnter Salpetersäure aufgenommen, verdünnt, filtriert, mit Ammoniak neutralisiert und aus salpetersaurer Lösung mit Molybdän gefällt. Als Indikator für die Neutralisation setzt man zweckmäßig etwas phosphorfreies Eisenchlorid zu.

4. Auch ohne Veraschen kann man nach O. Simmersbach[3] aus dem Koks die Phosphorverbindungen mit Salzsäure quantitativ herauslösen.

5 g feingepulverter Koks werden mit 100 ccm 10%iger Salzsäure (d = 1,05) eine Stunde in gelindem Sieden erhalten. Die salzsaure Lösung wird durch ein Filter in ein Becherglas dekantiert, das Kokspulver fünfmal mit je 50 ccm Wasser und 10 ccm 10%iger Salzsäure aufgekocht und die Lösungen nach dem Absitzen ebenfalls durch das Filter gegeben. Der Koks wird dann auf das Filter gebracht und mit heißem Wasser ausgewaschen. Das gesamte Filtrat wird eingedampft, mit Salpetersäure abgeraucht, mit verdünnter Salpetersäure aufgenommen und nötigenfalls filtriert, dann mit Ammoniak neutralisiert und mit Salpetersäure angesäuert. In der salpetersauren Lösung wird mit Molybdän gefällt und der Niederschlag nach 1 behandelt.

Bestimmung des Gesamtstickstoffs im Koks. Der Stickstoff im Koks wird nach dem Kjeldahl-Verfahren durch Aufschließen mit konz.

[1] Trans. amer. Int. Min. Eng. 1895, S. 66.
[2] Trans. amer. Inst. Min. Eng. 1895, S. 862.
[3] Stahl und Eisen 1913, S. 2027.

Schwefelsäure, Abdestillieren des gebildeten Ammoniaks und Titration mit $1/_{10}$ n-Säure festgestellt. Man findet gewöhnlich als Oxydationsmittel Quecksilber oder Quecksilberoxyd angegeben, das eine umständliche Ausfällung mit Kaliumsulfid und dadurch eine erhebliche Fehlerquelle hineinbringt. Zur Beschleunigung der Oxydation wird meist ein Zusatz von Kaliumpermanganat empfohlen; dadurch entsteht aber mit dem Quecksilbersulfid bei der Destillation die Neigung zu Siedeverzügen und damit die Möglichkeit von Ammoniakverlusten. Kohle wird nach dieser Methode in 4—5 Stunden aufgeschlossen, bei Koks dauert die Aufschließung ebensoviel Tage.

Knublauch[1] verwendet kleine Kölbchen von besonderer Form und verhältnismäßig wenig Schwefelsäure. Als Oxydationsmittel nimmt er Kupferoxyd, das bei ungefähr gleicher Aufschließungsdauer wie Quecksilberoxyd das unangenehme Arbeiten mit dem leichtverderblichen Kaliumsulfid umgeht. Zur Beschleunigung der Oxydation setzt er gepulvertes $KClO_3$ zu, was den Vorteil hat, daß beim Übersättigen mit Alkali kein die Destillation störender Niederschlag entsteht wie bei $KMnO_4$.

Er führt für Koks folgende Vorschrift an:

0,7—1,0 g Koks, fein zerrieben, werden durch 10—12 ccm H_2SO_4 und 0,05 g CuO sicher zersetzt. Gegen Ende der Zersetzung gibt man zweckmäßig 0,2—0,3 g $KClO_3$ in kleinen Portionen zu.

Um festsitzende Ansätze an den Wandungen des Kölbchens zu vermeiden oder zu beseitigen, erhitzt er zunächst sehr gelinde 15 Minuten und darauf noch 10 Minuten stärker.

Gegen Ende, wenn die Säure gelbbraun gefärbt ist, was einige Stunden dauern kann, setzt er das $KClO_3$ zu und erhitzt noch $^1/_4$ Stunde.

Man verteilt die Säure durch Neigen an den Wandungen und setzt 100 ccm Wasser und ein Stückchen granuliertes Zink zu.

Dann neutralisiert man mit 17—20 ccm NaOH mit 330 g in 1 l und destilliert $^2/_5$ der Flüssigkeit in vorgelegte $^1/_{10}$ n Säure ab. Von Knublauch angegebene Analysenwerte zeigen sehr gute Übereinstimmung. Eine andere Modifikation der Kjeldahl-Methode benutzt zur Beförderung der Aufschließung Kaliumsulfat[2]. Dieses beschleunigt die Reaktion zunächst dadurch, daß es Wasser anzieht und eher SO_3 als das Wasser abgibt und so die Aufschließungssäure immer höchst konzentriert hält; dann erhöht es die Reaktionstemperatur, indem es den Siedepunkt des Gemisches erhöht. Diese guten Eigenschaften des Kaliumsulfates treten zurück, wenn man das Entweichen des Wasserdampfes verhindert.

[1] Gas- u. Wasserfach 1912, S. 864; Z. anorg. Chem. 1913, S. 425.
[2] Z. f. analyt. Chem. 1889, S. 188.

Am zweckmäßigsten verfährt man nach O. Simmersbach[1] folgendermaßen:

1—1,5 g möglichst fein gepulverter Koks, der durch ein Sieb mit 100 Maschen auf den Zoll geht, wird in einen Erlenmeyer von 750 ccm Inhalt eingewogen und mit 75 ccm konz. Schwefelsäure übergossen. Der Erlenmeyer wird auf dem Drahtnetz mit voller Flamme 30 Minuten lang erhitzt, so daß ein Teil der Schwefelsäure mit dem Wasser entweichen kann. Dann setzt man 20 g getrocknetes Kaliumsulfat zu und erhitzt weiter, bis die Lösung gleichmäßig grau gefärbt ist. Man gibt nun in kleinen Portionen 1 g Kaliumchlorat hinzu und erhitzt, bis die Lösung grünlichgelb geworden ist. Wenn man jetzt die Lösung abkühlen läßt, wird sie farblos und ist nur durch ausgeschiedene Kieselsäure und Gips aus der Koksasche getrübt. Die Lösung hat etwa Sirupkonsistenz, darf aber nicht erstarren; in diesem Falle ist zuviel Säure verdampft und die Temperatur zu hoch gewesen, so daß Ammoniakverluste entstehen konnten.

Die zur Neutralisation erforderliche Kalilauge wird durch einen Tropftrichter in den Destillierkolben zu der vorher verdünnten Säure eingelassen, nachdem der Apparat völlig zusammengesetzt und auch schon 25,0 ccm $^1/_{10}$ n Säure vorgelegt ist. Man benutzt dabei das Auftreten des flockigen Niederschlages von Hydroxyden des Eisens und Aluminiums der Koksasche als Indikator für die Alkalität. Als Vorlage ist ein Zehnkugelrohr oder ein gleichwertiges Absorptionsgefäß erforderlich; eine einfache Tauchung genügt nicht. Durch lokale Alkalität wird aus der heißen Lösung immer etwas Ammoniak frei, das von den Gasen und Dämpfen bei einfacher Tauchung durchgerissen wird; außerdem hat man bei einem Zehnkugelrohr den Vorteil, daß ein Zurücksteigen unmöglich ist.

Die Aufschließung dauert höchstens $4^1/_2$ Stunden und die Übereinstimmung ist gut. Die Differenzen bleiben bei Beobachtung aller Vorsichtsmaßregeln unter 0,01% N_2. Ein blinder Versuch für Säure, Kaliumsulfat und Lauge ist erforderlich.

Beispiel: Angewendet 1,6348 g Koks, Verbrauch 9,9 ccm $^1/_{10}$ n-Säure, Korrektur für $K_2SO_4 + H_2SO_4$ — 0,3, Korrektur für 200 ccm KOH — 0,4 = 9,2 ccm $^1/_{10}$ n-Säure.

$$\frac{9,2 \cdot 0,001401 \cdot 100}{1,6348} = 0,788\%\ N_2.$$

E. Terres und Mitarbeiter[2] haben nachgewiesen, daß die Stickstoffgehalte nach der Kjeldahl-Methode stets zu niedrig ausfallen und daß die Methode nach Dumas[3] mit Nachverbrennung im Sauerstoff-

[1] Stahl und Eisen 1914. [2] Gas- u. Wasserfach 1919, S. 173 u. 192.
[3] Amer. Min. Phys., Bd 2, S. 198.

strom die zuverlässigsten Werte ergibt, ein Verfahren, das aber ziemlich umständlich erscheint.

Auch die von G. Lambris[1] beschriebene Stickstoffbestimmung ist wesentlich umständlicher als die nach Kjeldahl und hat diese, obwohl sie sehr genaue Resultate ergeben soll, noch nicht aus der Praxis zu verdrängen vermocht. Hingewiesen sei noch auf eine neue, von H. ter Meulen[2] angegebene Methode.

Jedenfalls ergibt auch die Kjeldahlsche Analysenvorschrift brauchbare Vergleichswerte, die dem absoluten Stickstoffgehalt nahe kommen, wenn das Aufschließen recht vorsichtig und langsam geschieht.

Bestimmung von Arsen nach Thorpe[3]. Diese Methode erlaubt es, gleichzeitig den bei der Verbrennung flüchtigen Teil der Arsenverbindungen zu bestimmen.

10 g der feingepulverten Probe werden in die Verbrennungsröhre gebracht, und zwar so, daß sie ungefähr 30 cm der Länge nach bedeckt und ungefähr 6 cm von den Enden freibleibt. Zur Verteilung der Probe und besseren Gewinnung der Asche bringt man sie in Porzellanschiffchen, wodurch vermieden wird, daß durch Reduktion aus dem Glase der Verbrennungsröhre Arsen frei wird. Das eine Ende der Röhre wird ausgezogen, rechtwinklig umgebogen und in einen mit verdünnter H_2SO_4 beschickten de Koninckschen Absorptionsapparat eingefügt; das andere Ende wird mit einem Sauerstoffbehälter verbunden. Die Röhre wird in einen Verbrennungsofen gebracht und nach dem Anstellen des Sauerstoffstromes, der dem Sauerstoffeintritt zunächst liegende Teil der Probe mit der Röhre auf Entzündungstemperatur erhitzt. Sobald die Probe begonnen hat zu brennen, ist nur eine geringe Wärmezufuhr erforderlich, um den Koks zu verbrennen. Das Arsen wird teilweise in der Asche gefunden und teilweise in der Absorptionsflüssigkeit oder dem der Absorptionsflasche naheliegenden Teil der Röhre.

a) Bestimmung des Arsens in der Asche. Die Asche wird in einen Kolben gebracht, der durch Glasschliff mit einem Kühler verbunden ist. Die Vorlage enthält ungefähr 10 ccm Salzsäure (d = 1,1) in welche der Kühler eintaucht. In den Destillierkolben zu der Asche bringt man 25 ccm arsenfreie Salzsäure, die 0,25 ccm Brom enthält (100 ccm Salzsäure [d = 1,1] werden mit 1 ccm Brom versetzt). Der Destillationskolben wird erhitzt und 2 Stunden lang im Sieden gehalten. Nach dem Abkühlen wird etwa 1 g Kaliummetabisulfit zugesetzt und erhitzt, bis freies Brom entweicht. Die ausgeschiedene Kieselsäure wird abfiltriert und das Filtrat mit dem bisher gewonnenen Destillat vereinigt. Die Flüssigkeit wird am Rückflußkühler zur Entfernung der schwefligen Säure erhitzt und wieder in den Destillationskolben gebracht. Dann

[1] Brennstoffchemie 1925, S. 1; 1926, S. 301; 1927, S. 69 u. 89.
[2] Chim. et Ind., Bd 17, S. 215 (1927). [3] J. Soc. Chem. Ind 1903, S. 969.

wird solange überdestilliert, bis der Rückstand im Destillationskolben sirupähnlich geworden ist; alsdann werden 10 ccm Salzsäure zugesetzt und bis zur Sirupkonsistenz destilliert.

Das gesamte Destillat wird auf 100 ccm aufgefüllt und ein aliquoter Teil zur Analyse verwendet. Dieser aliquote Teil wird in eine kleine Porzellanschale gebracht, 5 ccm reine konz. Salpetersäure (d = 1,4) und 2 ccm reine konz. Schwefelsäure zugesetzt und eingedampft, bis Dämpfe von SO_3 entweichen. Nach dem Erkalten wird mit 20 ccm Wasser verdünnt und in einem kleinen Kolben die Lösung solange mit 0,5 g Kaliummetabisulfat erhitzt, bis sie frei von schwefliger Säure ist. Die abgekühlte Flüssigkeit wird für die Elektrolyse verwendet.

b) Bestimmung des bei der Verbrennung verflüchtigten Teiles des Arsens. Das Verbrennungsrohr wird zunächst mit dem Inhalt des Absorptionsgefäßes ausgespült und dann mit anderer Säure nachgespült. Die Lösung wird im Meßkolben von 100 ccm zur Marke aufgefüllt und ein aliquoter Teil zur Elektrolyse verwendet.

Die elektrolytische Arsenbestimmung. Man verwendet hierzu den Apparat von Thorpe[1] (Abb. 64).

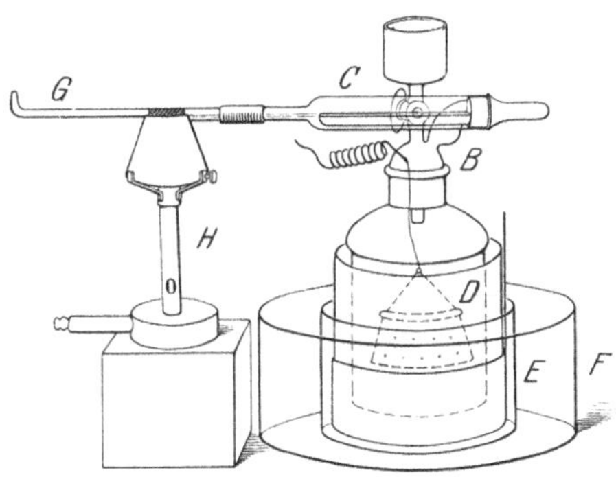

Abb. 64. Apparat von Thorpe zur elektrolytischen Arsenbestimmung.

Die etwa 50—70 ccm fassende Glasglocke *B* ruht auf der Tonzelle *D*, die sich in dem Glaszylinder *E* befindet. Damit die Temperatur während der Elektrolyse nicht zu hoch steigt, steht der Apparat in dem mit Wasser gefülltem Gefäß *F*.

Als Kathode dient ein mehrfach perforierter Konus von dünnem Bleiblech. Derselbe hängt an dem im eingeschliffenen Stopfen der Glasglocke eingeschmolzenen Platindraht. Die Anode besteht aus einem 2—3 cm breiten Platinblech, das außen an der Tonzelle angebracht ist.

Ausführung. Man gießt verdünnte, reine Schwefelsäure (1 : 7) in die Tonzelle und in das Glasgefäß *E*, und zwar soll sie in der Tonzelle 2—3 cm hoch, im Glasgefäß *E* etwa $^1/_2$ cm höher stehen. Für kolorimetrische Arsenbestimmungen bringt man die Arsenlösung[2] direkt zur Säure in die Tonzelle. — Zur Herstellung von Spiegeln muß vor Beginn

[1] Vgl. Simmersbach-Anderson: The Chemistry of Coke, 2. Aufl., S. 175 (1904).

[2] Das Arsen muß als arsenige Säure vorliegen. Ist es als Arsensäure vorhanden, so muß diese mittels SO_2 zu arseniger Säure reduziert werden.

der eigentlichen Bestimmung die Luft durch Wasserstoff ausgetrieben werden. Das Rohr C ist mit krystallisiertem Chlorcalcium gefüllt und muß nach je zwei Bestimmungen neu gefüllt werden; außerdem enthält das Rohr noch einen Streifen zusammengerolltes Bleiacetatpapier. An das Chlorcalciumrohr schließt sich das Rohr *G* aus Jenaer Glas an, in welchem der Spiegel erzeugt werden soll. Ein Stück Rohr aus Jenaer Glas von etwa 5 mm äußerem und 3,5 mm innerem Durchmesser wird so ausgezogen, daß an 5 cm der normalen Weite sich 7—8 cm anschließen, welche auf etwa 2 mm äußeren Durchmesser verengt sind. Der letzte Zentimeter des verengten Teiles wird nach oben gebogen.

Das Rohr wird an das Trockenrohr angeschlossen und so unterstützt, daß es horizontal liegt. Vor Beginn des Versuches wird es durch Erwärmen getrocknet und während des Versuches der konische Teil durch einen Bunsenbrenner in dunkler Glut erhalten.

Man schließt nun den Strom — die Spannung soll etwa 7 Volt und die Stromstärke 2—3 Amp. betragen — bis die Luft aus der Apparatur verdrängt ist. Dann füllt man die zu untersuchende Lösung durch den Trichterhahn ein. Nach 20 Minuten ist der Versuch beendet und die Menge Arsen ergibt sich durch Vergleichen des gefundenen Spiegels mit Vergleichsspiegeln von bekanntem Arsengehalt.

Durch Multiplizieren mit 10 erhält man den Arsengehalt des Kokses in Prozenten.

Die Vergleichsspiegel stellt man her, indem man eine Lösung von bekanntem Arsengehalt der Elektrolyse unterwirft. Zu diesem Zweck löst man 0,1 g frisch sublimierte, bei 100° getrocknete arsenige Säure (As_2O_3) in einigen Kubikzentimetern konzentrierter Salzsäure und füllt sie zu 1 l auf. Jedes Kubikzentimeter dieser Lösung enthält dann 0,0001 g oder 0,1 mg arseniger Säure. Von dieser Lösung werden 100 ccm mit 20 ccm Wasser verdünnt, 0,5 g Kaliummetabisulfit zugesetzt und die Lösung bis zur Austreibung der schwefligen Säure erhitzt. Diese Lösung wird auf Arsen untersucht, und wenn solches nicht vorhanden ist, aus denselben Reagenzien 10 solcher Lösungen hergestellt. Es werden jetzt aus einer Bürette zu je einer Lösung zugegeben:

1.	0,2 cm	= 0,002 mg As_2O_3			6.	1,2 cm	= 0,012 mg As_2O_3	
2.	0,4 „	= 0,004 „	„		7.	1,4 „	= 0,014 „	„
3.	0,6 „	= 0,006 „	„		8.	1,6 „	= 0,016 „	„
4.	0,8 „	= 0,008 „	„		9.	1,8 „	= 0,018 „	„
5.	1,0 „	= 0,010 „	„		10.	2,0 „	= 0,020 „	„

Diese 10 Lösungen von bekanntem Gehalt werden einzeln in dem oben beschriebenen Apparat mit gleichen Röhren der Elektrolyse unterworfen. Die Röhren mit den Arsenspiegeln erhalten eine Etikette mit dem zugehörigen Arsengehalt und werden aufbewahrt.

c) Die Analyse der Koksasche.

Man verascht soviel Koks und sammelt die Asche, bis man etwa 2 g Asche hat.

Aufschließung. Diese 2 g Asche werden mit 8 g Alkaligemisch in einem großen Platintiegel (etwa 50 ccm) gut gemischt und 20 Minuten über dem Gebläse in Fluß erhalten. Nach dem Abkühlen bringt man den Tiegel in ein Becherglas ünd löst den Inhalt durch Kochen in Wasser, dem man zur Oxydation eventuell vorhandener Sulfide etwas H_2O_2 zugesetzt hat. Kommt die Lösung zum Stillstand, so übersättigt man die Flüssigkeit mit HCl. In kurzer Zeit ist der Niederschlag bis auf Anteile von SiO_2 gelöst. Man nimmt den Tiegel heraus und spült ihn sorgfältig ab.

Bestimmung der Kieselsäure. Die Lösung wird in einer Prozellanschale bis zur Trockne eingedampft und noch ein oder zweimal mit konzentrierter HCl auf dem Sandbade oder einer Heizplatte vorsichtig abgeraucht.

Nach dem Abkühlen setzt man 5 ccm HCl zu und verdünnt mit etwa 150 ccm heißem Wasser. Die abgeschiedene Kieselsäure wird heiß abfiltriert und der Niederschlag zuerst mit verdünnter HCl, dann mit heißem Wasser bis zum Verschwinden der Chlorreaktion ausgewaschen.

$$\frac{\text{Gewogene, geglühte } SiO_2 \cdot 100}{\text{angewendet } 2\text{ g}} = \%\ SiO_2.$$

Das Filtrat wird in einen Meßkolben gegeben und die eine Hälfte zur Bestimmung der Schwefelsäure und Phosphorsäure, die andere zur Bestimmung der Basen verwendet.

Bestimmung der Schwefelsäure. Die siedende Lösung wird mit 10 ccm heißer $BaCl_2$-Lösung versetzt und der Niederschlag wie üblich behandelt.

$$\frac{\text{Gef. } BaSO_4 \cdot 2 \cdot 0{,}3430 \cdot 100}{2\text{ g}} = \%\ SO_3.$$

Bestimmung der Phosphorsäure. Das salzsaure Filtrat von der Schwefelbestimmung wird mit NH_3 übersättigt, mit HNO_3 abgeraucht und in einem Überschuß von HNO_3 wieder gelöst. Zu der nunmehr salpetersauren Lösung, welche NH_4Cl und NH_4NO_3 enthält, gibt man 40 ccm Molybdängemisch. Der gelbe Niederschlag wird behandelt, wie bei der Bestimmung des Phosphors angegeben ist.

$$\frac{\text{Gef. ccm } ^1/_{10}\text{ n-KOH} \cdot 0{,}000377 \cdot 2 \cdot 100}{2\text{ g}} = \%\ P_2O_5.$$

Bestimmung des Eisens. Die zweite Hälfte der von SiO_2 befreiten Lösung wird heiß mit Ammoniak in Überschuß versetzt und der Niederschlag abfiltriert. — Eine Oxydation der Lösung ist nicht nötig, da das Eisen schon durch das oxydierende Lösen der Schmelze in der Oxydform zugegen ist.

Der Niederschlag enthält Eisen, Aluminium und Phosphorsäure, welch letztere hier unberücksichtigt bleibt. Zur Trennung des Eisens und Aluminiums wird der Niederschlag in verdünnter HCl gelöst und zu einer teilweisen Reduktion einige Kubikzentimeter schweflige Säure zugesetzt. Dann wird in der Wärme mit KOH gefällt und der Eisenniederschlag abfiltriert. Er wird ausgewaschen, in HCl gelöst und nach Reinhardt mit Permanganat titriert.

$$\frac{\text{ccm } {}^1/_{10}\ \text{n-KMnO}_4 \cdot 0{,}007985 \cdot 2 \cdot 100}{2\ \text{g}} = \%\ Fe_2O_3$$

Bestimmung der Tonerde. Die alkalische Lösung, welche das Aluminium als Aluminat enthält, wird mit festem NH_4Cl versetzt und 1 Stunde auf dem Wasserbade erhitzt, bis die Lösung neutral geworden ist und das Aluminiumhydroxyd sich abgesetzt hat. Es wird dekantierend abfiltriert, gut ausgewaschen, geglüht und gewogen.

$$\frac{\text{Gew. } Al_2O_3 \cdot 2 \cdot 100}{2\ \text{g}} = \%\ Al_2O_3.$$

Manganbestimmung. Man fällt in der Wärme aus dem ammoniakalischen Filtrate der Aluminium-Eisenfällung mit Ammoniumsulfid. Nach dem Veraschen des Filters löst man im Tiegel den Niederschlag in etwas verdünnter HNO_3, dampft die Säure vorsichtig weg und glüht stark. Das Mangan kommt so als Mn_3O_4 zur Wägung.

$$\frac{\text{Gew. } Mn_3O_4 \cdot 2 \cdot 100}{2\ \text{g}} = \%\ Mn_3O_4.$$

Soll auf MnO umgerechnet werden, so ist noch mit 0,9301 zu multiplizieren.

Aus dem Filtrat ist der Schwefel zu entfernen; da dies sehr lästig ist, überzeugt man sich vor der Fällung des Mn von der Notwendigkeit der Manganfällung. Man schmilzt auf einem Platinblech, eventuell Tiegeldeckel, eine Probe der betreffenden Asche mit Soda und Salpeter. Ist die Schmelze dunkelgrün, so muß die Mn-Bestimmung ausgeführt werden, ein helles Grün rührt von dem immer vorhandenen Eisen her. Zur Entfernung des Schwefelwasserstoffs erhitzt man einige Zeit zum Sieden und säuert mit HCl an. Dann wird abfiltriert und mit heißem Wasser gut nachgewaschen.

Fällung des Kalkes. Die salzsaure Lösung wird mit NH_3 alkalisch gemacht und in die heiße Lösung 10 ccm heiße Ammoniumoxalatlösung eingetragen. Der Niederschlag erscheint oft erst, wenn man das Becherglas auf dem Wasserbade digeriert; er wird abfiltriert, mit H_2O ausgewaschen und schließlich auf dem Gebläse geglüht, wodurch er in CaO übergeht.

$$\frac{\text{Gew. CaO} \cdot 2 \cdot 100}{2\ \text{g}} = \%\ \text{CaO}.$$

Fällung der Magnesia. Das Filtrat von der Kalkbestimmung wird in einer Platinschale eingedampft und geglüht. Dabei entweichen die

Ammonsalze und zurück bleiben die Alkalien aus dem Aufschließungsgemisch und das Magnesium. Die Lösung wird mit HCl aufgenommen, mit NH_3 alkalisch gemacht und mit Natriumphosphat gefällt, wobei möglichst geringe Flüssigkeitsmengen zu verwenden sind. Der Niederschlag muß 12 Stunden in der Kälte stehen und kalt filtriert werden. Zum Auswaschen dient kaltes Wasser, welches 3% NH_3 enthält. Der Niederschlag wird auf dem Gebläse geglüht. Das Magnesium liegt dann als Pyrophosphat vor ($Mg_2P_2O_7$).

$$\frac{\text{Gef. Gew.} \cdot 0{,}3621 \cdot 2 \cdot 100}{2\,\text{g}} = \%\ \text{MgO}.$$

Die Menge der vorhandenen Alkalien ergibt sich aus der Differenz: Asche — gefundene Bestandteile. Die ins einzelne gehenden Bestimmungsmethoden müssen in der analytischen Sonderliteratur nachgesehen werden

Ein Beispiel für die Analyse eines Nußkokses[1].

Feuchtigkeitsbestimmung.

Angewandter Koks g	1,6160	1,5134	
Gewichtsabnahme in g	0,0142	0,0131	
Wasser	0,88%	0,87%	Mittel 0,88% Wasser

Aschenbestimmung.

Angewandter Koks g	1,5692	1,5750	
Asche in g	0,1288	0,1290	
Asche	8,21%	8,19%	Mittel 8,20% Asche

Elementaranalyse.

Angewandter Koks g	0,2406	0,2426	
Kohlensäure g	0,7707	0,7759	
Kohlenstoff	87,38%	87,22%	Mittel 87,30% Kohlenst.
Wasser g	0,0142	0,0143	
Wasser pro g Koks	0,0590	0,0588	
Feuchtigkeit g	0,0088	0,0088	
Chemisches Wasser g	0,0502	0,0500	
Wasserstoff	0,56%	0,56%	Mittel 0,56% Wasserst.

Stickstoffbestimmung.

Angewandter Koks g	1,1766	1,1737	
Verbrauchte HCl $^1/_{10}$ ccm	8,04	7,95	
Stickstoff	0,96%	0,95%	Mittel 0,96% Stickstoff

Zusammenstellung.

Kohlenstoff	87,30%		
Wasserstoff	0,56%		
Sauerstoff	1,36%		
Stickstoff	0,96%		
Schwefel	0,74%	Asche	8,20%
Asche	8,20%	Feuchtigkeit	0,88%
Feuchtigkeit	0,88%	Brennbare Substanz	90,92%
	100,00%		100,00%

Koksausbeute: Fixer Kohlenstoff in % des Reinkokses	98,19%
Amerikanisch: 97,49%	
Flüchtige Bestandteile des Reinkokses	1,81%
	100,00%

[1] Nach Streit, l. c., S. 10.

3. Physikalische Prüfung des Kokses

a) Spezifisches Gewicht und Porosität.

Die älteste Methode zur Bestimmung des spezifischen Gewichtes von Koks stammt von Thörner[1]. Der von ihm benützte Volumenmesser ist in Abb. 65 abgebildet.

1. Methode von Thörner.

a) Wirkliches spezifisches Gewicht. Der Volumenmesser *A* wird bis zur Marke *C* mit einer rasch netzenden Flüssigkeit, wie Alkohol, Benzol oder Toluol, gefüllt, zur Vermeidung von Verdunstungen mit einem Kork geschlossen und dann in einen mit Wasser von 15° C gefüllten Glaszylinder gestellt, damit alle Ablesungen bei 15° C erfolgen. Der Stand der Flüssigkeit im Volumenmesser wird nun abgelesen. Hierauf wird eine abgewogene Menge (25—50 g) Kokspulver langsam in den Volumenmesser geschüttet und der mit dem Korkstopfen geschlossene Apparat einige Male sanft durchgeschüttelt. Nun stellt man den Apparat in den Kühlzylinder *B* zurück, läßt einige Minuten absitzen, spült durch langsames Neigen die durch das Schütteln im oberen Teile des kalibrierten Glasrohres hängengebliebenen Kokspartikelchen zurück und liest, nachdem die Temperatur konstant geworden, den Stand der Flüssigkeit ab. Dividiert man das Gewicht des angewandten Kokspulvers in Gramm durch das ermittelte Volumen in Kubikzentimetern, so erhält man das wirkliche spezifische Gewicht der Kokssubstanz, z. B.

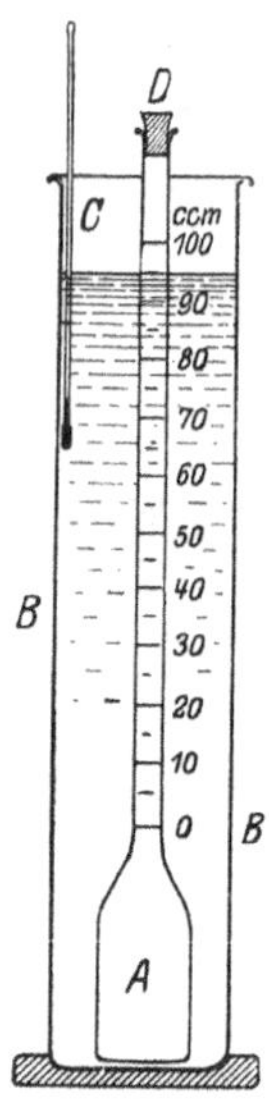

Abb. 65. Volumenmesser von Thörner.

angewandt: 25 g Kokspulver,
gefunden: 13,9 ccm Volumen, folglich
wirkliches spezifisches Gewicht des Kokses $= \frac{25{,}0}{13{,}9} = 1{,}80$.

b) Scheinbares spezifisches Gewicht. Man wiegt Koksstückchen von etwa 10 mm Durchmesser und 25—50 g Gewicht ab, übergießt sie in einem Becherglase zum Ausfüllen der Poren mit einer rasch netzenden Flüssigkeit, wie Alkohol, Benzol oder Toluol, erhitzt auf einem Wasserbade etwa 5 Minuten zum Kochen und stellt dann zum raschen Erkalten auf 15° C beiseite. Nach dem Erkalten auf 15° C schüttet man die Koksstückchen in einen Trichter, läßt die überschüssige Flüssigkeit abtropfen und dann die Koksstückchen langsam in das geneigt gehaltene Volumenometer gleiten. Nach etwa 5 Minuten hat im Kühlzylinder Temperaturausgleich stattgefunden. Man liest den Stand der Flüssigkeit im Volumenometer ab und erhält durch Abzug der vorletzten Ablesung direkt

[1] Stahl und Eisen 1884.

das Volumen, welches Koks und Poren einnehmen, und hieraus berechnet sich das scheinbare spezifische Gewicht des Kokses:

$$\frac{\text{Gewicht des angewendeten Kokses} = 25{,}0\ \text{g}}{\text{Gefundenes Volumen in ccm} = 28{,}75\ \text{ccm}} = \text{scheinbares spez. Gew. } 0{,}87.$$

2. Methode von Wüst und Ott[1].

a) Wirkliches spezifisches Gewicht. Man verwendet ein Pyknometer von etwa 30 ccm Fassungsraum, dessen Stopfen in eine feine Glasröhre mit Marke ausläuft. Auf diesem Röhrchen befindet sich erst der eigentliche Verschlußpfropfen.

Die Füllung des Pyknometers geschieht in der Weise, daß erst das vorher getrocknete Kokspulver eingewogen wird, etwa 1 g, und indem man dann bis zur Hälfte Schwefelkohlenstoff zulaufen läßt. Zur Entfernung etwa eingeschlossener Luft wird mit einem ausgezogenen Glasstab umgerührt, dann der Stopfen aufgesetzt und durch den Hals desselben bis zur Marke Schwefelkohlenstoff aus einer Bürette zufließen gelassen. Der kleine Stopfen wird aufgesetzt und dann gewogen, nachdem vorher das Gewicht des leeren und des nur mit Schwefelkohlenstoff gefüllten Pyknometers festgestellt ist. Das Pyknometer wird während des Versuchs nicht mit bloßer Hand angefaßt.

Die Berechnung des spezifischen Gewichts des Kokspulvers geschieht folgendermaßen:

Eigengewicht des Pyknometers $= G$.
Gewicht des Pyknometers + Schwefelkohlenstoff $= A$.
Gewicht des Schwefelkohlenstoffs $= A - G$.

Das spezifische Gewicht des Schwefelkohlenstoffs wird mit Hilfe eines Aräometers ermittelt. Nun wird das Kokspulver $= g$ Gramm gewogen und mit Schwefelkohlenstoff bis zur Marke aufgefüllt. Das Gewicht sei jetzt A_1, dann beträgt das Gewicht des enthaltenen Schwefelkohlenstoffs $S = A_1 - G - g$, folglich das des verdrängten Schwefelkohlenstoffs $S - S_1$ Gramm. Diese nehmen ein Volumen von $S - S_1$ ccm ein, das zugleich dem der eingewogenen Koksmenge entspricht. Aus $g : \frac{S - S_1}{s} = \frac{g\,s}{S - S_1}$ erhält man das spezifische Gewicht des Kokspulvers.

b) Scheinbares spezifisches Gewicht. Benutzt wird ein gußeisernes Gefäß, das aus einem mit Boden versehenen Zylinder von $3^1/_2$ mm Wandstärke, 100 mm lichter Weite und 150 mm Höhe besteht, einen verstärkten, sauber abgehobelten und polierten Rand hat und Koksstücke bis zu 300 g Gewicht faßt. Das Gefäß wird zunächst vollständig mit Sand gefüllt, der aus einem Trichter von 150 mm oberer Weite und 10 mm Halsweite zufließt, und zwar befindet sich dabei das Ende des Trichterrohres 50 mm über dem Rand des Gußstopfens.

[1] Ott: l. c.

Die über den Rand des Gefäßes aufgehäufte Sandmenge wird mittels eines eisernen Lineals mit polierten Flächen vorsichtig abgestrichen und das Gefäß alsdann gewogen.

Wenn das Eigengewicht des Gefäßes $= G$ ist,
„ Volumen „ „ $= I$ „
„ Gew. des Gefäßes + Sand $= A$, so

beträgt das Alleingewicht des Sandes $S = A - G$ und sein spezifisches Gewicht $s = \frac{S}{I}$.

Nun wird in dasselbe Gefäß das zu untersuchende, vorher aber bei 120° getrocknete und gewogene Koksstück eingebracht und wieder glatt bis zum Rande gefüllt. Das Gesamtgewicht des Gefäßes sei jetzt A_1, das Gewicht des Koksstückes g, so wiegt die zugeflossene Sandmenge nun $A_1 - G - g = S_1$, ihr Volumen $V = \frac{S_1}{s}$.

Dieses vom Volumen I des Gefäßes abgezogen, ergibt dann den Inhalt des Koksstückes V_1, woraus sich dessen scheinbares spezifisches Gewicht $s_1 = \frac{g}{V_1}$ ergibt.

Bei dieser Methode muß das spezifische Gewicht des Sandes von Zeit zu Zeit neu bestimmt werden, weil kleine Kokspartikelchen abgerieben werden, die sich mit dem Sande mischen und dessen spezifisches Gewicht herabsetzen.

3. Amerikanische Methode[1].

a) Wirkliches spezifisches Gewicht. Man verwendet 5 g so fein gepulverten Koks, daß er durch ein Sieb mit 100 Maschen auf den Zoll geht. Durch Schütteln, Aufstoßen und vorsichtiges Kochen entfernt man die groben Luftblasen. Nach dem Erkalten paßt man mit einem Gummistopfen einen Schwanzhahn in den Hals des Pyknometers, an dessen gerader Bohrung man eine Wasserstrahlpumpe saugen läßt. Es wird so die in den Poren eingeschlossene Luft entfernt. Hat das Vakuum so lange eingewirkt, daß keine Gasblasen mehr aufsteigen, so läßt man durch die Schwanzbohrung des Hahnes vorsichtig Luft eintreten, wodurch das Wasser in die luftfreien Teile der Poren eindringt. Läßt man wieder das Vakuum einwirken, wird weiter Luft aus den Poren austreten. Dieses Verfahren führt schneller zum Ziele, als wenn man ohne Unterbrechung das Vakuum stundenlang einwirken läßt.

Wenn alle Luft entfernt ist, wird das Pyknometer aufgefüllt, durch Einstellen in Wasser auf 15° abgekühlt und sorgfältig abgetrocknet.

---

[1] Stanton and Fieldner: Technical Paper 8, Bureau of Mines, S. 17. Washington 1912.

Es muß festgestellt werden:

W = Gewicht des Kokses,
W_1 = Gewicht des Pyknometers + Gewicht des Wassers + Gewicht des Kokses bei 15°,
P = Gewicht des Pyknometers mit Wasser von 15°.

Es ergibt sich dann das wirkliche spezifische Gewicht d nach der Gleichung $d = \frac{W}{W - W_1 + P}$.

b) Scheinbares spezifisches Gewicht. Diese Bestimmung gibt mit Sicherheit nur gute Resultate bei Verwendung einer größeren Menge Koks, mindestens 500 g von 3—5 cm Korngröße. Es findet dazu eine Senkwaage von nebenstehenden Abmessungen Verwendung (vgl. Abb. 66). Die obere Waagschale wird mit Gewichten belastet, bis die Senkwaage bis zu einer Marke zwischen der Schale und dem Schwimmer einsinkt; das erforderliche Gewicht wird notiert. Die Gewichte werden entfernt und etwa 500 g Koks von der oben angegebenen Stückgröße auf die Waagschale gebracht. Es werden dann noch soviel Gewichte aufgestellt, bis die Senkwaage wieder bis zur Marke einsinkt. Die Differenz zwischen den vorher und jetzt gebrauchten Gewichten gibt das Gewicht des verwendeten Kokses an.

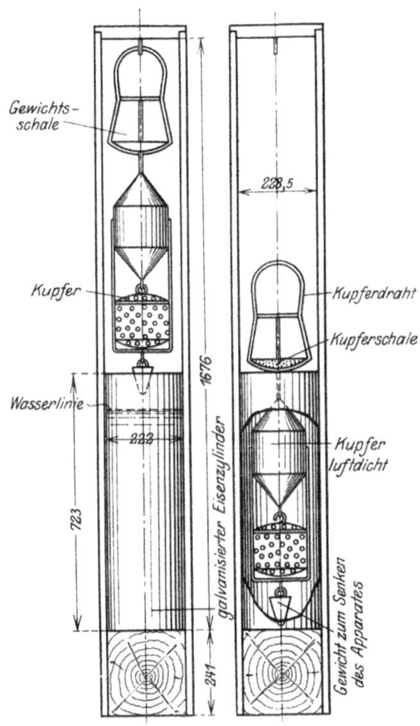

Abb. 66. Senkwaage zur Bestimmung des scheinbaren spez. Gewichtes von Koks.

Der Koks wird dann sorgfältig in den Siebkorb unter dem Schwimmer gebracht und auf die obere Waagschale so viel Gewichte aufgelegt, daß die Senkwaage bis zur Marke sinkt.

Die Differenz zwischen dem zum Einspielen ohne Koks erforderlichen Gewicht und dem zuletzt gefundenen Gewicht mit Koks im Korb ergibt das Gewicht des Kokses im Wasser.

Wenn x das Gewicht des Kokses bedeutet und y das Gewicht der Probe im Wasser, dann ist das scheinbare spezifische Gewicht $= \frac{x - y}{x}$.

Bestimmung des scheinbaren spezifischen Gewichtes von Koks nach

F. Fischer[1]. Ein großes Koksstück wird genau würfelförmig oder prismatisch zugeschliffen, wobei darauf zu achten ist, daß die Kanten und Ecken des Körpers unverletzt bleiben. Das Gewicht des Kokskörpers, dividiert durch sein Volumen, das ja aus seinen Kantenlängen leicht zu berechnen ist, ergibt das scheinbare spezifische Gewicht.

Bestimmung des scheinbaren spezifischen Gewichtes von Koks nach Häusser[2]. F. Häusser bedient sich einer Methode, die Anspruch auf große Genauigkeit machen kann. Eine Koksprobe wird getrocknet und gewogen, alsdann so oft in ein Bad von geschmolzenem Paraffin getaucht, bis die Oberfläche verschlossen ist; das Paraffin darf nicht weit über seinen Schmelzpunkt erhitzt sein. Durch nochmaliges Wiegen des so präparierten Koksstückes erhält man das Gewicht der Deckschicht. Alsdann erfolgt das Wiegen unter Wasser auf der beistehend abgebildeten Waage (Abb. 67).

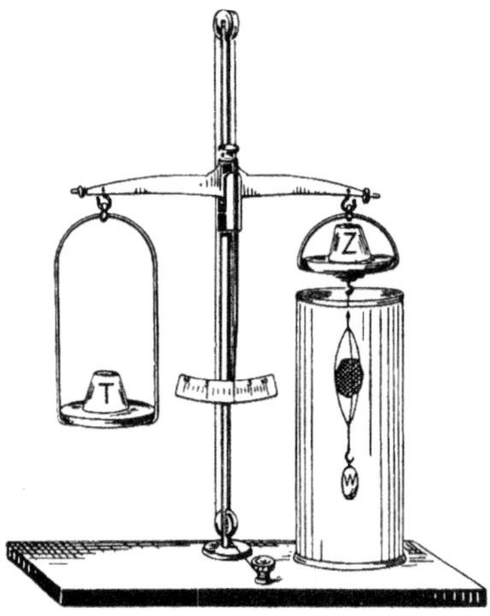

Abb. 67. Waage nach Häusser. (Aus. Ber. d. Ges. f. Kohlentechnik m. b. H. Bd I, Heft 1, S 24.)

Die eine Waagschale ist durch ein Gehänge von drei dünnen Drähten ersetzt, zwischen die das Koksstück geklemmt wird. Das Schwimmen der Koksprobe wird durch einen Senkkörper verhindert, der am unteren Ende des Gehänges befestigt wird. Dem Koksstück anhaftende Luftblasen müssen entfernt werden. Auf diese Weise findet man den Auftrieb des präparierten Koksstückes, von diesem wird der Auftrieb der Deckschicht, die sich aus ihrem Gewicht und dem spezifischen Gewicht des Paraffins ergibt, subtrahiert:

Beispiel:

Gewicht des Kokses		16,127 g
Gewicht der Paraffinschicht		1,247 g
Spezifisches Gewicht des Paraffins		0,900 g
Auftrieb von Koks + Deckschicht + Gehänge mit Senkkörper		20,702 g
Auftrieb des Gehänges mit Senkkörper	2,590 g	
Auftrieb der Deckschicht $\frac{1,247}{0,900}$ = ...	1,386 g	3,976 g
Auftrieb des Kokses		16,726 g

$$\text{Scheinbares spezifisches Koksgewicht} = \frac{16,127\,g}{16,726\,g} \ldots\ldots = 0,965.$$

[1] Ges. Abhandl. zur Kenntnis der Kohle, Bd 2, S. 103 (1918).

[2] Ber. d. G. f. K., Bd 1, S. 21; ferner Laboratoriumsbuch von Keller, K.; 1923, S. 31; u. Handbuch der Kokerei, Bd 1, S. 49. Halle/S. 1927.

Leider ist bei dieser Methode die Größe des zu untersuchenden Koksstückes beschränkt.

Betriebsverfahren. Für die gröberen Bedürfnisse des Betriebes bediente der Verfasser zur Bestimmung des scheinbaren spezifischen Gewichtes sich folgenden einfachen Verfahrens: Ein großes gewogenes Koksstück wird rasch in ein mit kaltem Wasser bis zum Rande gefülltes Gefäß eingetaucht und sogleich wieder herausgezogen, wobei nur das beim Herausziehen abtropfende Wasser in das Gefäß zurückfällt. Die beim Eintauchen des Koksstückes verdrängte Wassermenge wird mit einem Meßzylinder nachgefüllt und aus dem gefundenen Volumen und aus dem Gewicht des Koksstückes das scheinbare spezifische Gewicht festgestellt. Das wahre spezifische Gewicht wird für die Bedürfnisse des Betriebes in ähnlicher einfacher Weise bestimmt. Ein ebenfalls großes, gewogenes Koksstück wird in ein Gefäß, das mit Wasser gefüllt ist, eingeworfen und unter der Oberfläche desselben festgehalten. Alsdann wird das Wasser langsam erwärmt und schließlich $^1/_2$ Stunde lang auf 95° gehalten. Nach dem Abkühlen und Wiederauffüllen wird das Koksstück rasch herausgenommen und das fehlende Wasser wieder mit einem Meßzylinder nachgefüllt, woraus sich das Volumen des Koksstückes ergibt. Aus dem Gewicht des Kokses und diesem Volumen ergibt sich in einfacher Weise das spezifische Gewicht. Ein Vergleich dieses Verfahrens mit anderen Bestimmungen hat seine Brauchbarkeit erwiesen. Es ist dabei nur zu beachten, daß das nachgefüllte Wasser ungefähr die gleiche Temperatur hat wie dasjenige im Gefäß.

Berechnung des Volumens von Kokssubstanz und Porenraum. Hat man das scheinbare und das wirkliche spezifische Gewicht, so kann man den Raum, den Kokssubstanz und Poren einnehmen, wie folgt berechnen:

$$100 \cdot \frac{\text{scheinbares spez. Gewicht}}{\text{wirkliches spez. Gewicht}} = \text{Vol.\% Kokssubstanz.}$$

$$100 - 100 \cdot \frac{\text{scheinbares spez. Gewicht}}{\text{wirkliches spez. Gewicht}} = \text{Vol.\% Porenraum}$$
(auch „Porosität" genannt).

A. Schmolke[1] läßt solange luftfreie Kohlensäure auf den Koks einwirken, bis die den Koks umgebende und die in ihm eingeschlossene Luft vollständig verdrängt ist. Das Luft-Kohlensäuregemisch wird durch Kalilauge geleitet und die nicht absorbierte Luftmenge wird gemessen und ergibt den Porenraum.

H. Esser und E. Piwowarski[2] bestimmen die Porosität des Kokses wie folgt.

Eine in einem Probegefäß befindliche Luftmenge wird durch Absaugen in eine Bürette um ein gewisses Maß verdünnt; nachdem die Koksprobe in das Gefäß hineingegeben ist, wird der Versuch wiederholt.

---

[1] Glückauf 1922, S. 977. [2] Stahl und Eisen 1926, S. 565.

Der an der Bürette abgelesene Unterschied U der beiden Versuche mit dem Barometerstand multipliziert und durch den Verdünnungsdruck dividiert, ergibt das wirkliche Volumen V des Versuchsstoffes in ccm

$$V = U \frac{\text{Barometerstand}}{\text{Verdünnungsdruck}}.$$

Das scheinbare Volumen der Probe wird im gleichen Apparat nach dem Quecksilberverdrängungsverfahren bestimmt und ermöglicht die rechnerische Feststellung der Porosität.

Falls innerhalb der feinen Poren des Kokses eine Gasverdichtung stattgefunden hat, können die nach dieser Methode erzielten Ergebnisse allerdings nicht genau sein[1].

b) Bestimmung der Druckfestigkeit.

a) Mittels Kokswürfel. Aus einem normalen Koksstück schneidet man mit einer Eisensäge eine größere Anzahl Stücke von etwas über 1 cm Seitenlänge heraus, die auf 1 cm genau nachgeschliffen werden. Zum Messen der Würfel dient eine Schublehre mit Mikrometerschraube.

Zur Bestimmung der Druckfestigkeit bedient man sich des nachstehenden Apparates.

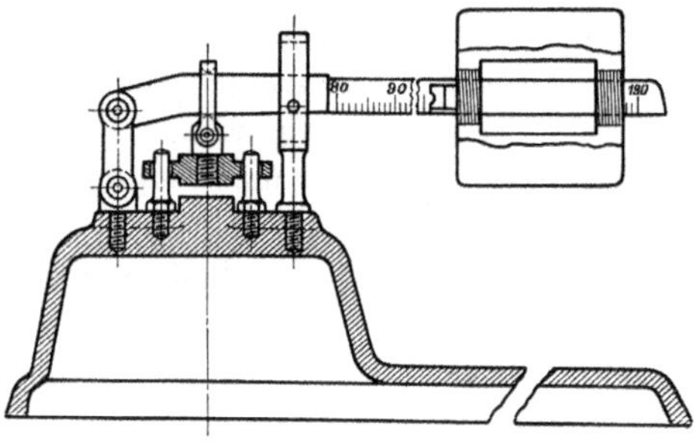

Abb. 68. Apparat zur Bestimmung der Druckfestigkeit von Koks.

Der Apparat zeigt gemäß Abb. 68 einen Hebelarm, der eine vertikale Übertragung aufweist, die in einer Druckfläche endigt. Zwischen diese Druckfläche und die Druckunterlage legt man den zu untersuchenden Kokswürfel und stellt dann das auf dem graduierten Hebelarm verschiebbare Gewicht G auf die Zahl 80 (kg) ein, indem man den Hebelarm hochhebt und langsam heruntergleiten läßt. Hält nun der Kokswürfel diesen Druck von 80 kg aus, so schiebt man das Gewicht G langsam den Hebelarm entlang unter Vermeidung jeder ruckweisen Bewegung. Sobald der Kokswürfel zerdrückt wird, liest man die Druckfestigkeitsziffer an dem graduierten Hebelarm ab.

b) Mittels Kokszylinder. Methode von Wüst und Ott[2]. Zu dieser Festigkeitsprüfung werden Zylinder benutzt, die aus einem vorher entsprechend behauenen Koksstück mittels Hohlbohrers ausgebohrt

[1] Vgl. Glötzner, J.: Stahl und Eisen 1923, S. 1455; ferner Selvig, W. A., u. W. R. Parker: Stahl und Eisen 1923, S. 857; Rose, H. J.: Ebenda S. 127; Wagner, A.: Stahl und Eisen 1925, S. 1855; Dolch, M.: Ebenda S. 21, 122. Letztere Literaturangabe betrifft ein neuartiges Pyknometerverfahren mit fester Füllmasse (vgl. hierzu auch Z. angew. Chem. 1925, S. 889).

[2] Vgl. Ott: l. c.

wurden. Als Durchmesser werden 1,6 cm vorgeschlagen entsprechend einem Querschnitt von 3 qcm. (Die Druckfestigkeiten bei verschiedenen Querschnitten sind nicht gleich, so verhalten sich Zylinder zu Würfel = 1 : 0,91.)

Das Ausbohren geschieht auf einer Drehbank. Die Zylinder werden auf etwas über 20 mm Länge ausgebohrt, alsdann in eine nur wenige Bruchteile eines Millimeters größere Hülse von 20 mm Tiefe gesteckt und bis auf den gehärteten Rand der Hülse glatt und horizontal abgefeilt. Dann wird der Zylinder umgedreht und mit der glatten Endfläche in eine 16 mm tiefe Hülse gesteckt und dann das andere Ende glatt zugefeilt.

Zum Zerdrücken der Zylinder dient ein Apparat, ähnlich dem vorigen, nur mit dem Unterschiede, daß am Ende des Hebels statt des Schiebegewichtes eine Waagschale angeordnet ist, auf die zur Belastung die erforderlichen Gewichte gestellt werden.

c) Bestimmung der Sturzfestigkeit von Koks.

a) Westfälische Methode[1]. Man nimmt etwa 20 normal große und möglichst trockene Koksstücke von je einem Koksbrande, legt sie auf eine Koksgabel und wirft sie in eine reine Kokskarre, nachdem man vorher das Gewicht der Koksstücke festgestellt hat. Darauf kippt man den Koks unter Einhaltung der gewöhnlichen Verladeverhältnisse z. B. 2,5 m von der Verladebühne der betreffenden Kokerei in einen leeren und sauberen Eisenbahnwaggon. Alle durch das Verladen entstandenen Bruchstücke, deren längste Durchmesser unter 90 mm liegen, liest man heraus und wiegt sie, desgleichen den entstandenen Kleinkoks, sowie Koksgrus. Alle Bruchstücke über 90 mm bilden den Grobkoks.

Beispiel: 57,5 kg. ungetrockneter Grobkoks ergaben 2 kg Kleinkoks; in Prozenten ausgedrückt ergibt dies:

$$\frac{2{,}0 \cdot 100}{57{,}5} = 3{,}4\,\%.$$

Je nasser der Koks ist, desto höher stellt sich der Prozentsatz an Kleinkoks und Koksgrus.

b) Amerikanische Methode. Hierzu dient ein Behälter, der mindestens 50 kg Koks faßt und dessen Boden 1,85 m über einer gußeisernen Platte angeordnet ist. Der Boden wird durch Klapptüren gebildet, welche beim Öffnen in den Angeln ausschwingen können, so daß der freie Fall des Kokses nicht gehindert wird. Die gußeiserne Platte ist mit umlaufenden Leisten zu versehen, damit kein Koks verloren geht. Ohne Auswahl werden annähernd 25 kg Koks von dem Wagen in den Behälter gebracht, alsdann wird das ganze Material viermal hintereinander auf die gußeiserne Platte gestürzt, wobei jedesmal Bruchkoks und Staub mit den

[1] Vgl. Berthold: Probenahme von Koks, Kohlen und Briketts.

großen Stücken zusammen in den Behälter zurückgebracht werden. Nach dem vierten Male wird das Probegut auf ein waagerecht angeordnetes Sieb von 50 mm quadratisch lichter Maschenweite geschüttet. Das Sieb soll nur einmal geschüttelt werden, auch darf nicht versucht werden, die kleinen Koksstücke besonders durch das Sieb zu drücken. Der auf dem Sieb bleibende Koks wird gewogen und danach der Prozentsatz an Kokskiein bestimmt.

c) Amerikanische Methode nach Rice[1]. Nach O. R. Rice benützt man neuerdings zur Bestimmung der Sturzfestigkeit des Kokses in Amerika eine Methode, bei welcher zweizölliger Koks aus einer Höhe von 1,8 m viermal auf eine eiserne Platte fallen gelassen wird. Nach dieser Prozedur wird dann der Entfall an Koksklein durch Absieben festgestellt. Der viermalige Fall soll eine Wiedergabe der vier Tansportstationen des Kokses nachahmen, nämlich 1. vom Wagen bis zur Kokstasche, 2. von der Kokstasche in die Kübel, 3. von den Kübeln durch den Gichtverschluß und 4. vom Gichtverschluß bis zur Oberkante der Beschickung. Die Ergebnisse dieser Sturzproben sind jedoch nicht eindeutig, da ein Koks, der zäh und weich ist, diese Probe ebensogut überstehen kann als ein solcher, der zäh und hart ist. Rice baute deshalb auf den Bethlehem Steel Works für die physikalische Koksprüfung einen Apparat, der aus einer Vereinigung von Trommel und Kugelmühle besteht.

Eine 560 mm lange Stahltrommel von 490 mm Durchmesser, die an jedem Ende mit Türen und innen der Länge nach mit 38-mm-Winkeleisen versehen ist, wird von einem $^1/_4$ PS Motor in etwa 20 Umdrehungen in der Minute versetzt und mit einer Koksprobe von etwa 13,5 kg bei einer Stückgröße zwischen 1 Zoll und 2 Zoll etwa zur Hälfte ausgefüllt. Außerdem werden 11 Stahlkugeln von 32 mm ∅ zugesetzt und dann 62 Minuten lang geschleudert, worauf der Trommelinhalt durch ein Sieb mit $^1/_2$ Zoll Maschenweite gegeben wird. Der Rückstand wird gewogen und zum Gewicht der Koksprobe in Beziehung gebracht. Die so erhaltene Verhältniszahl nennt man die Kokshärtezahl und legt sie der physikalischen Koksbewertung zugrunde.

d) Bestimmung der Zerreiblichkeit des Kokses.

a) Breslauer Methode. Man bringt in einer Trommel von 1 m Durchmesser und 50 cm Länge etwa 50 kg Koks und dreht die Trommel vier Minuten bei 25 Touren in der Minute und läßt dann die Koksprobe durch Siebe von 100, 80, 40, 25 und 10 mm Maschenweite gehen.

1. Außergewöhnlich harter Koks behält	90%	auf dem 40 mm-Maschinensieb.
2. Sehr harter Koks behält	85%	
3. Harter Koks behält	80%	
4. Hinreichend harter Koks behält	75%	
5. Weicher Koks behält	darunter	

[1] Vgl. Ref. v. Wagner, A.: Stahl und Eisen 1921, S. 1577.

b) Methode von Häusser und Bestehorn[1]. Die von F. Häusser und R. Bestehorn konstruierte Trommel ermöglicht es gleichzeitig den Abrieb und die Sturzfestigkeit von Koks zu bestimmen.

Diese Trommel hat einen lichten Durchmesser von 800 mm bei 1000 mm lichter Länge. Im Innern der Trommel sind aufgebogene Schaufeln angeordnet, jede davon kann 10 kg Koks fassen, die Hälfte der 20 kg schweren Gesamtprobe. Bei jeder Umdrehung fällt der Koks etwa 500 mm hoch herab auf die Trommelwand. Die Geschwindigkeit wird so geregelt, daß pro Minute 15—17 Umdrehungen gemacht werden. Nach 1000 Umdrehungen wird der Koks über Siebe von 10, 15, 25, 35 und 50 mm Durchmesser gesiebt, die einzelnen Siebrückstände gewogen und wie üblich, die Festigkeitswerte in Prozenten errechnet; dabei kennzeichnen die Werte der gröberen Siebe die Sturzfestigkeit, die der feineren Siebe dagegen die Abriebfestigkeit.

c) Koksprüfung mit der Micum-Trommel[2]. Der auf Reparationskoks gelieferte Koks muß in der sogenannten Micum-Trommel auf seine Widerstandsfähigkeit gegen mechanische Beanspruchung geprüft werden; diese Methode hat in Rheinland-Westfalen große Verbreitung gefunden.

Der Koks wird in einer zylindrischen Blechtrommel von 1 m Durchmesser und 1 m Länge geprobt. Die Trommel ist im Innern mit 4 Winkeleisen von 100 mm Schenkellänge versehen, die an den Wänden des Zylinders in einem Abstand von je 90° angeordnet sind. Eine wie der Zylinder gewölbte Tür, die in Scharnieren befestigt ist und Abmessungen von 500 und 600 mm aufweist, gestattet das Einführen des Kokses in die Versuchstrommel. Die Trommel kann durch einen Motor in gleichmäßige Bewegung mit einer Geschwindigkeit von 25 Umdrehungen in der Minute gesetzt werden. Die Umdrehung geschieht in der Weise, daß jedes innere Winkeleisen den radialen Schenkel nach vorwärts wendet.

Jeder Teilversuch, der die dynamische Widerstandsfähigkeit des Kokses bestimmen soll, wird mit 50 kg Koks ausgeführt. Dieser Koks wird in die Versuchstrommel eingeführt, welche man in 4 Minuten 100 volle Umdrehungen um ihre waagerechte Achse machen läßt. Für die Dauer der 100 Umdrehungen wird ein Spielraum von 100 Sekunden nach oben und unten gestattet. Ein Vollversuch umfaßt für den Koks vier aufeinanderfolgende Teilversuche: es werden also 200 kg Koks hierfür benutzt. Die für die Vollversuche einzusetzenden Ergebnisse sind die arithmetischen Mittel aus den Ergebnissen der vier Teilversuche. Der Versuch wird soweit wie möglich mit Koks vorgenommen, der in

[1] Ber. Ges. f. Kohlentechnik, Bd 1, S. 350; ferner Handbuch der Kokerei, Bd 2, S. 14 (1928).

[2] Vgl. Dörflinger, G.: Stahl und Eisen 1927, S. 1867.

für den Empfänger bestimmte Wagen verladen ist und der aus einem in Ladung begriffenen oder beladenen Zuge ausgesetzt wird. Ausnahmsweise kann eine Tür des Wagens geöffnet und der Koks genommen werden wie er fällt.

Jede Probenahme wird wie folgt ausgeführt: Man nimmt mit einer Gabel von 50 mm lichter Zinkenweite eine Koksmenge, die 50 kg gleichkommt. Die Verwiegung wird in einem Metallkasten vorgenommen. Die Koksstücke werden mit der Hand in die Trommel gebracht, indem nur die leichten kleinen Stücke einfach ausgeschüttet werden. Die Trommel führt 100 Umdrehungen unter den oben dargelegten Bedingungen aus. Nachdem dies geschehen ist, wird der Koks zweimal über ein Siebblech mit kreisförmigen Löchern von 40 mm Durchmesser gesiebt.

Der Koks muß, um angenommen zu werden, einen Rückstand von über 72% ergeben. Die Versuche werden entweder im Versuchslaboratorium der nationalen Missionen oder auf einer Zeche, die im Besitz einer vorschriftsmäßigen Trommel ist, vorgenommen. Die Versuche werden in Gegenwart eines dazu bestimmten Vertreters der Zeche und eines Abnahmebeamten ausgeführt. Das Maß für die Festigkeit bestimmt die Koksmenge, die beim Absieben durch ein 40 mm-Sieb übrigt bleibt und ferner die Menge des gebildeten Koksgruses von 0—10 mm. Bei einem sehr harten Koks werden nach diesem Verfahren etwa 85% des Kokses in einer Stückgröße von mehr als 40 mm die Trommelprobe überstehen.

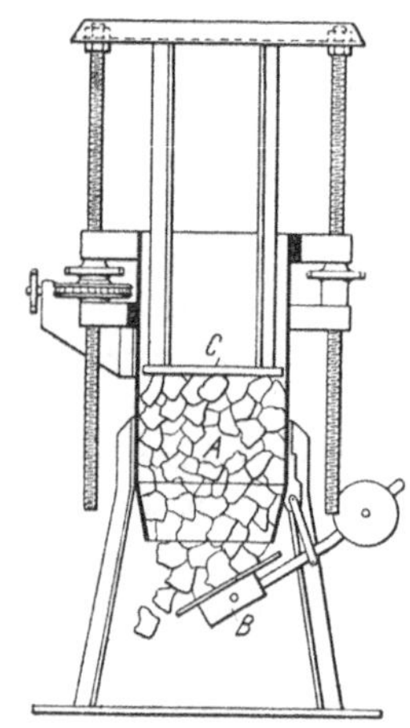

Abb. 69. Abriebbestimmung des Eisen- u. Stahlwerkes Hoesch AG. (Nach Stahl u. Eisen 1928, S. 33.)

d) Verfahren zur Abriebbestimmung des Eisen- und Stahlwerk Hoesch AG.[1]. Der Koks wird durch eine Profilverengung gedrückt, ähnlich wie dies beim Hochofen stattfindet gemäß Abb. 69. Die zu prüfende Koksmenge wird in den $^1/_3$ cbm fassenden Behälter *A* aufgegeben, der durch Klappe *B* verschlossen ist. Durch den Kolben *C* wird die Beschickung heruntergedrückt und da der Behälter *A* sich nach unten verengt, werden dort die einzelnen Koksstücke unter starkem Reiben aneinander so lange zusammengeschoben, bis ein Durchrutschen möglich ist. Die Verengung ist so bemessen, daß guter harter Koks das Zusammenschieben in der Profilverengung und das Durchdrücken ohne nennenswerten Abrieb übersteht. Nach dem Durchdrücken wird der Koks auf einem Sieb von 30 mm Lochweite abgesiebt und der auf dem Sieb

[1] DRP. Nr 441444, Kl. 42k, 28: Eisen- und Stahlwerk Hoesch u. Dipl.-Ing. Wolf. Vgl. Wolf, W.: Stahl und Eisen 1928, S. 33.

verbleibende Koks und der Abrieb gewogen. Die notwendigen Drucke bewegen sich zwischen 1—$2^1/_2$ kg pro Quadratzentimeter. Die Unterschiede in den Druckabriebwerten sind bedeutend größer als bei den Trommelverfahren, so daß sich die einzelnen Kokssorten in ihrem Abrieb gut voneinander unterscheiden. Gleichzeitig kann nach diesem Verfahren das spezifische Schüttgewicht bestimmt werden. Hierzu muß nur noch eine Nässebestimmung gemacht werden, da bei den Druckabriebproben jedesmal ein gleicher Rauminhalt gemessen wird[1].

Die Abriebmenge eines Hochofenkokses soll möglichst gering sein und 10% tunlichst nicht übersteigen, da viel Koksgrus sehr störend auf den geregelten Gang des Hochofens einwirkt.

4. Pyrochemische Untersuchung des Kokses.

a) Entzündbarkeit und Verbrennlichkeit.

Bestimmung der Entzündungstemperatur von Koks nach A. Bunte und A. Kölmel[2]. Die von A. Bunte und A. Kölmel zur Bestimmung der Entzündungstemperatur von Koks benutzte Apparatur zeigt Abb. 70.

In einem senkrecht stehenden Quarzrohr von 18 mm Durchmesser, das sich in einem elektrisch heizbaren Ofen befindet, wird Koks von 3—5 mm Korngröße langsam in einem gleichmäßigen Luftstrom von 15 l pro Stunde, der auf Ofentemperatur vorgewärmt ist, erhitzt. Zu diesem Zweck ist der untere Teil des Rohres mit Schamottestückchen gefüllt, hierüber kommt durch ein Drahtnetz getrennt der Koks. Durch das Rohr ist in einem Quarzglasschutzrohr ein Thermoelement gespannt, dessen Lötstelle sich 2—3 mm über dem Beginn der Koksschicht befindet. Das Thermoelement zeigt den Temperaturanstieg im Ofen, in dem Augenblick, in welchem die Entzündung des Kokses eintritt, erfolgt ein sehr deutlicher Temperatursprung, bei dessen Einsetzen der Zündpunkt des Kokses liegt.

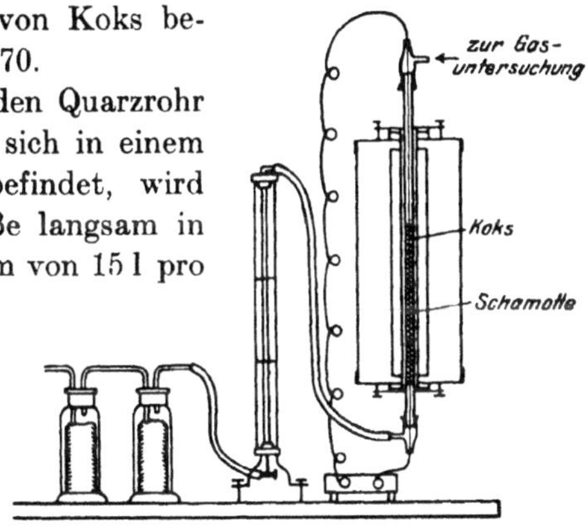

Abb. 70. Bestimmung der Entzündungstemperatur nach Bunte und Kölmel. (Nach G. u. W.-F. 1922, S. 592.)

Bestimmung der Verbrennlichkeit von Koks nach F. Fischer, P. K. Breuer und H. Broche[3]. Die benutzte Apparatur ist in Abb. 71 dargestellt.

---

[1] Vgl. hierzu Kinder, H.: Stahl und Eisen 1927, S. 1446; ferner Brennstofftechnik 1929, S. 136.

[2] Gas- u. Wasserfach 1922, S. 592. [3] Brennstoffchemie 1923, S. 33.

In einen elektrisch heizbaren Marsofen wird ein 50 cm langes Porzellanrohr mit einer lichten Weite von 1,5 cm so hineingelegt, daß das zum Acotometer führende Ende nur 6—7 cm aus dem Ofen herausragt, um den im Ofen durch die Temperatursteigerung bewirkten Effekt möglichst rasch im Acotometer sichtbar zu machen. Man schirmt den Ofen nach beiden Seiten durch, über das Porzellanrohr geschobene, Asbestscheiben ab. An das nur 6—7 cm aus dem Ofen herausragende Rohrende schließt man durch Gummistopfen und möglichst kurze Schlauchverbindung ein mit 50% iger Kalilauge gefülltes Acotometer an. Das Porzellanrohr steht einmal mit einem Kippschen Apparat in Verbindung, um die gesamte Apparatur mit luftfreier Kohlensäure anzufüllen, und ist ferner mit einem Kohlensäurebehälter verbunden, aus dem die zum Versuch benötigte, genau nach Menge und Geschwindigkeit zu messende luftfreie Kohlensäuremenge entnommen wird. Dieser Behälter besteht aus zwei, mit einem Schlauch verbundenen, Glasröhren von je 1,1 m Länge, 4 cm Durchmesser und einem Fassungsvermögen von einem Liter. Der direkt mit dem Apparat in Verbindung stehende Schenkel *G* ist graduiert und in Kubikzentimeter eingeteilt. Über dem zweiten nach oben offenen Schenkel *H* befindet sich eine tubulierte Flasche, aus der durch einen Quetschhahn regulierbar Wasser tropft, um die Höhe der über dem Niveau stehenden Wassersäule konstant zu halten, damit sie mit stets gleicher Geschwindigkeit in die Kohlensäure aus dem graduierten Schenkel in die Apparatur drückt. Außerdem trägt das Rohr *H* an seinem unteren Ende einen Hahn, um beim Füllen des Behälters mit Kohlensäure leicht das Wasser aus ihm abfließen lassen zu können. Der Koks befindet sich in einem Schiffchen von 4 ccm Fassungsvermögen und einer Oberfläche von 7,5 qcm. Die Temperatur des Ofens wird mit einem Thermoelement gemessen.

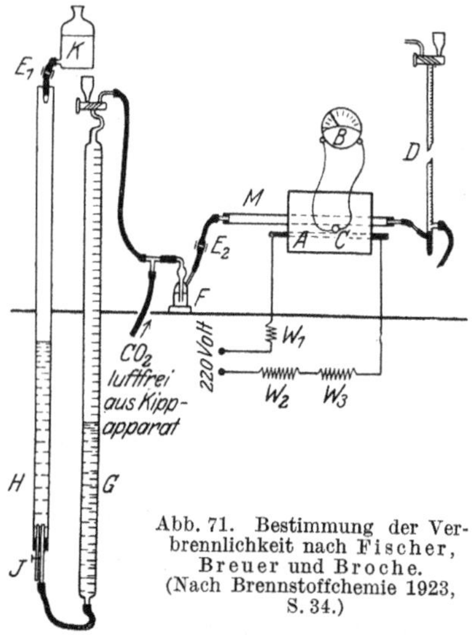

Abb. 71. Bestimmung der Verbrennlichkeit nach Fischer, Breuer und Broche. (Nach Brennstoffchemie 1923, S. 34.)

Der zu untersuchende Koks wird fein pulverisiert und durch Aussieben auf gleiche Korngröße gebracht. Man verwendet nur die Teile, die durch ein 30er aber nicht mehr durch ein 40er Maschensieb hindurchgehen. Man füllt das Schiffchen bis zum Rand mit dem Kokspulver und entfernt durch Abstreichen und Klopfen mit einem Spatel den Überschuß, so daß stets die gleiche Koksoberfläche der überstreichenden Kohlensäure dargeboten wird. Das Schiffchen schiebt man dann so in das Rohr, daß es mitten im Marsofen steht, und verbindet den Kippschen Apparat, den Kohlensäurebehälter und die als Blasenzähler dienende Waschflasche mit dem einen, das Acotometer mit dem anderen Ende des Rohres. Man läßt nun aus dem Kippschen Apparat bei tiefgestellter Birne des Acotometers solange Kohlendioxyd strömen, bis alle Luft verdrängt ist und das gesamte auftretende Gas von der Kalilauge im Acotometer absorbiert wird. Darauf füllt man den Kohlensäurebehälter mit Kohlensäure, stellt den Kippschen Apparat ab und entnimmt nunmehr die zum Versuche erforderliche Kohlensäure dem Behälter. Um einen stets konstanten Gasstrom zu erhalten, läßt man im Rohr *H* eine Wassersäule von 30—40 cm über Niveau stehen und hält ihre Höhe durch Zutropfen von Wasser konstant. Den Gasstrom stellt man durch den Regulierquetschhahn E_2 auf eine Strömungsgeschwindigkeit von 1 l in 5 Stunden ein; das entspricht einem Durchgang von 35 ccm in 10 Minuten. Es ist zweckmäßig, die je Minute durch die Waschflasche gehenden Blasen bei genau eingestellter Geschwindigkeit zu zählen, um so jederzeit leicht die Gasgeschwindigkeit kontrollieren zu können.

Hat man so eine konstante Strömungsgeschwindigkeit eingestellt und die Apparatur auf Luftfreiheit und Gasdichte geprüft, so beginnt man mit dem Anheizen des Ofens auf 400° und steigert von da an die Temperatur alle 10 Minuten um 50°. Sobald die Temperatur der beginnenden Verbrennlichkeit des Kokses erreicht ist, werden die in das Acotometer eintretenden Mikroblasen allmählich größer und nicht mehr völlig von der Kalilauge absorbiert. Man liest alle 10 Minuten folgende Daten ab: am Ofen die Temperatur; am CO_2-Behälter: Stand und Temperatur des Gasvolumens, Höhe der Wassersäule über dem Niveau und Blasenzahl in der Minute; am Acotometer: Stand und Temperatur des Kohlenoxydgases. Aus diesen Daten kann man die Strömungsgeschwindigkeit und die auf 0° und 760 mm Druck berechneten, angewandten und erhaltenen Gasmengen ermitteln und miteinander vergleichen. Solange die Zunahme des Gases im Acotometer für die Ablesungseinheit konstant bleibt, ist die Temperatur der beginnenden Verbrennlichkeit noch nicht erreicht. Daß überhaupt eine Volumenzunahme im Acotometer stattfindet, erklärt sich aus dem Vorhandensein der Mikrobläschen, da völlig luftfreie Kohlensäure schwer darstellbar ist. Sobald der Koks zu verbrennen beginnt, werden die Bläschen wesentlich größer und eine sich immer steigernde Volumenzunahme setzt ein; man geht mit der Temperatur etwa noch 50—100° über diesen Punkt und läßt sie dann abklingen, bis die Mikrobläschen wieder auftreten.

Bestimmung der Verbrennlichkeit des Kokses nach R. Metzger und F. Pistor[1]**.** Der Koks wird unter Durchleiten eines konstanten Luftstromes jeweils 10 Minuten bei ungefähr 400°, 500°, 600°, 700° und 800° im Ofen belassen und das den Koks enthaltende Schiffchen vor dem Einführen und nach dem Herausnehmen zur Bestimmung des Gewichtsverlustes, der das Maß der Verbrennlichkeit anzeigt, gewogen. Die Versuchsanordnung ist in Abb. 72 wiedergegeben.

In einem waagerecht stehenden elektrischen Ofen *A* füllt das Heizrohr *B* von 40 cm Länge und 4 cm Durchmesser bis zu $^1/_3$ seines Inhaltes

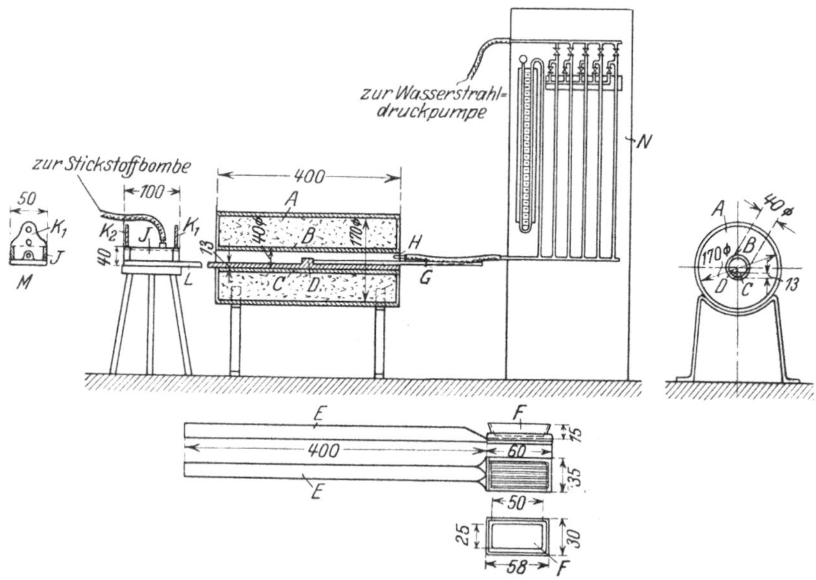

Abb. 72. Bestimmung der Verbrennlichkeit nach Metzger und Pistor. (Nach „Die Reaktionsfähigkeit des Kokses" S. 30.)

ein Halbrundeisen *C* aus. Die Lage des Anschlages *D* wird so gewählt, daß auf einer Fläche von 5—6 cm Länge — je nach Größe des Schiffchens — vor dem Anschlag die gleiche Temperatur herrscht. Der Eisenstab dient als Wärmespeicher und Leitschiene. Auf ihm gleitet eine Schaufel aus Quarzglas *E*, die ein Quarzschiffchen *F* von 5 cm Länge, $2^1/_2$ cm Breite und 1 cm Höhe aufnehmen kann. Die eine Seite des Ofens ist mit Asbestpappe, durch welche das Thermoelement *G* und das Luftzuleitungsrohr *H* führen, verschlossen. Auf der anderen Seite liegt auf einem Dreifuß, auf gleicher Bodenhöhe wie der Eisenstab, ein zur trockenen Löschung des Kokses bestimmtes rechteckiges Kästchen aus Eisenblech *I*, dessen beiden Schmalseiten als Schieber K_1 und K_2 aus-

[1] Die Reaktionsfähigkeit des Kokses. Halle/S. 1927.

gebildet sind, und dessen Boden nach der Seite des Ofens hin zur Verbindung mit der Eisenschiene eine Zunge *L* trägt. Der Stickstoff wird von oben eingeblasen. Die Schaufel mit dem Schiffchen gleitet durch das Kästchen in den Ofen und nach der Verbrennung in den Löschkasten, der inzwischen mit Stickstoff gefüllt ist, zurück. Um den Quarzstiel der Schaufel zu umfassen, sind die Schieber in der Mitte mit halbrunden Aussparungen *M* versehen.

Eine Bestimmung vollzieht sich im einzelnen wie folgt:

Der Ofen wird auf die gewünschte Temperatur einreguliert und der Luftstrom (25 l per Stunde) angestellt, das Schiffchen gleichmäßig mit feingepulvertem Koks (etwa 0,2 g) beschickt und durch das noch offene Kästchen hindurch in den Ofen bis zum Anschlag geschoben, während gleichzeitig der Beginn des Versuches durch Abstoppen einer Stoppuhr festgelegt wird. Inzwischen werden die Schieber eingesenkt und ein zunächst kräftiger, nach Füllung des Löschkästchens aber mäßiger Stickstoffstrom in dieses eingeleitet. Nach einer bestimmten Zeit zieht man die Schaufel unter Hochheben des vorderen Schiebers in das Kästchen hinein, verschließt dieses wieder und läßt den Koks im Stickstoffstrom abkühlen. Nach einigen Minuten kann man ihn ohne Gefahr im Exsikkator erkalten lassen. Der Koks wird aus dem Schiffchen in ein tariertes Wägegläschen gepinselt und gewogen, während der Ofen wieder erneut auf die nunmehr gewünschte Temperatur eingestellt und zur neuen Verbrennung bereitgehalten wird. Dabei ist folgendes zu beachten: Der Koks muß den Boden des Schiffchens in möglichst gleichmäßiger Verteilung ganz bedecken. Dies läßt sich nach einiger Übung leicht durch Verteilen mittels eines senkrecht geführten weichen Haarpinsels und leichtes Aufstoßen des Schiffchens erreichen. Zwischen dem Eisenstab, dem Heizkörper, dem Isoliermantel und der Außenluft muß sich vor Beginn des Versuches ein gewisses Gleichgewicht eingestellt haben. Dann sinkt die Temperatur nach dem Einführen des Schiffchens jedesmal um genau denselben Betrag. Zeigt das Thermoelement einen weniger großen oder größeren Temperaturabfall an, so ist zu früh mit dem Versuch begonnen worden. Es empfiehlt sich daher, den Ofen schnell anzuheizen, einzuregulieren und ihn vor Beginn der Versuche eine Stunde sich selbst zu überlassen. Kleine Schwankungen in der Luftzufuhr spielen keine Rolle, da mit Überschuß gearbeitet wird, dagegen muß die Versuchsdauer auf die Sekunde eingehalten werden. Unter diesen Bedingungen erhält man die Werte, die um 1—1,5, selten um 2 mg differieren.

Bestimmung der Reduktionsfähigkeit von Koks nach G. Agde und H. Schmitt[1]. Die von Agde und Schmitt zusammengestellte Apparatur zeigt Abb. 73.

[1] Theorie der Reduktionsfähigkeit von Steinkohlenkoks, S. 85. Halle/S. 1928.

Es wird über eine nach Kubikzentimetern gemessene Menge Koks von gleicher Korngröße und gleicher Schichthöhe ein Kohlensäurestrom von konstanter Geschwindigkeit geleitet, so daß in einem bestimmten Zeitabschnitt immer die gleiche Menge Kohlensäure mit dem Koks in Berührung tritt. Der Koks befindet sich in einem senkrecht stehenden Quarzrohr von 1 cm lichter Weite, welches von einem zweiten, längeren Quarzrohr umgeben ist. Dieses zweite Quarzrohr ist unter dem Glührohr zum Teil mit Schamottestückchen gefüllt, um das Vorwärmen der Kohlensäure zu ermöglichen. Das bei höheren Temperaturen aus dem inneren Quarzrohr austretende Reaktionsgemisch gelangt durch die

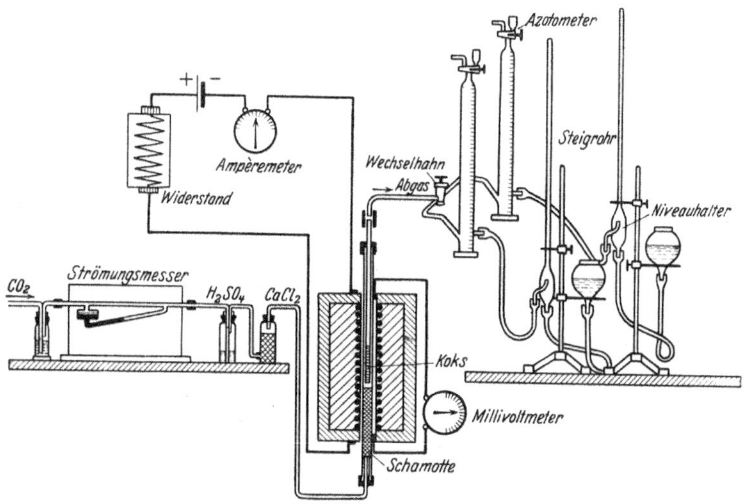

Abb. 73. Bestimmung der Reaktionsfähigkeit nach Agde und Schmitt. (Nach „Theorie der Reduktionsfähigkeit von Steinkohlenkoks" S. 86.)

unten beschriebene Apparateanordnung sofort zur Analyse. Zur Beheizung der beiden Quarzröhren diente ein kurzer elektrischer Ofen. Als Versuchstemperatur muß selbstverständlich eine über dem Reduktionspunkt — der Temperatur der beginnenden Reduktion — liegende Temperatur gewählt werden. Wie aus Abb. 73 ersichtlich, wird die Gasmessung in der angegebenen Weise so durchgeführt, daß die Reduktionsgase nach gleichen Zeitabschnitten abwechselnd in je eine von zwei Gasbüretten, nach Art der Acotometer, geleitet werden: die Umschaltung wird durch einen Greiner-Friedrichschen Wechselhahn so vorgenommen, daß die Abgase eines Reaktionsabschnittes von z. B. 5 Minuten in die eine Bürette — mit Wasserfüllung —, die der nächsten 5 Minuten in die andere Bürette — mit Kalilaugefüllung — eingeleitet werden.

Die an der Bürette mit angesäuertem Wasser abgelesenen Volumina stellen die Gesamtmenge Abgas dar, d. h. die Summe aus den wechselnden

Mengen Kohlenoxyd, dem restlichen Kohlenoxyd und den noch aus einer Nachverkokung entstehenden oder okkludiert gewesenen Gasen, wie Methan, Wasserstoff, Ammoniak, Stickstoff usw. Die an der anderen, mit 50%iger Kalilauge gefüllten Bürette abgelesenen Daten sind die Mengen der Abgase ohne das nicht reduzierte Kohlendioxyd und entsprechend zeitlich den zwischen den Ablesungen an der Wasserbürette liegenden Reaktionsabschnitten. Aus dem Mittel zweier Ablesungen an je einer Bürette läßt sich durch sinngemäße Differenzbildung mit der zugehörigen Ablesung an der anderen Bürette die noch vorhandene Menge Kohlendioxyd, sowie die vorhandene Menge Kohlenoxyd und andere Gase feststellen, weil die angewandte Menge Kohlensäure bekannt ist. Auf diese Weise ist eine fast kontinuierliche Absorptionsgasanalyse geschaffen, die durch volumetrische Messungen schnell genügend genaue Ergebnisse liefert und den Einfluß der gleichzeitig vorhandenen anderen Gasbestandteile, der die physikalischen Methoden unbrauchbar macht, vollkommen ausschaltet. —

Der Kohlendioxydstrom wird mit gleichbleibender Geschwindigkeit von z. B. 20 ccm in 10 Minuten über den Koks geleitet. Die Messung dieses geringen Stromes wird einmal durch einen zu diesem Zweck besonders konstruierten Strömungsmesser ausgeführt; dieser Strömungsmesser ist eine vereinfachte Nachbildung des Mikromanometers nach Fueß und hat — bei einem kapillaren Querschnitt von 0,5 mm — ein Meßbereich von 10 ccm bis 500 ccm in 10 Minuten. Alsdann konnte auch durch Auszählen der Blasen in den eingeschalteten Waschflaschen eine gewisse Kontrolle ausgeübt werden. Zum Konstanthalten des Druckes kann man außerdem noch eine Hempelbürette als Manometer einschalten, wobei der Höhenunterschied der Menisken der Sperrflüssigkeit bei gleichem Druck derselbe sein muß.

Der zerkleinerte Koks wird auf Korngröße 2—3 mm ausgesiebt, d.h. es wird nur die Siebfraktion genommen, die durch ein Sieb von 3 mm Maschenweite hindurchgeht und auf einem Sieb von 2 mm Maschenweite liegen bleibt: die Maschen haben quadratische Form. Zur Untersuchung gelangen je 5 ccm Koks, die bei gleichem „Stauchungsgrad" gemessen werden müssen, etwa so, daß man in einer Mensur die 5 ccm mit Hilfe von dreimaligem Aufstoßen aus gleicher Höhe — 30 cm — abmißt. Das läßt sich am besten so durchführen, daß man das Meßgefäß frei durch ein Glasrohr als Fallhöhenmesser auf eine Filzunterlage fallen läßt.

Nachdem die 5 ccm Koks in die innere Quarzröhre gebracht sind, läßt man einen CO_2-Strom in der bestimmten Stärke von z. B. 10 ccm in 5 Minuten bei einer Temperatur von 200—300° C ungefähr 2—3 Stunden lang durch die Kokssäule — bei einem Rohrdurchmesser von 1 cm ist die Schichthöhe 6,3 cm — streichen. Während dieser Trocknung des Kokses und der unter diesen Bedingungen gegebenen Verdrängung der adsorptiv festgehaltenen Mengen an Luft, Wasserstoff, Methan, Stickstoff usw., entfernt man das Küken des Greiner-Friedrichschen-Hahnes. Nur zur gelegentlichen Prüfung auf Luftfreiheit läßt man die Abgase in die Kalilaugebürette gehen, wo bei Luftfreiheit nur einige Mikrobläschen aufsteigen dürfen. Daß überhaupt noch etwas Luft vorhanden ist, rührt daher, daß erstens die Kohlensäure nie vollkommen luftfrei zu bekommen ist, und zweitens der Koks bei 200—300° immer noch eine gewisse Absorptionsfähigkeit gegenüber Luft aufweist, trotz der verdrängenden Wirkung der Kohlensäure. Diese Vorbereitung des Kokses erfordert in der Regel 2—3 Stunden.

Ist der Koks auf diese Weise für die Untersuchung vorbereitet, so läßt man die Reaktionsgase in die Wasserbürette gehen und stellt hierbei den Kohlensäurestrom mittels Klemmschraube auf die gewünschte Stärke ein — z. B. 10 ccm in 5 Minuten. Voraussetzung für das Konstanthalten des Kohlensäurestromes ist außer den oben bereits angegebenen Kontrollmaßnahmen ein konstanter Unterdruck, der durch entsprechende Einstellung der Niveauhalter erreicht wird.

Das Konstanthalten einer bestimmten Niveauhöhe ist Vorbedingung für die Erzielung richtiger, vergleichbarer Ergebnisse.

Man erreicht das durch einen sogenannten Niveauhalter, wie ihn Abb. 73 zeigt. Er besteht aus einem Glasrohr, das länger ist als das Gasauffanggefäß und endet unten in einer Überlaufbirne. Die Überlaufbirne stellt eine Erweiterung des Querschnittes dar, seitlich ist ein Ansatz angebracht für den Zuflußschlauch; der Ansatz führt durch die Wandung der Birne bis in deren Mitte hinein und endet dort in einer abgeschrägten Mündung. Unten trägt die Birne einen Schlauchansatzstutzen zur Verbindung mit dem eigentlichen Niveaugefäß.

Die Handhabung und Wirkungsweise des Niveauhalters ist so, daß nach Herstellung der Schlauchverbindungen die Niveaumündung etwas höher gestellt wird als das Gaszuführungsrohr in die Bürette. Dann wird durch Heben des Niveaugefäßes das Gasauffanggefäß vollständig mit Sperrflüssigkeit gefüllt und nach Senkung und Feststellung des Niveaugefäßes der Niveauhalter langsam so weit gesenkt, daß bei weiterer Senkung gerade Luftblasen in das offene Gaszuführungsrohr der Bürette eintreten können. Dann ist die Bürettenflüssigkeit mit dem Luftdruck im Gleichgewicht und bei der geringsten Überschreitung des Druckes am Gaszuführungsrohr wird dieser Druck aufgenommen. Die Niveauhaltereinstellung muß stets dem jeweiligen Atmosphärendruck angepaßt werden.

Geht man nun mit der Temperatur höher als die Verdrängungstemperatur von 200° und läßt dabei die Abgase in die Kalilaugebürette gehen, so tritt bei einer gewissen Temperatur der Fall ein, daß die Zunahme an Gas während eines bestimmten Zeitraumes (10 Minuten) einen vorher gemessenen konstanten Wert übersteigt. Diese Temperatur wird die Temperatur des Reduktionsbeginns oder kurz „Reduktionsbeginn" genannt. Es ist zweckmäßig, wenn man bei der genaueren Bestimmung dieser Temperatur eine bestimmte Anheizgeschwindigkeit (z. B. 10°/5′) einhält, nachdem man vorher an einer anderen Probe durch eine orientierende Bestimmung den Temperaturpunkt schon annähernd ermittelt hat.

Nach dieser Feststellung des Reduktionsbeginns stellt man den Kohlensäurestrom ab und heizt weiter an bis zu der für die Reduktionsfähigkeitsmessung gewählten Temperatur. Während dieses Anheizens auf die Versuchstemperatur bei abgestelltem Kohlensäurestrom läßt man die freiwerdenden Gase bzw. okkludierte Kohlensäure in die Wasserbürette gehen, um so die Apparatur vollkommen gegen die Luft abzuschließen.

Da die Restgase[1] einen sehr großen Einfluß auf die Reduktionsfähigkeit haben, so ist besonders darauf zu achten, daß auch bei der Nachverkokung konstante Versuchsbedingungen vorliegen, nämlich, daß beim Anheizen auch die Versuchstemperatur stets die gleiche Anheizgeschwindigkeit (25°/5′) benutzt wird.

Bei der Versuchstemperatur angelangt, wird wieder die Kohlensäure über den Koks geleitet — in der vorher eingestellten Stärke — und sofort mit den Ablesungen an den Büretten begonnen.

Zur Berechnung der Reduktionsfähigkeit aus den Ablesungen an den Büretten muß folgendes angeführt werden:

Als Maß der Reduktionsfähigkeit wird zweckmäßig die Menge Kohlensäure in Prozent der angewandten Menge Kohlensäure gewählt, die bei den gewählten Versuchsbedingungen (Temperatur, Koksmenge, Korngröße, Kohlensäureströmungsgeschwindigkeit usw.) zu Kohlenoxyd reduziert wird. Werden also z. B. in 5 Minuten 10 ccm Kohlensäure über den Koks geleitet und am Ende dieser 5 Minuten durch Analyse der Reaktionsgase nur noch 5 ccm Kohlensäure festgestellt, so beträgt die summarische Reduktionsfähigkeit des Kokses während dieser 5 Minuten 50% — sie stellt also einen Mittelwert der Reduktionsfähigkeit dar und kann als Abhängige von der Reaktionsdauer zur Zeit der analytischen Feststellung, d. i. am Ende des 5 Minuten-Abschnittes in ein Koordinatensystem eingetragen werden.

Da also die Reduktionsfähigkeit in Prozenten der jeweiligen Menge an Kohlensäure ausgedrückt wird, so ist eine Reduktion der Volumina

[1] Als „Restgase" werden die gasförmigen Stoffe bezeichnet, die bei der Nacherhitzung des Kokses entstehen. Der Ausdruck ist deshalb gewählt worden, weil diese Gase bei der Bestimmung als Rest bleiben (sie bestehen aus CH_4, H_2, N, NH_3) und um nicht den Ausdruck „flüchtige Bestandteile" verwenden zu müssen, der wenig exakt ist.

auf 0°/760 mm entbehrlich. Dagegen ist bei der Berechnung zu beachten, daß die über Wasser gemessenen Volumina auf trockenen Zustand reduziert werden müssen. Das über 50%iger Kalilauge aufgefangene Gas kann als praktisch trocken angesehen werden; die Wasserbüretten werden dabei um rund 2% — genauer 2,3% — niedriger.

Bezeichnet man die an der Wasserbürette festgestellten Daten oder die Mittelwerte zweier Wasserbürettenablesungen mit u, die entsprechenden Ablesungen bzw. Mittelwerte der Kalilaugebürette mit v und die Menge Restgas mit x, so ist

$$u = CO_2 + CO + x \quad (1)$$
$$v = CO + x \quad (2)$$
$$\overline{u - v = CO_2}$$

d. i.: Die Differenz zweier zugeordneter Ablesungen gibt die Menge der noch vorhandenen Kohlensäure an. Die Menge der angewandten Kohlensäure (a) wird um die Hälfte des entstandenen Kohlenoxyd (y) vermindert — nach der Gleichung $CO_2 + C = 2\,CO$; das noch vorhandene Kohlendioxyd ist also:

$$CO_2 = a - {}^1/_2\, y \quad (3)$$

oder

$$u - v = a - {}^1/_2\, y,$$

hieraus

$$y = 2\,(a - u + v)$$

das entstandene Kohlenoxyd.

In (2) eingesetzt, ergibt sich

$$x = v - 2 \cdot (a - u + v),$$

hieraus

$$x = 2\,(u - a - {}^1/_2\, v)$$

das entstandene Restgas.

Die Gleichungen 1, 2 und 3 sind drei Gleichungen mit drei Unbekannten, die alle nach der Substitutionsmethode errechnet werden können. In Worten läßt sich diese Berechnung so ausdrücken:

Die absolute Menge Kohlenoxyd findet man dadurch, daß man die Differenz der Wasserbüretten, oder Kalilaugebüretten, Ablesungen bzw. der entsprechenden Mittelwerte von der angewandten Menge Kohlensäure abzieht und den so gefundenen Wert verdoppelt.

Das beigemengte Restgas wird gefunden, indem man von der Kalilauge Ablesung oder dem Mittel zweier KOH-Ablesungen den errechneten Wert für Kohlenoxyd abzieht.

Da aber die Reduktionsfähigkeit nicht in absoluten Mengen Kohlenoxyd, sondern in Prozenten der angewandten Menge Kohlensäure ausgedrückt werden soll, muß noch folgende Umrechnung vorgenommen werden:

noch vorhandene Menge Kohlensäure: $CO_2 = u - v$

reduzierte Menge Kohlensäure: $R = a - (u - v)$

oder in Prozenten ausgedrückt

$$\% \ R = \frac{100 \cdot (a - u + v)}{a}.$$

Z. B. wird bei einer Kohlensäuregeschwindigkeit von 10 ccm/5, d. h. wenn $a = 10$, die Reduktionsfähigkeit

$$\% \ R = 10 \cdot (10 - u + v).$$

b) Heizwert.

Die Wärmemenge, die bei der vollständigen Verbrennung eines Körpers entwickelt wird, bezeichnet man als seinen Heizwert. Je nachdem man den Heizwert auf den flüssigen oder dampfförmigen Zustand des in den Verbrennungsprodukten enthaltenen Wassers bezieht unterscheidet man zwischen einem oberen und unteren Heizwert.

Berechnung des unteren Heizwertes aus der Elementaranalyse. Aus der Elementaranalyse des Kokses kann man seinen Heizwert in bezug auf dampfförmiges Wasser von 20° C nach der sogenannten Dulongschen Formel folgendermassen berechnen:

$$\text{Heizwert} = \frac{8100\ C + 34400\ (H - {}^1/_8 O) + 2196\ S - 605{,}5\ W}{100}.$$

Da in diese Formel die Verbrennungswärmen für die freien Elemente C, H, S eingesetzt sind, also die Formel immerhin nur Annäherungswerte geben kann, so benutzt man für die technischen Zwecke meist die abgerundete sogenannte Verbandsformel.

$$\text{Heizwert} = 81\ C + 290\ (H - {}^1/_8 O) + 25\ S - 6\ W,$$

worin W das hygroskopische Wasser bedeutet. Zur Berechnung des in der Formel enthaltenen Sauerstoffs bedarf man der Kenntnis des Stickstoffgehaltes der Probe. Wird der Stickstoff nicht bestimmt, so wird er zu 1% angenommen. Der Heizwert wird in Wärmeeinheiten (WE) oder in Calorien (Cal) ausgedrückt; als WE gilt diejenige Wärmemenge, durch welche die Temperatur von 1 kg Wasser von 15° C um 1° C erhöht wird. Diese Berechnung des Heizwertes liefert nur Annäherungswerte; die Fehler beim Berechnen des Heizwertes nach der Verbandformel treten jedoch beim Koks weniger in Erscheinung als bei gasreicher Steinkohle.

Rhodin[1] hat gefunden, daß die Dulongsche Formel bei kohlenstoffreichen Brennstoffen zu niedrige Werte geben kann, als bei der direkten

[1] Metallurgische Berechnungen von W. Richards. Deutsche Bearbeitung von Neumann und Brodal. Berlin 1913.

Bestimmung. Er leitet deshalb aus Korrekturen der spezifischen Wärme von C, H, S folgende verbesserte Formel ab:

$$\text{Heizwert} = \frac{8143\,C + 34416\,(H - {}^{1}/_{8}O) + 2526\,S - 529\,W}{100}.$$

Berechnung des oberen Heizwertes oder der Verbrennungswärme. Die Verbrennungswärme des Kokses läßt sich mit einer Annäherung von 1% berechnen aus seinem Prozentgehalte an brennbarer Substanz, indem man diesen multipliziert

bei garem Hüttenkoks mit 79,5,
bei garem Gaskoks mit 80,
bei Tiegelkoks nach der amerikanischen Probe mit 81 und
bei Tiegelkoks nach der Bochumer Probe mit 81,4.

Der Grund für diesen verschiedenartigen Faktor liegt in der Art der Verkokung begründet.

Bestimmung des Heizwertes durch Verbrennung in der Calorimeterbombe[1]. Die Verbrennung des Kokses in der Calorimeterbombe erfolgt durch verdichteten Sauerstoff. Die Bombe besteht aus einem vernickelten Stahlgefäß, daß ungefähr 300 ccm faßt und fest verschraubbaren Deckel aufweist. Der Deckel trägt in der Mitte eine Verstärkung, durch welche die Gaszu- und -ableitungskanäle gelegt sind. Einen Kanal (s. Abb. 74), fortgesetzt durch das Platinrohr 2 benutzt man zur Einleitung des Sauerstoffs, den Kanal 3 zur Fortleitung der Verbrennungsgase. Beide Kanäle sind durch die Ventilschrauben 4 und 5 verschließbar. Außerdem können die Austritte mit den Schrauben 6 und 7 armiert werden. Durch die Mitte des Deckels führt der isolierte Platindraht 8. Dieser und das Platinrohr 2 besitzen je einen kurzen Platinansatz, um die der Zünddraht geschlungen wird. Der Platintiegel 9 nimmt die zu verbrennende Substanz auf. Die Schrauben 10 und 11 dienen zum Festklemmen der elektrischen Leitungsdrähte.

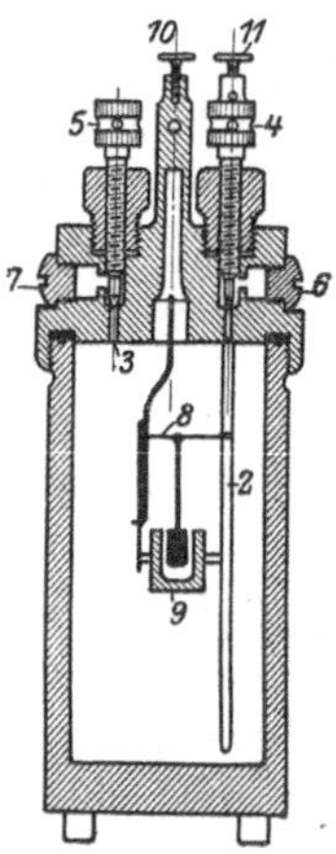

Abb. 74. Calorimeterbombe.

Die Entzündung des Brennstoffs erfolgt, indem man den um die Kohle gewickelten und in die Substanz hineinreichenden oder in das Brikett eingepreßten Eisen- oder Platindraht zum Abschmelzen oder Erglühen bringt und dadurch eventuell einen Zwirnfaden zum Brennen bringt. Als Stromquelle benutzt man Tauchbatterien oder Akkumulatoren; am bequemsten ist die Verwendung von Strom aus einem vorhandenen Stromnetz. Die Spannung muß alsdann auf etwa 8—10 Volt gedrosselt werden.

[1] Nach Hinrichsen und Taczak: Glückauf 1913, S. 816.

Nach dem Abwägen eines etwa 6 cm langen Eisendrahtes wird etwa 1 g Koks in die Bombe in den Platintiegel *g*, der zur Erzielung einer vollständigen Verbrennung mit ausgeglühtem Asbestpapier ausgekleidet ist, eingesetzt. Die Drahtenden werden um die beiden Polenden geschlungen. Die Bombe wird darauf verschlossen, mit Sauerstoff von 25 Atm. Druck gefüllt und in ein vernickeltes Calorimetergefäß hineingesetzt, in dem sich 2000 g Wasser befinden. Die Temperatur dieses Wassers ist so zu wählen, daß die nach der Verbrennung erhaltene Temperatur ungefähr soviel über der Zimmertemperatur ist, als sie vorher unter ihr war. Das Calorimetergefäß mit der Bombe wird in ein aus einem doppelwandigen kupfernen Kessel bestehendes Isoliergefäß eingesetzt, das mit Wasser von Zimmertemperatur gefüllt ist. In das Calorimetergefäß wird noch ein Rührwerk und ein in 0,01° geteiltes Thermometer gebracht, das mit Lupe noch 0,001° zu schätzen gestattet; an die Klemmen *h* und *i* wird die Stromleitung angeschlossen. Das Rührwerk wird nun in Bewegung gebracht, indem etwa 60 Uml./Min. ausgeführt werden. Nachdem der Temperaturausgleich eingetreten ist, wird die Temperatur des Calorimeterwassers von Minute zu Minute neunmal abgelesen und aufgezeichnet. Gewöhnlich steigt während dieses Vorversuches die Temperatur gleichmäßig um einige Tausendstel Grad an. Nachdem dann der elektrische Strom geschlossen ist, beginnt der Hauptversuch.

Der in der Bombe befindliche, in den Koks eintauchende Eisendraht bzw. die Zündschnur wird ins Glühen gebracht und verbrennt augenblicklich samt dem Koks. Die entwickelte Wärme wird den Wänden der Bombe und dann dem Calorimeterwasser mitgeteilt. Das Thermometer beginnt sehr schnell zu steigen, und die minutlichen Ablesungen sind mit besonderer Sorgfalt vorzunehmen bis zur Feststellung des Höchstwertes der Temperatur, der in der Regel nach 2—3 Minuten eintritt. Im Nachversuch wird das Sinken der Temperatur während weiterer neun Minuten festgestellt. Nach Beendigung des Versuches wird die Bombe aus dem Wasser gehoben, der Überdruck herausgelassen und der Bombendeckel abgeschraubt. Etwa nicht verbrannte Teile des Eisendrahtes werden gewogen und von dem ursprünglichen Gewicht abgezogen. Als Verbrennungswärme für Eisen zu magnetischem Eisenoxyd werden nach Stohmann[1] rund 1600 gcal in Abzug gebracht.

Eine weitere Korrektur ist ferner noch für diejenigen Wärmemengen anzubringen, die bei der Verbrennung des im Koks enthaltenen Stickstoffs und Schwefels zu Salpetersäure und Schwefelsäure gebildet wird. Die Wärmetönung für die Verbrennung eines Gramm Moleküls Stickstoff zu Stickstoffpentoxyd (N_2O_5) in Lösung beträgt 28600 cal.

[1] J. prakt. Chem., Bd 39, S. 508.

1 g Stickstoff erzeugt daher bei der Verbrennung $\frac{28600}{28} = 1021$ cal/ccm einer $^1/_{10}$ normalen Lösung von Salpetersäure, enthaltend 0,0014 g N, entspricht daher einer Wärmeentwicklung von $0{,}0014 \cdot 1021 = 1{,}43$ cal. Man braucht infolgedessen zur Anbringung der Korrektur wegen Bildung von Salpetersäure aus dem Stickstoff des Kokses nur die bei der Verbrennung entstandene Salpetersäure zu bestimmen, den gefundenen Wert, ausgedrückt in Kubikzentimeter einer $^1/_{10}$ normalen Lösung, durch Multiplikation mit 1,43 auf Calorien umzurechnen und die so gefundene Zahl von der unmittelbar in der Bombe enthaltenen Verbrennungswärme in Abzug zu bringen.

Als Korrektur für die Bildung von Schwefelsäure kommt nur der Unterschied zwischen den Wärmetönungen für die Bildung von Schwefeldioxyd und Schwefeltrioxyd in Betracht, da der Heizwert stets auf gasförmiges Schwefeldioxyd bezogen wird. Die Bildungswärme von einem Gramm-Molekül gasförmigen Schwefeldioxyds aus Schwefel und Wasserstoff beträgt 69300 cal für Schwefelsäure in wäßriger Lösung aus Schwefel, Sauerstoff und Wasser 141100 cal. Der Unterschied zwischen diesen beiden Werten, entsprechend der Umwandlung von einem Gramm-Molekül Schwefeldioxyd in Schwefelsäure beträgt demnach 71800 cal, mithin für 1 g Schwefel $\frac{71800}{32} = 2250$ cal. Für jedes Prozent Schwefel in 1 g Substanz ist demnach die Korrektur von $\frac{2250}{100} = 22{,}5$ cal in Abzug zu bringen. Für 1 ccm einer $^1/_{10}$ normalen Lösung von Schwefeldioxyd entsprechend 0,0032 g Schwefel, berechnet sich demnach eine Korrektur von $\frac{22{,}5 \cdot 0{,}32}{2} = 3{,}6$ cal. Die Bestimmung von Salpetersäure und Schwefelsäure nach erfolgter Verbrennung in der Bombe wird praktisch folgendermaßen ausgeführt:

Das Bombengefäß und der Deckel werden mit destilliertem Wasser mehrere Male ausgespült, dann wird die Flüssigkeit einige Zeit gekocht, um die Kohlensäure zu vertreiben. Nach Zusatz von einigen Tropfen Phenolphthalein wird die Gesamtsäure[1] mit $^1/_{10}$ n-Barytwasser titriert und eine bestimmte Menge $^1/_{10}$ n-Sodalösung hinzugefügt, wodurch das gebildete Bariumnitrat als Bariumcarbonat gefällt wird. Man filtriert nun von dem Niederschlag ($BaSO_4 + BaCO_3$) ab, vorteilhaft unter Benutzung von $^{10}/_{11}$ Kölbchen, um das lästige Auswaschen zu vermeiden, und titriert mit $^1/_{10}$ n-Salzsäure und Methylorange als Indikator den Überschuß an $^1/_{10}$ n-Sodalösung zurück. Hiermit hat man die Anzahl von Kubikzentimetern festgestellt, die zum Neutralisieren der in der Bombe gebildeten Schwefel- (n_s) und Salpetersäure (n_n) erforderlich waren. Die Abzüge berechnen sich alsdann für die Umwandlung der

[1] Vgl. Langbein: Z. angew. Chem. 1900, S. 1260.

schwefligen Säure in Schwefelsäure zu $n_s \cdot 3{,}6$ cal und wegen Bildung von Salpetersäure zu $n_n \cdot 1{,}43$ cal.

Berechnung der Korrektionsgröße für Wärmeaustausch mit der Umgebung. Das gesamte Calorimeter kann, wie jeder andere Körper nach seinen Zustandsbedingungen von außen her Wärme aufnehmen oder abgeben. Da aber bei der calorimetrischen Messung unter diesen Bedingungen Temperaturunterschiede ermittelt werden, muß man gewisse Korrekturen anbringen, die den wahren Temperaturunterschied erst ergeben und die durch Wärmeaufnahme oder -abnahme bedingten Fehler ausscheiden, so daß eine gemessene Temperaturerhöhung nur von der untersuchten Substanz herrührt. Die Korrektionsgröße wird hierbei so aufgefaßt, daß ihr Wert angibt, um wieviel Grade höher oder niedriger Zuschläge oder Abzüge von einem gemessenen Temperaturunterschied zu machen sind. Von Regnault-Pfaundler[1] ist eine Formel angegeben worden, welche die Korrektionsgröße annähernd zu berechnen gestattet:

$$u' = mv_\Delta + \frac{n_\Delta - v_\Delta}{N - V}\left(\frac{(H_1 + H_m)}{2} + \sum_{1}^{m-1} H - mV.\right)$$

Darin ist:

V = mittlere Temperatur in dem Vorversuch,
v_Δ = Verlust an Temperatur auf 1 Intervall des Vorversuchs,
H = Temperaturablesungen während des Hauptversuchs,
H_1 = erste, H_m = letzte } Ablesung während des Hauptversuchs,
N = mittlere Temperatur in dem Nachversuch,
n_Δ = Verlust an Temperatur auf 1 Intervall des Nachversuchs,
m = Anzahl der Temperaturablesungen im Hauptversuch,
$\sum_{1}^{m-1} H$ = Summe aller Temperaturablesungen im Hauptversuch mit Ausnahme der ersten und letzten Aufzeichnung.

Wasserwert. Ein Teil der Wärme, welche die Verbrennung des Brennstoffs erzeugt, wird vom Calorimeter selbst aufgenommen; außer dem im Calorimeter befindlichen Wasser nehmen aber auch die Bombe, der Rührer, das Wassergefäß und das Thermometer an der Erwärmung teil. Um diese Wärmeabsorption zu berücksichtigen, wird die Wärmekapazität des Apparates bestimmt; man rechnet die Wärmemenge, die bei einer Temperatursteigerung des Calorimeterwassers um 1° C von dem Apparat aufgenommen wird, auf die äquivalente Menge Wasser um und nennt diese Konstante Wasserwert des Instruments. Zur Ermittlung der Konstante gibt es mehrere Verfahren, die sicherste und bequemste Art ist, die gewogene Menge einer Substanz, deren Verbrennungs-

[1] Poggendorfs Annalen 1886, S. 102.

wärme mit Sicherheit bekannt ist, im Calorimeter unter gleichbleibenden Umständen wie später zu verbrennen und die hierbei auftretende Temperaturerhöhung zu messen, woraus sich dann der Wasserwert des Apparates berechnet. Hierzu eignet sich z. B. Benzoesäure, deren Verbrennungswärme von E. Fischer und F. Wrede[1] mit großer Zuverlässigkeit zu 6333 WE bestimmt worden sind; es empfiehlt sich ein Zusatz von ausgeglühter Kieselsäure zur Verringerung der Reaktionsgeschwindigkeit.

Beispiel:

Angewandtes Material: Benzoesäure (6366 WE).
Einwaage: 0,8200 g Zünddraht 0,0190 g

Gewicht des Wassers im Calorimetergefäß	2000 g
Beobachtete Temperaturerhöhung des Calorimeterwassers	2,201° C
Berichtigung wegen Wärmeaustausch	0,009° C
Berichtete Temperaturerhöhung	2,210° C
Erzeugte Wärmemenge durch Benzoesäure 6333 • 0,82 =	5193,06 WE
Erzeugte Wärmemenge durch Eisendraht 1600 • 0,019 =	30,40 WE
Erzeugte Wärmemenge insgesamt	5223,46 WE
Erzeugte Wärmemenge auf 1° C Temperaturunterschied	2364 WE
Im Calorimeter verwandte Wassermenge	2000 g
Wasserwert des Apparates	364 g

Zur Nachprüfung der Bestimmungen empfiehlt es sich, von der benutzten Substanz verschiedene Mengen zu verbrennen. Der Wasserwert ist in bestimmten Zeitabschnitten nachzuprüfen.

Zur Ausführung der calorimetrischen Bestimmungen soll ein Raum benutzt werden, dessen Temperaturschwankungen möglichst gering bleiben.

Korrektur wegen Verdampfung des Wassers. Unter Verbrennungswärme versteht man diejenige Wärmemenge, die bei der vollständigen Verbrennung der Gewichtseinheit des Brennstoffs zu Kohlendioxyd, Schwefeldioxyd und flüssigem Wasser entsteht.

Der praktisch nutzbare Heizwert unterscheidet sich von der Verbrennungswärme um die Verdampfungswärme des Gesamtwassers.

Ist V die Verbrennungswärme, F das hygroskopische Wasser, ermittelt durch einstündiges Trocknen des Materials bei 105° C, H der Wasserstoffgehalt, so berechnet sich der Heizwert W, unter Berücksichtigung der Tatsache, daß die Verdampfungswärme für 1 g Wasser 600 WE, mithin für 1 Gewichtsprozent Wasser 6 WE beträgt, folgendermaßen:

$$W = V - 6\,(F + 9\,H).$$

Da der Inhalt der Bombe nach der Verbrennung zur Bestimmung der gebildeten Schwefel- und Salpetersäure verwandt wird, so muß zur Ermittelung des Gesamtwassers eine besondere Wasserbestimmung im Rohr gemacht werden.

[1] Z. phys. Chem. 1909, S. 235.

Der Heizwert wird also bezogen auf Kohlendioxyd, gasförmige schweflige Säure und Wasserdampf bei Zimmerwärme.

Zwei nebeneinander ausgeführte Versuche mit demselben Brennstoff dürfen höchstens einen Unterschied von 20—25 WE aufweisen.

Verdampfungswert. Neben dem Heizwert des Brennstoffs in Wärmeeinheiten gibt man auch als Wertmesser diejenige Wassermenge, ausgedrückt in Kilogramm, an, die durch 1 kg des Brennstoffs zur Verdampfung gebracht wird. Um 1 kg Wasser von 0° C in Wasser von 100° C zu verwandeln, sind 100 WE, und um dieses Wasser von 1000° C in Wasserdampf von 100° C überzuführen, 637 WE nötig. Teilt man also den Heizwert durch die Zahl 637, so erhält man den theoretischen Verdampfungswert, d. h. die Anzahl Kilogramm Wasser von 0° C, die 1 kg des Brennstoffs bei der Verbrennung in Wasserdampf von 100° C verwandeln würde.

Beispiele.

Bestimmung des Heizwertes.

Zustand der Probe: lufttrocken (Wasserverlust 1,50%).

		Versuch I	Versuch II
Gewicht des Eisendrahts und der Probe	g	1,0605	1,0245
Gewicht des Eisendrahts allein (z)	g	0,0190	0,0200
Gewicht der Probe (e)	g	1,0415	1,0045
Gewicht des Wassers im Calorimetergefäß	g	2000	2000
Wasserwert der Bombe	g	365	360
Zusammen (w)	g	2365	2360
Thermometerablesung (u_1)	° C	17,285	17,383
Thermometerablesung (u_2)	° C	20,622	20,611
Berichtigung wegen Wärmeaustausch (u')	° C	0,011	0,011
Berichtigte Temperaturerhöhung ($u_2 - u_1 + u'$)	° C	3,348	3,239
Erzeugte Wärmemenge $w(u_2 - u_1 + u')$	cal	7918,0	7644,0
Abzug für Zünddraht ($z \cdot 1600$)	cal	30,4	32,0
Abzug für Salpetersäure ($n_n \cdot 1{,}43$)	cal	1,6	1,4
Abzug wegen Umwandlung der schwefligen Säure in verdünnte Schwefelsäure ($n_s \cdot 3{,}6$)	cal	23,4	21,6
Verbrennungswärme von e g der Probe (v)	cal	7862,6	7589,0
Verbrennungswärme von 1 g der Probe $v = \frac{ve}{e}$	cal	7549,0	7555,0
Abzug für Wasserverdampfung	cal	224,0	224,0
Heizwert von 1 g der lufttrockenen Probe	cal	7325,0	7331,0
Mittelwert der lufttrockenen Probe	cal	7330,0	
Mittelwert der ursprünglichen Probe rd.	cal	7210,0	

Der Heizwert ist bezogen auf Kohlendioxyd, gasförmige schweflige Säure und Wasserdampf bei Zimmerwärme.

Abzug für Verdampfung des Wassers.

Bei der Verbrennung von 1 g lufttrockener Probe auftretende Wassermenge $(F + 9H) = 0{,}3773$ g, Abzug für Verdampfung $0{,}3773 \cdot 60 = 224{,}38$ cal.

Abzug wegen Salpetersäurebildung.

		I.	II.
Zusatz von $^1/_{10}$ n-Na_2CO_3	ccm	2,5	2,5
Verbrauch an $^1/_{10}$ n-HCl zum Rücktitrieren	ccm	1,4	1,5
Verbrauch für Salpetersäure (n_s)	ccm	1,1	1,0
Abzug $(n_n - 1{,}43)$	cal	1,6	1,4

Abzug wegen Umwandlung der schwefligen Säure in verdünnter Schwefelsäure.

Gesamtverbrauch an $^1/_{10}$ n-$Ba(OH)_2$	ccm	7,6	7,0
Davon ab (n_n)	ccm	1,1	1,0
Verbraucht für Schwefelsäure (n_s)	ccm	6,5	6,0
Abzug $(n_s \cdot 3{,}6)$	cal	23,4	21,6

Durchrechnung des Versuches.

Bezeichnung	V	v_Δ	H	N	n_Δ
	Vorversuch		Hauptversuch	Nachversuch	
Minuten	Thermometerablesungen °C	Minutliche Änderung des Thermometerstandes °C	Thermometerablesungen °C	Thermometerablesungen °C	Minutliche Änderung des Thermometerstandes °C
0	17,240		17,285	u_2 = 20,622	
1	17,246	0,006	17,870	20,616	0,006
2	17,251	0,005	19,340	20,611	0,005
3	17,255	0,004	20,160	20,606	0,005
4	17,260	0,005	20,490	20,601	0,005
5	17,265	0,005	20,600	20,596	0,005
6	17,270	0,005	20,622	20,591	0,005
7	17,275	0,005		20,586	0,005
8	17,280	0,005		20,581	0,005
9	u_1 = 17,285	0,005		20,576	0,005
Im Mittel	17,2627	—0,005		20,5986	+0,0051

Berechnung der Korrektur nach der oben angegebenen Formel von Regnault-Pfaundler.

$$u' = -0{,}005 \cdot 6 + \left\{\frac{0{,}0051 - (-0{,}0050)}{20{,}5986 - 17{,}2627} \cdot \left[\frac{17{,}285 + 20{,}622}{2} + 98{,}460 - 6 \cdot (17{,}2627)\right]\right\}.$$

$$u' = -0{,}030 + \frac{0{,}0101}{3{,}3359}\,[117{,}413 - 103{,}5762].$$

$$u' = -0{,}030 + 0{,}0030276 \cdot 13{,}8368.$$

$$u' = -0{,}030 + 0{,}041.$$

$$u' = +0{,}011.$$

Berechnung des pyrometrischen Heizeffektes.

Die Berechnung des pyrometrischen Heizeffektes, d. h. der theoretischen Verbrennungstemperatur, erfolgt auf der Grundlage der mittleren spezifischen Wärme der Verbrennungsprodukte und ihrer Menge sowie unter Berücksichtigung der Wärmemenge, welche der Koks bis zur Verbrennungstemperatur in sich aufspeichert.

Die spezifische Wärme der Verbrennungsprodukte nimmt mit steigender Temperatur zu. Die spezifische Wärme S eines Kubikmeters Gas (unter Normalbedingungen gemessen) ist bei der Temperatur t[1]:

Für CO_2 . . . . $S = 0{,}37 + 0{,}00044\,t$
„ N_2; O_2; H_2; CO . . . . $S = 0{,}303 + 0{,}000054\,t$
„ Wasserdampf . . . . . . $S = 0{,}34 + 0{,}00030\,t$

Die mittlere spezifische Wärme Sm zwischen 0° und $t°$, die zur Berechnung der Wärmemenge nötig ist, welche zur Erhöhung der Temperatur des Gases von 0° auf $t°$ erforderlich wird, entspricht den obigen Konstanten, vermehrt um den halben Zuwachs, d. h.

Für CO_2 ist . . . . $Sm = 0{,}37 + 0{,}00022\,t$
„ N_2; O_2; H_2; CO . . . . $Sm = 0{,}303 + 0{,}000027\,t$
„ Wasserdampf . . . . . . $Sm = 0{,}34 + 0{,}00015\,t$

Zur Erwärmung eines Kubikmeters Gas von 0° auf $t°$ ist dann die erforderliche Wärmemenge Q—$Q \cdot (0—t)$, und zwar:

Für CO_2 . . . . $Q \cdot (0 - t) = 0{,}37\,t + 0{,}00022\,t^2$
„ N_2; O_2; H_2; CO . . . $Q \cdot (0 - t) = 0{,}303\,t + 0{,}000027\,t^2$
„ Wasserdampf . . . . . $Q \cdot (0 - t) = 0{,}34\,t + 0{,}00015\,t^2$

Zur Erwärmung eines Kubikmeters Gas von $t°$ auf $t_1°$ wird die Wärmemenge $Q \cdot (t_1 — t)$ benötigt, und diese stellt sich:

Für CO_2 auf . . . . $Q \cdot (t_1 - t) = 0{,}37\,(t_1 - t) + 0{,}00022\,(t^2_1 - t^2)$
„ N_2; O_2; H_2; CO $Q \cdot (t_1 - t) = 0{,}303\,(t_1 - t) + 0{,}000027\,(t^2_1 - t^2)$
„ Wasserdampf . . $Q \cdot (t_1 - t) = 0{,}34\,(t_1 - t) + 0{,}00015\,(t^2 - t^2)$

Die mittlere spezifische Wärme für die Temperaturen zwischen t und t_1 bezeichnet man mit $Sm\,(t_1—t)$; man erhält sie durch Division der Wärmemenge durch die Temperaturerhöhung, d. h.:

$$Sm\,(t_1 - t); = \frac{Q \cdot (t_1 - t)}{(t_1 - t)}$$

Demgemäß ist

Für CO_2 . . . . $Sm \cdot (t_1 - t) = 0{,}37 + 0{,}00022\,(t_1 - t)$
„ N_2; O_2; H_2; CO . . . . $Sm \cdot (t_1 - t) = 0{,}303 + 0{,}000027\,(t_1 - t)$
„ Wasserdampf . . . . . . $Sm \cdot (t_1 - t) = 0{,}34 + 0{,}00015\,(t_1 - t)$

Beispiel: a) Berechnung des pyrometrischen Heizeffektes von 1 kg Koks bei vollständiger Verbrennung ohne Luftüberschuß. Wenn Koks sich im Feuer durch Verbrennung der Nachbarschichten auf die Höchsttemperatur t erhitzt, ehe er in Brand gerät, so ergibt sich für die gesamte

[1] Vgl. Richards, I. W.: Metallurgische Berechnungen. S. 41. Deutsche Bearbeitung von Neumann und Brodal. 1913.

zur Temperatursteigerung verfügbare Wärme für 1 kg Koks mit 10% Asche:

Verbrennungswärme von 1 kg Koks (—Asche) = 0,9 • 8100 WE = 7290 WE
Aufgespeicherte Wärme von 1 kg Koks
(+ Asche) bei $t°$ . . . . = 1 • 0,55 t WE[1] = 0,55 t WE

Sa. 7290 — 0,55 t WE

Verbrennungsprodukte: = CO_2 1,665 cbm
= N_2 6,336 „
= Asche 0,025 t[1]

Wärme in den Verbrennungsprodukten bei $t°$

CO_2 0,9 • 1,85 • (0,37 t + 0,00022 t^2)
N_2 0,9 • 7,04 • (0,303 t + 0,000027 t^2)
Asche 0,1 • 0,25 t

Sa. 2,5612 t + 0,000538 t^2 = 7290 + 0,55 t oder t = 2255°

b) Berechnung des pyrometrischen Heizeffektes von 1 kg Koks mit 10% Asche, wenn die Luft mit dem gleichen Volumen der obigen Verbrennungsprodukte verdünnt wird.

Die verfügbare Wärmemenge stellt sich wie oben 7290 + 0,55 t WE. Es enthält 1 cbm der gemischten Luft nur halb soviel Sauerstoff, dagegen würde die Menge der Verbrennungsprodukte, abgesehen von der Asche, doppelt so groß wie ad a sein, d. h.

$$5{,}0974 + 0{,}0010760\, t^2 = 7290 + 0{,}55\, t \text{ oder } t = 1239°.$$

Der pyrometrische Heizeffekt wird also durch den Luftüberschuß fast auf die Hälfte erniedrigt.

[1] Für die Wärme von 1 kg Koks ist als mittlere spez. Wärme von Koks für t = über 2000° 0,55 eingesetzt.
[2] 0,25 angenommen als mittlere spez. Wärme von Asche für t = 1000 — 2000°.

Namenverzeichnis.

Sachverzeichnis.

Buchdruckerei Otto Regel G. m. b. H., Leipzig

Handbuch des Eisenhüttenwesens. Herausgegeben im Auftrage des Vereins deutscher Eisenhüttenleute. Im Rahmen dieses Handbuches werden nach und nach die drei großen Gruppen: **Hochofen, Stahlwerk, Walzwerk** behandelt und dargestellt werden.
Walzwerkswesen. Unter Mitarbeit von zahlreichen Fachleuten herausgegeben von **J. Puppe** und **G. Stauber.** Erster Band. Mit 941 Abbildungen im Text u. auf 15 Tafeln. XIII, 777 Seiten. 1929. Gebunden RM 85.—

Handbuch der Eisen- und Stahlgießerei. Unter Mitarbeit von zahlreichen Fachleuten herausgegeben von Dr.-Ing. **C. Geiger,** Eßlingen. Zweite, erweiterte Auflage.

Erster Band: **Grundlagen.** Mit 278 Abbildungen im Text und auf 11 Tafeln. X, 661 Seiten. 1925. Gebunden RM 49.50

Zweiter Band: **Formen und Gießen.** Von Ing. **Carl Irresberger,** Gießereidirektor a. D. Mit 1702 Abbildungen im Text. X, 584 Seiten. 1927. Gebunden RM 57.—

Dritter Band: **Schmelzen, Nacharbeiten und Nebenbetriebe.** Mit 967 Abbildungen im Text. IX, 747 Seiten. 1928. Gebunden RM 68.50

Lehrbuch der Metallkunde des Eisens und der Nichteisenmetalle. Von Dr. phil. **Franz Sauerwald,** a. o. Professor an der Technischen Hochschule Breslau. Mit 399 Textabbildungen. XVI, 462 Seiten. 1929. Gebunden RM 29.—

Sintern, Schmelzen und Verblasen sulfidischer Erze und Hüttenprodukte. Die unmittelbare Verhüttung sulfidischer Erze und Hüttenprodukte sowie Richtlinien für Bau und Betrieb der erforderlichen Agglomerationsanlagen, Schachtöfen und Konvertoren. Von Dr. phil. **Ernst Hentze,** Hüttenbetriebsingenieur. Mit 104 Textabbildungen. VII, 405 Seiten. 1929. RM 45.— gebunden RM 46.50

Metallurgische Berechnungen. Praktische Anwendung thermochemischer Rechenweise für Zwecke der Feuerungskunde, der Metallurgie des Eisens und anderer Metalle. Von **Josef W. Richards,** A. C. Ph. D., Professor der Metallurgie an der Lehigh-Universität South-Bethlehem, Pa. Autorisierte Übersetzung nach der zweiten Auflage von Prof. Dr. **Bernhard Neumann,** Darmstadt, und Dr.-Ing. **Peter Brodal,** Christiania. XV, 599 Seiten. 1913. Unveränderter Neudruck 1925. Gebunden RM 24.—

Waeser-Dierbach, Der Betriebs-Chemiker. Ein Hilfsbuch für die Praxis des chemischen Fabrikbetriebes von Dr.-Ing. **Bruno Waeser,** Chemiker. Vierte, ergänzte Auflage. Mit 119 Textabbildungen und zahlreichen Tabellen. XI, 340 Seiten. 1929. Gebunden RM 19.50

Taschenbuch für die anorganisch-chemische Großindustrie. Herausgegeben von Ing. chem. Dr. phil. **E. Berl,** ord. Professor der techn. Chemie und Elektrochemie an der Technischen Hochschule zu Darmstadt. Siebente, umgearbeitete Auflage. Erster Teil: Text (gebunden), zweiter Teil: Nomogramme (in Mappe). Erscheint im Februar 1930

Leitfaden für Gießereilaboratorien. Von Geh. Bergrat Prof. Dr.-Ing. e. h. **Bernhard Osann**, Clausthal. Dritte, durchgesehene Auflage. Mit 12 Abbildungen im Text. VI, 64 Seiten. 1928. RM 3.30

Vita-Massenez, Chemische Untersuchungsmethoden für Eisenhütten und Nebenbetriebe. Eine Sammlung praktisch erprobter Arbeitsverfahren. Zweite, neubearbeitete Auflage von Ing.-Chemiker **Albert Vita**, Chefchemiker der Oberschlesischen Eisenbahnbedarfs-A.-G. (Friedenshütte). Mit 34 Textabbildungen. X, 197 Seiten. 1922. Gebunden RM 6.40

Die Praxis des Eisenhüttenchemikers. Anleitung zur chemischen Untersuchung des Eisens und der Eisenerze. Von Prof. Dr. **Carl Krug**, Berlin. Zweite, vermehrte und verbesserte Auflage. Mit 29 Textabbildungen. VIII, 200 Seiten. 1923. RM 6.—; gebunden RM 7.—

Der basische Herdofenprozeß. Eine Studie. Von Ing.-Chemiker **Carl Dichmann.** Zweite, verbesserte Auflage. Mit 42 Textfiguren. VIII, 278 Seiten. 1920. RM 12.—

Die Gichtgas-Reinigung. Die wichtigsten Verfahren unter besonderer Berücksichtigung des Trockengas-Reinigungs-Verfahrens System Halbergerhütte-Beth sowie des Theisen-Desintegrator-Verfahrens. Von Dipl.-Ing. **Wolf Adolf Euler.** Mit 53 Textabbildungen, 41 Zahlentafeln und 2 Ausschlagtafeln. VII, 132 Seiten. 1927. RM 15.—; gebunden RM 16.50

Verbrennungslehre und Feuerungstechnik. Von Dipl.-Ing. **Franz Seufert**, Oberingenieur für Wärmewirtschaft. Zweite, verbesserte Auflage. Mit 19 Abbildungen, 15 Zahlentafeln und vielen Berechnungsbeispielen. IV, 128 Seiten. 1923. RM 2.60

Brennstoff und Verbrennung. Von Professor Dr. **D. Aufhäuser**, Inhaber der Thermochemischen Versuchsanstalt zu Hamburg.

I. Teil: **Brennstoff.** Mit 16 Abbildungen im Text und zahlreichen Tabellen. V, 116 Seiten. 1926. RM 4.20

II. Teil: **Verbrennung.** Mit 13 Abbildungen im Text. IV, 107 Seiten. 1928. RM 4.20

Teil I und II in einem Band gebunden RM 10.—

Der Verfasser behandelt die Verbrennung unter einem neuartigen Gesichtspunkt, indem er eine von ihm entwickelte chemische Systematik der Brennstoffe grundsätzlich voranstellt und aus ihr Eigenschaften und Verhalten der Brennstoffe ableitet. Die mannigfaltigst verschiedenen Formen der Verbrennung erklären sich demzufolge durch verschieden große Reaktionsgeschwindigkeiten. Die Ausführungen gipfeln in dem Satz, daß die eigentliche Verbrennung immer nur die beiden Wassergasbestandteile umfaßt und somit ein durchaus einheitlicher Vorgang ist

GPSR Compliance

The European Union's (EU) General Product Safety Regulation (GPSR) is a set of rules that requires consumer products to be safe and our obligations to ensure this.

If you have any concerns about our products, you can contact us on ProductSafety@springernature.com

In case Publisher is established outside the EU, the EU authorized representative is:

Springer Nature Customer Service Center GmbH
Europaplatz 3
69115 Heidelberg, Germany

Batch number: 10682323

Printed by Printforce, the Netherlands